Härtler · Statistische Methoden für die Zuverlässigkeitsanalyse

Härtler · Statistische Methoden für die Zuverlässigkeitsanalyse

Statistische Methode für die Zuverlässigkeitsanalyse

Dr. Gisela Härtler

VEB VERLAG TECHNIK BERLIN

Distributed by Springer-Verlag Wien/New York

48 Bilder, 17 Tabellen

ISBN-13:978-3-7091-9500-0   e-ISBN-13:978-3-7091-9499-7
DOI: 10.1007/978-3-7091-9499-7

© VEB Verlag Technik, Berlin, 1983
Softcover reprint of the hardcover 1st edition 1983
Lizenz 207 · 370/13/83
DK 311.214.001.8: 519.2 LSV 1074, VT3/5439-1
Lektorin: Doris Netz
Schutzumschlag: Kurt Beckert

Vorwort

Gegenwärtig besteht in vielen Industriezweigen, vor allem in der Elektrotechnik und Elektronik, ein großes und wachsendes Interesse an statistischen Methoden für die Zuverlässigkeitsanalyse. Die Theorie bietet eine Fülle von Modellen, Ansätzen und Methoden, aber sie sind vorwiegend im internationalen Schrifttum der mathematischen Statistik zu finden und deshalb dem Praktiker nicht leicht zugänglich. In den allgemein bekannten Lehrbüchern zur mathematischen Statistik sind diese Methoden kaum enthalten; denn zur Zuverlässigkeitsanalyse werden Wahrscheinlichkeitsmodelle benötigt, die in den üblichen Anwendungen keine große Rolle spielen. Auch mit unvollständigen Stichproben wird sonst selten gearbeitet. So entstand der Wunsch nach einer zusammenfassenden Darstellung der wichtigsten Methoden für die statistische Zuverlässigkeitsanalyse und die Auswertung von Lebensdaueruntersuchungen. Diesem Wunsch versuche ich mit dem vorliegenden Buch zu entsprechen.

Zuerst mußte ich aus der Vielzahl der Konzepte und Methoden jene auswählen, die bereits angewandt werden oder sich dafür eignen. Was sich schließlich durchsetzt, hängt ja nicht nur von den theoretischen Eigenschaften eines speziellen Verfahrens ab, sondern von vielen weiteren Gesichtspunkten, wie Einfachheit und Durchsichtigkeit der heuristischen Motivation. Ob die in diesem Sinne getroffene Auswahl gut ist, wird die künftige Anwendung zeigen. Ein diesbezüglicher wichtiger Komplex wurde nicht behandelt: die belastungsabhängigen Modelle. Sie hätten den Rahmen des Buches stark erweitert. Außerdem befindet sich die damit verbundene Methodik gegenwärtig in einer so stürmischen Entwicklung, daß in den nächsten zwei bis drei Jahren mit entscheidenden Beiträgen zu rechnen ist, die erst später in einem Buch aufgenommen werden können.

Eine wichtige Frage ist die nach den beim Leser vorhandenen Vorkenntnissen: Wieweit muß und darf vereinfacht werden? Was ist in einleitenden Abschnitten zu behandeln? Bei ihrer Beantwortung spielte natürlich meine persönliche Erfahrung eine große Rolle. Ich stellte mir den Leser dieses Buches etwa als einen Ingenieur mit Hochschulabschluß vor, der auf dem Gebiet der mathematischen Statistik Autodidakt ist, einige Methoden anwendet und halbwegs kennt, der aber im Laufe der Zeit auch manches vergessen hat. Vermutlich hat er keine Zeit, das Buch von A bis Z durchzuarbeiten. Er wird sich also auf die ihn interessierenden Abschnitte beschränken. Um diesem Leser entgegenzukommen, wählte ich eine möglichst wenig formale und keine mathematisch strenge Darstellungsweise. Beweise sind immer weggelassen; dafür wurden genaue Literaturhinweise eingefügt. Wo möglich, wurden Zahlenbeispiele angegeben und Zusammenhänge in Worten und durch Bilder verdeutlicht. Manche Methode, deren Anwendung ohnehin die Mitarbeit eines Mathematikers erfordert, wurde nur knapp behandelt. Ein solcher Fall ist z.B. die Maximum-Likelihood-Schätzung der Parameter der Weibull-Verteilung. Dort sind auch keine Zahlenbeispiele angegeben, und benötigte Näherungsverfahren werden nur in den Grundzügen angedeutet (die Programmbibliotheken der verschiedenen Interessenten bieten sowieso unterschiedliche Möglichkeiten). Alle Bemühungen um Einfachheit durften aber die beschriebenen Methoden nicht soweit entstellen, daß ihre Einordnung in die verschiedenen Konzepte der mathematischen Statistik unkenntlich wird.

Daher mußte beim Leser doch eine gewisse Übung im Umgang mit den statistischen Denk- und Schlußweisen vorausgesetzt werden. Um hier auch dem weniger informierten Leser zu helfen, wurde der Abschn. 3., der eigentlich eine Einführung ist, in das Manuskript aufgenommen. Ein versierter Leser kann die entsprechenden Seiten ignorieren.

Die meisten Methoden, die behandelt werden, sind in den letzten 20 Jahren entstanden. Einige sind sogar sehr jung, und es gibt Probleme, deren Lösung bis heute noch nicht vorliegt. Der aufmerksame Leser wird daher Lücken finden, die in einigen Jahren vielleicht (besser: hoffentlich) geschlossen sind. Es bleibt zu sagen, daß die Fachliteratur etwa bis zum Jahre 1979 ausgewertet wurde und daß die Literaturauswahl sich auf die wesentlichen Publikationen zu den einzelnen Fragen beschränkt. Mit Leichtigkeit hätten noch einige hundert Literaturstellen zitiert werden können; das aber ist nicht die Aufgabe eines solchen Buches.

Die kritische Durchsicht der ersten Fassung durch einige Fachkollegen war mir eine große Hilfe bei der Erarbeitung des endgültigen Manuskripts. Zu Dank verpflichtet fühle ich mich vor allem den Herren Prof. Dr. *H. Bandemer*, Dipl.-Ing. *J. Jöstel* und Dipl.-Ing. *J. Windel*. Ihre gründliche Durchsicht förderte manchen Mangel des Manuskripts zutage. Gleichzeitig möchte ich Frau *G. Rietze* für die sorgfältige Abschrift des Manuskripts danken.

Unzulänglichkeiten und Fehler des Buches gehen natürlich allein zu meinen Lasten, und ich werde für Kritiken und Hinweise stets dankbar sein.

Berlin, im Juli 1981   *Gisela Härtler*

Inhaltsverzeichnis

Die wichtigsten Formelzeichen

(Hilfsgrößen und Symbole, die nur in einem Abschnitt vorkommen, sind nicht aufgeführt.)

a	Parameter der Beta- und Weibull-Verteilung
A	zufälliges Ereignis
b	Parameter der Beta- und Gammaverteilung
B	zufälliges Ereignis
$B(a, b)$	Symbol der Betaverteilung mit den Parametern a, b
$B_\gamma(a, b)$	Symbol eines Quantils der Betaverteilung
$\mathrm{Cov}(t_i, t_j)$	Kovarianz der Zufallsgrößen t_i und t_j
D_r	Prüfgröße beim Test von *Kolmogorov*
$E(t)$	Erwartungswert der Zufallsgröße t
$f(t)$	Wahrscheinlichkeitsdichte der Zufallsgröße t
$F(t)$	Wahrscheinlichkeitsverteilung der Zufallsgröße t
$F(m_1, m_2)$	Symbol der F-Verteilung mit m_1, m_2 Freiheitsgraden
$F_\gamma(m_1, m_2)$	Symbol eines Quantils der F-Verteilung
$h(t)$	Ausfallrate
$\mathbf{H}$	Hypothese
$\mathbf{I}$	Information
$K_{n,\alpha}$	kritischer Wert beim Test von *Kolmogorov*
$L(\Theta)$	Likelihood-Funktion des Parameters Θ
$L'(\Theta)$	relative Likelihood-Funktion des Parameters Θ
m_k	auf den Ursprung bezogenes Moment k-ter Ordnung
n	Stichprobenumfang
$\mathbf{N}(\mu, \sigma^2)$	Symbol der Normalverteilung mit den Parametern μ, σ^2
$\mathbf{N}_\gamma(\mu, \sigma^2)$	Symbol eines Quantils der Normalverteilung
p	Wahrscheinlichkeit
$p(\Theta|t_1, \dots, t_n)$	A-posteriori-Wahrscheinlichkeitsdichte
$P(A)$	Wahrscheinlichkeit des zufälligen Ereignisses A
$P_O(\Theta)$	Operationscharakteristik
r	Anzahl der Ausfälle
r^*	als Beendigungsregel vorgegebene Anzahl von Ausfällen
$R(t)$	Überlebenswahrscheinlichkeit, Zuverlässigkeit
$\mathbf{R}^n$	Stichprobenraum
S	summierte Lebensdauer
S_3	Schiefe
S	Zufallsgröße
t	Zufallsgröße
t	Realisierung der Zufallsgröße t
$\tilde{t}$	Modalwert
t_γ	Quantil der Zufallsgröße t
$t_{0,5}$	Median der Zufallsgröße t

t_0	Lageparameter (kleinstmöglicher Wert)
$t_{(i)}$	i-te Ranggröße
t^*	Beobachtungsdauer
$\tilde{t}_\gamma$	empirisches Quantil
$t_{\gamma,\alpha}$	untere Toleranzgrenze
$t_{\gamma,1-\alpha}$	obere Toleranzgrenze
$\mathbf{T}$	Schätzverfahren
$\boldsymbol{u}$	Betavariable
V	Variationskoeffizient
$\mathrm{Var}\,(t)$	Varianz der Zufallsgröße t
x	Zufallsgröße mit standardisierter Verteilungsfunktion
x	Realisierung der Zufallsgröße x
y	transformierte Zufallsgröße
y	Realisierung der Zufallsgröße y
z	Zufallsgröße mit standardisierter Normalverteilung
z_γ	Quantil der Zufallsgröße z
α	Irrtumswahrscheinlichkeit, Fehler 1. Art, Herstellerrisiko
β	Fehler 2. Art, Abnehmerrisiko
γ	Wahrscheinlichkeit
γ_3	Stichprobenschiefe
$\Gamma(b)$	Gammafunktion von b
$\Gamma(x, b)$	unvollständige Gammafunktion
η	Maßstabsparameter der Weibull- und Gammaverteilung
ϑ	Parameter der Exponentialverteilung (Erwartungswert)
Θ	Parameter
$\hat{\Theta}$	Maximum-Likelihood-Schätzwert von Θ
Θ_α	untere Vertrauensgrenze für den Parameter Θ
$\Theta_{1-\alpha}$	obere Vertrauensgrenze für den Parameter Θ
Θ^k	Parameterraum
λ	Parameter der Exponential- und Poisson-Verteilung
μ	Erwartungswert einer Zufallsgröße mit Normalverteilung, Lageparameter
μ_k	zentrales Moment k-ter Ordnung
$\pi(\Theta)$	A-priori-Verteilungsdichte
σ	Maßstabsparameter
σ^2	Varianz einer Zufallsgröße mit Normalverteilung
Σ	Kovarianzmatrix
$\chi^2(n)$	Symbol einer χ^2-Verteilung mit n Freiheitsgraden
$\chi_\gamma^2(n)$	Symbol eines Quantils der χ^2-Verteilung
ω_i	Ergebnis eines zufälligen Experiments
Ω	Menge aller möglichen Ergebnisse eines zufälligen Experiments

1. Mathematische Grundbegriffe

Die Zuverlässigkeitstheorie beruht weitgehend auf Modellen und Methoden der Wahrscheinlichkeitstheorie. Die Zuverlässigkeitsanalyse von Erzeugnissen benötigt darüber hinaus noch das Instrumentarium der mathematischen Statistik. Das Hauptanliegen dieses Buches besteht darin, eine Zusammenstellung der wichtigsten Methoden der mathematischen Statistik für die praktische Zuverlässigkeitsanalyse zu geben. Dazu werden beim Leser Kenntnisse auf den Gebieten Wahrscheinlichkeitsrechnung und mathematische Statistik benötigt, wie sie etwa in den Büchern von *Gnedenko, Beljajew, Solowjew* [1], *Gnedenko* [2] und *Storm* [3] vermittelt werden. Viele Leser, vor allem solche, die in der Praxis Zuverlässigkeitsuntersuchungen durchführen, haben sich Grundkenntnisse der Wahrscheinlichkeitsrechnung und mathematischen Statistik bereits vor längerer Zeit angeeignet. Um ihnen den Zugang zu dem hier gebotenen Stoff etwas zu erleichtern, werden im ersten Abschnitt einige Begriffe und Zusammenhänge kurz erläutert. Der fortgeschrittene Leser kann diesen Teil überblättern. Für Leser ohne einschlägige Vorkenntnisse wird er dagegen nicht ausreichen. Ihnen ist das Studium weiterer Literatur, etwa *Storm* [3], zu empfehlen. Der erste Abschnitt soll gleichzeitig der Sprachregelung in diesem Buch dienen. Hier werden später benötigte Grundbegriffe und Bezeichnungen eingeführt. Außerdem werden einige Wahrscheinlichkeitsverteilungen (Verteilungen von Ranggrößen, asymptotische Extremwertverteilungen) dargestellt, die bei Zuverlässigkeitsanalysen erforderlich sein können, aber in der deutschsprachigen Fachliteratur nur am Rande behandelt werden. So ist der erste Abschnitt nicht als mathematisches Fundament des folgenden gedacht; dazu wäre weit mehr erforderlich. Er ist einfach die Heranführung des Lesers an den Stoff, wobei einige für die Zuverlässigkeitsanalyse wichtige, aber selten behandelte Wahrscheinlichkeitsverteilungen beschrieben werden, die nicht zu den im Abschn. 2. beschriebenen speziellen Wahrscheinlichkeitsmodellen gehören.

1.1. Zufällige Ereignisse und Wahrscheinlichkeiten

Jeder Vorgang, der zu mehreren, einander ausschließenden und nicht vorhersagbaren Ergebnissen $\omega_1, \omega_2, \ldots$ führen kann, wird als ein Experiment mit zufälligem Resultat, kurz als ein *zufälliges Experiment*, bezeichnet. Bekannte Beispiele sind: Werfen einer Münze, Würfeln, Glücksspiele. Auch das Betreiben eines technischen Systems, das störungsanfällig ist, kann in einem festen Zeitraum zum Ausfall oder nicht zum Ausfall führen, ist also mit einem zufälligen Experiment vergleichbar.

Es sei Ω die Menge aller möglichen Ergebnisse des betrachteten zufälligen Experiments. Beim Würfeln besteht Ω aus den Zahlen 1, 2, 3, 4, 5, 6. Bei dem in einem festen Zeitraum arbeitenden und nicht reparierbaren System könnten die beiden Zustände „ausgefallen" und „nicht ausgefallen" die beiden einzigen Elemente von Ω sein. In einem anderen Fall könnte Ω die Menge aller möglichen Ausfallzeitpunkte eines Elements von der Inbetriebnahme an bedeuten. Allgemein gesehen kann Ω eine endliche Menge (wie beim Würfeln), eine abzählbare unendliche Menge (etwa alle natürlichen Zahlen) oder eine nicht abzählbare Menge (ein Kontinuum) sein. Diese Eigenschaften von Ω sind für die zahlenmäßige Behandlung der Resultate von zufälligen Experimenten sehr wichtig. Eine Bedingung aber muß die Menge Ω stets erfüllen: Sie soll in bezug auf das zufällige Experiment vollständig sein, d.h., jedes mögliche Resultat des zufälligen Experiments muß auch in Ω enthalten sein.

Betrachten wir nun eine Teilmenge von Ω. Sie möge A heißen. Das Resultat des zufälligen Experiments muß entweder zu A gehören oder nicht zu A gehören. Die Teilmenge A von Ω nennt man *zufälliges Ereignis*. In den genannten Beispielen für Ω könnten folgende Teilmengen A als Beispiel betrachtet werden: beim Würfeln die Menge aller geraden Zahlen unter den Zahlen 1 bis 6; für das in einem festen Zeitintervall arbeitende System könnte A aus nur einem Element, dem Zustand „ausgefallen", bestehen; im letztgenannten Fall, in dem Ω alle Ausfallzeitpunkte des Intervalls $(0, \infty)$ enthält, könnte die Teilmenge A aus allen Ausfallzeitpunkten des Intervalls von 500 bis 1000 h bestehen.

Der heute übliche axiomatische Aufbau der Wahrscheinlichkeitsrechnung ordnet jedem zufälligen Ereignis eine *Wahrscheinlichkeit $P(A)$* zu, für die $0 \leq P(A) \leq 1$ gilt (siehe z.B. *Gnedenko* [2]). Der naturwissenschaftlich vorgebildete Leser bevorzugt manchmal die Häufigkeitsinterpretation des Wahrscheinlichkeitsbegriffs: In einer Folge von n unabhängigen zufälligen Experimenten möge das Resultat A in m Fällen eingetreten sein und in $(n - m)$ Fällen nicht. Dann heißt $\lim_{n \to \infty} m/n = P(A)$ Wahrscheinlichkeit von A.

Aus der Definition des zufälligen Ereignisses A als Menge lassen sich folgende wichtige *Rechenregeln für Wahrscheinlichkeiten* herleiten:

1. Für jedes zufällige Ereignis A gilt $0 \leq P(A) \leq 1$.
2. Ist A das unmögliche Ereignis, so gilt $P(A) = 0$.
3. Ist A das sichere Ereignis, so gilt $P(A) = 1$. Insbesondere ist natürlich $P(\Omega) = 1$.
4. Sind A und B zwei zufällige Ereignisse, die einander ausschließen, so gilt

$$P\,(A \text{ oder } B) = P(A) + P(B). \tag{1.1}$$

5. Sind A und B zwei zufällige Ereignisse, die einander nicht auszuschließen brauchen, so gilt

$$P\,(A \text{ oder } B) = P(A) + P(B) - P\,(A \text{ und } B). \tag{1.2}$$

6. Die *bedingte Wahrscheinlichkeit $P(A|B)$* ist die Wahrscheinlichkeit dafür, daß das zufällige Ereignis A eintritt, wenn auch B eintritt. Es gilt

$$P\,(A|B) = \frac{P\,(A \text{ und } B)}{P(B)}, \qquad P(B) \neq 0. \tag{1.3}$$

7. Die Wahrscheinlichkeit für das Eintreten der zufälligen Ereignisse A und B ist

$$P\,(A \text{ und } B) = P\,(A|B)\,P(B). \tag{1.4}$$

8. Die zufälligen Ereignisse A und B heißen unabhängig, wenn gilt

$$P\,(A \text{ und } B) = P(A)\,P(B) \tag{1.5}$$

und damit $P\,(A|B) = P(A)$.

9. Ein wichtiges Hilfsmittel für Anwendungen der Wahrscheinlichkeitsrechnung ist der *Satz über die totale Wahrscheinlichkeit*. Die Ereignisse $A_1, A_2, \ldots, A_n$ sollen ein vollständiges Ereignissystem bilden: Die Vereinigung von $A_1, A_2, \ldots, A_n$ ergibt Ω, und damit ist $P\,(A_1 \text{ oder } A_2 \text{ oder } \ldots \text{ oder } A_n) = 1$. Außerdem müssen die zufälligen Er-

eignisse A_i, $i = 1, \ldots, n$, einander paarweise ausschließen, d.h. $P(A_i \text{ und } A_j) = 0$ für $i \neq j$. Für irgendein zufälliges Ereignis B, $P(B) > 0$, gilt

$$P(B) = \sum_{i=1}^{n} P(A_i)\, P(B|A_i). \tag{1.6}$$

Dieser Satz läßt sich am Beispiel des Würfelns gut veranschaulichen: Als zufälliges Ereignis B soll das Würfeln einer geraden Zahl betrachtet werden, für $A_i = i$, $i = 1$, ..., 6, gilt $P(A_i) = \frac{1}{6}$. Für alle geraden i erhalten wir $P(B|A_i) = 1$; für alle ungeraden i gilt $P(B|A_i) = 0$. Mit Hilfe von (1.6) folgt $P(B) = \frac{1}{2}$.

10. Die *Bayessche Formel*

$$P(A_i|B) = \frac{P(A_i)\, P(B|A_i)}{\displaystyle\sum_{j=1}^{n} P(A_j)\, P(B|A_j)}, \qquad i = 1, 2, \ldots, n, \tag{1.7}$$

ist eine sehr nützliche Beziehung. Sie ist die Grundlage für die auf Zuverlässigkeitsprobleme in zunehmendem Umfang angewandten Bayesschen Methoden der Statistik. Dabei wird wie in Gl.(1.6) vorausgesetzt, daß die A_i ein vollständiges Ereignissystem bilden, d.h. einander paarweise ausschließen, und $B \in \Omega$ irgendein zufälliges Ereignis mit $P(B) > 0$ ist. [Wegen (1.6) kann man im Nenner von (1.7) auch $P(B)$ schreiben.]

Betrachten wir dazu ein Beispiel: Ein Bauelement arbeite in einem festen Zeitintervall, in dem es ausfallen oder nicht ausfallen wird. A_1 sei das zufällige Ereignis „Ausfall"; A_2 sei das zufällige Ereignis „kein Ausfall". Außerdem soll das Bauelement einen bestimmten fertigungsbedingten Fehler haben können, der sich aber nur in einer zerstörenden Prüfung nachweisen läßt. Das zufällige Ereignis „Fehler" sei mit B bezeichnet. Es ist bekannt, daß 1% aller Bauelemente ausfällt, 2% der Bauelemente den fertigungsbedingten Fehler haben, der sich bei 90% aller ausgefallenen Bauelemente nachträglich nachweisen läßt. Es gilt also $P(A_1) = 0{,}01$, $P(B) = 0{,}02$ und $P(B|A_1) = 0{,}9$. Mit Hilfe der Bayesschen Formel läßt sich die Ausfallwahrscheinlichkeit der fehlerhaften Bauelemente berechnen

$$P(A_1|B)\, \frac{0{,}01 \cdot 0{,}9}{0{,}02} = 0{,}45,$$

d.h., 45% der fehlerhaften Bauelemente fallen aus.

Soll außerdem berechnet werden, auf welchen Wert man $P(B)$ durch geeignete Maßnahmen in der Fertigung senken muß, um $P(A_1) = 0{,}001$ zu erreichen, wenn die bedingten Wahrscheinlichkeiten $P(B|A_1) = 0{,}9$ und $P(A_1|B)$ unverändert bleiben (die Ausfallursachen bleiben also unverändert), braucht Gl.(1.7) nur umgestellt zu werden:

$$P(B) = \frac{P(A_1)\, P(B|A_1)}{P(A_1|B)} = \frac{0{,}001 \cdot 0{,}9}{0{,}45} = 0{,}002.$$

1.2.   Wahrscheinlichkeitsverteilungen

Der Umgang mit zufälligen Ereignissen und Wahrscheinlichkeiten wird durch den Übergang zu Zufallsgrößen und Wahrscheinlichkeitsverteilungen sehr viel einfacher. Dieser Übergang wird vollzogen, indem man die Menge aller möglichen Resultate des zufälligen Experiments Ω durch eine entsprechende Menge reeller Zahlen ersetzt. Im Beispiel des Würfelns liegt dieser Fall bereits vor; denn Ω besteht aus den Zahlen 1, 2, 3, 4, 5, 6. Im Beispiel des in einem festen Zeitintervall arbeitenden Systems könnte man den Zustand „ausgefallen" durch das Symbol 0 und „nicht ausgefallen" durch das Symbol 1 ausdrücken; Ω bestünde also aus den beiden Zahlen 0 und 1. Im dritten Beispiel bedeutet Ω die Menge aller möglichen Ausfallzeitpunkte von der Inbetriebnahme an; hier läßt sich Ω praktisch durch die Zeitachse (positive Zahlengerade) ausdrücken.

Es sei t eine *Zufallsgröße*. Sie kann als Resultat des zufälligen Experiments jeden beliebigen Zahlenwert in ihrem Definitionsbereich annehmen. Ein solcher Wert ist eine *Realisierung der Zufallsgröße t*. Im Unterschied zur Zufallsgröße t wird ihre Realisierung durch ein Experiment mit dem Symbol t bezeichnet. Die Zufallsgröße t kann diskret (nimmt nur endlich oder abzählbar unendlich viele Werte an) oder stetig (kann beliebige Werte innerhalb eines Intervalls der Zahlengeraden annehmen) sein. Außerdem kann die Zufallsgröße eindimensional oder mehrdimensional sein. Im mehrdimensionalen Fall ist sie ein Vektor $t = (t_1, \ldots, t_r)$, dessen Komponenten t_i, $i = 1, \ldots, r$, diskret oder stetig sein können. In der Praxis hat man es meistens mit eindimensionalen diskreten und stetigen oder mehrdimensionalen stetigen Zufallsgrößen zu tun. Auf diese Fälle werden wir uns hier beschränken.

Einer Zufallsgröße t wird ihre *Wahrscheinlichkeitsverteilung* (oder Verteilungsfunktion) durch die Beziehung

$$F(t) = P(t < t) \tag{1.8}$$

zugeordnet.

Für eindimensionale Zufallsgrößen gilt

$$F(t_1) \leqq F(t_2) \quad \text{für} \quad t_1 < t_2$$
$$F(-\infty) = 0 \tag{1.9}$$
$$F(+\infty) = 1.$$

Ist t eine diskrete Zufallsgröße, so ist die Wahrscheinlichkeitsverteilung eine Treppenfunktion. Ist t stetig, so ist $F(t)$ eine monoton wachsende Funktion und im allgemeinen auch stetig. [Es gibt Ausnahmen, die auch im Zusammenhang mit Zuverlässigkeitsanalysen auftreten können. Dann weist $F(t)$ an bestimmten Stellen Sprünge auf. Solche Fälle werden hier nicht betrachtet.]

Ist t mehrdimensional, so wird die Verteilungsfunktion analog zu (1.8) definiert. Dann ist t ein r-dimensionaler Vektor, und (1.8) hat folgende Bedeutung

$$F(t_1, \ldots, t_r) = P(t_1 < t_1, t_2 < t_2, \ldots, t_r < t_r). \tag{1.10}$$

$F(t_1, t_2, \ldots, t_r)$ ist die Wahrscheinlichkeit dafür, daß die Zufallsgröße t_1 kleiner als ein Wert t_1 ist, während gleichzeitig $t_2 < t_2, \ldots, t_r < t_r$ ist. Insbesondere gilt

$$\lim_{t_i \to -\infty} F(t_1, t_2, \ldots, t_r) = 0, \qquad i = 1, \ldots, r, \tag{1.11}$$

und

$$F(\infty, \infty, \ldots, \infty) = 1.$$

Wahrscheinlichkeitsverteilungen werden durch Parameter näher gekennzeichnet. Es sind meistens ein oder zwei, seltener drei oder gar vier Parameter. Um eine Zufallsgröße quantitativ zu erfassen, müssen diese Parameter bekannt sein. Eine Zufallsgröße mit ihrer Wahrscheinlichkeitsverteilung, deren Parameter nicht quantifiziert sind, heißt

Wahrscheinlichkeitsmodell. So sind Binomialverteilung, Poisson-Verteilung, Normalverteilung usw. Wahrscheinlichkeitsmodelle der betrachteten Zufallsgröße. Wahrscheinlichkeitsmodelle mit übereinstimmenden formalen Eigenschaften können zu Klassen zusammengefaßt werden (z. B. Klasse der Verteilungsfunktionen mit monoton wachsender Ausfallrate).

1.2.1. Diskrete Wahrscheinlichkeitsverteilungen (eindimensional)

Ist t eine eindimensionale diskrete Zufallsgröße, so ist ihre Verteilungsfunktion eine Treppenfunktion. Der Buchstabe i soll alle Werte bezeichnen, die die betrachtete Zufallsgröße t annehmen kann; beim Würfeln ist also $i = 1, 2, \ldots, 6$. Die Wahrscheinlichkeit, mit der die Zufallsgröße den Wert i annimmt, wird p_i genannt, $P(t = i) = p_i$. Gl. (1.8) hat dann die Form

$$F(k) = P(t < k) = \sum_{i<k} p_i. \tag{1.12}$$

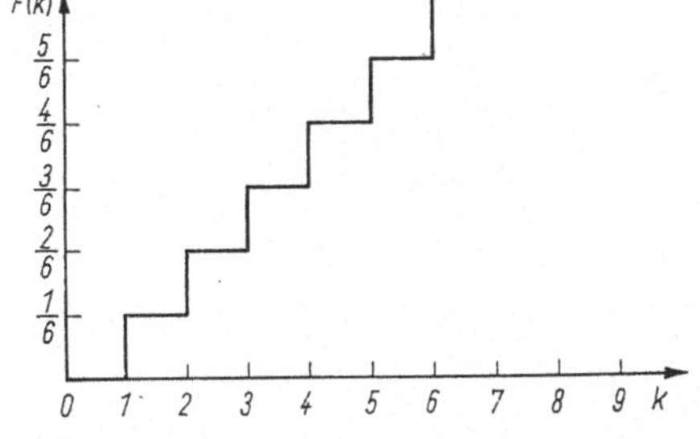

Bild 1.1
Einzelwahrscheinlichkeiten
und Wahrscheinlichkeitsverteilung
der Resultate beim Würfeln

$F(k)$ ist eine Treppenfunktion und wächst an jeder Stelle i um den Betrag p_i. Bekanntlich gilt beim Würfeln mit einem idealen Würfel für alle $i = 1, \ldots, 6$ stets $p_i = \tfrac{1}{6}$. Die Wahrscheinlichkeitsverteilung $F(k)$ hat dann die Form (Bild 1.1)

$$F(k) = \begin{cases} 0 & \text{für} \quad k < 1 \\ \tfrac{1}{6} & \text{für} \quad 1 \leq k < 2 \\ \tfrac{2}{6} & \text{für} \quad 2 \leq k < 3 \\ \tfrac{3}{6} & \text{für} \quad 3 \leq k < 4 \\ \tfrac{4}{6} & \text{für} \quad 4 \leq k < 5 \\ \tfrac{5}{6} & \text{für} \quad 5 \leq k < 6 \\ 1 & \text{für} \quad 6 \leq k < \infty \end{cases}$$

Wahrscheinlichkeitsverteilungen werden häufig durch ihre *Momente* gekennzeichnet (die nicht immer existieren müssen). Man unterscheidet zwischen auf den Ursprung bezogenen Momenten m_k und zentralen Momenten μ_k. Sie sind für diskrete eindimensionale Wahrscheinlichkeitsverteilungen einer nicht negativen Zufallsgröße folgendermaßen definiert:

$$m_k = \sum_{i=0}^{\infty} i^k p_i, \qquad k = 0, 1, 2, \ldots, \tag{1.13}$$

$$\mu_k = \sum_{i=0}^{\infty} (i-m_1)^k p_i, \qquad k = 2, 3, 4, \ldots \tag{1.14}$$

Insbesondere ist m_1 der *Erwartungswert* der Zufallsgröße t. Er wird mit $E(t)$ bezeichnet. (In der Praxis wird der Erwartungswert häufig einfach „Mittelwert" genannt. Weil wir es im folgenden mit statistischen Methoden zu tun haben werden, also den Zusammenhang zwischen Beobachtungsergebnissen und Wahrscheinlichkeitsmodellen behandeln, wird die Bezeichnung Mittelwert nur im Zusammenhang mit Beobachtungswerten angewandt.) Das zentrale Moment 2.Ordnung μ_2 ist die *Varianz* der Zufallsgröße t. (Auch hier wird in der Praxis häufig der Begriff „Streuung" verwendet, den wir nur auf Beobachtungsergebnisse anwenden werden.) Die Varianz ist ein Maß für die möglichen Abweichungen der Realisierungen der Zufallsgröße von ihrem Erwartungswert. Sie wird mit Var (t) bezeichnet. Aus (1.13) und (1.14) erhält man Erwartungswert und Varianz einer diskreten Zufallsgröße

$$E(t) = \sum_{i=1}^{n} i p_i \tag{1.15}$$

$$\mathrm{Var}\,(t) = \sum_{i=1}^{n} [i - E(t)]^2 \, p_i. \tag{1.16}$$

Die bekanntesten diskreten Wahrscheinlichkeitsverteilungen sind die Binomialverteilung und die Poisson-Verteilung. Sie sollen deshalb etwas genauer beschrieben werden.

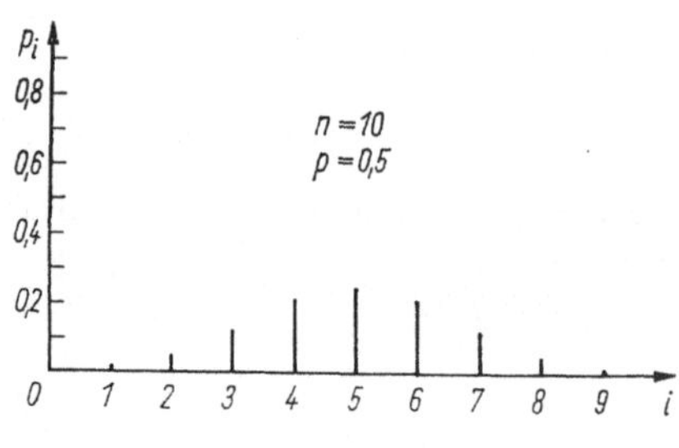

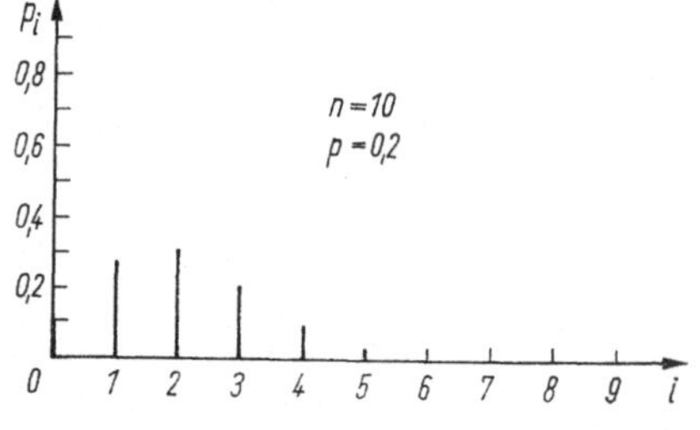

Bild 1.2
Binomialverteilungen mit n = 10 und p = 0,5 bzw. p = 0,2

Der *Binomialverteilung* liegt folgendes Denkmodell zugrunde: Ein zufälliges Experiment führt mit einer Wahrscheinlichkeit p zu dem Ereignis A. Die Wahrscheinlichkeit dafür, daß A nicht eintrifft, ist $(1 - p)$. Wird das Experiment n-mal unabhängig wiederholt, so kann die Anzahl der Fälle i gezählt werden, in denen A eingetroffen ist. Die Größe i kann alle Werte zwischen 0 und n annehmen. Nach den Regeln der Kombinatorik erhält man für die Einzelwahrscheinlichkeiten p_i den Ausdruck

$$p_i = \binom{n}{i} p^i (1 - p)^{n-i}, \qquad i = 0, 1, \ldots, n. \tag{1.17}$$

Daraus wird die Wahrscheinlichkeitsverteilung gebildet:

$$F(k) = \sum_{i=0}^{k-1} \binom{n}{i} p^i (1 - p)^{n-i}, \qquad k = 0, 1, \ldots, n. \tag{1.18}$$

Die Grundwahrscheinlichkeit p ist ein Parameter dieser Wahrscheinlichkeitsverteilung; er bestimmt neben n die Form, die (1.17) und (1.18) im Einzelfall haben kann (Bild 1.2). Erwartungswert und Varianz einer Zufallsgröße mit Binomialverteilung sind durch folgende Formeln gegeben:

$$E(t) = np \tag{1.19}$$

$$\text{Var}(t) = np(1 - p). \tag{1.20}$$

Die *Poisson-Verteilung*, ein auf Zuverlässigkeitsprobleme sehr häufig angewandtes Wahrscheinlichkeitsmodell, läßt sich aus der Binomialverteilung herleiten, wenn die obige Modellvorstellung wie folgt erweitert wird: n ist sehr groß ($n \to \infty$), p sehr klein ($p \to 0$); aber es gilt $np = \lambda$ (siehe etwa [2]). Das entspricht folgender Interpretation für Zuverlässigkeitsprobleme: Die Grundwahrscheinlichkeit p ist die Wahrscheinlichkeit für einen Ausfall in einem kurzen Zeitintervall Δt; die Anzahl solcher Intervalle n ist sehr groß, aber $np = \lambda$ ist eine feste Zahl. Für die Poisson-Verteilung gilt

$$p_i = \frac{\lambda^i}{i!} e^{-\lambda}, \qquad i = 0, 1, 2, \ldots; \qquad \lambda > 0. \tag{1.21}$$

Die Wahrscheinlichkeitsverteilung ist dann

$$F(k) = \sum_{i=0}^{k-1} \frac{\lambda^i}{i!} e^{-\lambda}. \tag{1.22}$$

Der einzige Parameter der Poisson-Verteilung ist λ. Durch ihn ist diese Wahrscheinlichkeitsverteilung vollständig charakterisiert (Bild 1.3). Erwartungswert und Varianz einer

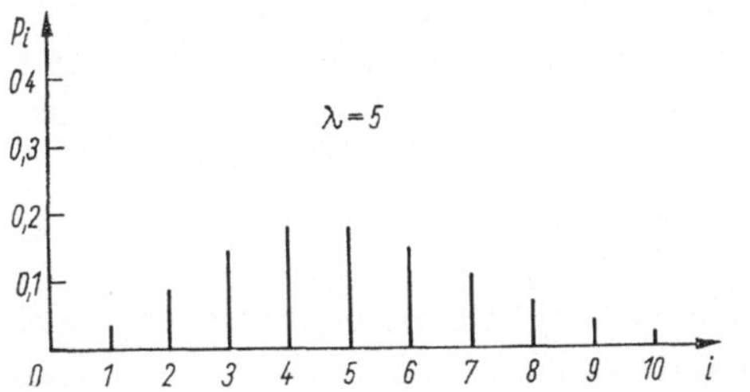

Bild 1.3. Poisson-Verteilungen mit $\lambda = 5$ und $\lambda = 1$

Zufallsgröße t mit Poisson-Verteilung stimmen überein. Es gilt

$$E(t) = \lambda \tag{1.23}$$

$$\mathrm{Var}\,(t) = \lambda. \tag{1.24}$$

1.2.2. Stetige eindimensionale Wahrscheinlichkeitsverteilungen

Es wird die Wahrscheinlichkeitsverteilung (1.8) betrachtet, wenn t alle Werte eines Kontinuums im Intervall $T: t_{\min} \leqq t \leqq t_{\max}$ annehmen kann. Die Zufallsgröße t ist also stetig. Ihr Definitionsbereich T hängt von dem betrachteten Fall ab. Er kann unbeschränkt ($-\infty < t < +\infty$), halb beschränkt ($c \leqq t < \infty$ oder $-\infty < t \leqq c$, c ist endlich) oder beschränkt ($c_1 \leqq t \leqq c_2$) sein. Nach Gl.(1.8) ist eine Wahrscheinlichkeitsverteilung die Funktion

$$F(t) = P\,(t < t), \qquad t \in T, \qquad t \in T. \tag{1.25}$$

Die Verteilungsfunktion ist von links stetig und monoton nicht abnehmend. Insbesondere gilt, was immer die Grenzen von T sein mögen, $F(-\infty) = 0$, $F(+\infty) = 1$.

Zur Charakterisierung stetiger zufälliger Veränderlicher wird der großen Anschaulichkeit wegen häufig die *Verteilungsdichte*

$$f(t) = \frac{\mathrm{d}F\,(t)}{\mathrm{d}t}, \qquad f(t) > 0 \quad \text{für} \quad t \in T, \tag{1.26}$$

verwendet. Das Produkt $f(t)\,\mathrm{d}t$ heißt *Wahrscheinlichkeitselement*. Es gibt nach Ersetzen des infinitesimalen Intervalls $\mathrm{d}t$ durch das endliche Intervall $\varDelta t$ die Wahrscheinlichkeit $F(t + \varDelta t) - F(t)$ an, also die Wahrscheinlichkeit dafür, daß das betrachtete zufällige Ereignis im Intervall $(t, t + \varDelta t)$ stattfindet.

Ist $F(t)$ eine Lebensdauerverteilung (beschreibt das Ausfallverhalten einer Gesamtheit), so wird sie häufig durch die *Ausfallrate*

$$h(t) = \frac{f(t)}{1 - F(t)} \tag{1.27}$$

gekennzeichnet. Das Symbol $h(t)$ wird wegen des englischen Ausdrucks *hazard rate* (Ausfallrate) verwendet. Das Produkt $h(t)\,\mathrm{d}t$ läßt sich auch anschaulich interpretieren: Wird das infinitesimale Zeitintervall $\mathrm{d}t$ durch das endliche Intervall $\varDelta t$ ersetzt, so bedeutet $h(t)\,\varDelta t$ die Wahrscheinlichkeit dafür, daß ein zum Zeitpunkt t funktionsfähiges Erzeugnis im darauffolgenden Zeitintervall $(t, t + \varDelta t)$ ausfallen wird. (Die Verwendung von $h(t)$ zur Charakterisierung von Wahrscheinlichkeitsverteilungen ist nicht auf die Zuverlässigkeitstheorie beschränkt; in der Wahrscheinlichkeitsrechnung ist $h(t)$ als Intensitätsfunktion bzw. $[h(t)]^{-1}$ als Quotient von *Mills* seit langem gebräuchlich.)

Wahrscheinlichkeitsverteilungen stetiger Zufallsgrößen werden durch ihre *Momente* gekennzeichnet (die nicht immer existieren müssen). Als auf den Ursprung bezogenes Moment k-ter Ordnung wird folgender Ausdruck bezeichnet:

$$m_k = \int t^k f(t)\,\mathrm{d}t, \qquad k = 0, 1, \ldots \tag{1.28}$$

Wie bei den diskreten Zufallsgrößen heißt das Moment 1.Ordnung m_1 Erwartungswert $E(t)$. Als zentrales Moment der Ordnung k wird der Ausdruck

$$\mu_k = \int (t - m_1)^k f(t)\,\mathrm{d}t, \qquad k = 2, 3, \ldots, \tag{1.29}$$

bezeichnet. Hierbei bedeutet μ_2 die Varianz Var (t) der Zufallsgröße t. Im folgenden werden wir manchmal zwei weitere Größen benötigen, die aus Momenten hergeleitet sind:

den *Variationskoeffizienten*

$$V = \frac{\sqrt{\mu_2}}{m_1} \tag{1.30}$$

und die *Schiefe*

$$S_3 = \frac{\mu_3}{\sqrt{\mu_2^3}}. \tag{1.31}$$

Der Variationskoeffizient ist ein Maß für die relativ zum Erwartungswert gesehene Variabilität der Zufallsgröße. Die Schiefe ist ein Maß für die Asymmetrie der Verteilungsdichte. Für linkssteile Verteilungsdichten gilt $S_3 > 0$; handelt es sich um eine symmetrische Verteilungsdichte, so gilt $S_3 = 0$, und für $S_3 < 0$ hat die Verteilungsdichte eine rechtssteile Form.

In den Anwendungen stetiger Wahrscheinlichkeitsverteilungen werden häufig *Quantile* t_γ der Zufallsgrößen benutzt. Für eine fest vorgegebene Wahrscheinlichkeit γ ist ein Quantil t_γ durch folgende Beziehung definiert:

$$P\,(t < t_\gamma) = \gamma, \qquad 0 < \gamma < 1, \tag{1.32}$$

die auch in der Form $F(t_\gamma) = \gamma$ geschrieben werden kann. Wird $\gamma = 0{,}5$ gesetzt, so heißt $t_{0,5}$ *Median*. Der Median einer Wahrscheinlichkeitsverteilung wird benutzt, um die Lage der Verteilungsfunktion auf der t-Achse zu kennzeichnen (häufiger verwendet man dazu den Erwartungswert).

Auch der *Modalwert* $\tilde{t}$ einer Zufallsgröße wird manchmal benutzt, um ihre Lage auf der t-Achse zu beschreiben. Er ist als jener Wert t definiert, für den $f(t)$ maximal ist. Es gilt

$$f(\tilde{t}) \geqq f(t) \quad \text{für alle} \quad t \in T. \tag{1.33}$$

Der Modalwert ist vor allem zur Kennzeichnung eingipfliger Verteilungsdichten geeignet.

Wahrscheinlichkeitsverteilungen enthalten in der Regel mehrere Parameter. In der Zuverlässigkeitsanalyse (aber auch in anderen Anwendungen) erweisen sich die Wahrscheinlichkeitsverteilungen als günstig, die von nur zwei Parametern μ und σ abhängen und mit Hilfe einer linearen Transformation

$$x = \frac{t - \mu}{\sigma} \tag{1.34}$$

in eine Standardform übergeführt werden können. Die Parameter μ und σ heißen in solchen Fällen Lageparameter und Maßstabsparameter. Die Verteilungsfunktion

$$F(x) = P\,(x < x) \tag{1.35}$$

heißt *standardisierte Wahrscheinlichkeitsverteilung*. Sie hat den Lageparameter 0 und den Maßstabsparameter 1. Die Anwendung dieser Verteilungsfunktionen ist vorteilhaft; denn sie ermöglicht die allgemeine Verwendung von Tabellen der Werte $F(x)$ und der Quantile x_γ. Diese lassen sich mit Hilfe von (1.34) problemlos in die entsprechenden

Werte von t umrechnen. Überdies kann man für solche Verteilungsfunktionen Wahrscheinlichkeitsnetze konstruieren, die die grafische Auswertung von Beobachtungsdaten ermöglicht.

Für Wahrscheinlichkeitsverteilungen, Wahrscheinlichkeitsdichten und Ausfallraten hat sich eine abgekürzte Schreibweise eingebürgert, in der die betrachtete Zufallsgröße und die Parameter enthalten sind. Wird die Zufallsgröße t durch eine Wahrscheinlichkeitsverteilung $F(t)$ beschrieben, die z. B. die beiden Parameter μ und σ enthält, so kann $F(t)$ durch $F(t; \mu, \sigma)$ bezeichnet werden. Entsprechend wird für die Verteilungsdichte $f(t; \mu, \sigma)$ und für die Ausfallrate $h(t; \mu, \sigma)$ geschrieben. Diese Bezeichnungsweise erweist sich bei der Anwendung von Transformationen auf die Zufallsgröße t als vorteilhaft; so leistet die Transformation (1.34) z. B. den Übergang von $F(t; \mu, \sigma)$ zu $F(x; 0, 1)$.

Im folgenden werden drei wichtige Wahrscheinlichkeitsverteilungen vorgestellt, die im Zusammenhang mit Zuverlässigkeitsuntersuchungen benötigt werden, obwohl sie nicht direkt den im Abschnitt 2. dargestellten Lebensdauerverteilungen zuzurechnen sind. Es handelt sich um die Normalverteilung, die χ^2-Verteilung und die Betaverteilung.

Die bekannteste Wahrscheinlichkeitsverteilung einer stetigen Zufallsgröße t ist die *Normalverteilung*. Sie spielt in Wahrscheinlichkeitsrechnung und mathematischer Statistik eine zentrale Rolle, weil eine Summe identisch verteilter unabhängiger Zufallsgrößen mit wachsender Anzahl von Summanden sich unter sehr allgemeinen Voraussetzungen einer Normalverteilung nähert. Die Zufallsgröße t kann alle Werte im Bereich $-\infty$ bis $+\infty$ annehmen. Sie besitzt eine Normalverteilung, wenn ihre Verteilungsdichte durch die Beziehung

$$f(t) = \frac{1}{\sigma\sqrt{2\pi}}\, e^{-\frac{(t-\mu)^2}{2\sigma^2}}, \qquad \sigma > 0, \tag{1.36}$$

gegeben ist. Die Wahrscheinlichkeitsverteilung $F(t)$ folgt aus (1.36) durch Integration

$$F(t) = \int_{-\infty}^{t} f(u)\, du. \tag{1.37}$$

Die Normalverteilung wird häufig durch die Bezeichnung $N(\mu, \sigma)$ symbolisiert. Für eine normalverteilte Zufallsgröße t gilt

$$E(t) = \mu$$

$$\mathrm{Var}\,(t) = \sigma^2$$

$$t_{0,5} = \mu$$

$$\tilde{t} = \mu.$$

Mit Hilfe der Transformation (1.34) erhält man die Zufallsgröße x, die der standardisierten Normalverteilung $N(0, 1)$ genügt. Ihre Verteilungsdichte ist eine zum Ursprung symmetrische Glockenkurve. Die Funktionswerte und Quantile von $N(0, 1)$ sind in den meisten Lehrbüchern über mathematische Statistik und in einschlägigen Tabellenwerken tabelliert, z. B. in [3].

Die *χ^2-Verteilung* hat, wie sich im Abschnitt 4. besonders deutlich zeigen wird, eine außerordentlich große Bedeutung für die praktische Zuverlässigkeitsanalyse. Sie läßt sich in folgender Weise herleiten: Es werden n unabhängige Zufallsgrößen $x_1, x_2, \ldots, x_n$ betrachtet, von denen jede der standardisierten Normalverteilung $N(0, 1)$ genügt.

Bildet man daraus die Zufallsgröße

$$\chi^2 = \sum_{i=1}^{n} x_i^2, \qquad \chi^2 > 0, \tag{1.38}$$

so genügt sie der Verteilungsdichte

$$f_{\chi^2}(t) = \frac{1}{2^{n/2}\, \Gamma\!\left(\dfrac{n}{2}\right)}\, t^{n/2-1}\, e^{-t/2}, \qquad t > 0. \tag{1.39}$$

(Der Index χ^2 soll auf die Zufallsgröße χ^2 hinweisen.)

Die Wahrscheinlichkeitsverteilung zur Verteilungsdichte (1.39) erhält man durch Integration

$$F_{\chi^2}(t) = \int_0^t f_{\chi^2}(u)\, \mathrm{d}u. \tag{1.40}$$

Die χ^2-Verteilung enthält den Parameter n, der auch als Anzahl von Freiheitsgraden bezeichnet wird, weil er die Anzahl der Summanden in (1.38) angibt. Damit ist $n > 0$ stets eine natürliche Zahl. Für eine Zufallsgröße mit χ^2-Verteilung gilt

$$E_{\chi^2}(t) = n \tag{1.41}$$

$$\mathrm{Var}_{\chi^2}(t) = 2n.$$

Die χ^2-Verteilung wird häufig symbolisch durch $\chi^2(n)$ bezeichnet. Je größer n ist, um so größere Werte nimmt χ^2 an, und um so breiter dehnt sich die Verteilungsdichte aus

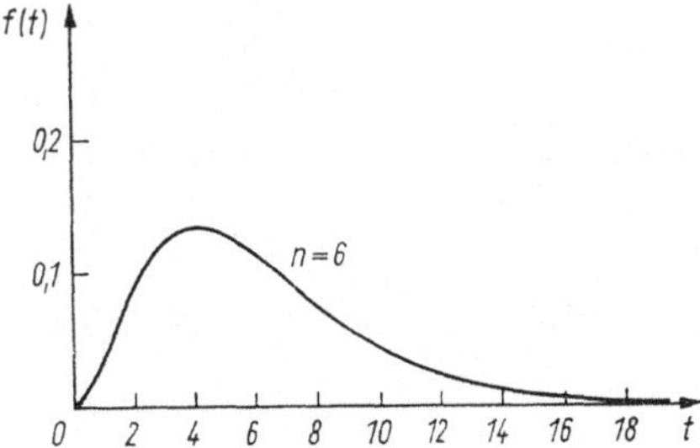

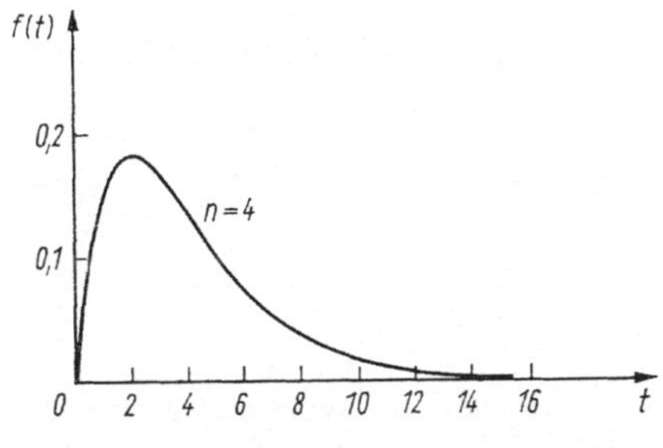

Bild 1.4
Dichte der χ^2-Verteilung
mit sechs und vier Freiheitsgraden

(Bild 1.4). Die Verteilungsdichte von χ^2 ist für kleine n linkssteil ($S_3 > 0$) und nähert sich mit wachsendem n einer Normalverteilung, wird also symmetrisch. Die Parameter der asymptotischen Normalverteilung sind $\mu = n$ und $\sigma^2 = 2n$. In der Praxis verwendet man etwa ab $n = 30$ die asymptotische Normalverteilung $\mathrm{N}\,(n, \sqrt{2n})$ statt $\chi^2(n)$. Die

χ^2-Verteilung ist in den meisten einschlägigen Lehrbüchern und Tabellenwerken tabelliert, z.B. in [3]. Im Abschnitt 2.4. wird sich zeigen, daß die χ^2-Verteilung auch ein Spezialfall der Gammaverteilung ist. Die große Bedeutung der χ^2-Verteilung für die Zuverlässigkeitsanalyse entsteht daraus, daß die Wahrscheinlichkeitsverteilung einer Summe von unabhängigen Zufallsgrößen mit Exponentialverteilung einer Gammaverteilung und damit auch einer χ^2-Verteilung proportional ist.

Für die praktische Zuverlässigkeitsanalyse ist schließlich noch die *Betaverteilung* wichtig. Ist t eine Zufallsgröße, die im Intervall [0, 1] variieren kann, und hat ihre Verteilungsdichte folgende Gestalt:

$$f_B(t) = \frac{\Gamma(a+b)}{\Gamma(a)\,\Gamma(b)}\, t^{a-1}\,(1-t)^{b-1}, \qquad a > 0, \qquad b > 0, \qquad 0 \leqq t \leqq 1, \tag{1.42}$$

so genügt t der Betaverteilung. In (1.42) bedeutet $\Gamma(a)$ die Gammafunktion mit dem Argument a. Für ganzzahlige $a > 0$ gilt $\Gamma(a) = (a-1)!$. Die Betaverteilung enthält die beiden Parameter $a > 0$, $b > 0$. Die Verteilungsdichte ist für $a = b$ um den Wert $t = \frac{1}{2}$ symmetrisch und hat für $a < b$ bzw. $a > b$ eine positive bzw. eine negative

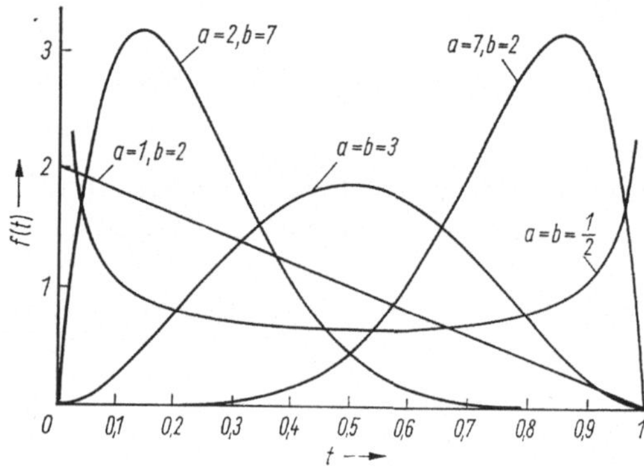

Bild 1.5
*Dichte der Betaverteilung
mit verschiedenen Parametern a und b*

Schiefe S_3 (Bild 1.5). Die Wahrscheinlichkeitsverteilung folgt aus (1.42) durch Integration

$$F_B(t) = \frac{\Gamma(a+b)}{\Gamma(a)\,\Gamma(b)} \int_0^t u^{a-1}\,(1-u)^{b-1}\,\mathrm{d}u. \tag{1.43}$$

Die Betaverteilung wird symbolisch mit $B\,(a, b)$ bezeichnet. Für die Zufallsgröße t mit Betaverteilung gilt

$$E_B(t) = \frac{a}{a+b} \tag{1.44}$$

$$\mathrm{Var}_B(t) = \frac{ab}{(a+b)^2\,(a+b+1)}.$$

Bedeutet $B_\gamma\,(a, b)$ das nach Gl.(1.32) definierte Quantil der Betaverteilung mit den Parametern a und b, so gilt folgende Symmetriebeziehung:

$$B_\gamma\,(a, b) = 1 - B_{1-\gamma}\,(b, a). \tag{1.45}$$

Tabellen der Betaverteilung findet man z.B. in [7]. Sie sind sonst nicht häufig vorhanden. Weil zwischen der Betaverteilung und der häufiger tabellierten F-Verteilung mit m_1 und

m_2 Freiheitsgraden ein funktionaler Zusammenhang besteht, wird dieser zur Berechnung der Betaquantile benutzt. Wir benutzen dazu wieder die symbolisierte Schreibweise, in der $B_\gamma(a, b)$ das Quantil t_γ einer Zufallsgröße t mit Betaverteilung mit den Parametern a und b bedeutet und $F_\gamma(m_1, m_2)$ das Quantil t_γ einer Zufallsgröße t mit einer F-Verteilung mit m_1 und m_2 Freiheitsgraden. Dann gilt

$$B_\gamma(a, b) = \frac{\dfrac{a}{b} F_\gamma(2a, 2b)}{1 + \dfrac{a}{b} F_\gamma(2a, 2b)}. \tag{1.46}$$

Tabellen der F-Verteilung findet man in den meisten einschlägigen Lehrbüchern und Tabellenwerken, z.B. in [3].

Für ganzzahlige Parameter a und b hat die Verteilungsdichte (1.42) eine große Ähnlichkeit mit Gl. (1.17), die die Einzelwahrscheinlichkeiten der Binomialverteilung angibt. Setzt man in (1.42) $a = i + 1$ und $b = n - i + 1$, so läßt sich (1.42) folgendermaßen schreiben:

$$f(t) = (n + 1) \binom{n}{i} t^i (1 - t)^{n-i}, \qquad i = 0, 1, \dots, n.$$

Während aber die Binomialverteilung eine Wahrscheinlichkeitsverteilung der diskreten Zufallsgröße $t = i$ ist, bedeutet (1.42) die Verteilungsdichte der stetigen Zufallsgröße t, $0 \leq t \leq 1$. In der Binomialverteilung steht an dieser Stelle der Parameter p, für den ebenfalls $0 \leq p \leq 1$ gilt. Würde also bei festem n und i in (1.17) sozusagen p als zufällig angesehen, erhielte man bis auf den Faktor $(n + 1)$ den Ausdruck (1.42). Dieser Zusammenhang wird in manchen Anwendungen ausgenutzt, z.B. zur Berechnung von Vertrauensgrenzen für eine unbekannte Wahrscheinlichkeit wie im Abschnitt 4.1.1. Die Betaverteilung ist auch im Zusammenhang mit der mathematischen Behandlung von Ranggrößen wichtig, die im Abschnitt 1.4. beschrieben werden. Dort und später werden die im Anhang als Tabelle 1 bis 3 abgedruckten Quantile der Betaverteilung benötigt, die nach [100] für $\gamma = 0{,}05$; $0{,}5$; $0{,}95$ und $a = i$, $b = n - i + 1$ in einer anwendungsfreundlichen Form zusammengestellt sind.

1.2.3. Stetige mehrdimensionale Wahrscheinlichkeitsverteilungen

Ist die stetige Zufallsgröße $t = (t_1, \dots, t_r)$ ein aus r Komponenten, $r > 1$, bestehender Vektor, so wird ihr die r-dimensionale Verteilungsfunktion $F(t_1, \dots, t_r)$ zugeordnet. Für $F(t_1, \dots, t_r)$ gelten die Gln. (1.10) und (1.11). $F(t_1, \dots, t_r)$ sei absolut stetig. Häufig werden r-dimensionale Zufallsgrößen durch ihre Verteilungsdichte

$$f(t_1, \dots, t_r) = \frac{\partial^r F(t_1, \dots, t_r)}{\partial t_1 \dots \partial t_r}, \qquad f(t_1, \dots, t_r) \geq 0, \tag{1.47}$$

beschrieben. Die Wahrscheinlichkeitsdichte läßt sich im r-dimensionalen Koordinatensystem veranschaulichen; denn das Produkt $f(t_1, \dots, t_r)\, \partial t_1 \dots \partial t_r$ kann nach Ersetzen der infinitesimalen Intervalle ∂t_i, $i = 1, 2, \dots, r$, durch die endlichen Intervalle Δt_i als Wahrscheinlichkeit dafür betrachtet werden, daß die Zufallsgröße t einen Wert des endlichen r-dimensionalen Intervalls annimmt.

Die Eigenschaften mehrdimensionaler Zufallsgrößen werden häufig durch ihre beiden ersten Momente gekennzeichnet. Wie für eindimensionale Zufallsgrößen werden auf den Ursprung bezogene Momente und zentrale Momente unterschieden [vgl. (1.28) und (1.29)]. In der Regel benutzt man nur den Erwartungswert (auf den Ursprung bezogenes Moment 1. Ordnung) und die Varianz bzw. Kovarianz (zentrales Moment 2. Ordnung). Es gilt

$$E(t_i) = m_{1,i} = \int \dots \int t_i f(t_1, \dots, t_r)\, dt_1 \dots dt_r, \qquad i = 1, \dots, r$$

$$\mathrm{Var}\,(t_i) = \mu_{2,ii} = \int \dots \int (t_i - m_{1,i})^2 f(t_1, \dots, t_r)\, dt_1 \dots dt_r$$

$$\mathrm{Cov}\,(t_i t_j) = \mu_{2,ij} = \int \dots \int (t_i - m_{1,i})(t_j - m_{1,j}) f(t_1, \dots, t_r)\, dt_1 \dots dt_r.$$

$$(1.48)$$

Der Erwartungswert $E(t_i)$ beschreibt die Lage der Verteilung in bezug auf die t_i-Achse; $\mathrm{Var}\,(t_i)$ ist ein Maß für die Variabilität der Zufallsgröße t_i und beschreibt damit die Ausdehnung der Verteilungsdichte in bezug auf die t_i-Achse; $\mathrm{Cov}\,(t_i t_j)$ drückt die Abhängigkeit von t_i und t_j aus. Ist $\mathrm{Cov}\,(t_i t_j) = 0$, heißen t_i und t_j unkorreliert. Sind alle Komponenten t_i der Zufallsgröße t unabhängig, so gilt gemäß Gl. (1.5)

$$F(t_1, \dots, t_r) = F(t_1)\, F(t_2) \dots F(t_r) \tag{1.49}$$

und

$$f(t_1, \dots, t_r) = f(t_1) f(t_2) \dots f(t_r). \tag{1.50}$$

Für die Charakterisierung der Eigenschaften einer mehrdimensionalen Zufallsgröße durch die beiden ersten Momente ist die Matrizenschreibweise zweckmäßig. Man schreibt den Erwartungswert von t als Vektor

$$E(t) = (E(t_1), \dots, E(t_r)) \tag{1.51}$$

und bildet aus den Varianzen und Kovarianzen die *Kovarianzmatrix*

$$\Sigma = \begin{Vmatrix} \mathrm{Var}\,(t_1) & \mathrm{Cov}\,(t_1 t_2) \dots \mathrm{Cov}\,(t_1 t_r) \\ \mathrm{Cov}\,(t_2 t_1) & \mathrm{Var}\,(t_2) \quad \dots \mathrm{Cov}\,(t_2 t_r) \\ \cdot \quad \cdot \quad \cdot \quad \cdot \quad \cdot \quad \cdot \quad \cdot \quad \cdot \\ \mathrm{Cov}\,(t_r t_1) & \mathrm{Cov}\,(t_r t_2) \quad \dots \mathrm{Var}\,(t_r). \end{Vmatrix}. \tag{1.52}$$

Die Kovarianzmatrix ist stets symmetrisch, weil $\mathrm{Cov}\,(t_i t_j) = \mathrm{Cov}\,(t_j t_i)$ gilt, und sie ist stets positiv definiert. Sind die t_i, $i = 1, \dots, r$, unkorrelierte Zufallsgrößen, so ist Σ eine Diagonalmatrix; denn es gilt $\mathrm{Cov}\,(t_i t_j) = 0$ für $i \neq j$.

Bei der Anwendung mehrdimensionaler Wahrscheinlichkeitsverteilungen treten zwei weitere wichtige Begriffe auf: die *bedingte Verteilung* und die *Randverteilung*. Der Einfachheit halber sollen sie nur für den Fall $r = 2$ erläutert werden. Es wird also die zweidimensionale Zufallsgröße $t = (t_1, t_2)$ betrachtet. Sie genügt der Wahrscheinlichkeitsverteilung $F(t_1, t_2)$. Die Verteilungsfunktionen

$$\lim_{t_2 \to +\infty} F(t_1, t_2) = F(t_1, +\infty) = F(t_1)$$

bzw.

$$\lim_{t_1 \to +\infty} F(t_1, t_2) = F(+\infty, t_2) = F(t_2) \tag{1.53}$$

heißen *Randverteilungen* von t_1 bzw. t_2. Man erhält ihre Dichte aus $f(t_1, t_2)$ durch Integration über t_2 bzw. t_1

$$f(t_1, +\infty) = \int_{-\infty}^{+\infty} f(t_1, t_2)\, dt_2 = f(t_1)$$

$$f(+\infty, t_2) = \int_{-\infty}^{+\infty} f(t_1, t_2)\, dt_1 = f(t_2). \tag{1.54}$$

Für Verteilungsfunktionen der Dimension $r > 2$ können analog zu (1.53) Randverteilungen der Dimension 1 bis $(r - 1)$ gebildet werden. So ist z.B. für die Zufallsgröße $t = (t_1, t_2, t_3, t_4)$ die Wahrscheinlichkeitsverteilung $F(t_1, +\infty, +\infty, t_4)$ eine der möglichen zweidimensionalen Randverteilungen. Ihre Verteilungsdichte erhält man analog zu (1.54) in der Form

$$f(t_1, +\infty, +\infty, t_4) = \int_{-\infty}^{+\infty} \int_{-\infty}^{+\infty} f(t_1, t_2, t_3, t_4)\, dt_2\, dt_3 = f(t_1, t_4).$$

Hat t_2 eine feste Größe, so kann die *bedingte Wahrscheinlichkeitsverteilung* von t_1 definiert werden

$$F(t_1|t_2) = P(t_1 < t_1|t_2 = t_2). \tag{1.55}$$

Analog läßt sich die bedingte Wahrscheinlichkeitsverteilung von t_2 bei festem $t_1 = t_1$ betrachten:

$$F(t_2|t_1) = P(t_2 < t_2|t_1 = t_1). \tag{1.56}$$

Es gilt in Übereinstimmung mit Gl. (1.4)

$$F(t_1, t_2) = F(t_1)\, F(t_2|t_1) = F(t_2)\, F(t_1|t_2). \tag{1.57}$$

Falls t_1 und t_2 unabhängig sind, gilt

$$F(t_1|t_2) = F(t_1)$$

$$F(t_2|t_1) = F(t_2). \tag{1.58}$$

Die Dichte der bedingten Wahrscheinlichkeitsverteilung, die kurz als *bedingte Verteilungsdichte* bezeichnet wird, folgt aus $f(t_1, t_2)$ durch

$$f(t_1|t_2) = \frac{f(t_1, t_2)}{f(t_2)} \quad \text{für} \quad f(t_2) > 0$$

$$f(t_2|t_1) = \frac{f(t_1, t_2)}{f(t_1)} \quad \text{für} \quad f(t_1) > 0. \tag{1.59}$$

Diese Beziehung ist eine Verallgemeinerung der Bayesschen Formel (1.7), gilt doch

$$f(t_1|t_2) = \frac{f(t_1)\, f(t_2|t_1)}{\displaystyle\int_{-\infty}^{+\infty} f(t_1, t_2)\, dt_1} = \frac{f(t_1)\, f(t_2|t_1)}{\displaystyle\int_{-\infty}^{+\infty} f(t_1)\, f(t_2|t_1)\, dt_1} \tag{1.60}$$

bzw.

$$f(t_2|t_1) = \frac{f(t_2)\, f(t_1|t_2)}{\displaystyle\int_{-\infty}^{+\infty} f(t_1, t_2)\, dt_2} = \frac{f(t_2)\, f(t_1|t_2)}{\displaystyle\int_{-\infty}^{+\infty} f(t_2)\, f(t_1|t_2)\, dt_2}, \tag{1.61}$$

wenn $F(t_1, t_2)$ absolut stetig ist. Diese Beziehungen werden für die Herleitung der Bayesschen Schätzverfahren (Abschnitte 3.5. und 4.3.) benötigt. Für Verteilungsfunktionen der Dimension $r > 2$ können analog zu (1.55) bedingte Verteilungen der Dimension 1 bis $(r - 1)$ gebildet werden, je nachdem, welche Komponenten t_i, $i = 1, \ldots, r$, als feste Größen $t_i = t_i$ betrachtet werden.

1.3.   Beobachtungswerte und Stichproben

Zufallsgrößen und die ihnen zugeordneten Wahrscheinlichkeitsverteilungen sind Denkmodelle, die zunächst kaum etwas mit der Wirklichkeit zu tun haben. Sie sollen sie aber beschreiben. Durch die Analyse von Beobachtungswerten entsteht die Verbindung zur Realität [4]. Außer den echten, in praktischen Anwendungen gewonnenen Beobachtungswerten und dem Wahrscheinlichkeitsmodell braucht man noch gedachte Beobachtungswerte aus mathematischen Stichproben als Basis für die Herleitung der statistischen Methoden. Dies alles ist im folgenden zu unterscheiden. Formal soll eine Zufallsgröße t durch das halbfett kursiv gesetzte Symbol gekennzeichnet werden. Zur Zufallsgröße t gehört die Wahrscheinlichkeitsverteilung $F(t)$. In einem zufälligen Experiment erhält man eine *Realisierung der Zufallsgröße* t; sie wird mit dem Symbol t bezeichnet. Das zufällige Experiment ist ein Denkmodell und kein echter Versuch in der Praxis. Die n-malige unabhängige Durchführung des zufälligen Experiments liefert n Realisierungen der Zufallsgröße t, die mit $(t_1, t_2, \ldots, t_n)$ bezeichnet werden. Diese Werte bilden eine *mathematische Stichprobe* vom Umfang n. Sie ist dadurch gekennzeichnet, daß auf sie das Wahrscheinlichkeitsmodell $F(t)$ wirklich „paßt" und daß es sich wirklich um n unabhängige Realisierungen handelt.

Werden in der Praxis n Prüflinge einer Zuverlässigkeitsprüfung unterworfen, so erhält man im Normalfall n Beobachtungswerte $t_1, \ldots, t_n$. Diese bilden eine *praktische Stichprobe*. Von ihr weiß man nicht, inwiefern das angenommene Wahrscheinlichkeitsmodell $F(t)$ wirklich paßt, ob die Beobachtungswerte unabhängig sind und ob die Stichprobe repräsentativ ist. All das wird nur vorausgesetzt, nach bestem Wissen und Gewissen. Beobachtungswerte aus praktischen Stichproben werden ebenfalls durch den Buchstaben t bezeichnet. (Das dürfte kaum zu Verwirrungen führen; denn praktische Stichproben treten nur gelegentlich in Beispielen auf.)

In der Zuverlässigkeitsanalyse sind die Beobachtungswerte häufig geordnet; es gilt $t_{(1)} \leqq t_{(2)} \leqq \ldots \leqq t_{(n)}$. Um sie von den nicht geordneten Realisierungen der Zufallsgröße t bzw. Beobachtungswerten zu unterscheiden, wird ihre Rangzahl als Index in Klammern geschrieben. Gilt zwischen zwei benachbarten Werten das Gleichheitszeichen, ist ihre Reihenfolge beliebig. Die normale Rangfolge ist die Reihenfolge vom kleinsten zum größten Wert.

Die in der Zuverlässigkeitsanalyse betrachteten Zufallsgrößen sind in der Regel Zeiten (Zeit bis zum Ausfall). Da die Beobachtungsdauer begrenzt ist, kommen häufig *unvollständige Stichproben* vor, d.h., von n geprüften Elementen fallen innerhalb der Beobachtungsdauer nicht alle aus. Solche Stichproben heißen *gestutzte* oder *zensierte Stichproben*. Zwei Fälle sind zu unterscheiden:

1. Die Beobachtung wird zu einem festen Zeitpunkt t beendet. Man erhält $r \leqq n$ Beobachtungswerte $t_{(1)} \leqq t_{(2)} \leqq \ldots \leqq t_{(r)}$. In diesem Fall ist r die Realisierung einer Zufallsgröße r, die alle Werte r = 0, 1, \ldots, n annehmen kann. Eine solche Stichprobe soll *gestutzte Stichprobe* heißen. In der Literatur wird sie auch als Stichprobe mit Typ-I-Zensierung bezeichnet.

2. Die Beobachtung wird nach dem r-ten Ausfall beendet, wobei $r < n$ eine feste Zahl ist. Man erhält die Beobachtungswerte $t_{(1)} \leqq t_{(2)} \leqq \ldots \leqq t_{(r)}$. Dabei ist die Beobachtungsdauer $t_{(r)}$ die Realisierung einer Zufallsgröße $t_{(r)}$. Eine solche Stichprobe soll *zensierte Stichprobe* heißen. In der Literatur wird sie häufig als Stichprobe mit Typ-II-Zensierung bezeichnet.

1.4. Ranggrößen

Es werden $n > 1$ unabhängige Realisierungen t_i der stetigen Zufallsgröße t mit der stetigen Verteilungsfunktion $F(t)$ betrachtet. Die Wahrscheinlichkeitsverteilung $F(t)$ heißt in diesem Zusammenhang *Ausgangsverteilung*. Die t_i werden nach der Größe geordnet: $t_{(1)} \leqq t_{(2)} \leqq \ldots \leqq t_{(n)}$. Sie heißen dann *Ranggrößen*. Sie sind, wenn man von der Realisierung in einer konkreten Stichprobe zu allen möglichen Realisierungen in der Menge aller denkbaren unabhängigen Stichproben vom Umfang n übergeht, selbst Zufallsgrößen $t_{(i)}$. Auch ihnen ist eine Wahrscheinlichkeitsverteilung zugeordnet, die sich aus der Ausgangsverteilung, dem Stichprobenumfang n und der Rangzahl i berechnen läßt. Im Unterschied zur Ausgangsverteilung $F(t)$ werden Wahrscheinlichkeitsverteilung und Verteilungsdichte von Ranggrößen mit dem Symbol $\Phi_n(t_{(i)})$ und $\varphi_n(t_{(i)})$ bezeichnet.

Ranggrößen sind für die statistische Zuverlässigkeitsanalyse sehr wichtig; denn die Ausfallzeitpunkte von Prüflingen, die gleichzeitig einer Dauerprüfung unterzogen werden, sind von Natur aus geordnet. Die mathematischen Eigenschaften von Ranggrößen werden z. B. benutzt, um unvollständige Stichproben auszuwerten, lineare Schätzungen für Parameter von Wahrscheinlichkeitsverteilungen herzuleiten (Abschnitte 3.2.3. und 5.3.) oder geeignete Darstellungspunkte in Wahrscheinlichkeitsnetzen zu finden (Abschnitte 5.1.1., 6.1. und 7.1.).

Zur Verdeutlichung des Zusammenhangs zwischen der Zufallsgröße t mit der Ausgangsverteilung $F(t)$ und den Eigenschaften einer Ranggröße $t_{(i)}$ soll folgendes Beispiel dienen: Die Zufallsgröße t möge im Intervall [0, 1] definiert sein und die Wahrscheinlichkeitsverteilung $F(t) = t$ haben. Ihre Verteilungsdichte lautet also: $f(t) = 1$ für $0 \leq t \leq 1$. Die Zufallsgröße t hat damit im Intervall [0, 1] eine Rechteckverteilung. Werden n Realisierungen von t betrachtet, so darf man sie [wegen $f(t) = 1$] im ganzen Intervall etwa gleichmäßig verteilt erwarten. Ist $n = 2$, so wird der kleinste Wert $t_{(1)}$ vermutlich in der unteren Hälfte des Intervalls [0, 1] auftreten; ist $n = 100$, so wird $t_{(1)}$ in der Nähe des Wertes $t = \frac{1}{100}$ zu erwarten sein. Der größte Wert $t_{(n)}$ dagegen ist für $n = 2$ in der oberen Hälfte des Intervalls zu vermuten; für $n = 100$ wird $t_{(100)}$ etwa bei $t = \frac{99}{100}$ vermutet. Damit wird die Auswirkung von n und i auf die Verteilungsfunktion der Ranggrößen gefühlsmäßig klar. Ähnlich läßt sich der Einfluß von $F(t)$ veranschaulichen: Wäre $F(t)$ eine Betaverteilung [Gl.(1.43)] mit den Parametern $a = 7$, $b = 2$, so hätte sie die im Bild 1.5 dargestellte Verteilungsdichte. Sie zeigt, daß hauptsächlich große Werte von t zu erwarten sind. Damit würden sich auch die Verteilungen der Ranggrößen, im Unterschied zum oben betrachteten Fall, zu größeren t-Werten hin verschieben.

Nach [5] läßt sich die Verteilungsdichte von $t_{(i)}$ wie folgt berechnen:

$$\varphi_n(t_{(i)}) = \frac{n!}{(i-1)!\,(n-i)!}\, F_i^{\,i-1}\,(1 - F_i)^{n-i} f_i, \tag{1.62}$$

wobei $F_i = F(t_{(i)})$ und $f_i = f(t_{(i)})$ die Werte der Ausgangsverteilung und ihre Dichte an der Stelle $t_{(i)}$ bedeuten. Die Wahrscheinlichkeitsverteilung von $t_{(i)}$ folgt aus (1.62) durch

Integration

$$\Phi_n(t_{(i)}) = \int_{\ldots}^{t_i} \varphi_n(u)\,\mathrm{d}u, \tag{1.63}$$

wobei die untere Integrationsgrenze dem Definitionsbereich von t entsprechend zu wählen ist.

Die gemeinsame Verteilungsdichte der i-ten und j-ten Ranggröße $(i < j)$ ist durch die Beziehung

$$\varphi_n(t_{(i)}, t_{(j)}) = \frac{n!}{(i-1)!\,(j-i-1)!\,(n-j)!}\, F_i^{i-1}\,(F_j - F_i)^{j-i-1}$$

$$\times\,(1 - F_j)^{n-j} f_i f_j \tag{1.64}$$

und die aller n Ranggrößen durch die n-dimensionale Verteilungsdichte

$$\varphi_n(t_{(1)}, \ldots, t_{(n)}) = n!\,f_1 f_2 \ldots f_n \tag{1.65}$$

gegeben.

Zur Charakterisierung der Eigenschaften von Ranggrößen werden häufig ihre Momente verwendet. Für Erwartungswert und Varianz der i-ten Ranggröße gilt

$$E_n(t_{(i)}) = \frac{n!}{(i-1)!\,(n-i)!}\,\int uF_i^{i-1}\,(1 - F_i)^{n-i} f_i\,\mathrm{d}u \tag{1.66}$$

$$\mathrm{Var}_n(t_{(i)}) = \frac{n!}{(i-1)!\,(n-i)!}\,\Big\{\int u^2 F_i^{i-1}\,(1 - F_i)^{n-i} f_i\,\mathrm{d}u$$

$$-\,[\int uF_i^{i-1}\,(1 - F_i)^{n-i} f_i\,\mathrm{d}u]^2\Big\}. \tag{1.67}$$

Da zwei Ranggrößen $t_{(i)}$ und $t_{(j)}$, $i < j$, voneinander nicht unabhängig sind (man sieht es u. a. daran, daß für $i < j$ niemals $t_{(i)} > t_{(j)}$ sein darf), wird auch die Kovarianz von $t_{(i)}$ und $t_{(j)}$ benötigt. Sie lautet:

$$\mathrm{Cov}_n(t_{(i)}, t_{(j)}) = \frac{n!}{(i-1)!\,(j-i-1)!\,(n-j)!}\,\iint uvF_i^{i-1}\,(F_j - F_i)^{j-i-1}$$

$$\times\,(1 - F_j)^{n-j} f_i f_j\,\mathrm{d}u\,\mathrm{d}v - \frac{(n!)^2}{(i-1)!\,(j-1)!\,(n-i)!\,(n-j)!}$$

$$\times\int uF_i^{i-1}\,(1 - F_i)^{n-1} f_i\,\mathrm{d}u \int vF_j^{j-1}\,(1 - F_j)^{n-j} f_j\,\mathrm{d}v. \tag{1.68}$$

Leider sind diese Formeln recht unbequem und gestatten kaum eine direkte praktische Anwendung. Für manche Ausgangsverteilungen (Exponentialverteilung, Normalverteilung, Gammaverteilung, Extremwertverteilung vom Typ I u. a.) wurden deshalb Tabellen der Wahrscheinlichkeitsverteilungen der Ranggrößen (Quantile und Momente) berechnet und publiziert. Einige dieser Tabellen findet man in dem Sammelband von *Sarhan* und *Greenberg* [5], wo auch Hinweise auf weitere Tabellen gegeben werden.

Bild 1.6 zeigt die Verteilungsdichte einiger Ranggrößen, wenn die Ausgangsverteilung eine Exponentialverteilung und der Stichprobenumfang $n = 30$ ist. Es ist zu sehen, daß sich in diesem Fall für die unteren Ranggrößen (die den kleinsten Beobachtungswerten entsprechen) die Verteilungsdichte viel stärker um den Erwartungswert $E(t_{(i)})$ konzentriert als für Ranggrößen mit höherer Rangzahl. Die unteren Ranggrößen haben somit eine kleinere Varianz als die mit hohen Rangzahlen. Praktisch bedeutet dies, daß die kleinsten Beobachtungswerte für Schlüsse auf die Gesamtheit besser geeignet sind als Beobachtungswerte mit hohen Rangzahlen. Das gilt aber nur im betrachteten Fall, in dem $F(t)$ eine Exponentialverteilung ist.

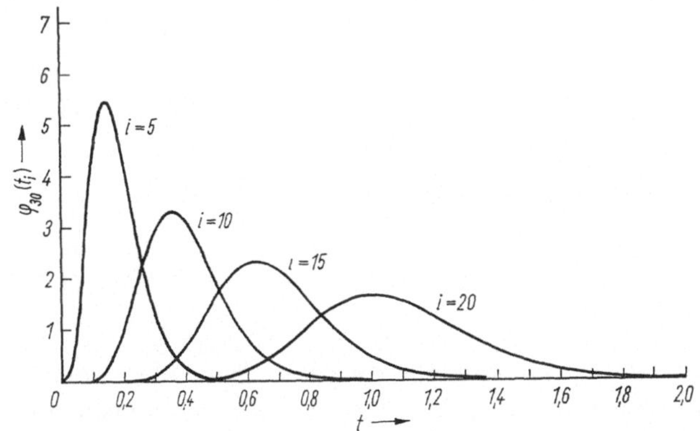

Bild 1.6
Verteilungsdichten der i-ten Ranggrößen in einer Stichprobe vom Umfang n = 30 mit einer Exponentialverteilung ($\lambda = 1$) als Ausgangsverteilung

Beim Vergleich von Gl. (1.62) mit der Verteilungsdichte der Betaverteilung (1.42) findet man eine große formale Ähnlichkeit. Die der Verteilungsdichte (1.42) zugrunde liegende Zufallsgröße t ist im Intervall [0, 1] definiert; gleiches gilt für die in Gl. (1.62) auftretenden Werte F_i der Ausgangsverteilung. Den Parametern a und b in Gl. (1.42) entsprechen in Gl. (1.62) die Werte $a = i, b = n - i + 1$. Dieser offensichtliche Zusammenhang kann auch formal hergestellt werden. Dazu wird folgende Transformation der stetigen Wahrscheinlichkeitsverteilung $F(t)$ durchgeführt

$$u = F(t), \qquad 0 \leqq u \leqq 1, \tag{1.69}$$

deren Umkehrung

$$t = F^{-1}(u) \tag{1.70}$$

ebenfalls existieren soll. Mit Hilfe dieser Transformation kann man von der Zufallsgröße t mit der Verteilung $F(t)$ zu einer Zufallsgröße u übergehen. Es gilt

$$u = F(F^{-1}(u)) = u. \tag{1.71}$$

Die Zufallsgröße u ist also im Intervall [0, 1] definiert und besitzt dort die Rechteckverteilung $F(u) = u$. Man nennt die Zufallsgröße u eine *Betavariable*. Ihre Verteilungsdichte ist durch die Beziehung $f(u) = 1$ für $0 \leqq u \leqq 1$ und $f(u) = 0$ für $u < 0$ und $u > 1$ gegeben. [Wegen der Gültigkeit von (1.69) können die Betavariablen in der Praxis als Summenhäufigkeiten interpretiert werden.]

Es ist von großem praktischem Vorteil, die Analyse geordneter Beobachtungswerte $t_{(i)}$ durch die Analyse der zugehörigen Betavariablen $u_{(i)}$ zu ersetzen. Häufigen Gebrauch davon macht z.B. *Gumbel* [6]. Weil $F(u) = u$ ist, erhält man aus Gl. (1.62) die Beziehung

$$\varphi_n(u_{(i)}) = \frac{n!}{(i - 1)! \, (n - i)!} \, u_{(i)}^{i-1} \, (1 - u_{(i)})^{n-i}, \qquad 0 \leqq u_{(i)} \leqq 1, \tag{1.72}$$

woraus durch Integration die Wahrscheinlichkeitsverteilung folgt:

$$\Phi_n(u_{(i)}) = \frac{n!}{(i - 1)! \, (n - i)!} \int_0^{u_{(i)}} v^{i-1} \, (1 - v)^{n-i} \, dv. \tag{1.73}$$

Die Gln. (1.72) und (1.73) sind Verteilungsdichte und Verteilungsfunktion einer Betaverteilung, wie auch (1.42) und (1.43). Erwartungswert und Varianz der Betavariablen $u_{(i)}$ erhält man aus den Gln. (1.44):

$$E_n(u_{(i)}) = \frac{i}{n+1} \tag{1.74}$$

$$\text{Var}_n(u_{(i)}) = \frac{i(n-i+1)}{(n+2)(n+1)^2}. \tag{1.75}$$

Die Kovarianz der beiden Betavariablen u_i und u_j, $i < j$, lautet:

$$\text{Cov}_n(u_{(i)}, u_{(j)}) = \frac{i(n-j+1)}{(n+2)(n+1)^2}. \tag{1.76}$$

Aus Gl. (1.75) folgt, daß die Varianz von $u_{(i)}$ um so kleiner wird, je näher i bei 1 oder n ist; sie ist für i in der Nähe von $n/2$ am größten. Bild 1.7 zeigt die Verteilungsdichten von $u_{(i)}$ für $i = 5, 10, 15, 20, 25$ und $n = 30$. Diese Verteilungsdichten sind über einer t-Achse dargestellt, um den Zusammenhang zu Bild 1.6 herzustellen. Dabei wurde angenommen, daß t der im Bild 1.6 als Ausgangsverteilung vorausgesetzten Exponentialverteilung $F(t) = 1 - \exp[-t]$ folgt. Die Verteilungsdichten der u_i sind über den Erwartungswerten der Ranggrößen $t_{(i)}$ dargestellt.

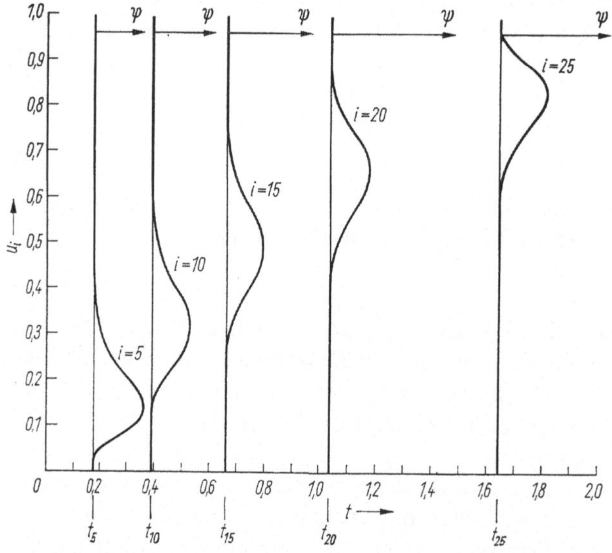

Bild 1.7
Verteilungsdichten der Betavariablen u_i in einer Stichprobe vom Umfang $n = 30$, dargestellt für feste Werte
$$t_i = \ln \frac{1}{1 - F_i}$$
mit
$$F_i = E(F_i) = \frac{i}{n+1}$$
(entspricht dem im Bild 1.6 dargestellten Fall)

Für die Anwendung der Betavariablen sind schließlich noch folgende Eigenschaften wichtig: Die Verteilungsdichte $\varphi_n(u_{(i)})$ ist zur Verteilungsdichte $\varphi_n(u_{(n-i)})$ symmetrisch. Der durch Gl. (1.33) definierte Modalwert genügt der Beziehung

$$\tilde{u} = \frac{i-1}{n-1}; \tag{1.77}$$

er liegt für $i \neq 1$ und $i \neq n$ innerhalb des Bereichs [0, 1]. Der Median $u_{0,5}$ [durch (1.32) mit $\gamma = 0,5$ definiert] kann allgemein nur näherungsweise durch den Ausdruck

$$u_{0,5} = \frac{i - 0,3}{n + 0,4} \tag{1.78}$$

angegeben werden. Der exakte Wert ist für $n = 1(1)50$ und $i = 1, 2, ..., n$ in Tabelle 2 des Tabellenanhangs angegeben. Dort findet man auch zwei weitere Quantile: in Tabelle 1 das 0,05-Quantil und in Tabelle 3 das 0,95-Quantil. (Die Tabellen 1 bis 3 sind dem Buch von *Johnson* [100] entnommen worden.)

1.5. Asymptotische Extremwertverteilungen

Die Wahrscheinlichkeitsverteilung der größten oder kleinsten Ranggröße in einer Stichprobe vom Umfang n heißt *Extremwertverteilung*. Sie folgt durch Einsetzen von $i = 1$ oder $i = n$ aus Gl. (1.63). Wird n sehr groß ($n \to \infty$), so lassen sich *asymptotische Extremwertverteilungen* herleiten, in denen die Ausgangsverteilung selbst nicht mehr vorkommt. Nur das asymptotische Verhalten der Ausgangsverteilung (für sehr kleine bzw. sehr große Werte der zufälligen Veränderlichen) beeinflußt den Typ der asymptotischen Wahrscheinlichkeitsverteilung der Extremwerte. Es ist also von Bedeutung, ob die Ausgangsverteilungsdichte $f(t) > 0$ sich von $-\infty$ bis $+\infty$ erstreckt oder nicht und wie sie sich dem Wert Null nähert.

Asymptotische Extremwertverteilungen werden auf Zuverlässigkeitsprobleme häufig angewandt. Die bekannte Weibull-Verteilung (Abschnitte 2.3. und 5.) ist z.B. eine solche. Grundlegende Untersuchungen über asymptotische Extremwertverteilungen stammen von *Fisher* und *Tippett* [8], *Gnedenko* [9] sowie *Gumbel* [6]. Je nachdem, ob man sich für die asymptotische Wahrscheinlichkeitsverteilung für größte oder für kleinste Werte interessiert, sind nur die Eigenschaften der Ausgangsverteilung für große oder kleine Werte der zufälligen Veränderlichen wichtig. Die asymptotischen Verteilungen für größte und kleinste Werte sind durch Symmetrieeigenschaften miteinander verbunden. Es genügt daher, nur eine Klasse zu erklären und die andere mit Hilfe der Symmetriebeziehungen daraus herzuleiten. Wir werden zuerst die asymptotischen Extremwertverteilungen für größte Werte behandeln. Eine ausführliche Behandlung und Herleitung der Extremwertverteilungen, ihrer Eigenschaften und Anwendungen findet man bei *Gumbel* [6].

Es seien $F(t), f(t)$ und $h(t)$ Verteilungsfunktion, Verteilungsdichte und Ausfallrate bzw. Intensitätsfunktion der Ausgangsverteilung. Die Auflösung der Gleichung

$$F(t) = 1 - \frac{1}{n} \tag{1.79}$$

nach t ergibt für große n einen großen Wert der ursprünglichen zufälligen Veränderlichen. Er heißt charakteristischer größter Wert $\check{t}_{(n)}$ und kommt in den asymptotischen Verteilungen als Parameter vor. Ein weiterer Parameter ist

$$k = n f(\check{t}_{(n)}), \quad k > 0, \tag{1.80}$$

der mit wachsendem n und $\check{t}_n$ natürlich stets positiv bleibt.

Es werden drei Typen von asymptotischen Extremwertverteilungen unterschieden: Typ I, wenn die Ausgangsverteilung am interessierenden Ende von exponentiellem Typ ist; Typ II, wenn die Ausgangsverteilung vom Cauchy-Typ ist; Typ III, wenn die Ausgangsverteilung $F(t)$ bereits für einen endlichen Wert $t = \omega$ den Wert $F(\omega) = 1$ annimmt.

Eine Ausgangsverteilung heißt von *exponentiellem Typ*, wenn mit wachsendem t die Größen $1 - F(t)$ und $f(t)$ schnell sehr klein werden. Diese Eigenschaft läßt sich mit Hilfe des Quotienten

$$Q(t) = -\frac{h(t)f(t)}{f'(t)} \tag{1.81}$$

ausdrücken. Die Ausgangsverteilung ist von exponentiellem Typ, wenn gilt

$$\lim_{t \to \infty} Q(t) = 1. \tag{1.82}$$

Diese Eigenschaft besitzen z. B. Exponentialverteilung, Normalverteilung, χ^2-Verteilung u. a.

Betrachten wir als Beispiel die Exponentialverteilung (Abschnitt 2.2.). Ihre Verteilungsdichte genügt der Beziehung

$$f(t) = \lambda \, e^{-\lambda t}, \qquad \lambda > 0;$$

die Ausfallrate ist konstant

$$h(t) = \lambda,$$

und es gilt

$$f'(t) = -\lambda^2 \, e^{-\lambda t}.$$

Durch Einsetzen in (1.81) erhält man $Q(t) = 1$.

Die *asymptotische Extremwertverteilung vom Typ I für größte Werte* $t = t_{(n)}$ genügt der Beziehung

$$\Phi_{\mathrm{I}}(t) = \exp\left\{-\exp\left[-k\left(t - \breve{t}_{(n)}\right)\right]\right\}, \qquad k > 0. \tag{1.83}$$

Sie wird auch doppelte Exponentialverteilung genannt. Ihre Verteilungsdichte lautet:

$$\varphi_{\mathrm{I}}(t) = k \exp\left\{-k\left(t - \breve{t}_{(n)}\right) - \exp\left[-k\left(t - \breve{t}_{(n)}\right)\right]\right\}. \tag{1.84}$$

Durch die Variablentransformation

$$x = k\left(t - \breve{t}_{(n)}\right) \tag{1.85}$$

läßt sie sich in eine standardisierte Verteilung überführen. Diese hat die Gestalt

$$\Phi_{\mathrm{I}}(x) = \exp\left[-\exp\left(-x\right)\right]. \tag{1.86}$$

Als Beispiel soll die asymptotische Wahrscheinlichkeitsverteilung des größten Wertes $t_{(n)}$ in Stichproben vom Umfang $n = 100$ berechnet werden, wenn für t eine Exponentialverteilung mit $\lambda = 1$ gilt. Aus Gl. (1.79) folgt $\breve{t}_{(100)} = \ln 100 = 4{,}6\ldots$, und aus Gl. (1.80) erhält man $k = 1$. Damit ergibt sich $\Phi_{\mathrm{I}}(t) = \exp\left\{-\exp\left[-(t - 4{,}6)\right]\right\}$.

Eine Ausgangsverteilung heißt vom *Cauchy-Typ*, wenn $1 - F(t)$ und $f(t)$ mit wachsendem t langsamer gegen Null gehen als beim exponentiellen Typ. Das gilt u. a. für die *Cauchy-Verteilung*

$$F(t) = \frac{1}{2} + \frac{1}{\pi} \arctan t, \qquad -\infty < t < +\infty, \tag{1.87}$$

die diesem Typ ihren Namen gab. Bei Verteilungsfunktionen dieses Typs existieren nicht immer alle Momente. Für die Cauchy-Verteilung selbst existiert nicht einmal der Erwartungswert von t. Es sei wieder $\check{t}_{(n)}$ der durch die Auflösung von Gl.(1.79) nach t definierte charakteristische größte Wert. Die Ausgangsverteilung heißt vom Cauchy-Typ, wenn gilt

$$\lim_{n \to \infty} \check{t}_{(n)} \, h(\check{t}_{(n)}) = q, \tag{1.88}$$

wobei $q > 0$ und von n unabhängig ist.

Die *asymptotische Extremwertverteilung vom Typ II für größte Werte* $t = t_{(n)}$ genügt der Beziehung

$$\Phi_{\mathrm{II}}(t) = \exp\left[-\left(\frac{\check{t}_{(n)}}{t}\right)^{q}\right], \qquad q > 0. \tag{1.89}$$

Ihre Verteilungsdichte lautet:

$$\varphi_{\mathrm{II}}(t) = \frac{q}{\check{t}_{(n)}} \left(\frac{\check{t}_{(n)}}{t}\right)^{q+1} \exp\left[-\left(\frac{\check{t}_{(n)}}{t}\right)^{q}\right]. \tag{1.90}$$

Durch die Variablenformation

$$x = \ln t \tag{1.91}$$

läßt sich die Zufallsgröße t mit der asymptotischen Extremwertverteilung vom Typ II in eine Zufallsgröße x mit einer asymptotischen Extremwertverteilung vom Typ I überführen. Dabei entstehen zwischen den Parametern folgende Relationen: $k = -q$ und $\check{x}_{(n)} = \ln \check{t}_{(n)}$, wobei $\check{x}_{(n)}$ der charakteristische größte Wert für die Zufallsgröße x ist.

Als Beispiel soll die asymptotische Wahrscheinlichkeitsverteilung des größten Wertes $t_{(n)}$ in Stichproben vom Umfang $n = 100$ berechnet werden, wenn t einer Cauchy-Verteilung nach Gl.(1.87) als Ausgangsverteilung folgt. Zu $F(t)$ gehören die Wahrscheinlichkeitsdichte

$$f(t) = \frac{1}{\pi\,(1 + t^2)} \tag{1.92}$$

und die Ausfallrate

$$h(t) = \frac{1}{\pi\,(1 + t^2)\left(\dfrac{1}{2} - \dfrac{1}{\pi}\arctan t\right)}. \tag{1.93}$$

Aus Gl.(1.79) folgt mit Hilfe von (1.87) für $n = 100$ der Wert $\check{t}_{(100)} = 31{,}82$. Aus Gl.(1.88) erhält man nach einigen Umformungen den Grenzwert $q = 1$. Damit ergibt sich

$$\Phi_{\mathrm{II}}(t) = \exp\left[-\frac{31{,}82}{t}\right].$$

Wird die durch die Ausgangsverteilung $F(t)$ beschriebene Zufallsgröße t *nach oben durch eine endliche Schranke ω begrenzt*, so folgen die Extremwerte $t_{(n)}$ einer *asymptoti-*

schen Extremwertverteilung vom Typ III. Die Grenze ω geht als Parameter in die asymptotische Verteilungsfunktion ein. Außerdem hängt die Verteilungsfunktion von dem charakteristischen größten Wert $\check{t}_{(n)}$ ab, der durch Auflösen von (1.79) nach t bestimmt wird, und von dem Parameter $k > 0$ [vgl. (1.80)]. Die *asymptotische Wahrscheinlichkeitsverteilung vom Typ III für größte Werte* $t = t_{(n)}$ genügt der Beziehung

$$\Phi_{\mathrm{III}}(t) = \exp\left[-\left(\frac{\omega - t}{\omega - \check{t}_{(n)}}\right)^{k}\right], \qquad t < \omega, \qquad k > 0, \tag{1.94}$$

mit der Verteilungsdichte

$$\varphi_{\mathrm{III}}(t) = \frac{k}{\omega - \check{t}_{(n)}} \cdot \left(\frac{\omega - t}{\omega - \check{t}_{(n)}}\right)^{k-1} \exp\left[-\left(\frac{\omega - t}{\omega - \check{t}_{(n)}}\right)^{k}\right]. \tag{1.95}$$

Durch die Variablentransformation

$$x = -\ln(\omega - t) \tag{1.96}$$

läßt sich die Zufallsgröße t mit der asymptotischen Extremwertverteilung vom Typ III in eine Zufallsgröße x einer asymptotischen Extremwertverteilung vom Typ I überführen. Eine Transformation in den Typ II ist auch möglich, da sich ja auch Typ I und II ineinander überführen lassen.

Als Beispiel soll die asymptotische Wahrscheinlichkeitsverteilung des größten Wertes $t_{(n)}$ in Stichproben vom Umfang $n = 100$ berechnet werden, wenn t einer Rechteckverteilung $F(t) = t$ für $0 \leq t \leq 1$ als Ausgangsverteilung folgt. Da die obere Schranke für t der Wert $t = 1$ ist, gilt $\omega = 1$. Aus der Beziehung $F(t) = 1 - 1/n$ folgt nach Einsetzen von $n = 100$ der Wert $\check{t}_{(100)} = 0,99$. Aus Gl. (1.80) ergibt sich $k = 100$. Die asymptotische Extremwertverteilung vom Typ III hat somit die Gestalt

$$\Phi_{\mathrm{III}}(t) = \exp\left[-\left(\frac{1 - t}{1 - 0,99}\right)^{100}\right],$$

wobei $t < 1$ ist.

Die *asymptotischen Extremwertverteilungen für kleinste Werte* erhält man aus den asymptotischen Extremwertverteilungen für größte Werte durch das Ausnutzen von Symmetriebeziehungen. Ist t eine Zufallsgröße mit der Ausgangsverteilung $F(t)$, so interessiert uns nun die asymptotische Verteilungsfunktion der kleinsten Ranggröße $t_{(1)}$. Die asymptotischen Extremwertverteilungen für kleinste Werte werden im Unterschied zu denen für größte Werte mit dem Symbol $\Psi(t)$ bezeichnet, die Verteilungsdichten mit $\psi(t)$. Die asymptotischen Extremwertverteilungen für kleinste Werte enthalten als Parameter $\check{t}_{(1)}$ den charakteristischen kleinsten Wert. Er wird in Analogie zum charakteristischen größten Wert durch Auflösen der zu (1.79) analogen Beziehung

$$F(t) = \frac{1}{n} \tag{1.97}$$

nach t ermittelt. Für große n ist dies ein kleiner Wert von t. Für alle drei Typen asymptotischer Extremwertverteilungen gilt

$$\Psi(t) = 1 - \Phi(-t), \tag{1.98}$$

woraus sich die einzelnen Typen der asymptotischen Verteilungen kleinster Werte wie folgt herleiten:

$$\Psi_{\mathrm{I}}(t) = 1 - \exp\left\{-\exp\left[k\,(t - \check{t}_{(1)})\right]\right\}, \qquad k > 0 \tag{1.99}$$

$$\Psi_{\mathrm{II}}(t) = 1 - \exp\left[-\left(\frac{\check{t}_{(1)}}{t}\right)^{q}\right], \qquad q > 0 \tag{1.100}$$

$$\Psi_{\mathrm{III}}(t) = 1 - \exp\left[-\left(\frac{t - \omega}{\check{t}_{(1)} - \omega}\right)^{k}\right], \qquad k > 0, \quad t > \omega. \tag{1.101}$$

Die asymptotische Extremwertverteilung (1.101) ist die auf Zuverlässigkeitsprobleme häufig angewandte Weibull-Verteilung, die im Abschnitt 2.3. behandelt wird. In der durch Gl. (1.101) gegebenen Form handelt es sich um die dreiparametrige Weibull-Verteilung.

In der Praxis kommt es selten vor, daß man für bestimmte n asymptotische Extremwertverteilungen aus Ausgangsverteilungen bildet. Die asymptotischen Extremwertverteilungen werden, ohne daß man Zahlenwerte für die Parameter benutzt, häufig nur als Modelle für Zufallsgrößen verwendet, die den Charakter von Extremwerten haben (Zugfestigkeit von Ketten, für die die Festigkeit des schwächsten Gliedes maßgebend ist; das Standhalten von Deichen, für die die größte Flut entscheidend ist, usw.). Die asymptotischen Extremwertverteilungen haben für die Anwendung zwei recht vorteilhafte Eigenschaften: Sie lassen sich durch Transformation der extremalen Zufallsgrößen ineinander überführen, und sie lassen sich in eine Standardform bringen. Letzteres ermöglicht die Konstruktion von Wahrscheinlichkeitsnetzen, wie sie z.B. im Buch von *Gumbel* [6] verwendet werden. Auch das im Abschnitt 5.1.1. beschriebene Wahrscheinlichkeitsnetz für die Weibull-Verteilung gehört zu den Wahrscheinlichkeitsnetzen für die Auswertung von Extremwertverteilungen.

1.6. Poissonsche Prozesse

Zuverlässigkeitsuntersuchungen beziehen sich häufig auf das zufällige Auftreten von Ereignissen in der Zeit, etwa von Ausfällen oder Störungen während der Betriebsdauer eines Systems. Zur mathematischen Behandlung solcher Probleme werden Hilfsmittel aus der Theorie der stochastischen Prozesse, insbesondere der Punktprozesse, benötigt. Das wichtigste und gleichzeitig einfachste Modell für die Zuverlässigkeitstheorie ist der *Poissonsche Prozeß*.

Es wird eine Folge von Ereignissen betrachtet, die zu zufälligen Zeitpunkten stattfinden, etwa die Ausfälle eines reparierbaren Systems, das sofort nach dem Ausfall völlig wiederhergestellt wird. Wir betrachten ein Zeitintervall der Länge Δt mit dem Anfangszeitpunkt t_0, also den Zeitabschnitt $[t_0, t_0 + \Delta t]$. Die Anzahl X der Ereignisse, die innerhalb dieses Zeitintervalls eintreffen, ist eine ganzzahlige Zufallsgröße, die die Werte $i = 0, 1, 2, \ldots$ mit der Wahrscheinlichkeit

$$P\,(X = i) = p_i{}^{\cdot} \tag{1.102}$$

annimmt. Ein Poissonscher Prozeß ist durch folgende Eigenschaften gekennzeichnet:

1. Die Wahrscheinlichkeiten p_i hängen nur von der Intervallänge Δt, nicht aber vom Anfangszeitpunkt t_0 ab, d.h., der Poissonsche Prozeß ist ein *homogener* stochastischer Prozeß.

2. Werden N Zeitintervalle betrachtet, die sich nicht überdecken, so sind die Anzahlen X_k der stattfindenden Ereignisse in den Intervallen $k = 1, 2, \ldots, N$ unabhängige zufällige Veränderliche, d.h., der Poissonsche Prozeß besitzt *kein „Gedächtnis"*.

3. Die Wahrscheinlichkeit p_i für $i = 2, 3, \ldots$ soll für sehr kleine Zeitintervalle $\Delta t \to 0$ gegen Null gehen, d.h., *in einem sehr kleinen Zeitintervall kann nicht mehr als ein Ereignis stattfinden.*

4. Die Wahrscheinlichkeit p_1, daß in einem Zeitintervall der Länge Δt genau ein Ereignis stattfindet, soll mit $\Delta t \to 0$ der *Intervallänge proportional* werden, so daß gilt

$$\lim_{\Delta t \to 0} \frac{p_1}{\Delta t} = \lambda, \tag{1.103}$$

wobei λ Intensität des Poissonschen Prozesses heißt.

Aus diesen vier Eigenschaften des Poissonschen Prozesses folgen einige Beziehungen, die in der Zuverlässigkeitstheorie in vielfältiger Art benutzt werden:

1. Die zufällige Veränderliche X folgt einer Poisson-Verteilung mit dem Parameter $(\lambda \, \Delta t)$, d.h.

$$P(X = i) = \frac{e^{-\lambda \, \Delta t} (\lambda \, \Delta t)^i}{i!}, \qquad i = 0, 1, 2, \ldots \tag{1.104}$$

Somit gilt für den Erwartungswert

$$E(X) = \lambda \, \Delta t \tag{1.105}$$

und für die Varianz

$$\text{Var}(X) = \lambda \, \Delta t. \tag{1.106}$$

2. Wird die Zeit zwischen zwei aufeinanderfolgenden Ereignissen mit t bezeichnet, so ist t eine Zufallsgröße und folgt der Exponentialverteilung

$$F(t) = 1 - e^{-\lambda t}. \tag{1.107}$$

Diese Verteilungsfunktion spielt in der Zuverlässigkeitstheorie eine zentrale Rolle und wird später noch näher zu betrachten sein (Abschnitte 2.1., 2.2. und 4.).

2. Wahrscheinlichkeitsmodelle für Zuverlässigkeitsuntersuchungen

Die wichtigste Entscheidung vor jeder Zuverlässigkeitsuntersuchung ist die Auswahl des Wahrscheinlichkeitsmodells, das der statistischen Auswertung zugrunde liegen soll. Von dieser Entscheidung hängt die erreichbare Aussage in hohem Maße ab. Bei der Festlegung des Wahrscheinlichkeitsmodells spielen folgende Gesichtspunkte eine Rolle: aus dem Sachbezug abgeleitete heuristische Überlegungen über den in Frage kommenden Modelltyp, die Anpassungsfähigkeit des Modelltyps an empirisch gewonnene Daten und die Menge der zur Verfügung stehenden oder zu erwartenden Beobachtungswerte.

Die heuristischen Ansätze für Zuverlässigkeitsmodelle können auf Resultaten der Erneuerungstheorie, Gesetzen der Wahrscheinlichkeitsrechnung oder einfach auf kombinatorischen Überlegungen beruhen. Leider ist die theoretische Analyse eines Zuverlässigkeitsproblems nicht immer einfach, so daß sie, besonders weil man ihre Bedeutung für die statistische Auswertung der Ausfalldaten unterschätzt, oft vernachlässigt wird. Da aber ungeeignete Modelle zu unbrauchbaren Resultaten führen, muß nach einer anfänglichen Unterlassung dann doch noch die sachbezogene theoretische Untersuchung über den anwendbaren Modelltyp nachgeholt werden.

Wahrscheinlichkeitsmodelle lassen sich dem speziellen Problem in unterschiedlichem Maße anpassen: Grobe und von speziellen Voraussetzungen freie Modelle sind ziemlich allgemein anwendbar; detaillierte oder gar ausgeklügelte Modelle sind nur dem betrachteten Fall angemessen. Zwischen diesen beiden Extremen gibt es viele Abstufungen, die als Allgemeinheitsgrad des Modells bezeichnet werden können.

Ein Wahrscheinlichkeitsmodell von hohem Allgemeinheitsgrad ist in vielen Situationen passend; es enthält keine oder nur wenige unbekannte Parameter und läßt sich bereits auf Grund relativ geringen Datenmaterials spezifizieren. Ein solches Wahrscheinlichkeitsmodell ist z.B. die Ausfallwahrscheinlichkeit einer Gesamtheit von Erzeugnissen bis zum Zeitpunkt t^*. Diese Wahrscheinlichkeit kann einfach durch die Anzahl der beobachteten Ausfälle und die Anzahl der betrachteten Erzeugnisse im Zeitintervall $(0, t^*)$ geschätzt werden; dabei sind keinerlei Voraussetzungen über die Verteilungsfunktion $F(t)$ nötig, außer daß $F(0) = 0$ sein soll.

Ein Wahrscheinlichkeitsmodell von in obigem Sinne geringerem Allgemeinheitsgrad wäre eine Mischverteilung mit konkurrierenden Ausfallursachen. Jeder Ausfall wird einer von k ($k > 1$) sich gegenseitig ausschließenden Ausfallursachen zugeordnet, zu der jeweils eine spezielle Lebensdauerverteilung mit bekannten Parametern gehört. Grundlagen für die statistische Auswertung solcher Modelle beschreiben z.B. *Moeschberger* und *David* [10]. Die Anwendung eines solchen Modells setzt eine ziemlich genaue Kenntnis des untersuchten Vorgangs voraus; es wird relativ viel Beobachtungsmaterial und eine wirksame statistische Methode gebraucht. Die mit einem solchen Modell erzielbare Aussage ist natürlich auch viel detaillierter als die Information, die aus einem sehr groben Modellansatz zu erwarten ist, wenn das Modell zutrifft.

Die Festlegung des Wahrscheinlichkeitsmodells bezüglich des Allgemeinheitsgrads wird stets ein Kompromiß sein. Es hängt hauptsächlich vom Ziel der Untersuchung und vom vertretbaren Aufwand ab, wie detailliert das Modell formuliert wird. Bei Erzeugnissen mit sehr hoher Zuverlässigkeit ist es z. B. unsicher, ob in einem realistisch gewählten Zeitintervall überhaupt Ausfälle beobachtet werden können. Die empirische Information ist in diesen Fällen extrem knapp und teuer, so daß sich auch grobe Modelle nur sehr unscharf spezifizieren lassen.

Die in diesem Abschnitt zusammengestellten Wahrscheinlichkeitsmodelle sind von relativ hohem Allgemeinheitsgrad und daher für viele Anwendungen geeignet. Es handelt sich aber nur um eine Auswahl von Modellen, denen leicht weitere hinzugefügt werden könnten. Die Gemeinsamkeiten aller Zuverlässigkeitsprobleme führen zur Bevorzugung gewisser Klassen von Wahrscheinlichkeitsverteilungen; sie sind dadurch gekennzeichnet, daß die betrachtete Zufallsgröße t ihrem Charakter nach eine Zeit ist, also im Intervall $0 \leq t < \infty$ definiert ist.

2.1.   Allgemeine Lebensdauerverteilung

Wahrscheinlichkeitsverteilungen, die sich auf Zufallsgrößen vom Zeittypus anwenden lassen, heißen Lebensdauerverteilungen. Ist t eine solche Zufallsgröße (etwa die Lebensdauer eines Elements) und t ein bestimmter Zeitpunkt, so ergibt die Wahrscheinlichkeit

$$P\,(t < t) = F(t) \tag{2.1}$$

für alle $0 \leq t < \infty$ die Lebensdauerverteilung. Dabei ist folgende Bedingung erfüllt:

$$F(t) = \begin{cases} 0 \text{ für } t = 0 \\ 1 \text{ für } t = \infty \end{cases}; \tag{2.2}$$

das betrachtete Erzeugnis funktioniert zum Zeitpunkt $t = 0$ und ist nach unendlich langer Zeit mit Gewißheit ausgefallen. Die *Zuverlässigkeit* oder *Überlebenswahrscheinlichkeit* ist durch die Beziehung

$$R(t) = 1 - F(t) \tag{2.3}$$

definiert. Sie ist eine monoton abnehmende Funktion der Zeit.

In der Praxis wird die Zuverlässigkeit häufig durch die in Gl. (1.27) definierte *Ausfallrate* beschrieben, die sich (wie im Abschnitt 1.2.2. angegeben) als bedingte Verteilungsdichte interpretieren läßt. Die Ausfallrate $h(t)\,\mathrm{d}t$ als Funktion der Zeit gibt die Wahrscheinlichkeit dafür an, daß ein zum Zeitpunkt t funktionierendes Erzeugnis oder System im darauffolgenden Zeitintervall $[t, t + \mathrm{d}t]$ ausfällt. Dadurch ist die Ausfallrate eine geeignete Modellvorstellung für die Behandlung des zeitlichen Ausfallverhaltens reparierbarer Erzeugnisse oder Systeme. Außerdem ermöglicht die Ausfallrate einen Bezug zum physikalischen Ausfallvorgang: Aus den Ausfallursachen läßt sich schließen, ob $h(t)$ mit der Zeit zunimmt (bei Verschleiß oder Korrosion) oder abnimmt (Ausfälle werden durch von Anfang an vorhandene Defekte verursacht). Auch äußere Einflüsse, wie Art und Stärke einer Belastung, lassen sich häufig besser mit der Ausfallrate verknüpfen als mit der Verteilungsfunktion (etwa die modellmäßige Erfassung des Temperatureinflusses auf manche Bauelemente durch die Arrhenius-Gleichung [11]).

Gl. (1.27) kann man als eine Differentialgleichung für $F(t)$ auffassen. Ihre Lösung ergibt die allgemeine Form einer Lebensdauerverteilung

$$F(t) = 1 - \exp\left\{-\int_0^t h(u)\,\mathrm{d}u\right\}. \tag{2.4}$$

Durch diese Beziehung läßt sich unter geeigneten Annahmen über die Ausfallrate bei Kenntnis der zum Ausfall führenden Vorgänge der Typ der Lebensdauerverteilung in einem konkreten Fall herleiten. Ein Beispiel dafür ist die von *Birnbaum* und *Saunders* [12] beschriebene Ausfallverteilung von Werkstoffen unter dynamischer Belastung mit gewissen Voraussetzungen über den Schädigungsmechanismus. Für ein- und mehrelementige Strukturen werden dort Lebensdauerverteilungen in Abhängigkeit vom Schädigungsmechanismus hergeleitet.

Aus Gl.(2.4) folgt eine für die praktische Analyse von Ausfalldaten sehr nützliche Beziehung. Genügt die zufällige Veränderliche *t* einem Ausfallgesetz gemäß Gl.(2.4), so besitzt die transformierte zufällige Veränderliche

$$x = \int_0^t h(u)\, \mathrm{d}u \tag{2.5}$$

eine Exponentialverteilung mit dem Erwartungswert 1; denn es gilt

$$F(x) = 1 - \mathrm{e}^{-x}, \qquad 0 \leq x < \infty. \tag{2.6}$$

Mit Hilfe dieser Beziehung lassen sich bei Annahmen über den analytischen Typ der Ausfallrate als Funktion der Zeit die ausführlich untersuchten und bekannten Eigenschaften des Poissonschen Prozesses (Abschnitt 1.6.) auch auf komplizierte Prozesse übertragen.

Schließlich sei noch auf einen wichtigen Satz hingewiesen, der ebenfalls in der Arbeit von *Birnbaum* und *Saunders* [12] zu finden ist und folgendes sagt: Besteht ein System aus *n* Elementen, die alle ein und demselben durch $h(t)$ ausgedrückten Schädigungsgesetz unterworfen sind und kommt es beim Ausfall von *k* der *n* Elemente zum Systemausfall (der Zeitpunkt des *k*-ten Elementeausfalls heiße t_k), so genügt die zufällige Veränderliche

$$z = 2 \int_0^{t_k} h(u)\, \mathrm{d}u \tag{2.7}$$

einer χ^2-Verteilung mit (*2k*) Freiheitsgraden. Dieser Satz ist deshalb besonders hervorzuheben, weil er benutzt werden kann, um unter Ausnutzung von Annahmen über die Ausfallrate für konkrete Fälle ein geeignetes Wahrscheinlichkeitsmodell zu formulieren.

2.2.   Exponentialverteilung

Die wichtigste und bekannteste Wahrscheinlichkeitsverteilung der Zuverlässigkeitstheorie ist die Exponentialverteilung. Sie besitzt eine *konstante Ausfallrate*, d.h., für alle *t* gilt $h(t) = \lambda > 0$. Diese Eigenschaft bedeutet, daß sich das Alter des Erzeugnisses auf das Ausfallverhalten nicht auswirkt. Die Exponentialverteilung tritt insbesondere im Zusammenhang mit dem Poissonschen Prozeß auf (Abschnitt 1.6.).

Man unterscheidet zwischen der üblichen einparametrigen und der selten benutzten zweiparametrigen Form der Exponentialverteilung. Die *einparametrige Exponentialverteilung* ist durch die Beziehung

$$F(t) = 1 - \mathrm{e}^{-\lambda t}, \qquad \lambda > 0, \qquad 0 \leq t < \infty, \tag{2.8}$$

gegeben. Die Verteilungsdichte hat die Gestalt

$$f(t) = \lambda\, \mathrm{e}^{-\lambda t}. \tag{2.9}$$

Das Maximum von $f(t)$ befindet sich an der Stelle $t = 0$; der Modalwert $\tilde{t}$ [siehe Gl. (1.33)] hat also den Wert $\tilde{t} = 0$. Die Verteilungsdichte nimmt mit wachsendem t monoton ab und wird für große t sehr klein.

Der Erwartungswert einer Zufallsgröße t mit einparametriger Exponentialverteilung lautet:

$$E(t) = \frac{1}{\lambda} = \vartheta. \tag{2.10}$$

Deshalb wird der Parameter λ in (2.8) und (2.9) häufig mit ϑ^{-1} bezeichnet. Die Varianz einer Zufallsgröße mit Exponentialverteilung genügt der Beziehung

$$\mathrm{Var}\,(t) = \vartheta^2. \tag{2.11}$$

Der in Anwendungen zur Charakterisierung der Variabilität einer zufälligen Veränderlichen häufig verwendete Variationskoeffizient [siehe Gl. (1.30)]

$$V = \frac{\sqrt{\mathrm{Var}\,(t)}}{E(t)} \tag{2.12}$$

ist für Zufallsgrößen mit einer einparametrigen Exponentialverteilung stets gleich 1.

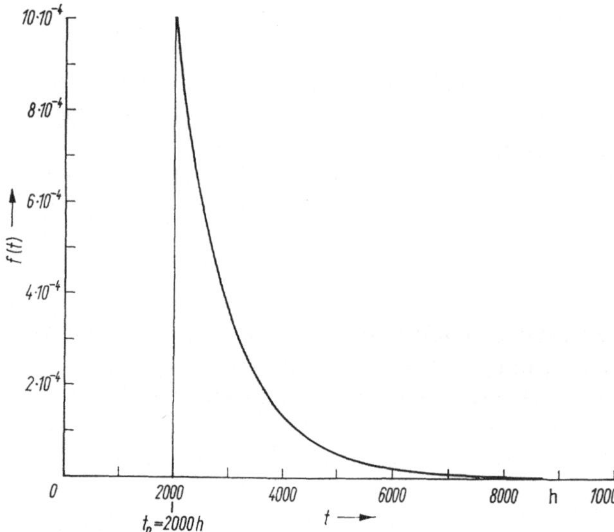

Bild 2.1
Verteilungsdichte einer zwei-
parametrigen Exponential-
verteilung mit $t_0 = 2000\ h$
und $\lambda = 10^{-3}\ h^{-1}$

Die *zweiparametrige Form der Exponentialverteilung* enthält außer λ noch einen zusätzlichen Lageparameter $t_0 > 0$. Er bewirkt eine Verschiebung des Ursprungs der t-Achse. Das zweiparametrige Modell ist als Lebensdauerverteilung nur dann anwendbar, wenn vor dem Zeitpunkt $t = t_0$ mit Sicherheit keine Ausfälle auftreten können. Die zweiparametrige Exponentialverteilung kann aber auch Bestandteil einer zusammengesetzten Verteilungsfunktion sein, in der das Ausfallverhalten in der Zeit vor $t = t_0$ durch ein anderes Modell beschrieben wird. Die zweiparametrige Exponentialverteilung hat die Form

$$F(t) = 1 - \exp\left[-\lambda\,(t - t_0)\right], \qquad \lambda > 0, \qquad 0 \leqq t_0 \leqq t < \infty. \tag{2.13}$$

Die Verteilungsdichte lautet:

$$f(t) = \lambda \exp\left[-\lambda\,(t - t_0)\right], \qquad t \geqq t_0 > 0; \tag{2.14}$$

sie hat ihr Maximum an der Stelle $t = t_0$. Bild 2.1 zeigt die Verteilungsdichte mit $\lambda = 10^{-3} \, \text{h}^{-1}$ und $t_0 = 2000 \, \text{h}$.

Der Erwartungswert einer zufälligen Veränderlichen mit zweiparametriger Exponentialverteilung enthält t_0. Es gilt

$$E(t) = t_0 + \lambda^{-1}. \tag{2.15}$$

Die Varianz enthält den Parameter t_0 nicht:

$$\text{Var}\,(t) = \vartheta^2. \tag{2.16}$$

Der Variationskoeffizient hängt von t_0 ab:

$$V = \frac{\vartheta}{t_0 + \vartheta}; \tag{2.17}$$

er ist stets kleiner als 1.

2.3. Weibull-Verteilung

In der praktischen Zuverlässigkeitsanalyse wird die nach dem schwedischen Ingenieur *W. Weibull* genannte Wahrscheinlichkeitsverteilung häufig angewandt. *Weibull* benutzte sie als Modell zur empirischen Beschreibung der Bruchfestigkeit von Werkstoffen.

Die *Weibull-Verteilung* gehört zu den *asymptotischen Extremwertverteilungen* (Abschnitt 1.5.). Sie ist die *Verteilungsfunktion vom Typ III für kleinste Werte*. In diesem Zusammenhang wurde sie von *Fisher* und *Tippett* [8] sowie von *Gnedenko* [9] hergeleitet. Für die praktische Arbeit hat die Weibull-Verteilung zwei Vorzüge: Sie ist geeignet, Ausfallgesamtheiten mit zeitabhängiger Ausfallrate zu beschreiben, und es läßt sich ein Wahrscheinlichkeitsnetz konstruieren, das ihre Anwendung sehr erleichtert. Allerdings führen gewisse Standardmethoden der Statistik, z.B. die Maximum-Likelihood-Methode zur Parameterschätzung, bei der Weibull-Verteilung zu komplizierten Berechnungen.

Die Weibull-Verteilung wird in einer zweiparametrigen und in einer dreiparametrigen Form benutzt. Die *zweiparametrige Verteilung* lautet:

$$F(t) = 1 - \exp\left\{-\left(\frac{t}{\eta}\right)^a\right\}, \qquad \eta > 0, \qquad a > 0, \qquad 0 \leqq t < \infty. \tag{2.18}$$

Die Verteilungsdichte genügt der Beziehung

$$f(t) = \frac{a}{\eta^a} \, t^{a-1} \exp\left\{-\left(\frac{t}{\eta}\right)^a\right\}, \qquad t \geqq 0. \tag{2.19}$$

Sie hat für $a \leqq 1$ das Maximum an der Stelle $t = 0$; für $a > 1$ verschiebt sich das Maximum zu größeren t-Werten hin; für $a = 3{,}25$ ist die Dichte nahezu symmetrisch und ähnelt der einer Normalverteilung. Für $a = 1$ geht die Weibull-Verteilung in eine Exponentialverteilung über. Bild 2.2 zeigt die Verteilungsdichte einiger Weibull-Verteilungen.

Die Ausfallrate der Weibull-Verteilung ist bis auf den Fall $a = 1$ (Exponentialverteilung) zeitabhängig. Sie ist durch folgende Beziehung gegeben:

$$h(t) = \frac{a}{\eta^a} \, t^{a-1}, \qquad t \geqq 0. \tag{2.20}$$

Für $a < 1$ ist $h(t)$ mit wachsendem t monoton abnehmend; für $a > 1$ ist $h(t)$ monoton zunehmend. Weil die Ausfallrate durch den Term t^{a-1} von der Zeit abhängt, ergibt sich für $a = 2$ eine lineare Zeitabhängigkeit, für $a = 3$ eine quadratische usw. Bild 2.3 zeigt die Ausfallraten zu den im Bild 2.2 dargestellten Verteilungsdichten.

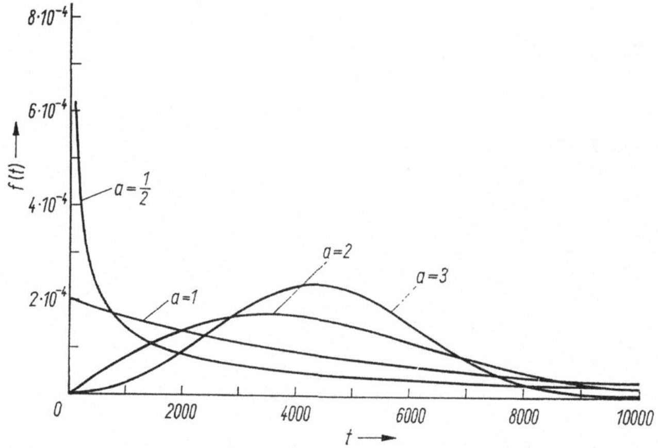

Bild 2.2. Verteilungsdichten einiger Weibull-Verteilungen mit unterschiedlichem Formparameter a und $\eta = 5000$

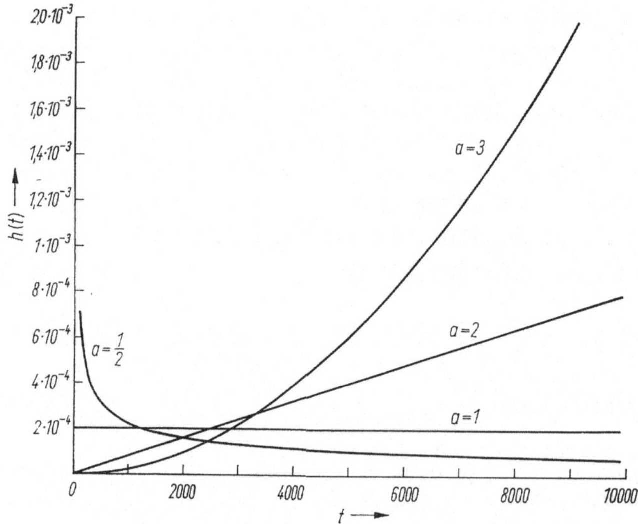

Bild 2.3. Ausfallraten der Weibull-Verteilungen im Bild 2.2

Der Maßstabsparameter η gibt die Streckung der t-Achse an. Für $t = \eta$ gilt stets

$$F(\eta) = 1 - \frac{1}{e}, \tag{2.21}$$

wobei e die Basis der natürlichen Logarithmen ist. Wegen dieser Beziehung nennt man η auch *charakteristische Lebensdauer*. Zum Zeitpunkt $t = \eta$ sind etwa 63 % einer nach der Weibull-Verteilung abnehmenden Gesamtheit ausgefallen.

Der Erwartungswert einer zufälligen Veränderlichen mit Weibull-Verteilung hängt von den Parametern a und η ab. Es gilt

$$E(t) = \eta \Gamma \left(1 + \frac{1}{a} \right), \tag{2.22}$$

wobei Γ das Symbol für die Gammafunktion ist.

Die Varianz einer zufälligen Veränderlichen mit Weibull-Verteilung ergibt sich als

$$\text{Var}\,(t) = \eta^2 \left[\Gamma \left(1 + \frac{2}{a} \right) - \Gamma^2 \left(1 + \frac{1}{a} \right) \right]. \tag{2.23}$$

Der Variationskoeffizient hängt demzufolge nur vom Formparameter a ab:

$$V = \frac{\left[\Gamma \left(1 + \dfrac{2}{a} \right) - \Gamma^2 \left(1 + \dfrac{1}{a} \right) \right]^{1/2}}{\Gamma \left(1 + \dfrac{1}{a} \right)}. \tag{2.24}$$

Für $a < 1$ ist $V > 1$; für $a = 1$ gilt $V = 1$, und für $a > 1$ wird $V < 1$; denn V ist eine mit wachsendem a abnehmende Funktion.

Zur Charakterisierung asymmetrischer Verteilungsfunktionen wird auch die Schiefe der Wahrscheinlichkeitsverteilung benutzt [Gl.(1.31)].

Bei einer Weibull-Verteilung ist die Schiefe nur vom Formparameter a abhängig. Es gilt

$$S_3 = \frac{\Gamma \left(1 + \dfrac{3}{a} \right) - 3\Gamma \left(1 + \dfrac{2}{a} \right) \Gamma \left(1 + \dfrac{1}{a} \right) + 2\Gamma^2 \left(1 + \dfrac{1}{a} \right)}{\left[\Gamma \left(1 + \dfrac{2}{a} \right) - \Gamma^2 \left(1 + \dfrac{1}{a} \right) \right]^{3/2}}. \tag{2.25}$$

Weil Schiefe und Variationskoeffizient einer zweiparametrigen Weibull-Verteilung nur den Formparameter enthalten, benutzen manche Autoren einen dieser beiden Ausdrücke als Grundlage für die Schätzung von a aus Stichprobenergebnissen. Diese Methode hat, gemessen an linearen Schätzverfahren oder an der Maximum-Likelihood-Methode, keine günstigen Eigenschaften (Abschnitt 3.2.1.) und sollte daher höchstens zur Groborientierung dienen.

Die *dreiparametrige Weibull-Verteilung* enthält einen zusätzlichen Lageparameter $t_0 > 0$. Es gilt

$$F(t) = 1 - \exp \left\{ -\left(\frac{t - t_0}{\eta} \right)^a \right\}, \qquad a > 0, \qquad \eta > t_0, \qquad 0 \leqq t_0 \leqq t < \infty. \tag{2.26}$$

Die Ausfallwahrscheinlichkeit vor dem Zeitpunkt t_0 ist Null. Daher bezeichnet man t_0 manchmal auch als *Garantielebensdauer*. Die Verteilungsdichte der dreiparametrigen Weibull-Verteilung ist durch die Formel

$$f(t) = \frac{a}{\eta^a} (t - t_0)^{a-1} \exp \left\{ -\left(\frac{t - t_0}{\eta} \right)^a \right\} \quad \text{für} \quad t \geqq t_0 \tag{2.27}$$

und die Ausfallrate durch

$$h(t) = \frac{a}{\eta^a} (t - t_0)^{a-1} \quad \text{für} \quad t \geq t_0 \tag{2.28}$$

gegeben. Der Erwartungswert der dreiparametrigen Weibull-Verteilung enthält den Parameter t_0. Es gilt

$$E(t) = t_0 + \eta \Gamma \left(1 + \frac{1}{a}\right). \tag{2.29}$$

Die Varianz ist von t_0 unabhängig und genügt Gl.(2.23). Somit wird der Variationskoeffizient der dreiparametrigen Weibull-Verteilung von t_0 abhängig. Da alle zentralen Momente von t_0 nicht beeinflußt werden, ist die Schiefe S_3 der dreiparametrigen Weibull-Verteilung von t_0 unabhängig, hängt also nur von a ab und ist durch Gl.(2.25) gegeben.

In den Anwendungen der Weibull-Verteilung benutzt man auch häufig Quantile [siehe Gl.(1.32)] der Überlebenswahrscheinlichkeit $R(t) = 1 - F(t)$. Es sei t_γ der Zeitpunkt, für den

$$R(t_\gamma) = \gamma, \quad 0 \leqq \gamma \leqq 1, \tag{2.30}$$

gilt, d.h., für die Ausfallwahrscheinlichkeit bis zum Zeitpunkt t_γ gilt

$$P(t < t_\gamma) = 1 - \gamma. \tag{2.31}$$

Meistens werden die Quantile mit $\gamma = 0{,}9$, $\gamma = 0{,}99$ oder $\gamma = 0{,}999$ benutzt. Für die Weibull-Verteilung folgt durch Umstellung von Gl.(2.26)

$$t_\gamma = t_0 + \eta (-\ln \gamma)^{1/a}. \tag{2.32}$$

Damit läßt sich bei festem γ der Einfluß der Parameter auf t_γ betrachten: Für feste Werte von t_0 und a wächst t_γ, wenn η wächst; für feste Werte t_0 und η sowie $\gamma > 1/e$ verringert sich t_γ mit wachsendem a, usw.

Die zweiparametrige Weibull-Verteilung wird durch die Transformation

$$\ln \ln \frac{1}{1 - F(t)} = a \ln t - a \ln \eta \tag{2.33}$$

in eine lineare Beziehung übergeführt. Sie liegt dem Wahrscheinlichkeitsnetz zugrunde (Abschnitt 5.1.). Im dreiparametrigen Fall gelingt die Linearisierung aber nur für $F(u)$ mit $u = t - t_0$, d.h. nach einer Verschiebung des Ursprungs der t-Achse in t_0.

Die Weibull-Verteilung ist, wie bereits erwähnt, eine asymptotische Extremwertverteilung für kleinste Werte vom Typ III. Sie läßt sich daher in eine Typ-I-Extremwertverteilung umformen durch die Transformation

$$z = \ln (t - t_0). \tag{2.34}$$

Es gilt

$$F(z) = 1 - \exp \{-\exp [a (z - \ln \eta)]\}. \tag{2.35}$$

Durch eine weitere Transformation

$$x = a (z - \ln \eta)$$

erhält man die für viele Anwendungen vorteilhafte standardisierte Form der Extremwertverteilung vom Typ I.

Durch den Übergang von der Weibull-Verteilung (Extremwertverteilung vom Typ III) zur Extremwertverteilung vom Typ I ändert sich die formale Bedeutung der Parameter im Modell, was Auswirkungen auf die Anwendbarkeit bestimmter statistischer Methoden hat. Der Formparameter a der Weibull-Verteilung wird zu einem Maßstabsparameter in der Typ-I-Extremwertverteilung, und aus dem Maßstabsparameter η wird nach der Transformation der Lageparameter $\ln \eta$ für x [Gl. (1.34) im Abschnitt 1.2.2.].

2.4.　Gammaverteilung

Die *Gamma-* oder *Pearson-Typ-III-Verteilung* ist geeignet, die Lebensdauer von Gesamtheiten mit zu- oder abnehmender Ausfallrate zu beschreiben, wenn der Wert der Ausfallrate mit wachsendem t konstant wird. Sie unterscheidet sich dadurch von der Weibull-Verteilung, deren Ausfallrate den Faktor t^{a-1} enthält und sich damit mit wachsendem t immer stärker ändert.

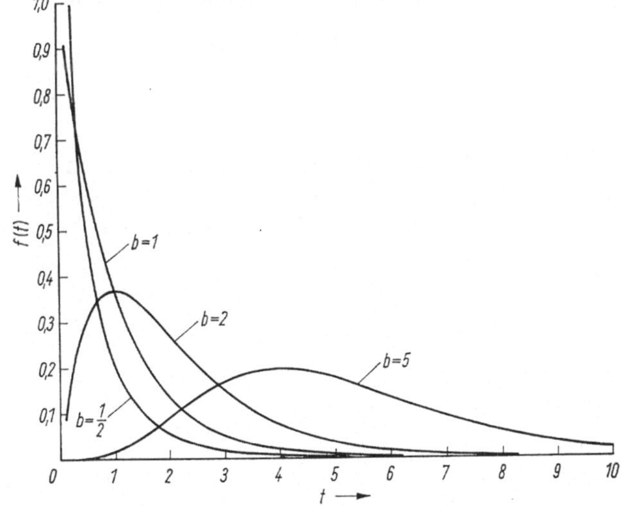

Bild 2.4
Verteilungsdichten
einiger Gammaverteilungen
mit unterschiedlichem
Formparameter b und $\eta = 1$

Die Gammaverteilung wird in einer zwei- oder dreiparametrigen Form benutzt. Als verallgemeinerte Gammaverteilung kann sie sogar vier freie Parameter enthalten. Die Verteilungsdichte der *zweiparametrigen Gammaverteilung* lautet:

$$f(t) = \frac{\eta^b}{\Gamma(b)}\, t^{b-1}\, \mathrm{e}^{-\eta t}, \qquad t \geqq 0, \tag{2.36}$$

wobei $\eta > 0$ ein Maßstabsparameter und $b > 0$ ein Formparameter ist. Bild 2.4 zeigt die Dichte der Gammaverteilung für die Parameter $\eta = 1$ und $b = \frac{1}{2}, 1, 2, 5$. Die Gammaverteilung läßt sich durch eine Transformation $x = \eta t$ normieren, aber nicht standardisieren, weil der Formparameter b die spezielle Gestalt bestimmt. Durch die Transformation $x = \eta t$ gelangt man zur Dichte einer Gammaverteilung mit dem Maßstabsparameter 1. Die Wahrscheinlichkeitsverteilung einer zufälligen Veränderlichen mit Gammaverteilung läßt sich nur als Integral schreiben. Es gilt

$$F(t) = \frac{\eta^b}{\Gamma(b)} \int_0^t u^{b-1}\, \mathrm{e}^{-\eta u}\, \mathrm{d}u. \tag{2.37}$$

Dieses Integral kann nur mit Hilfe von Reihenentwicklungen ausgewertet werden. Ist der Parameter b eine ganze Zahl, so gilt

$$F(t) = \sum_{i=b}^{\infty} \frac{(\eta t)^i}{i!}\, e^{-\eta t}. \tag{2.38}$$

In diesem Fall ist $F(t)$ einer Summe von Wahrscheinlichkeiten der Poisson-Verteilung (1.21) mit dem Parameter (ηt) äquivalent. *Wilk, Gnanadesikan* und *Huyett* [13] berechneten die Quantile der durch die Transformation $x = \eta t$ normierten Gammaverteilung $F(x)$ für $b = 0{,}1\ (0{,}1)\ 0{,}6\ (0{,}2)\ 5\ (0{,}5)\ 10\ (1)\ 22$, d.h., sie bestimmten die Quantile x_γ aus der Beziehung

$$F(x_\gamma) = \frac{1}{\Gamma(b)} \int_0^{x_\gamma} u^{b-1}\, e^{-u}\, du = \gamma \tag{2.39}$$

für verschiedene Werte von γ. Diese Tabellen können z.B. Grundlage für die Anfertigung von Wahrscheinlichkeitsnetzen für die Gammaverteilung sein. Sie sind auszugsweise als Tabelle 4 im Anhang abgedruckt. Die Ausfallrate der Gammaverteilung läßt sich nicht in geschlossener Form angeben; es gilt die allgemeine Beziehung

$$h(t) = \frac{f(t)}{1 - F(t)}.$$

Bild 2.5 zeigt zu den im Bild 2.4 dargestellten Verteilungsdichten die Ausfallraten. Für sehr großes t wird $h(t) = \eta$, im Bild also gleich 1.

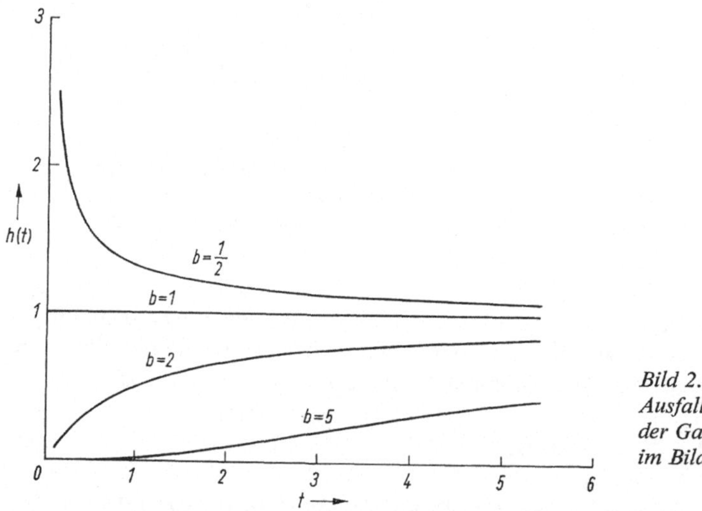

Bild 2.5
Ausfallraten
der Gammaverteilungen
im Bild 2.4

Der Erwartungswert einer Zufallsgröße mit einer zweiparametrigen Gammaverteilung ist

$$E(t) = \frac{b}{\eta}, \tag{2.40}$$

die Varianz

$$\mathrm{Var}\,(t) = \frac{b}{\eta^2}, \tag{2.41}$$

so daß der Variationskoeffizient der zweiparametrigen Gammaverteilung der einfachen Beziehung

$$V = \frac{1}{\sqrt{b}} \qquad (2.42)$$

folgt.

Ist $b = 1$, so ergibt sich als Spezialfall der Gammaverteilung die Exponentialverteilung. Ist $\eta = \frac{1}{2}$ und $b = n/2$, so entspricht die Gammaverteilung der in der mathematischen Statistik wichtigen χ^2-Verteilung mit n Freiheitsgraden [vgl. (2.36) mit (1.39)].

Für die zweiparametrige Gammaverteilung gilt folgender Satz: Sind t_1 und t_2 unabhängige Zufallsgrößen mit Gammaverteilungen und den Parametern (b_1, η) und (b_2, η), so besitzt die Zufallsgröße $t = t_1 + t_2$ ebenfalls eine Gammaverteilung; diese hat die Parameter $(b_1 + b_2, \eta)$. Daraus folgt u.a., daß die Summe von Zufallsgrößen mit Exponentialverteilung ($b = 1$, $\eta = \lambda^{-1}$ für alle Summanden) einer Gammaverteilung folgt, bei der der Formparameter gleich der Anzahl der Summanden ist.

Die *dreiparametrige Gammaverteilung* enthält analog zur zweiparametrigen Exponentialverteilung einen Lageparameter $t_0 > 0$. Die Verteilungsdichte hat dann die Gestalt

$$f(t) = \frac{\eta^b}{\Gamma(b)}\,(t - t_0)^{b-1}\,e^{-\eta(t - t_0)} \quad \text{für} \quad t \geqq t_0 > 0. \qquad (2.43)$$

Die Verteilungsfunktion folgt daraus durch Integration ab $t = t_0$; denn die Zufallsgröße kann Werte $t < t_0$ nicht annehmen.

Der Erwartungswert der dreiparametrigen Gammaverteilung ist

$$E(t) = t_0 + \frac{b}{\eta}. \qquad (2.44)$$

Die Varianz hängt nicht von t_0 ab und ist durch Gl. (2.41) gegeben. Somit wird der Variationskoeffizient einer dreiparametrigen Gammaverteilung kleiner als der einer zweiparametrigen Gammaverteilung. Die Schiefe hängt nicht von t_0 ab und ist durch die Beziehung

$$S_3 = \frac{2}{\sqrt{b}} \qquad (2.45)$$

gegeben.

Als ein sehr allgemeines Modell für Ausfallgesamtheiten wird die von vier Parametern abhängende *verallgemeinerte Gammaverteilung* verwendet. Die Dichte dieser Verteilung ist durch die Beziehung

$$f(t) = \frac{a\eta^{b/a}}{\Gamma\!\left(\dfrac{b}{a}\right)}\,(t - t_0)^{b-1}\,e^{-\eta(t - t_0)^a} \qquad (2.46)$$

mit $a > 0$, $b > 0$, $0 \leqq t_0 \leqq t$, $\eta > 0$ gegeben. Aus diesem Ansatz folgt für $a = 1$ die dreiparametrige Gammaverteilung, für $b = 1$ und $a = 1$ die zweiparametrige Exponentialverteilung und für $b = a$ die Weibull-Verteilung. Dieser verallgemeinerte Typ einer Lebensdauerverteilung ist sehr flexibel und läßt sich den verschiedensten zeitabhängigen Ausfallraten anpassen. Allerdings verursacht die statistische Analyse von

Daten mit einem so flexiblen Modell einen sehr großen Aufwand, sowohl in Hinblick auf die Methode als auch auf das erforderliche Beobachtungsmaterial. Daher dürfte sich die Anwendung von Gl. (2.46) auf sehr spezielle Fälle beschränken.

2.5.   Logarithmische Normalverteilung

Ein vielseitiges Wahrscheinlichkeitsmodell mit zeitabhängiger Ausfallrate ist die logarithmische Normalverteilung. Wegen der engen Verwandtschaft mit der Normalverteilung (Abschnitt 1.2.2.) ist ihre Anwendung mathematisch vorteilhaft, da die am besten bekannte und untersuchte Wahrscheinlichkeitsverteilung überhaupt die Normalverteilung sein dürfte. Die logarithmische Normalverteilung enthält die Exponentialverteilung nicht als Spezialfall. Die logarithmische Normalverteilung wird in einer zweiparametrigen oder dreiparametrigen Form verwendet.

Für gewisse Zuverlässigkeitsprobleme läßt sich die Anwendung der logarithmischen Normalverteilung heuristisch begründen. Beispielsweise ist nach *Kao* [14] die logarithmische Normalverteilung als Wahrscheinlichkeitsmodell zur Beschreibung des Ermüdungsbruchs geeignet. Es wird vorausgesetzt, daß der Bruch stufenweise durch die Belastung entsteht und sich ausbreitet, wobei die Anzahl der Zuwächse bis zum eigentlichen Bruch groß ist. Der Zuwachs wird auf jeder Stufe als eine zufällige Veränderliche betrachtet, die der erreichten Bruchausdehnung im Mittel proportional ist. Mit Hilfe des zentralen Grenzwertsatzes der Wahrscheinlichkeitsrechnung (siehe etwa [2]) ergibt sich dann die logarithmische Normalverteilung als Modell zur Beschreibung des Ermüdungsbruchs.

Die Verteilungsdichte der *zweiparametrigen logarithmischen Normalverteilung* hat die Form

$$f(t) = \frac{1}{t\sigma\sqrt{2\pi}} \exp\left\{-\frac{1}{2}\left(\frac{\ln t - \mu}{\sigma}\right)^2\right\}, \qquad t \geq 0, \qquad \sigma > 0, \tag{2.47}$$

wobei μ als Maßstabsparameter und σ als Formparameter aufgefaßt werden kann. Die Verteilungsdichten der logarithmischen Normalverteilung für $e^\mu = 1000$ und $\sigma = \frac{1}{2}$, 1, 2, 5 sind im Bild 2.6 dargestellt.

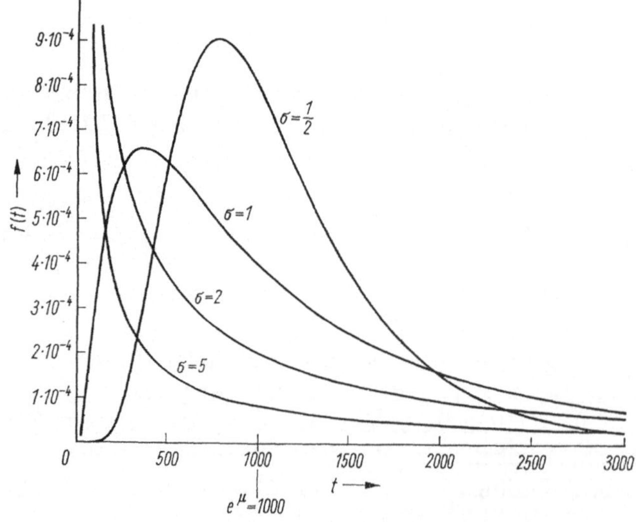

Bild 2.6
Verteilungsdichten
einiger logarithmischer
Normalverteilungen
mit unterschiedlichem Formparameter σ und $\mu = \ln 1000$

Die *dreiparametrige Form* enthält zusätzlich einen Lageparameter $t_0 > 0$. Es gilt

$$f(t) = \frac{1}{(t - t_0)\,\sigma\,\sqrt{2\pi}}\,\exp\left\{-\frac{1}{2}\left(\frac{\ln(t - t_0) - \mu}{\sigma}\right)^2\right\},$$

$$t \geqq t_0 \geqq 0, \qquad \sigma > 0. \tag{2.48}$$

Dabei ist t_0 die untere Grenze für die zufällige Veränderliche t; vor dem Zeitpunkt t_0 können keine Ausfälle auftreten. Durch die Transformation $z = \ln(t - t_0)$ wird die zufällige Veränderliche t in eine zufällige Veränderliche z übergeführt, die im Bereich $-\infty < z < +\infty$ variieren kann und einer Normalverteilung mit dem Erwartungswert μ und der Standardabweichung σ folgt. Die weitere Transformation $x = (z - \mu)/\sigma$ führt zur standardisierten Normalverteilung.

Die zu (2.47) und (2.48) gehörende Wahrscheinlichkeitsverteilung läßt sich nicht in geschlossener Form schreiben. Sie ist nur als Integral

$$F(t) = \int_0^t f(u)\,\mathrm{d}u$$

darstellbar, ebenso die Ausfallrate

$$h(t) = \frac{f(t)}{1 - F(t)}.$$

Sie ist nicht konstant, nimmt anfangs zu und für große t wieder ab, bis sie für sehr große t annähernd Null wird. Das Maximum von $h(t)$ liegt bei einem Wert $t > \mathrm{e}^{\mu - \sigma^2}$. Das Maximum der Verteilungsdichte [Modalwert, Gl.(1.33)] genügt der Beziehung

$$\tilde{t} = \mathrm{e}^{\mu + \sigma^2}. \tag{2.49}$$

Den Erwartungswert einer zufälligen Veränderlichen mit logarithmischer Normalverteilung erhält man aus der Gleichung

$$E(t) = \mathrm{e}^{\mu - \sigma^2/2}, \tag{2.50}$$

die Varianz aus

$$\mathrm{Var}\,(t) = \mathrm{e}^{2\mu + \sigma^2}\,(\mathrm{e}^{\sigma^2} - 1). \tag{2.51}$$

Da die Dichte der logarithmischen Normalverteilung nicht symmetrisch ist, sind Erwartungswert und Varianz nicht gut geeignet, um die Eigenschaften dieser Verteilung auszudrücken. Besser eignet sich der Median $t_{0,5}$, der durch (1.32) mit $\gamma = \frac{1}{2}$, d.h. durch

$$\int_0^{t_{0,5}} f(u)\,\mathrm{d}u = \frac{1}{2}$$

definiert wird. Im betrachteten Fall gilt

$$t_{0,5} = \mathrm{e}^{\mu}. \tag{2.52}$$

Mit Hilfe des Medians lassen sich logarithmische Normalverteilungen mit gleichem σ gut normieren. Für die Verteilungsdichte gilt (abgekürzte Schreibweise siehe Abschnitt 1.2.2.)

$$f(at;\, a\,\mathrm{e}^{\mu},\, \sigma) = \frac{1}{a}\,f(t;\, \mathrm{e}^{\mu},\, \sigma), \qquad a > 0. \tag{2.53}$$

Gl. (2.53) bedeutet, daß die Verteilungsdichte der Zufallsgröße at mit den Parametern $a\,\mathrm{e}^{\mu}$ und σ bis auf den Faktor $1/a$ mit der Verteilungsdichte $f(t;\ \mathrm{e}^{\mu},\ \sigma)$ übereinstimmt. Ebenso gilt

$$F\,(at;\ a\,\mathrm{e}^{\mu},\ \sigma) = F\,(t;\ \mathrm{e}^{\mu},\ \sigma). \tag{2.54}$$

Die Ausfallwahrscheinlichkeit der Zufallsgröße at mit logarithmischer Normalverteilung, dem Maßstabsparameter $a\,\mathrm{e}^{\mu}$ und dem Formparameter σ stimmt mit der einer Zufallsgröße t mit dem Maßstabsparameter e^{μ} und dem Formparameter σ überein. Damit folgt für die Ausfallrate

$$h\,(at;\ a\,\mathrm{e}^{\mu},\ \sigma) = \frac{1}{a}\,h\,(t;\ \mathrm{e}^{\mu},\ \sigma). \tag{2.55}$$

Mit Hilfe der Normierung $\mu = 0$ lassen sich die Ausfallraten in Abhängigkeit von σ allein darstellen. Der Formparameter σ gibt Auskunft über den typischen Verlauf von

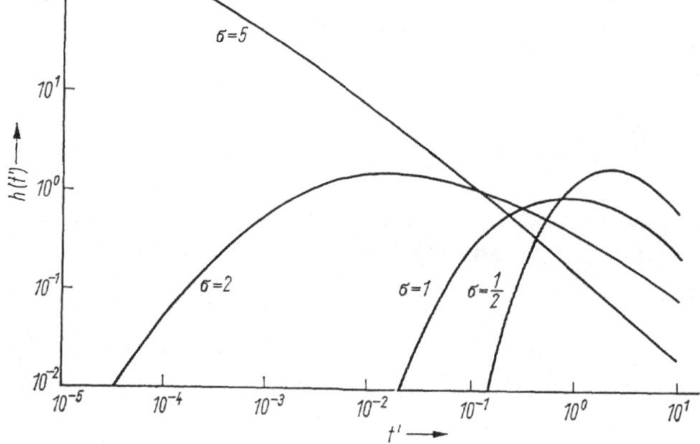

Bild 2.7
Ausfallraten einiger logarithmischer Normalverteilungen (normiert)

Verteilungsdichte, Verteilungsfunktion und Ausfallrate. Je größer σ ist, um so ausgeprägter ist die Asymmetrie der logarithmischen Normalverteilungsdichte. Das läßt sich aus Gl. (2.49) für den Modalwert ablesen, der mit wachsendem σ abnimmt, während der Median e^{μ} konstant bleibt.

Bild 2.7 zeigt die normierten Ausfallraten für $t' = \mathrm{e}^{-\mu}t$ und die im Bild 2.6 dargestellten Verteilungsdichten.

2.6. Klassen von Verteilungsfunktionen mit monoton zu- oder abnehmender Ausfallrate

Die Ausfallrate $h(t)$ als Funktion der Zeit ist geeignet, das Wesentliche des Ausfallverhaltens eines Erzeugnisses auszudrücken. Zunehmende Ausfallrate bedeutet, daß sich das Erzeugnis im Laufe seines Lebens verschlechtert; abnehmende Ausfallrate heißt, daß das gebrauchte Erzeugnis besser als das neue ist, und eine konstante Ausfallrate kennzeichnet den Fall, in dem sich das Alter eines Erzeugnisses nicht auf die Zuverlässigkeit auswirkt. Diese Fälle können auch kurz als „gebraucht schlechter als neu", „gebraucht besser als neu" oder „gebraucht so gut wie neu" bezeichnet werden. Mit geeigneten Einteilungen der Zuverlässigkeitsprobleme lassen sich *Klassen von Lebensdauerverteilungen* bilden, die eine Zuverlässigkeitsbeurteilung gestatten, ohne daß der genaue Typ der Lebensdauerverteilung als Modell festgelegt werden muß.

Ist $R(t) = 1 - F(t)$ die Überlebenswahrscheinlichkeit zum Zeitpunkt t, so kann für ein Erzeugnis, das bereits bis zum Zeitpunkt t_1 gelebt hat, die bedingte Überlebenswahrscheinlichkeit zum Zeitpunkt $t_2 > t_1$ berechnet werden. Sie wird mit $R\,(t_2|t_1)$ bezeichnet. Nach Gln. (1.3) und (1.4) gilt

$$R\,(t_2|t_1) = \frac{R(t_2)}{R(t_1)}, \tag{2.56}$$

woraus wegen $R(t_2) \leq R(t_1)$ die Ungleichung $R\,(t_2|t_1) \leq 1$ folgt.

Ein Erzeugnis ist *gebraucht so gut wie neu*, wenn das Überleben des Zeitintervalls $(t_2 - t_1)$ nicht von t_1 abhängt. Die zufälligen Ereignisse „Überleben von t_1" und „Überleben von $(t_2 - t_1)$" sind unabhängig. Nach Gl. (1.5) erhält man

$$R(t_2) = R(t_1)\,R\,(t_2 - t_1) \tag{2.57}$$

bzw.

$$R\,(t_2|t_1) = R\,(t_2 - t_1). \tag{2.58}$$

Dieser Funktionalgleichung genügt *nur* die Exponentialverteilung. Für sie ist der durch Gl. (2.57) gegebene Zusammenhang leicht nachprüfbar:

$$e^{-\lambda t_2} = e^{-\lambda t_1}\,e^{-\lambda(t_2 - t_1)}. \tag{2.59}$$

Hat das Alter aber einen zerstörenden Einfluß auf die Erzeugnisse, so gilt

$$R(t_2) < R(t_1)\,R\,(t_2 - t_1), \qquad t_2 - t_1 > 0. \tag{2.60}$$

Das Erzeugnis ist *gebraucht schlechter als neu*. Haben die Erzeugnisse dagegen die Eigenschaft, daß sich ihr Alter günstig auf ihre Zuverlässigkeit auswirkt, d. h., daß sie *gebraucht besser als neu* sind, so gilt

$$R(t_2) > R(t_1)\,R\,(t_2 - t_1), \qquad t_2 - t_1 > 0. \tag{2.61}$$

Wenn die Lebensdauerverteilungen außerdem noch die Eigenschaft besitzen, daß ihre Ausfallrate *monoton* zu- oder abnimmt, so lassen sich auf der Grundlage dieser Fallunterscheidungen folgende Klassen von Verteilungsfunktionen bilden:

IFR-Verteilungen

(Der Begriff entstand durch die Abkürzung von Increasing Failure Rate, d. h. zunehmende Ausfallrate.) Eine Lebensdauerverteilung $F(t)$ gehört zur Klasse der IFR-Verteilungen, *wenn die Ausfallrate $h(t)$ mit t monoton zunimmt*. Es gilt $h(t_2) \geq h(t_1)$ für alle $t_2 \geq t_1 > 0$. Damit ist (2.60) erfüllt. Die Exponentialverteilung wird als Grenzfall in die IFR-Klasse einbezogen, so daß für IFR-Verteilungen auch Gl. (2.57) zugelassen ist.

DFR-Verteilungen

(Der Begriff entstand durch die Abkürzung von Decreasing Failure Rate, d. h. abnehmende Ausfallrate). Eine Lebensdauerverteilung $F(t)$ gehört zur Klasse der DFR-Verteilungen, *wenn die Ausfallrate $h(t)$ mit t monoton abnimmt*. Es gilt $h(t_2) \leq h(t_1)$ für alle $t_2 \geq t_1 > 0$. Damit ist (2.61) erfüllt. Die Exponentialverteilung gehört als Grenzfall auch in die DFR-Klasse, d. h., daß Gl. (2.57) auch für DFR-Verteilungen zugelassen ist.

Eine weitere Verallgemeinerung dieser Klassen ergibt sich durch die Zusammenfassung von *Lebensdauerverteilungen mit im Mittel zu- oder abnehmender Ausfallrate.* Ausgehend von der allgemeinen Lebensdauerverteilung (2.4) wird die *mittlere Ausfallrate*

$$\overline{h(t)} = \frac{1}{t} \int_0^t h(u)\, du \tag{2.62}$$

gebildet. (Die Funktion $\overline{h(t)}$ verursacht praktisch eine Glättung der Ausfallratenkurve durch Mittelwertsbildung. Zur Veranschaulichung stelle man sich das Zeitintervall $[0, t]$ in n Teilintervalle $\Delta u_i = u_i - u_{i-1}$, $i = 1, \ldots, n$, $u_0 = 0$, $u_n = t$, zerlegt vor, und diesen Intervallen seien die jeweiligen Werte der Ausfallrate $h(u_i)$ zugeordnet. Das Integral in Gl. (2.62) wird durch die Summe $\sum_{i=1}^n h(u_i)\, \Delta u_i$ ersetzt, und statt durch t wird durch n dividiert. Der so erhaltene Mittelwert nähert sich mit wachsendem n der Funktion $\overline{h(t)}$.) Je nachdem, ob $\overline{h(t)}$ mit t monoton zunimmt oder abnimmt, erhält man zwei weitere Klassen von Lebensdauerverteilungen, die die IFR- bzw. DFR-Verteilungen einschließen.

IFRA-Verteilungen

(Increasing Failure Rate Average, d.h. zunehmender Ausfallraten-Mittelwert.) Eine Lebensdauerverteilung $F(t)$ gehört zur Klasse der IFRA-Verteilungen, wenn gilt

$$\overline{h(t_2)} \geq \overline{h(t_1)} \quad \text{für} \quad t_2 \geq t_1 > 0. \tag{2.63}$$

Diese Klasse enthält alle IFR-Verteilungen und die Exponentialverteilung als Grenzfall.

DFRA-Verteilungen

(Decreasing Failure Rate Average, d.h. abnehmender Ausfallraten-Mittelwert.) Eine Lebensdauerverteilung $F(t)$ gehört zur Klasse der DFRA-Verteilungen, wenn gilt

$$\overline{h(t_2)} \leq \overline{h(t_1)} \quad \text{für} \quad t_2 \geq t_1 > 0. \tag{2.64}$$

Diese Klasse enthält alle DFR-Verteilungen und die Exponentialverteilung.

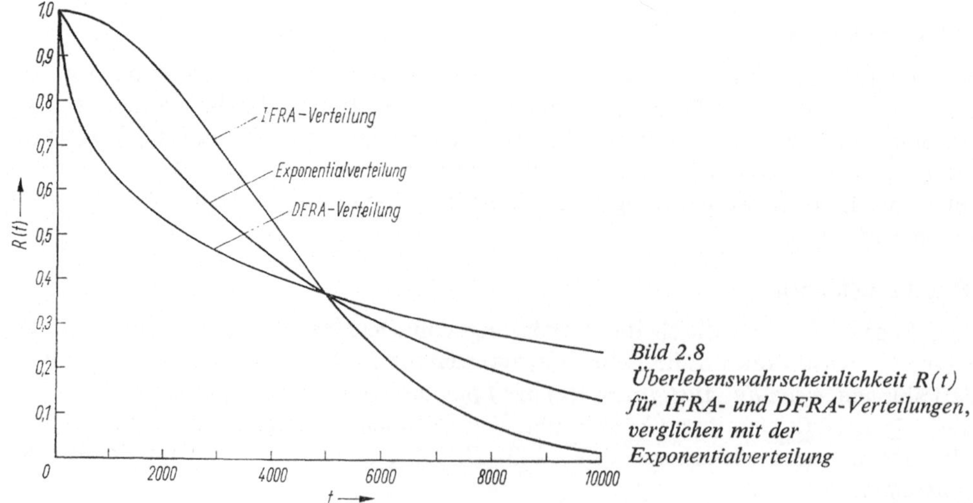

Bild 2.8
Überlebenswahrscheinlichkeit $R(t)$ für IFRA- und DFRA-Verteilungen, verglichen mit der Exponentialverteilung

Diese Klassen von Verteilungsfunktionen wurden erstmalig von *Barlow, Marshall* und *Proschan* [16] sowie von *Birnbaum, Esary und Marshall* [17] behandelt. Ausführlicher sind sie z.B. im Buch von *Barlow* und *Proschan* [18] zu finden. Sie sind für Zuverlässigkeitsuntersuchungen von großer praktischer Bedeutung, weil für sie nützliche Ungleichungen und wichtige Relationen von Elementezuverlässigkeit und Systemzuverlässigkeit gelten, die in der praktischen Zuverlässigkeitsanalyse benutzt werden können.

Betrachtet man für die Klassen der IFRA- und DFRA-Verteilungen den Verlauf von $R(t)$ über t, so besitzt jede Verteilung aus diesen Klassen mit der ebenfalls über t dargestellten Überlebenswahrscheinlichkeit $R(t)$ jeder Exponentialverteilung genau *einen* Schnittpunkt außer bei $t = 0$. Den prinzipiellen Unterschied zwischen den zu diesen Verteilungen gehörenden Überlebenswahrscheinlichkeiten zeigt Bild 2.8.

Barlow und *Marshall* [19] bewiesen Ungleichungen für die IFR- und DFR-Verteilungsklassen, die schärfere Abschätzungen von $R(t)$ oder $F(t)$ erlauben als die allgemeinen Ungleichungen der Wahrscheinlichkeitsrechnung.

Eine allgemeine und gut bekannte Ungleichung ist die *Markovsche Ungleichung*. Sie führt zu folgender Abschätzung: Ist m_k das k-te absolute Moment der Verteilungsfunktion $F(t)$ [Gl. (1.28)], so gilt

$$R(t) \leqq \begin{cases} 1 & \text{für} \quad t < m_k \\ \dfrac{m_k}{t^k} & \text{für} \quad t \geqq m_k. \end{cases} \tag{2.65}$$

Verwendet man in (2.65) den Erwartungswert m_1, so erhält man mit Hilfe der Markovschen Ungleichung für jeden Wert $t > m_1$ eine obere Schranke für $R(t)$. Ist z. B. $F(t)$ eine Exponentialverteilung, so gilt nach Gl. (2.10) die Beziehung $m_1 = \vartheta$, und nach (2.65) ist

$$R(t) \leqq \begin{cases} 1 & \text{für} \quad t < \vartheta \\ \dfrac{\vartheta}{t} & \text{für} \quad t \geqq \vartheta. \end{cases} \tag{2.66}$$

Ist $F(t)$ eine Weibull-Verteilung mit dem Formparameter a und dem Maßstabsparameter η, so gilt entsprechend Gl. (2.22)

$$R(t) \leqq \begin{cases} 1 & \text{für} \quad t < \eta\Gamma\left(1 + \dfrac{1}{a}\right) \\ \dfrac{\eta\Gamma\left(1 + \dfrac{1}{a}\right)}{t} & \text{für} \quad t \geqq \eta\Gamma\left(1 + \dfrac{1}{a}\right). \end{cases} \tag{2.67}$$

Für eine Lebensdauerverteilung $F(t)$ vom IFR-Typus erhält man zu jedem Wert t eine *obere Schranke* für $R(t)$ durch die Ungleichung

$$R(t) \leqq \begin{cases} 1 & \text{für} \quad t < m_k^{1/k} \\ e^{-\omega t} & \text{für} \quad t \geqq m_k^{1/k}, \end{cases} \tag{2.68}$$

wobei ω aus folgender Beziehung zu bestimmen ist:

$$m_k = k \int_0^t u^{k-1}\, e^{-\omega u}\, du. \tag{2.69}$$

Die Ungleichung (2.68) ist scharf, d.h., es gibt stets einen Wert von t, für den das Gleichheitszeichen gilt. Aus (2.68) ergibt sich eine viel engere Begrenzung der Überlebenswahrscheinlichkeiten als aus (2.65), was sich an folgendem Beispiel verdeutlichen läßt: Es sei $F(t)$ eine Lebensdauerverteilung vom IFR-Typus mit $m_1 = 1$. Für die beiden Werte $t = 2$ und $t = 5$ erhält man aus der Ungleichung (2.65) die Schranken $R(2) \leq 0,5$ und $R(5) \leq 0,2$, wenn $k = 1$ gesetzt wird. Aus der Ungleichung (2.68) ergeben sich folgende Werte: $R(2) \leq 0,2$ ($\omega = 0,8$) und $R(5) \leq 0,007$ ($\omega = 0,993$).

Ist die Lebensdauerverteilung $F(t)$ vom IFR-Typus, so läßt sich für alle Werte von t auch eine *untere Schranke* für $R(t)$ angeben. Es gilt

$$
R(t) \geq \begin{cases} \exp\left[-\dfrac{t}{\lambda_k^{1/k}} \right] & \text{für} \quad t \leq m_k \\[2em] 0 & \text{für} \quad t > m_k, \end{cases}
\tag{2.70}
$$

wobei λ_k nach der Formel

$$
\lambda_k = \frac{m_k}{\Gamma(k+1)}
\tag{2.71}
$$

berechnet wird. Auch die Ungleichung (2.70) ist scharf, d.h., daß es immer einen Wert t gibt, für den das Gleichheitszeichen gilt. Für die Praxis sind (2.68) und (2.70) im Fall $k = 1$ speziell von Interesse; denn dann gilt folgende Aussage: Ist $F(t)$ vom IFR-Typus, so gilt für alle Werte $0 < t < m_1$ die Ungleichung $1 \geq R(t) \geq e^{-t/m_1}$, und für alle Werte $t > m_1$ gilt $e^{-\omega t} \geq R(t) \geq 0$, wobei ω aus der Beziehung $m_1 = 1/\omega\,(1 - e^{-\omega t})$ zu bestimmen ist.

Für das Quantil $F(t_\gamma) = \gamma$ einer IFRA-Verteilung ergeben sich folgende Ungleichungen:

$$
R(t) \geq e^{-vt} \quad \text{für} \quad t \leq t_\gamma
$$

$$
R(t) \leq e^{-vt} \quad \text{für} \quad t \geq t_\gamma,
\tag{2.72}
$$

wobei v aus der Beziehung

$$
v = -\frac{\ln(1-\gamma)}{t_\gamma}
\tag{2.73}
$$

folgt. Gl.(2.73) ergibt sich aus der Exponentialverteilung, die die IFRA-Verteilung an der Stelle $t = t_\gamma$ schneidet.

Ist $F(t)$ vom DFR-Typus, so gilt

$$
R(t) \leq \begin{cases} \exp\left[-\dfrac{t}{\lambda_k^{1/k}} \right] & \text{für} \quad t \leq k\lambda_k^{1/k} \\[2em] k^k \lambda_k \dfrac{e^{-k}}{t^k} & \text{für} \quad t \geq k\lambda_k^{1/k}. \end{cases}
\tag{2.74}
$$

Diese Ungleichungen sind scharf, d.h., es gibt immer einen Wert t, für den das Gleichheitszeichen gilt. In der Praxis ist (2.74) für $k = 1$ von besonderem Interesse; denn damit gilt folgende Aussage: Ist $F(t)$ vom DFR-Typus, so gilt für alle Werte $0 < t < m_1$ die Ungleichung $R(t) \leqq e^{-t/m_1}$ und für alle Werte $t \geqq m_1$ die Ungleichung $R(t) \leqq \dfrac{m_1}{\dot{e}t}$.

Für das Quantil $F(t_\gamma) = \gamma$ einer DFRA-Verteilung gilt

$$R(t) \leqq e^{-vt} \quad \text{für} \quad t \leqq t_\gamma$$
$$R(t) \geqq e^{-vt} \quad \text{für} \quad t \geqq t_\gamma, \tag{2.75}$$

wobei v aus der Beziehung (2.73) folgt.

3. Statistische Methoden

Wahrscheinlichkeitsmodelle für die Zuverlässigkeitsanalyse können im Prinzip ausschließlich mit Hilfe mathematischer Überlegungen formuliert oder aus der Erfahrung abstrahiert werden. Sie bleiben aber so lange hypothetisch und zahlenmäßig unbestimmt, bis sie anhand von Beobachtungswerten überprüft und quantifiziert worden sind. Die Brücke zwischen dem anfangs rein hypothetischen Wahrscheinlichkeitsmodell und dem wirklichen Ausfallvorgang bildet die Anwendung statistischer Methoden. Sie hat immer das Ziel, die Beobachtungswerte im Lichte eines speziellen Wahrscheinlichkeitsmodells zu analysieren, um dadurch das Modell zu beurteilen oder zu quantifizieren.

Der formale Apparat der mathematischen Statistik beruht auf einigen wenigen Schlußweisen und Konzepten. Ihre Grundgedanken werden in diesem Abschnitt vom Anwendungsstandpunkt her betrachtet und behandelt.

Die Basis jeder statistischen Methode ist der Schluß von einer exakt definierten Grundgesamtheit auf die Eigenschaften aller aus dieser Grundgesamtheit entnommenen gedachten Stichproben bestimmten Umfangs. Dieser Schluß wird im Abschnitt 3.1.1. erklärt. Die Anwendung statistischer Methoden benutzt aber meistens den umgekehrten Schluß, von der Stichprobe auf die unbekannte Grundgesamtheit. Diesem Schluß ist Abschnitt 3.1.2. gewidmet. Im Abschnitt 3.1.3. schließlich wird das Problem der Übertragbarkeit dieser Schlußweisen auf reale Gesamtheiten geschildert.

Das generelle Anliegen jeder statistischen Untersuchung besteht darin, Informationen über die Eigenschaften zufälliger Veränderlicher zu gewinnen. Es wird in jedem Einzelfall dem speziellen Zweck entsprechend formuliert. Häufig führt das auf eine der folgenden Klassen von Aufgaben: Schätzen von Parametern, Testen von Parametern und Testen von Modelltypen (Anpassungstests).

Diese drei Klassen werden in ihren Grundzügen erläutert und die wichtigsten Grundbegriffe eingeführt.

Heute lassen sich Schätz- und Testprobleme sowohl klassisch, nur unter Anwendung der Logik statistischer Schlüsse, als auch mit Mitteln der Entscheidungstheorie beschreiben. Der klassische Weg, der in den Abschnitten 3.1.1. und 3.1.2. beschritten wird, beschränkt sich auf den Mechanismus der empirischen Informationsgewinnung und läßt dem Anwender der Statistik Freiheit bei der Wahl von Konfidenzniveaus, Operationscharakteristiken, Irrtumswahrscheinlichkeiten usw. Der entscheidungstheoretische Weg geht gewissermaßen einen Schritt weiter. Er berücksichtigt, daß jedes statistisch gefundene Resultat auch Konsequenzen hat, die (etwa in der Form von Kosten) meßbar sind. Aus der mathematischen Zuordnung von Resultat und Entscheidung lassen sich optimale Strategien errechnen, die dem Anwender der Statistik Hilfe bei der Festlegung der sonst willkürlichen Risiken (Konfidenzniveaus, Operationscharakteristiken, Irrtumswahrscheinlichkeiten usw.) geben.

Eigentlich entspricht das entscheidungstheoretische Konzept dem technisch-industriellen Anwendungsbereich statistischer Methoden besser als die klassische Schlußweise. Wenn hier dennoch die klassische Darstellung bevorzugt wird, so einerseits deshalb, weil gegenwärtig die meisten Methoden nur in dieser Form bekannt sind, andererseits aber auch, weil das entscheidungstheoretische Konzept sich in einem zweiten Schritt immer nachvollziehen läßt.

Im letzten Abschnitt werden die Bayesschen Methoden behandelt. Sie sind für technisch-industrielle Anwendungen der Statistik von wachsender Bedeutung. Ihre Besonderheit liegt darin, daß sie auch die Parameter von Verteilungsfunktionen als zufällige Veränderliche behandeln, über die bereits Vorkenntnisse in Form von a-priori-Verteilungen vorhanden sind. Dadurch ist eine systematischere Informationsgewinnung möglich als im klassischen Fall.

3.1. Grundgesamtheit und mathematische Stichprobe

Eine Menge von N Elementen (z.B. Ausfallzeitpunkte), auf die alle Eigenschaften eines Wahrscheinlichkeitsmodells zutreffen (z.B. Exponentialverteilung mit $\lambda = 10^{-6}\,\mathrm{h}^{-1}$), heißt *Grundgesamtheit*. Dabei wird N meistens als unendlich groß vorausgesetzt. Die Elemente einer Grundgesamtheit stellt man sich als unabhängige Realisierungen der interessierenden zufälligen Veränderlichen vor. Die Grundgesamtheit ist eine gedachte Gesamtheit. Sie hat lediglich die Funktion eines Denkmodells und braucht in der Realität nicht vorhanden zu sein.

Aus einer solchen Grundgesamtheit werden n Elemente (n ist endlich) so entnommen, daß jedes Element der Grundgesamtheit die gleiche Chance hat, in die Stichprobe zu gelangen. Es wird also eine *mathematische Stichprobe* vom Umfang n gebildet. Für jedes Element der Stichprobe gilt, daß es eine unabhängige Realisierung der interessierenden zufälligen Veränderlichen ist. Eine solche Stichprobe ist natürlich ebenfalls nur ein Denkmodell; sie wird deshalb als mathematische Stichprobe bezeichnet und darf mit den konkreten Stichproben der Praxis (Abschnitt 1.3.) nicht verwechselt werden.

Die theoretischen Grundlagen der Statistik beruhen auf den Wechselbeziehungen von Grundgesamtheit und mathematischer Stichprobe. In der Anwendung werden sie auf praktische Gesamtheiten übertragen. Die neuere Literatur benutzt den Begriff Grundgesamtheit allerdings nur noch selten. An seine Stelle tritt (praktisch gleichbedeutend) das Wahrscheinlichkeitsmodell und seine Fähigkeit, beliebig lange zufällige Folgen von Realisierungen der interessierenden zufälligen Veränderlichen erzeugen zu können, was sich näherungsweise durch Zufallsgeneratoren und Rechner sogar realisieren läßt.

3.1.1. Schluß von der Grundgesamtheit auf die Stichprobe

Jede aus n Elementen bestehende Stichprobe $\{t_1, t_2, \ldots, t_n\}$ läßt sich als Punkt eines n-dimensionalen *Stichprobenraums* $\mathbf{R}^n$ deuten. Die Struktur des Stichprobenraums entspricht der Natur der betrachteten Zufallsgröße. Sind z.B. die Elemente t_i Lebensdauern, so ist für $n = 1$ der Stichprobenraum $\mathbf{R}^1$ eindimensional und mit der positiven Halbachse $t_1 \geq 0$ identisch; für $n = 2$ ist der Stichprobenraum $\mathbf{R}^2$ zweidimensional und entspricht einer durch $t_1 \geq 0$, $t_2 \geq 0$ begrenzten Ebene; für $n = 3$ ist er der durch $t_1 \geq 0$, $t_2 \geq 0$, $t_3 \geq 0$ begrenzte dreidimensionale Raum $\mathbf{R}^3$ usw. Kann die Zufallsgröße z.B. nur die Werte 0 oder 1 annehmen, so besteht der Stichprobenraum entsprechend nur aus allen Endpunkten eines n-dimensionalen Einheitswürfels.

Das Denkmodell „Stichprobenraum" ist ein wichtiger Grundbegriff für den Schluß von der Grundgesamtheit auf die Stichprobe; es gibt ein Abbild aller denkbaren Stichproben vom Umfang n und bildet somit die Grundlage für die Ermittlung der Wahrscheinlichkeit gewisser Stichprobenergebnisse.

Wird einer endlichen Grundgesamtheit vom Umfang N eine n Elemente umfassende Stichprobe entnommen ($0 < n < N$), so gibt es dafür $\binom{N}{n}$ Möglichkeiten. Unter der Voraussetzung einer zufälligen Auswahl der Stichprobenelemente sind alle diese Kombinationen gleich wahrscheinlich. Die Wahrscheinlichkeit dafür, eine bestimmte Kombination zu entnehmen, ist gleich $\binom{N}{n}^{-1}$. Daraus ergibt sich die Möglichkeit, die Wahrscheinlichkeit aller Stichprobenresultate für ein in der Grundgesamtheit geltendes Modell (es muß bekannt sein) zu berechnen.

Betrachten wir dazu folgendes Beispiel: Die Grundgesamtheit habe den Umfang $N = 4$; von diesen vier Elementen mögen drei die Eigenschaft 0 besitzen und ein Element die Eigenschaft 1. Entnimmt man dieser Gesamtheit eine Stichprobe vom Umfang $n = 2$, so sind nur zwei Resultate denkbar: $\{0,0\}$ und $\{0,1\}$ – wenn die Reihenfolge keine Rolle spielt. Dieses Resultat läßt sich mit Hilfe des Stichprobenraums verdeutlichen: Weil $n = 2$ ist, ist der Stichprobenraum zweidimensional. Er besitzt die Komponenten t_1 und t_2, die nur die Werte 0 und 1 annehmen können. Den verschiedenen Stichproben lassen sich folgende Wahrscheinlichkeiten zuordnen:

$$P\,(t_1 = 0,\ t_2 = 0) = 0{,}5$$
$$P\,(t_1 = 1,\ t_2 = 0) = 0{,}25$$
$$P\,(t_1 = 0,\ t_2 = 1) = 0{,}25$$
$$P\,(t_1 = 1,\ t_2 = 1) = 0.$$

Der letzte Punkt besitzt die Wahrscheinlichkeit 0; denn die Grundgesamtheit enthält ja nur ein Element mit der Eigenschaft 1. Dieser Punkt des Stichprobenraums könnte auch weggelassen werden.

Ist N unendlich, so ist auch die Anzahl der Möglichkeiten für die Entnahme einer n Elemente umfassenden Stichprobe unendlich groß. Auf der Grundlage des in der Grundgesamtheit geltenden Wahrscheinlichkeitsmodells läßt sich die Wahrscheinlichkeit jeder konkreten Stichprobe berechnen. Der Einfachheit halber wollen wir uns dabei auf den Fall einer kontinuierlichen Zufallsgröße t beschränken.

Wird mit $f(t)$ die Wahrscheinlichkeitsdichte der betrachteten Zufallsgröße bezeichnet und bedeutet $t_1, \ldots, t_n$ eine aus n Elementen bestehende mathematische Stichprobe aus dieser Grundgesamtheit, so läßt sich unter der Voraussetzung der Unabhängigkeit der Stichprobenelemente ihre gemeinsame Wahrscheinlichkeitsdichte nach Gl.(1.50) durch die Beziehung

$$\varphi\,(t_1, t_2, \ldots, t_n) = f(t_1)\,f(t_2) \ldots f(t_n) \tag{3.1}$$

berechnen. Es ist die Wahrscheinlichkeitsdichte einer n-dimensionalen Zufallsgröße $(t_1, t_2, \ldots, t_n)$. Sie läßt sich anschaulich interpretieren, wenn dabei wieder der Begriff Stichprobenraum benutzt wird: Durch Gl.(3.1) wird jedem Punkt des Stichprobenraums $\mathbf{R}^n$ eine Wahrscheinlichkeitsdichte zugeordnet, aus der sich durch Integration die Wahrscheinlichkeit dafür berechnen läßt, daß eine Stichprobe in ein bestimmtes Gebiet fällt.

Das soll an einer Stichprobe vom Umfang $n = 2$ veranschaulicht werden. Die betrachtete Zufallsgröße sei eine Lebensdauer; der Stichprobenraum ist also die durch $t_1 \geq 0$,

$t_2 \geqq 0$ begrenzte Ebene. In der Grundgesamtheit gelte das Wahrscheinlichkeitsmodell „Exponentialverteilung mit $\lambda = 10^{-6}\,\mathrm{h}^{-1}$", d.h., es ist

$$F(t) = 1 - e^{-10^{-6}t}$$

gegeben. Nach Gl. (3.1) gilt für die Verteilungsdichte der Zufallsgröße (t_1, t_2)

$$\varphi(t_1, t_2) = 10^{-12}\, e^{-10^{-6}(t_1+t_2)}.$$

Bild 3.1 zeigt den Stichprobenraum. Wird z.B. die Wahrscheinlichkeit dafür gesucht, daß eine Stichprobe in das Gebiet $10^5\,\mathrm{h} \leqq t_i \leqq 10^7\,\mathrm{h}$, $i = 1,2$, fällt, so gilt

$$P = \int_{10^5}^{10^7} \int_{10^5}^{10^7} \lambda^2\, e^{-\lambda(t_1+t_2)}\, dt_1\, dt_2 = 0{,}82;$$

die Wahrscheinlichkeit dafür ist also ziemlich groß. Würde man statt dessen das Gebiet $10^3\,\mathrm{h} \leqq t_i \leqq 10^5\,\mathrm{h}$, $i = 1,2$, betrachten, so wäre, wie sich leicht nachrechnen läßt, P nur etwa gleich 0,01. Beide Gebiete sind im Bild 3.1 eingezeichnet. Der Schluß von der Grundgesamtheit auf die Stichprobe besteht praktisch darin, die Wahrscheinlichkeitsbelegung des Stichprobenraums zu berechnen, wobei das Wahrscheinlichkeitsmodell natürlich bekannt sein muß.

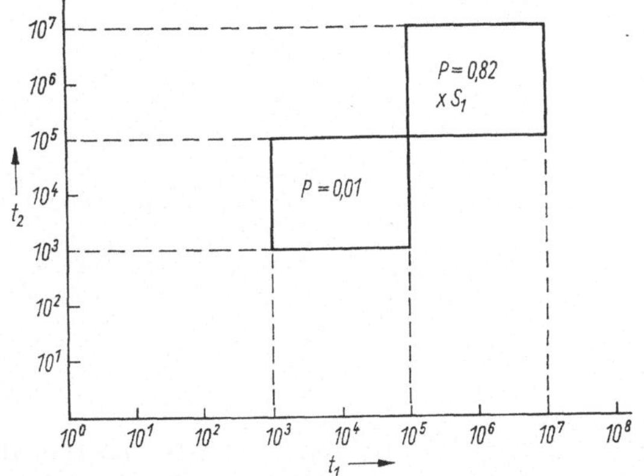

Bild 3.1
Stichprobenraum für $n = 2$

Ist die betrachtete Zufallsgröße diskret, so gilt Gl. (3.1) ebenfalls; nur treten dabei an die Stelle der Wahrscheinlichkeitsdichten $f(t_i)$, $i = 1, \ldots, n$, die Wahrscheinlichkeiten $P(t_i = x)$, $x \in \Omega$.

Da n meistens groß ist, betrachtet man normalerweise nicht n-dimensionale Gebiete im R^n, sondern man verwendet Funktionen der Stichprobenelemente. Sie heißen *Stichprobenfunktionen* und können von unterschiedlicher Art sein. Bekannte Stichprobenfunktionen sind Mittelwert, kleinster Wert, Streuung, Differenz zwischen Maximal- und Minimalwert usw.

Bei bekanntem Wahrscheinlichkeitsmodell lassen sich auch die Wahrscheinlichkeitsverteilungen beliebiger Stichprobenfunktionen herleiten. (Falls das aus formal-mathematischen Gründen nicht gelingt, können Momente, Quantile und andere Charakteristika dieser Verteilungen mit Hilfe von Simulationen bestimmt werden.) Die Wahrscheinlichkeitsverteilungen von Stichprobenfunktionen hängen stets von dem in der Grundgesamtheit geltenden Wahrscheinlichkeitsmodell und vom Stichprobenumfang ab.

Betrachten wir die Stichprobenfunktion „Mittelwert" für $n = 2$ und unsere Beispiel-Grundgesamtheit, in der die Exponentialverteilung mit $\lambda = 10^{-6}\,\mathrm{h}^{-1}$ gilt. Es gilt folgender Satz: Die Summe von n unabhängigen Zufallsgrößen, die alle der gleichen Exponentialverteilung folgen, genügt einer Gammaverteilung mit dem Formparameter n und dem Maßstabsparameter λ (Abschnitt 2.4.). Die Zufallsgröße $S = t_1 + t_2$ hat danach die Wahrscheinlichkeitsdichte

$$f(S) = \frac{\lambda^2}{\Gamma(2)}\, S\, \mathrm{e}^{-\lambda S}, \qquad \lambda > 0, \qquad S > 0. \tag{3.2}$$

Da nach Voraussetzung $\lambda = 10^{-6}\,\mathrm{h}^{-1}$ ist, erhält man die Verteilungsdichte von S und nach der Transformation $\bar{t} = \tfrac{1}{2}S$ auch die des Mittelwerts. Sie ist im Bild 3.2 dargestellt. Auch für $\bar{t}$ läßt sich nun ein Bereich abgrenzen, in dem das Stichprobenergebnis mit einer bestimmten Wahrscheinlichkeit zu erwarten ist. Ein solcher Bereich heißt Zufallsbereich. So liegt z. B. der Stichprobenmittelwert $\bar{t}$ mit einer Wahrscheinlichkeit $P = 0,9$ zwischen $\bar{t} = 1,78 \cdot 10^5\,\mathrm{h}$ und $\bar{t} = 2,38 \cdot 10^6\,\mathrm{h}$, wenn in der Grundgesamtheit unsere Exponentialverteilung mit $\lambda = 10^{-6}\,\mathrm{h}^{-1}$ gilt.

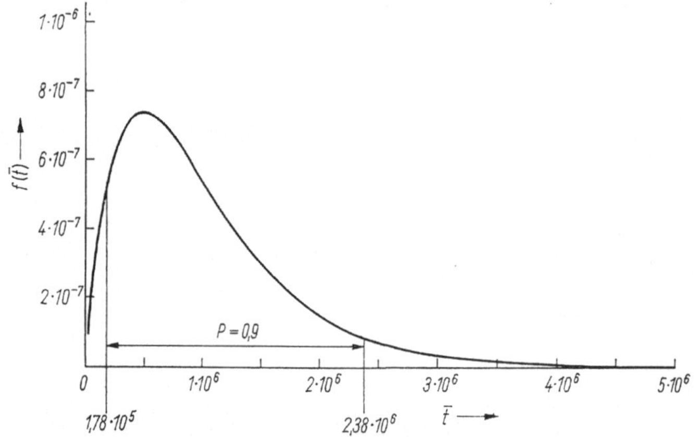

Bild 3.2
Verteilungsdichte von $\bar{t}$
für $n = 2$, wenn $\bar{t}$ einer
Exponentialverteilung
mit $\lambda = 10^{-6}\,\mathrm{h}^{-1}$ genügt

Der Schluß von der Grundgesamtheit auf die Stichprobe liefert *feste Grenzen* für die zufälligen Werte einer Stichprobenfunktion, durch die alle möglichen Realisierungen mit einer festen Wahrscheinlichkeit eingeschlossen werden.

Das läßt sich folgendermaßen interpretieren: Stellt man sich eine hinreichend lange Folge von Stichproben gleichen Umfangs aus der betrachteten Grundgesamtheit vor, so liegt ein der vorgegebenen Wahrscheinlichkeit entsprechender Anteil von Realisierungen innerhalb der berechneten Grenzen; im Beispiel wären etwa 90% aller Mittelwerte zwischen $1,78 \cdot 10^5\,\mathrm{h}$ und $2,38 \cdot 10^6\,\mathrm{h}$ zu erwarten.

Die Wahrscheinlichkeitsverteilungen der üblichen Stichprobenfunktionen hängen auch vom Stichprobenumfang ab. Je größer n ist, um so kleiner wird in der Regel die Varianz der Wahrscheinlichkeitsverteilung der Stichprobenfunktion, um so enger werden auch die Grenzen für die Realisierungen dieser Stichprobenfunktion bei gegebener Wahrscheinlichkeit. Der Schluß von der Grundgesamtheit auf die Stichprobe wird also um so genauer. Das läßt sich am Beispiel der Summe exponentialverteilter Zufallsgrößen gut demonstrieren: Die Summe $S = t_1 + \ldots + t_n$ hat eine Gammaverteilung mit dem Formparameter $b = n$ [Abschnitt 2.4.]. Nach Gl. (2.42) ist der Variationskoeffizient der Gammaverteilung gleich $b^{-\frac{1}{2}}$; er nimmt also mit wachsendem n ab. Eine Stichprobenfunktion ist für den Schluß von der Grundgesamtheit auf die Stichprobe um so effektiver, je schneller sich die auf eine feste Wahrscheinlichkeit bezogenen Zufallsgrenzen mit wachsendem Stichprobenumfang n verengen, d.h., je schneller genauere Aussagen möglich sind.

3.1.2. Schluß von der Stichprobe auf die Grundgesamtheit

In Anwendungen, die als Schätzprobleme bezeichnet werden, muß von einer Stichprobe auf die unbekannte Grundgesamtheit geschlossen werden, wobei nur gewisse Eigenschaften der Grundgesamtheit als bekannt vorausgesetzt werden. Es wird also ein Wahrscheinlichkeitsmodell als für die Grundgesamtheit gültig angenommen, dessen Parameter unbekannt sind, die jedoch auf Stichprobenbasis quantifiziert werden sollen. Der Begriff Parameter ist in diesem Fall sehr allgemein gemeint; auch Quantile oder Momente von Verteilungsfunktionen können die Rolle von Parametern spielen. Ein Schätzproblem für solche Parameter bedeutet praktisch die Umkehrung des Schlusses von der Grundgesamtheit auf die Stichprobe.

In diesem Zusammenhang ist es nützlich, den Begriff *Parameterraum* Θ^k als Denkmodell zu benutzen. Der allgemeinste Fall ist, daß das Wahrscheinlichkeitsmodell k unbekannte Parameter $(\vartheta_1, \vartheta_2, \ldots, \vartheta_k)$ enthält. Im Beispiel unserer Exponentialverteilung ist $k = 1$; denn der einzige Parameter ist die Ausfallrate λ. Ist außerdem der Lageparameter $t_0 > 0$ vorhanden, so ist $k = 2$. Für die dreiparametrige Weibull-Verteilung (Abschnitt 2.3.) ist $k = 3$ usw. Der Parameterraum Θ^k ist ein k-dimensionaler Raum, der alle möglichen Parameterwerte als Punkte enthält, für den Fall $k = 1$ (z.B. einfache Exponentialverteilung) also die positive Halbachse.

Dem vorigen Abschnitt entsprechend wird folgendes Beispiel betrachtet: In der Grundgesamtheit gilt die Exponentialverteilung. Der Parameter λ ist unbekannt. Der Parameterraum ist eindimensional und besteht in der positiven Halbachse $0 < \lambda < \infty$. In einer Stichprobe vom Umfang $n = 2$ werden die Lebensdauern $t_1 = 2 \cdot 10^5$ h und $t_2 = 3 \cdot 10^5$ h ermittelt.

Um von der Stichprobe auf die Grundgesamtheit zu schließen, könnte man z.B. einfach die Lage unserer Stichprobe S_1 in dem im Bild 3.1 dargestellten Stichprobenraum betrachten. Sie liegt in dem Gebiet, in dem etwa 82 % aller 2-Elemente-Stichproben aus einer Grundgesamtheit mit $\lambda = 10^{-6}$ h^{-1} liegen würden, d.h., die Stichprobe könnte mit „großer Wahrscheinlichkeit" aus einer solchen Grundgesamtheit stammen. Sie könnte aber sicherlich auch aus einer durch $\lambda = 2 \cdot 10^{-6}$ h^{-1} erzeugten Gesamtheit stammen oder einer durch $\lambda = 9 \cdot 10^{-7}$ h^{-1} erzeugten usw. Unser Problem besteht also eigentlich in folgendem:

a) Gibt es einen λ-Wert, der unserem Stichprobenergebnis die „größte Wahrscheinlichkeit" verleiht?

b) Welches Intervall im Parameterraum ist möglichst eng und läßt mit „großer Wahrscheinlichkeit" auf den wahren Parameterwert schließen?

Nach Gl. (3.1) ist die Wahrscheinlichkeitsdichte einer Stichprobe aus einer Exponentialverteilung mit bekanntem $\lambda > 0$

$$\varphi(t_1, t_2, \ldots, t_n; \lambda) = \lambda^n \, \mathrm{e}^{-\lambda \sum\limits_{i=1}^{n} t_i}. \tag{3.3}$$

Für bekanntes λ bedeutet $\varphi(t_1, \ldots, t_n; \lambda)$ die Wahrscheinlichkeitsdichte der Stichprobe $t_1, \ldots, t_n$. Formal kann Gl. (3.3), wenn die Stichprobe $t_1, \ldots, t_n$ bereits vorliegt, natürlich auch als Funktion von λ angesehen werden. Allerdings hat φ dann nicht die Bedeutung einer Wahrscheinlichkeitsdichte über dem Parameterraum Θ^1, $\lambda > 0$; denn der wahre Wert λ ist keine zufällige Größe. Diese Funktion, die im Unterschied zur Gl. (3.3) mit

$$L(\lambda; t_1, \ldots, t_n) = \lambda^n e^{-\lambda \sum_{i=1}^{n} t_i}, \qquad \lambda > 0, \tag{3.4}$$

bezeichnet wird, heißt *Likelihood-Funktion*. Wir werden sie künftig kurz mit $L(\lambda)$ bezeichnen. Sie ist ein Maß dafür, wieweit beliebige Punkte λ des Parameterraums für eine bereits vorliegende Stichprobe $t_1, \ldots, t_n$ sprechen. (Im Abschnitt 3.2.2. wird die Likelihood-Methode genauer behandelt.)

Bild 3.3 zeigt die Funktion $L(\lambda)$ für unsere beiden Stichprobenwerte t_1 und t_2. Sie hat ihr Maximum bei $\hat{\lambda} = 4 \cdot 10^{-6}\,\mathrm{h}^{-1}$. Dieser Wert heißt Maximum-Likelihood-Schätzwert. Er entspricht dem Stichprobenergebnis besser als der durch bloßes Betrachten von Bild 3.1 gefundene Wert $\lambda = 1 \cdot 10^{-6}\,\mathrm{h}^{-1}$. Ersterer führt zu einem Wert der Likelihood-Funktion $L(4 \cdot 10^{-6}) = 2{,}2 \cdot 10^{-12}$, letzterer nur zu $L(1 \cdot 10^6) = 6{,}1 \cdot 10^{-3}$. Setzt man beide Werte ins Verhältnis, so erweist sich der Wert $\lambda = 1 \cdot 10^{-6}\,\mathrm{h}^{-1}$ ungefähr nur als ein Viertel so „wahrscheinlich" wie $\hat{\lambda} = 4 \cdot 10^{-6}\,\mathrm{h}^{-1}$. Die Frage a läßt sich also beispielsweise durch Auswertung der Likelihood-Funktion beantworten. Ihr Maximum zeigt uns den Wert im Parameterraum, der der gefundenen Stichprobe die „größte Wahrscheinlichkeit" verleiht, also den plausibelsten Parameterwert, der Maximum-Likelihood-Schätzwert heißt.

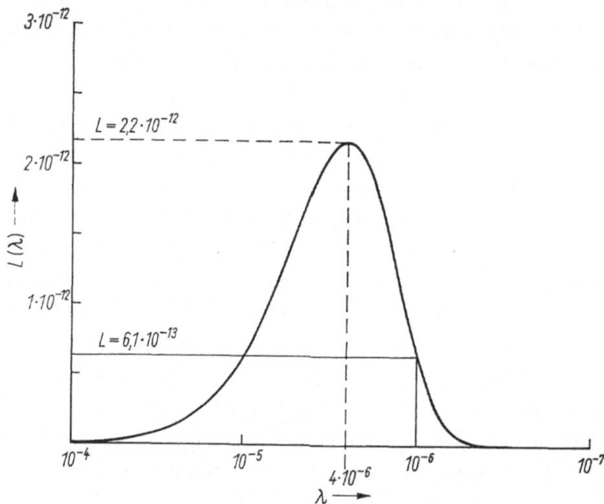

Bild 3.3
Likelihood-Funktion
für zwei Beobachtungswerte
$t_1 = 2 \cdot 10^5\,\mathrm{h}$, $t_2 = 3 \cdot 10^5\,\mathrm{h}$
einer Exponentialverteilung

Als Lösung des Problems b muß ein Bereich im Parameterraum gefunden werden, der den wahren Wert mit einer bestimmten Wahrscheinlichkeit einschließt, dabei aber möglichst eng ist. Ein solcher Bereich wird natürlich zweckmäßigerweise um den Wert $\lambda = \hat{\lambda}$ gebildet. Weil $\hat{\lambda}$ von der Realisierung $t_1, \ldots t_n$ der Zufallsgröße $\mathbf{t}_1, \ldots \mathbf{t}_n$ abhängt, ist der Maximum-Likelihood-Schätzwert auch die Realisierung einer Zufallsgröße. Im betrachteten Beispiel wurde die Likelihood-Funktion (3.4) verwendet und der λ-Wert bestimmt, für den sie ihr Maximum hat. Man erhält diesen Wert bequemer, wenn man L transformiert

$$\ln L = n \ln \lambda - \lambda \sum_{i=1}^{n} t_i, \tag{3.5}$$

dann nach λ differenziert und das Resultat Null setzt;

$$\frac{\mathrm{d}\ln L}{\mathrm{d}\lambda} = \frac{n}{\lambda} - \sum_{i=1}^{n} t_i = 0. \tag{3.6}$$

Daraus folgt die Formel zur Berechnung von $\hat{\lambda}$:

$$\hat{\lambda} = \frac{n}{\sum\limits_{i=1}^{n} t_i}. \tag{3.7}$$

Die rechte Seite von Gl. (3.7) erweist sich als reziproker Mittelwert $\bar{t}^{-1}$ der t_i. Für festes λ läßt sich aber, wie im vorigen Abschnitt gezeigt wurde, die Verteilungsdichte λ der Zufallsgröße $\bar{t}$ berechnen und ein festes Intervall bilden, das alle Realisierungen von $\bar{t}$ mit einer vorgegebenen Wahrscheinlichkeit umschließt (vgl. Bild 3.2). Man kann folgern, daß jede Grundgesamtheit, deren Zufallsbereich für den Mittelwert auch unseren Beobachtungswert $\bar{t} = 2{,}5 \cdot 10^5$ h enthält, als Quelle für unsere Stichprobe in Frage kommen könnte. Man erhält so einen Bereich im Parameterraum, der den wahren (unbekannten) Wert mit der Wahrscheinlichkeit enthält, die zur Bildung der Zufallsbereiche für $\bar{t}$ benutzt wurde.

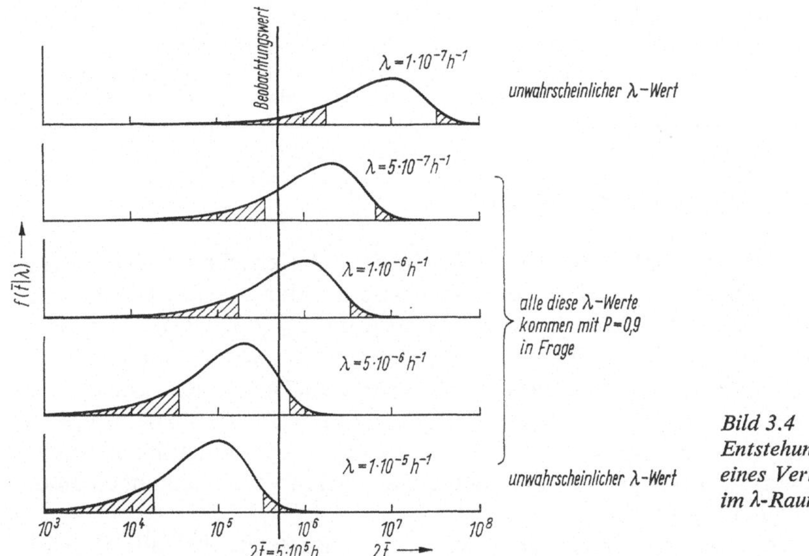

*Bild 3.4
Entstehung
eines Vertrauensbereichs
im λ-Raum*

Das wird für das betrachtete Beispiel durch Bild 3.4 verdeutlicht. Dort sind für einige λ-Werte die Verteilungsdichten der Zufallsgröße $S = 2\bar{t}$ dargestellt und die Bereiche eingezeichnet, die einer Wahrscheinlichkeit $P = 0{,}9$ entsprechen. Die schraffierten Gebiete entsprechen jeweils einer Wahrscheinlichkeit von 0,05. In den Fällen $\lambda = 5 \cdot 10^{-7}\,\mathrm{h}^{-1}$, $\lambda = 1 \cdot 10^{-6}\,\mathrm{h}^{-1}$, $\lambda = 5 \cdot 10^{-6}\,\mathrm{h}^{-1}$ liegt das beobachtete Stichprobenergebnis $2\bar{t} = 5 \cdot 10^5$ h innerhalb der 0,9-Bereiche, sonst außerhalb.

Der Schluß von der Stichprobe auf die Grundgesamtheit, hier am Beispiel der Likelihood-Methode betrachtet, läßt sich in ähnlicher Form auch durch andere Methoden erklären. Er führt immer zu Schätzwerten und Intervallen, deren Lage im Parameterraum *zufällig* ist. Außer in der später noch zu behandelnden Bayesschen Betrachtungsweise wird der unbekannte Parameter des Wahrscheinlichkeitsmodells als fest (nicht zufällig) angesehen. Somit kann über dem Parameterraum keine Verteilungsdichte angegeben werden, sondern nur eine Funktion, die ausdrückt, in welchem Maße der betreffende Parameterwert für das erhaltene Stichprobenergebnis spricht. Die über dem Parameterraum gebildeten Intervalle, die den wahren Parameter mit einer festen Wahrscheinlichkeit enthalten, gestatten folgende Interpretation: In einer hinreichend langen Folge von Stichproben gleichen Umfangs aus einer Grundgesamtheit, die durch den festen wahren Parameter Θ_0 gekennzeichnet sein möge, enthalten die berechneten Intervalle (mit zufälliger Lage im Parameterraum) den wahren Parameter Θ_0 zu einem der vorgegebenen Wahrscheinlichkeit P entsprechenden Anteil.

Eine Gegenüberstellung der Schlußweisen Grundgesamtheit → Stichprobe und Stichprobe → Grundgesamtheit gibt Tabelle 3.1.

Tabelle 3.1. Vergleich der Schlußweisen

	Grundgesamtheit → Stichprobe	Stichprobe → Grundgesamtheit
Voraussetzung	Modell mit bekannten Parametern	Modell mit unbekannten Parametern
Berechenbar	1. Wahrscheinlichkeitsdichte über dem Stichprobenraum	1. Gewichtsfunktion über dem Parameterraum (z.B. Likelihood-Funktion)
	2. Intervall mit festen Grenzen, das das zufällige Stichprobenergebnis mit vorgegebener Wahrscheinlichkeit P enthält	2. Intervall mit zufälligen Grenzen, das den wahren, aber nicht zufälligen Parameterwert mit vorgegebener Wahrscheinlichkeit P enthält (Ausnahme: Bayessche Betrachtungsweise)

3.1.3. Konkrete Gesamtheiten der Praxis

Die Zuverlässigkeitsanalyse dient der Beurteilung von Ausfalleigenschaften von Elementen, Anlagen oder Systemen, die durch äußere Merkmale (Produktionslos, Herstellungszeitraum) zu konkreten Grundgesamtheiten zusammengefaßt worden sind. Einige Erzeugnisse aus diesen konkreten Grundgesamtheiten bilden die praktische Stichprobe. Sie liefert die Ausfalldaten für die statistische Zuverlässigkeitsanalyse. Solche Stichproben weichen in mehr als einer Hinsicht von der mathematisch definierten Stichprobe ab. Gleiches gilt für die Grundgesamtheiten. Um grobe Fehler in der statistischen Analyse zu vermeiden, ist stets eine kritische Beurteilung der wichtigsten Voraussetzungen an den konkreten Gesamtheiten erforderlich.

Für eine mathematische Grundgesamtheit wurde vorausgesetzt, daß alle ihre Elemente *einer* Wahrscheinlichkeitsverteilung folgen, d.h., daß sie *homogen* ist. Die Ausfallgesamtheit, die beurteilt werden soll, wird diese Eigenschaft nur näherungsweise besitzen; denn Teilgesamtheiten können sich abweichend verhalten. Dieser Umstand ist in zweifacher Hinsicht problematisch: bezüglich der Formulierung eines zutreffenden Wahrscheinlichkeitsmodells und bezüglich der Stichprobenentnahme. Die Anwendung zusammengesetzter oder gemischter Wahrscheinlichkeitsverteilungen ist meistens schwierig. Es wird verhältnismäßig viel Beobachtungsmaterial benötigt, und die Resultate lassen sich nur auf ähnliche Fälle übertragen. Außerdem ist entscheidend, in welchem Maße die verschiedenen Teilgesamtheiten in der Stichprobe vertreten sind. Es ist daher wichtig, auf die Homogenität der zu beurteilenden Gesamtheit zu achten. Das gelingt in erster Linie durch sachbezogene Überlegungen (Herstellungszeitraum, Technologie,

Belastung usw.), die gegebenenfalls durch die Anwendung spezieller statistischer Tests zu ergänzen sind.

Eine weitere Annahme über die mathematisch definierte Stichprobe ist die *zufällige Auswahl* ihrer Elemente aus der Grundgesamtheit: Jedes Element der Grundgesamtheit muß die gleiche Chance haben, in die Stichprobe zu gelangen. Auch dieses Prinzip läßt sich in einem konkreten Fall nicht exakt gewährleisten. Um die Resultate der Analyse nicht zu verfälschen, muß aber darauf geachtet werden, daß die Auswahl wenigstens bezüglich der interessierenden Eigenschaften (Ausfälle) so zufällig wie möglich ist. Es darf keinen erkennbaren Grund dafür geben, daß bestimmte Erzeugnisse (etwa die zuverlässigeren) bevorzugt in den Zuverlässigkeitstest gelangen.

Im Einzelfall ergeben sich noch weitere Gesichtspunkte, die eine sorgfältige Beurteilung der Übertragungsmöglichkeiten statistischer Schlußweisen auf praktische Daten erfordern. Als Kriterium dafür kann nur die allgemeine Regel dienen, daß nur dann sinnvolle Resultate der praktischen Analyse zu erwarten sind, wenn eine möglichst gute Übereinstimmung zwischen der konkreten Grundgesamtheit und der durch Annahmen fixierten abstrakten Grundgesamtheit besteht und wenn eine möglichst einwandfreie Zufallsauswahl der Stichprobe erreicht wird.

3.2. Schätzen von Parametern

Das Wahrscheinlichkeitsmodell, d.h. der Typ der Wahrscheinlichkeitsverteilung oder eine Klasse von Verteilungsfunktionen wird als bekannt vorausgesetzt. Auf der Grundlage von Beobachtungswerten sind die unbekannten Parameter in dem vorausgesetzten Wahrscheinlichkeitsmodell zu schätzen. Der Begriff Parameter ist weit gefaßt; auch Momente oder Quantile heißen in diesem Zusammenhang Parameter. Die Parameterschätzung ist immer ein Schluß von der Stichprobe auf die Grundgesamtheit. Das Resultat besteht aus zwei Angaben: dem Schätzwert für die Parameter (Punktschätzung) und einem Bereich im Parameterraum, der die wahren Parameter mit einer vorgegebenen Wahrscheinlichkeit überdeckt. Sowohl der Schätzwert als auch der um diesen Wert gebildete Bereich haben eine *zufällige* Lage im Parameterraum. Letzterer enthält den wahren Parameter mit einer vorzugebenden Wahrscheinlichkeit $(1 - \alpha)$, die auch Vertrauensniveau, Konfidenzniveau, oder, in Prozent ausgedrückt, statistische Sicherheit heißt. Der Bereich selbst heißt Vertrauensbereich (Konfidenzbereich). Er kann einseitig (besteht nur aus einer oberen oder unteren Grenze) oder zweiseitig sein. Man bezeichnet α als Irrtumswahrscheinlichkeit; denn α ist die Wahrscheinlichkeit dafür, daß der Vertrauensbereich den wahren Parameter nicht überdeckt.

Es gibt verschiedene Methoden, um Parameter eines Wahrscheinlichkeitsmodells zu schätzen. Im Abschnitt 3.1.2. wurde die Maximum-Likelihood-Methode als Beispiel verwendet. Ein Schätzverfahren ist um so besser, je genauer die Punktschätzung den wahren Parameter zu treffen verspricht und je enger bei festem α der Vertrauensbereich ist.

3.2.1. Eigenschaften von Schätzungen

Die theoretische Statistik schuf sich Kriterien, um die Eigenschaften von Schätzverfahren vergleichen und günstige Methoden auswählen zu können. Ihnen liegt folgende Vorstellung zugrunde: $\hat{\Theta}_n$ möge der in einer Stichprobe vom Umfang n nach einem Schätzverfahren **T** gewonnene Schätzwert für den Parameter Θ sein. Der Schätzwert ist die Realisierung einer Zufallsgröße. Denkt man sich aus einer Folge von Stichproben gleichen Umfangs n aus einer Grundgesamtheit, die durch das Wahrscheinlichkeitsmodell mit dem Parameter Θ gekennzeichnet ist, eine Folge von Schätzwerten $\hat{\Theta}_{n1}$, $\hat{\Theta}_{n2}$, ... gewonnen, die Realisierungen der Zufallsgröße $\hat{\Theta}_n$ sind, so besitzen diese eine Verteilung. Aus ihrer Lage bezüglich Θ und ihrer Varianz erhält man Ansatzpunkte für die Beurteilung eines Schätzverfahrens **T**. Außerdem ist die Abhängigkeit dieser Verteilung von n wichtig.

Die klassische Schätztheorie vergleicht die Schätzverfahren auf der Basis der Verteilung der Zufallsgröße $\hat{\Theta}_n$. Heute werden in zunehmendem Maße auch die Mittel der Entscheidungstheorie zur Bewertung von Schätzverfahren herangezogen. Bei Zuverlässigkeitsanalysen spielt beides eine Rolle. Deshalb sollen hier zwei Grundbegriffe der Entscheidungstheorie und anschließend einige klassische Kriterien zur Bewertung von Schätzverfahren genannt werden.

Grundlage entscheidungstheoretischer Bewertungen sind *Verlustfunktion* und *Risikofunktion*. Die Verlustfunktion $V(\hat{\Theta}_n, \Theta)$ ist eine reelle, nicht negative Funktion, die den Verlust (etwa die Kosten) dafür mißt, daß bei einer Parameterschätzung der Wert $\hat{\Theta}_n$ mit Θ nicht übereinstimmt. Am bekanntesten sind quadratische Verlustfunktionen

$$V(\hat{\Theta}_n, \Theta) = c\,(\hat{\Theta}_n - \Theta)^2, \tag{3.8}$$

in der $c > 0$ eine Proportionalitätskonstante ist. Betrachtet man die Zufallsgröße $\hat{\Theta}_n$, der durch das Schätzverfahren **T** eine Wahrscheinlichkeitsverteilung zugeordnet ist, so läßt sich der Erwartungswert der Verlustfunktion bilden. Er heißt *Risikofunktion*

$$R(\hat{\Theta}_n, \Theta) = E\,[V(\hat{\Theta}_n, \Theta)]. \tag{3.9}$$

Zu Gl. (3.8) gehört also die Risikofunktion

$$R(\hat{\Theta}_n, \Theta) = cE\,[(\hat{\Theta}_n - \Theta)^2]. \tag{3.10}$$

Der Ausdruck $E\,[(\hat{\Theta}_n - \Theta)^2]$ heißt *mittlerer quadratischer Fehler* der Schätzung.

Im folgenden werden einige Eigenschaften von Schätzungen, die bei Zuverlässigkeitsanalysen eine Rolle spielen, angegeben. Dabei ist zwischen asymptotischen Eigenschaften (gelten für $n \to \infty$) und den Eigenschaften zu unterscheiden, die auch für kleine und mittelgroße Stichproben gelten.

1. Erwartungstreue

Eine Schätzung heißt *erwartungstreu*, wenn gilt

$$E\,[\hat{\Theta}_n] - \Theta = 0. \tag{3.11}$$

Ist

$$E\,[\hat{\Theta}_n] - \Theta = \delta \neq 0, \tag{3.12}$$

so heißt δ systematischer Fehler oder Bias der Schätzung. Er kann von n, Θ oder weiteren (als bekannt angenommenen) Parametern der Verteilungsfunktion $F(t)$ abhängen.

Erwartungstreue ist eine sehr vorteilhafte Eigenschaft von Schätzverfahren. Aber längst nicht alle Schätzverfahren besitzen diese Eigenschaft. Die Maximum-Likelihood-Methode z. B. führt im allgemeinen nicht zu erwartungstreuen Schätzungen.

Eine Schätzung heißt asymptotisch erwartungstreu, wenn gilt

$$\lim_{n \to \infty} \{E\,[\hat{\Theta}_n] - \Theta\} = 0. \tag{3.13}$$

Die Maximum-Likelihood-Schätzung ist im allgemeinen nur asymptotisch erwartungstreu.

2. Wirksamkeit bzw. Effizienz

Die *Wirksamkeit* eines Schätzverfahrens **T** wird bei festem n und Θ durch die Varianz der $\hat{\Theta}_n$ beurteilt. Ein Schätzverfahren **T'** heißt wirksamer als **T''**, wenn gilt

$$\mathrm{Var}\,[\hat{\Theta}_n'] < \mathrm{Var}\,[\hat{\Theta}_n''].\tag{3.14}$$

Besondere Bedeutung haben die Schätzverfahren **T'**, für die (3.14) unabhängig von Θ gilt. Die Wirksamkeit ist nur für erwartungstreue Schätzverfahren ein sinnvolles Kriterium. Dann gilt folgendes: Ist $\{T\}$ die Klasse aller erwartungstreuen Schätzverfahren für Θ, so gibt es (unter gewissen Regularitätsvoraussetzungen) ein Schätzverfahren **T*** mit Minimalvarianz. Es liefert Schätzwerte $\hat{\Theta}_n^*$; für diese gilt

$$\mathrm{Var}\,[\hat{\Theta}_n^*] \leqq \mathrm{Var}\,[\hat{\Theta}_n] \quad \text{für beliebige } \mathbf{T} \in \{\mathbf{T}\}.\tag{3.15}$$

T* wird auch als *bestes erwartungstreues Schätzverfahren* bezeichnet.

Eine verallgemeinerte Wirksamkeitsrelation läßt sich mit Hilfe der Risikofunktion bei quadratischer Verlustfunktion (3.10) aufstellen. *Eine Schätzung* **T'** *heißt besser als* **T''** *im Sinne des mittleren quadratischen Fehlers, wenn gilt*

$$E\,[(\hat{\Theta}_n' - \Theta)^2] < E\,[(\hat{\Theta}_n'' - \Theta)^2].\tag{3.16}$$

Dabei wird keine Erwartungstreue gefordert.

3. Risikoinvarianz

In Zuverlässigkeitsanalysen werden auch nichterwartungstreue Schätzverfahren angewandt. Unter diesen Verfahren spielen die sogenannten risikoinvarianten Verfahren, (siehe *Mann, Schafer, Singpurwalla* [20]) eine große Rolle.

Ein Schätzverfahren **T** heißt *risikoinvariant*, wenn das Risiko

$$R\,(\hat{\Theta}_n,\,\Theta) = cE\,[(\hat{\Theta}_n - \Theta)^2]\tag{3.17}$$

von allen Parametern des Wahrscheinlichkeitsmodells (sowohl den unbekannten als auch den als bekannt vorausgesetzten) unabhängig ist. Befindet sich unter allen denkbaren risikoinvarianten Schätzverfahren $\{T\}$ ein Verfahren **T***, für das gilt

$$E\,[(\hat{\Theta}_n^* - \Theta)^2] \leqq E\,[(\hat{\Theta}_n - \Theta)^2],\tag{3.18}$$

so heißt **T*** *bestes risikoinvariantes Schätzverfahren*.

In der Theorie statistischer Schätzungen gibt es noch weitere Eigenschaften, von denen den Anwender eigentlich nur die beiden folgenden interessieren dürften.

4. Konsistenz

Ein Schätzverfahren heißt *konsistent*, wenn sich mit wachsendem Stichprobenumfang n die Wahrscheinlichkeitsverteilung der Schätzwerte $\hat{\Theta}_n$ immer mehr um den wahren Wert Θ konzentriert. Gilt für ein Schätzverfahren **T** folgendes asymptotische Verhalten:

$$\lim_{n\to\infty} E(\hat{\Theta}_n) = \Theta$$

$$\lim_{n\to\infty} \mathrm{Var}\,(\hat{\Theta}_n) = 0,\tag{3.19}$$

so ist **T** ein konsistentes Schätzverfahren.

5. Suffizienz

Ein Schätzverfahren **T** heißt *suffizient* oder *erschöpfend*, wenn es die gesamte in der Stichprobe über den Parameter enthaltene Information ausnutzt, d.h. keine andere Schätzung zusätzliche Auskunft über Θ liefern kann.

3.2.2. Likelihood-Methode

Die Likelihood-Methode wurde als Beispiel für den Schluß von einer Stichprobe auf die Grundgesamtheit im Abschnitt 3.1.2. bereits beschrieben. Hier soll sie nun systematischer für die später benötigten Anwendungen eingeführt werden. Jede aus n unabhängigen Elementen bestehende Stichprobe aus einer Grundgesamtheit läßt sich als ein Punkt im n-dimensionalen Stichprobenraum $\mathbf{R}^n$ interpretieren. Wäre das die Grundgesamtheit charakterisierende Wahrscheinlichkeitsmodell vollständig bestimmt, d.h. auch der (gegebenenfalls k-dimensionale) Parameter Θ bekannt, so besäße jeder Punkt des Stichprobenraums bei einer *kontinuierlichen* Zufallsgröße t die Wahrscheinlichkeitsdichte

$$\varphi\,(t_1,\,...,\,t_n;\,\Theta) = f(t_1;\,\Theta)\,...\,f(t_n;\,\Theta) \tag{3.20}$$

und bei einer *diskreten* Zufallsgröße t die Wahrscheinlichkeit

$$P\,[t_1,\,...,\,t_n;\,\Theta] = P\,[t_1;\,\Theta]\,...\,P\,[t_n;\,\Theta]. \tag{3.21}$$

Nach dem Experiment liegt die Stichprobe $t_1,\,...,\,t_n$ vor, und Θ ist unbekannt. Daher werden Gln.(3.20) und (3.21) als Funktion von Θ angesehen. Sie werden Likelihood-Funktion genannt und mit $L(\Theta)$ bezeichnet [Beispiel Gl.(3.4)]. Der Name stammt aus dem Englischen; er bedeutet eigentlich Wahrscheinlichkeitsfunktion. Allerdings ist die Likelihood-Funktion im mathematischen Sinne keine Wahrscheinlichkeitsdichte; denn der Parameter Θ ist keine Zufallsgröße, sondern fest, lediglich unbekannt. Die Likelihood-Funktion wird also besser als Maß für die Plausibilität aller möglichen Parameterwerte auf Grund der Stichprobe interpretiert (vgl. Bild 3.3). Eine ausführliche Darstellung dieses Aspekts der Likelihood-Methode gibt *Edwards* in seinem Buch [21].

Für eine konkrete Stichprobe $t_1,\,...,\,t_n$ einer kontinuierlichen Zufallsgröße t gilt

$$L(\Theta) = \prod_{i=1}^{n} f(t_i;\,\Theta), \tag{3.22}$$

für eine diskrete Zufallsgröße t

$$L(\Theta) = \prod_{i=1}^{n} P\,[t_i;\,\Theta]. \tag{3.23}$$

Im Bild 3.3 wurde die Likelihood-Funktion für die 2-Elemente-Stichprobe $t_1 = 2 \cdot 10^5$ h, $t_2 = 3 \cdot 10^5$ h mit einer Exponentialverteilung als Wahrscheinlichkeitsmodell über dem Parameterraum $\Theta^2 : \lambda \geqq 0$ dargestellt [durch Gl.(3.4) berechnet]. Als Beispiel für den diskreten Fall wählen wir nun eine Zufallsgröße t, die den Ausgang eines Lebensdauertests charakterisiert. Es sei $t = 0$, wenn das Element nicht ausgefallen ist, $t = 1$, wenn es ausgefallen ist. Als Parameter Θ wird die Überlebenswahrscheinlichkeit zu einem festen Zeitpunkt betrachtet. In n Versuchen wurde r-mal der Fall $t = 1$ ermittelt.

Die Likelihood-Funktion lautet dann allgemein:

$$L(\Theta) = \prod_{i=1}^{n} P\,[t_i = x;\,\Theta] \quad \text{für} \quad x = 0 \quad \text{und} \quad x = 1, \tag{3.24}$$

im Beispiel also

$$L(\Theta) = \Theta^{n-r} [1 - \Theta]^r, \qquad 0 \leqq \Theta \leqq 1. \tag{3.25}$$

Bild 3.5 zeigt die Likelihood-Funktionen über dem Parameterraum für die beiden Fälle $n = 10$, $r = 7$ und $n = 10$, $r = 2$.

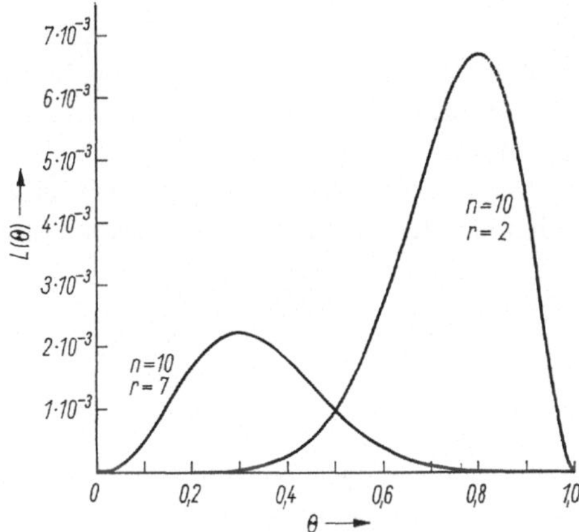

Bild 3.5
Likelihood-Funktionen für die
Überlebenswahrscheinlichkeit Θ

In der praktischen Zuverlässigkeitsanalyse muß man häufig unvollständige Stichproben auswerten. Handelt es sich bei der betrachteten Zufallsgröße t um Ausfallzeitpunkte, so fallen von n Elementen im Beobachtungszeitraum t^* nur r $(r \leqq n)$ Elemente aus. In diesem Fall hat die Likelihood-Funktion die Gestalt

$$L(\Theta|t^*) = \frac{n!}{(n-r)!} \prod_{i=1}^{r} f(t_i; \Theta) [1 - F(t^*; \Theta)]^{n-r}, \tag{3.26}$$

wobei $F(t, \Theta)$ die Verteilungsfunktion von t bedeutet. Der Faktor $n!/(n-r)!$ gibt die Anzahl der möglichen Variationen der n Elemente zu je $(n-r)$ überlebenden an. Die Likelihood-Funktion ändert sich zwischen den Ausfällen kontinuierlich mit t und zu jedem Ausfallzeitpunkt sprunghaft.

Betrachten wir als Beispiel wieder die Exponentialverteilung mit dem Parameter λ (Ausfallrate). Aus (3.26) folgt

$$L(\lambda|t^*) = \frac{n!}{(n-r)!} \lambda^r \, e^{-\lambda \left[\sum\limits_{i=1}^{r} t_i + (n-r)\, t^* \right]}. \tag{3.27}$$

Die Beziehung hat vor dem ersten Ausfall, der zum Zeitpunkt t_1 auftritt, die Form

$$L(\lambda|t^*) = e^{-\lambda n t^*} \quad \text{für} \quad 0 \leqq t^* < t_1.$$

Danach gilt

$$L(\lambda|t^*) = n\lambda \, e^{-\lambda [t_1 + (n-1)\, t^*]} \qquad \text{für} \quad t_1 \leqq t^* < t_2$$

$$L(\lambda|t^*) = n(n-1)\lambda^2 \, e^{-\lambda [t_1 + t_2 + (n-2)\, t^*]} \quad \text{für} \quad t_2 \leqq t^* < t_3$$

usw.

Häufig wird statt der Likelihood-Funktion deren Logarithmus verwendet. Das ist möglich, weil wegen $f(t_i; \Theta) > 0$ bzw. $P[t_i; \Theta] > 0$ die Likelihood-Funktion nie negativ ist. Durch die Transformation geht z.B. Gl.(3.22) in die Form

$$\ln L(\Theta) = \sum_{i=1}^{n} \ln f(t_i; \Theta) \tag{3.28}$$

über. Dabei bleiben die typischen Eigenschaften erhalten. Die Funktion $L(\Theta)$ hat ihre Maxima und Minima an der gleichen Stelle wie $\ln L(\Theta)$.

Die Likelihood-Funktion hat eine große Bedeutung in der Statistik. Sie ist eine der wichtigsten Grundlagen für die Konstruktion von Schätzverfahren; denn die Beobachtungswerte einer Stichprobe stützen genau jenen Parameterwert am meisten, an dem die Likelihood-Funktion ihr absolutes Maximum annimmt.

Ist Θ ein einzelner unbekannter Parameter, das absolute Maximum von $L(\Theta)$ zugleich ein relatives und $L(\Theta)$ differenzierbar, so erhält man den Schätzwert $\hat{\Theta}$ durch Differentiation und Lösung der Gleichung

$$\frac{d \ln L(\Theta)}{d\Theta} = 0 \tag{3.29}$$

für $\Theta \in \Theta^1$. (Die Lösung muß natürlich innerhalb des zulässigen Parameterraums liegen.) Im allgemeinen Fall ist $\Theta = (\vartheta_1, \ldots, \vartheta_k)$, und die Schätzwerte $\hat{\Theta} = (\hat{\vartheta}_1, \ldots, \hat{\vartheta}_k)$ erhält man durch Lösung des Gleichungssystems

$$\frac{\partial \ln L(\Theta)}{\partial \vartheta_j} = 0, \qquad j = 1, \ldots, k, \qquad \Theta \in \Theta^k. \tag{3.30}$$

Für große Stichproben (die nicht gestutzt sind) hat die Maximum-Likelihood-Schätzung günstige Eigenschaften. Sie ist konsistent, falls im speziellen Fall eine konsistente Schätzung überhaupt möglich ist; sie wird mit $n \to \infty$ erwartungstreu, und die Schätzwerte folgen einer asymptotischen Normalverteilung. Für kleine und stark gestutzte oder zensierte Stichproben können sich andere Schätzverfahren als günstiger erweisen. Für kleine Stichproben ist die direkte Berechnung und Darstellung der Likelihood-Funktion wegen ihrer Anschaulichkeit von Vorteil. Beispiele dafür geben die Bilder 3.3 und 3.5. Weitere Fälle findet man in [22]. Diese Methode, die so angewandt natürlich keine Schätzwerte liefert, zeigt deutlich, in welchem Maße die verschiedenen Parameterwerte durch das Stichprobenergebnis gestützt sind. Sie ist ein Ausgangspunkt der Bayesschen Statistik und wird manchmal als quasi-Bayessche Betrachtung bezeichnet.

3.2.3. Lineare Schätzungen

Hängt das die Grundgesamtheit kennzeichnende Wahrscheinlichkeitsmodell nur von einem Lageparameter und von einem Maßstabsparameter ab (Abschnitt 1.2.2.), so ist die Anwendung *linearer Schätzverfahren* von Vorteil. Diese sind besonders einfach zu handhaben, wenn die Beobachtungswerte in geordneter Form anfallen, was bei den Resultaten von Lebensdaueruntersuchungen der Fall ist. Lineare Schätzverfahren sind daher immer dann günstig, wenn die Daten auch mit Hilfe eines Wahrscheinlichkeitsnetzes ausgewertet werden können.

Ist t eine kontinuierliche Zufallsgröße mit der Verteilungsfunktion $F(t)$, μ ein Lageparameter und σ ein Maßstabsparameter, so kann – wenn μ und σ die beiden einzigen

Parameter von $F(t)$ sind – die Wahrscheinlichkeitsverteilung $F(t)$ durch die Transformation (1.34)

$$x = \frac{t - \mu}{\sigma} \qquad (3.31)$$

in eine standardisierte Wahrscheinlichkeitsverteilung $F(x)$ übergeführt werden. Die beobachtete Zufallsgröße t ist dann durch eine lineare Beziehung

$$t = \mu + \sigma x \qquad (3.32)$$

mit der transformierten Größe x verbunden. Die Beobachtungswerte seien geordnet: $t_{(1)} \leq t_{(2)} \leq \ldots \leq t_{(n)}$. Mit Hilfe von (3.31) erhält man $x_{(1)} \leq x_{(2)} \leq \ldots \leq x_{(n)}$. Da $F(t)$ nur die beiden Parameter μ und σ enthält, gilt

$$E\left[t_{(i)}\right] = \mu + \sigma E\left[x_{(i)}\right]. \qquad (3.33)$$

Diese Beziehung entspricht einer linearen Regressionsgleichung. Nach Gl. (1.66) im Abschnitt 1.4. läßt sich $E\left[x_{(i)}\right]$ aus $F(x)$, n und i berechnen. Außerdem gilt, weil σ ein Maßstabsparameter ist,

$$\text{Cov}\left[t_{(i)}, t_{(j)}\right] = \sigma^2 \text{Cov}\left[x_{(i)}, x_{(j)}\right], \qquad i \neq j$$

$$\text{Var}\left[t_{(i)}\right] = \sigma^2 \text{Var}\left[x_{(i)}\right]. \qquad (3.34)$$

Die Parameter μ und σ lassen sich aus Gl. (3.33) linear schätzen. Die Grundlage dafür bietet der von *Aitken* [23] bewiesene verallgemeinerte Gauß-Markov-Satz. Er besagt, daß auf der Basis von (3.33) und (3.34) ein lineares Schätzverfahren konstruiert werden kann, das zu erwartungstreuen Schätzungen mit Minimalstreuung für μ, σ oder für eine lineare Funktion $\Phi = \mu l + \sigma m$ führt, und zwar bei einer beliebigen Auswahl von r aus n Beobachtungswerten. Die Eigenschaften dieser Schätzung werden gewöhnlich durch die Abkürzung BLUE (Best Linear Unbiased Estimators) gekennzeichnet. Die Schätzung erfolgt praktisch mit Hilfe von Gewichten $A_{i,n}$ und $B_{i,n}$ in der Form

$$\mu^* = \sum_{i=1}^{n} A_{i,n} t_{(i)}$$

$$\sigma^* = \sum_{i=1}^{n} B_{i,n} t_{(i)}. \qquad (3.35)$$

Diese Gewichte lassen sich in Abhängigkeit von $F(x)$, n und i berechnen. Allerdings sind solche Berechnungen mühsam, so daß entsprechende Koeffizienten tabelliert und publiziert wurden.

Mann [24] zeigte, daß sich lineare Schätzverfahren für kleine Stichproben und größere Stutzung ($r \ll n$) in bestimmten Fällen verbessern lassen. Dazu betrachtete sie die Klasse aller linearen Schätzungen, deren mittlerer quadratischer Fehler gegenüber Verschiebungen der Verteilungsfunktion (Veränderung des Lageparameters) invariant ist. Als Verallgemeinerung für den Ansatz (3.33) oder für die auf den Quantilen t_γ und x_γ beruhende lineare Beziehung

$$t_\gamma = \mu + \sigma x_\gamma, \qquad (3.36)$$

die in vielen Anwendungen bevorzugt wird, schreibt man

$$\Phi = \mu l + \sigma m. \qquad (3.37)$$

Die durch Gl. (3.35) gegebene Darstellung führt zur Schätzung

$$\Phi^* = \mu^* l + \sigma^* m. \tag{3.38}$$

Ist $A\sigma^2$ die Varianz von Φ^*, $c\sigma^2$ die Varianz von σ^* sowie $B\sigma^2$ die Kovarianz von Φ^* und σ^*, so führen die Beziehungen

$$\tilde{\sigma} = \frac{\sigma^*}{1 + C}$$

$$\tilde{\Phi} = \Phi^* - \frac{B}{1 + C}\,\sigma^* \tag{3.39}$$

zu Schätzwerten von Φ und σ, deren mittlerer quadratischer Fehler nicht von μ abhängt. Die mittleren quadratischen Fehler von $\tilde{\sigma}$ und $\tilde{\Phi}$ sind dann gleich

$$E\,[(\tilde{\sigma} - \sigma)^2] = \left[\frac{C}{1 + C}\right]\sigma^2$$

$$E\,[(\tilde{\Phi} - \Phi)^2] = \left[A - \frac{B^2}{1 + C}\right]\sigma^2, \tag{3.40}$$

also kleiner als die von σ^* und Φ^*. Diese Schätzungen lassen sich in einer zu (3.35) analogen Form mit Hilfe tabellierter Gewichtsfunktionen leicht durchführen (Abschnitt 5.3.2.). Sie werden *beste lineare invariante Schätzungen* genannt.

3.3. Tests von Parametern

Im industriell-technischen Anwendungsbereich werden statistische Tests häufig als Hilfsmittel für Entscheidungen benutzt. So gibt es für die Qualitäts- und Zuverlässigkeitskontrolle standardisierte Prüfpläne, denen jeweils ein typisches Wahrscheinlichkeitsmodell zugrunde liegt (Binomialverteilung, Exponentialverteilung, Normalverteilung usw.). Sie enthalten die erforderlichen Tabellen, um die Parameter der Wahrscheinlichkeitsverteilungen auf der Grundlage von Stichproben beurteilen zu können. Der Anwender dieser Prüfpläne hat die Möglichkeit, die Tests seinem speziellen Fall anzupassen. Durch standardisierte Prüfpläne wurde auch eine eigenständige Bezeichnungsweise eingeführt. Wir werden ihr nicht immer entsprechen, um den Zusammenhang zu Schätzproblemen und anderen statistischen Konzepten zu wahren.

Tests von Parametern werden durchgeführt, wenn die Übereinstimmung einer Stichprobe mit einem quantitativ vollständig charakterisierten Wahrscheinlichkeitsmodell geprüft werden soll. Ein solcher Fall wäre die Prüfung, ob die Ausfallrate einer Elementegesamtheit (für die Exponentialverteilung vorausgesetzt wurde) einem Zielwert $\lambda = 10^{-6}\,\mathrm{h}^{-1}$ entspricht oder widerspricht. Zur quantitativen Kennzeichnung des Wahrscheinlichkeitsmodells dienen angenommene Zahlenwerte für die Parameter; sie werden *Hypothesen über diese Parameter* genannt (durch den Buchstaben **H** gekennzeichnet). Ist Θ der Parameter einer Wahrscheinlichkeitsverteilung, so sind u. a. folgende Hypothesen denkbar: $\mathbf{H} : \Theta = \Theta_0$, $\mathbf{H} : \Theta \geqq \Theta_0$, $\mathbf{H} : \Theta_0 \leqq \Theta \leqq \Theta_1$, wobei Θ_0 und Θ_1 feste Zahlenwerte sind. Solche Hypothesen kann man sich als eine Kennzeichnung von Punkten ($\Theta = \Theta_0$) oder Gebieten ($\Theta \geqq \Theta_0$, $\Theta_0 \leqq \Theta \leqq \Theta_1$) im Parameterraum vorstellen. Legt die Hypothese nur einen einzigen Punkt des Parameterraums fest ($\mathbf{H} : \Theta = \Theta_0$), so spricht man von einer *einfachen Hypothese*. Wird durch die Hypothese ein Gebiet im

Parameterraum fixiert (z.B. $\mathbf{H} : \Theta_0 \leqq \Theta \leqq \Theta_1$, also eine mehrelementige Menge möglicher Werte Θ), so spricht man von einer *zusammengesetzten Hypothese*. Die Aufgabe des Tests ist es, anhand von Stichproben zu prüfen, ob die Hypothese durch die Beobachtungswerte gestützt wird oder nicht. Jeder Test wird also mit einer Ja-Nein-Entscheidung über eine Hypothese beendet.

Als Beispiel betrachten wir einen Test über die Ausfallrate λ einer Exponentialverteilung. Ihm sei die einfache Hypothese $\mathbf{H} : \lambda = 10^{-6} \, \mathrm{h}^{-1}$ zugrunde gelegt. Damit ist praktisch die vollständige Beschreibung einer hypothetischen Grundgesamtheit erfolgt. Der Test hat die Frage zu beantworten, ob die vorliegende n-Elemente-Stichprobe aus einer solchen Grundgesamtheit stammen kann oder nicht. Nach Gl.(3.1) im Abschnitt 3.1.1. läßt sich für jeden Punkt des Stichprobenraums $\mathbf{R}^n$ eine Wahrscheinlichkeitsdichte berechnen. Wenn die Hypothese zutrifft, ist die so berechnete Wahrscheinlichkeitsdichte richtig. Bild 3.1 zeigt den Stichprobenraum für unser Beispiel und $n = 2$. In ihm kann man ein Gebiet abgrenzen, in dem die Stichprobe mit großer Wahrscheinlichkeit liegen muß, wenn sie tatsächlich aus der angenommenen Grundgesamtheit stammt. Solch ein Gebiet heißt *Annahmebereich* für die Hypothese $\mathbf{H}$. Dieser ist mit einer Wahrscheinlichkeit $P = 1 - \alpha$ dafür verknüpft (im Bild 3.1 z.B. ist $P = 0{,}82$), daß die Stichprobe in seinem Inneren liegt, *wenn die Hypothese wahr ist*.

Je größer man den Annahmebereich wählt, um so größer ist auch die dazugehörende Annahmewahrscheinlichkeit P. Würde man den gesamten Stichprobenraum zum Annahmebereich einer Hypothese erklären, wäre $P = 1$; denn dann ist sicher, daß *jede* Stichprobe aus der hypothetischen Grundgesamtheit in diesen Bereich fällt. Das trifft aber auch für jede Stichprobe aus einer anderen Grundgesamtheit zu. Solch ein Test hätte keine praktische Bedeutung. Um zu einem sinnvollen Test zu kommen, formuliert man in der Praxis zu unserer Hypothese $\mathbf{H}$ noch eine alternative Hypothese, wobei die bisher benutzte Hypothese als *Nullhypothese* $\mathbf{H}_0$ bezeichnet wird und die *alternative Hypothese* als $\mathbf{H}_1$. Der Einfachheit halber betrachten wir nur einfache Hypothesen der Form $\mathbf{H}_0 : \Theta = \Theta_0$, $\mathbf{H}_1 : \Theta = \Theta_1$, $\Theta_0 \neq \Theta_1$. Wenn das Testproblem auf diese einfache Form reduziert wird und Θ ein einzelner Parameter ist, dann sind nur einseitig abgegrenzte Annahmebereiche für die Hypothesen $\mathbf{H}_0$ und $\mathbf{H}_1$ sinnvoll.

Betrachten wir wieder den im Bild 3.1 dargestellten Fall, d.h. Stichproben vom Umfang $n = 2$ im Stichprobenraum $\mathbf{R}^2$ für $t_i > 0$, $i = 1, 2$. Unsere Nullhypothese lautet $\mathbf{H}_0 : \lambda = 10^{-6} \, \mathrm{h}^{-1}$. Als Annahmebereich bilden wir nach Betrachten von Bild 3.1 den Bereich $t_1 \geqq 10^5 \, \mathrm{h}$, $t_2 \geqq 10^5 \, \mathrm{h}$. Wenn die Nullhypothese $\mathbf{H}_0$ zutrifft, liegt eine Stichprobe vom Umfang $n = 2$ mit der Wahrscheinlichkeit

$$P_0 = \int_{10^5}^{\infty} \int_{10^5}^{\infty} (10^{-6})^2 \, \mathrm{e}^{-10^{-6}(t_1 + t_2)} \, \mathrm{d}t_1 \, \mathrm{d}t_2 = 0{,}8187 = 1 - \alpha$$

in dem so festgelegten Annahmebereich. Die zur Nullhypothese und dem festgelegten Annahmebereich gehörende Annahmewahrscheinlichkeit wird mit $(1 - \alpha)$ bezeichnet. Wenn die Nullhypothese $\mathbf{H}_0$ zutrifft, liegt eine Stichprobe des betrachteten Umfangs mit der Wahrscheinlichkeit α nicht im Annahmebereich. Als alternative Hypothese $\mathbf{H}_1$ wählen wir in unserem Beispiel den Wert $\mathbf{H}_1 : \lambda = 10^{-4} \, \mathrm{h}^{-1}$. Der Annahmebereich sei der nicht zum Annahmebereich für $\mathbf{H}_0$ gehörende Teil des Stichprobenraums, also $t_1 \leqq 10^5 \, \mathrm{h}$, t_2 beliebig und t_1 beliebig, $t_2 \leqq 10^5 \, \mathrm{h}$. Wenn die alternative Hypothese zutrifft, liegt die Stichprobe vom Umfang $n = 2$ mit der Wahrscheinlichkeit

$$P_1 = 1 - \int_{10^5}^{\infty} \int_{10^5}^{\infty} (10^{-4})^2 \, \mathrm{e}^{-10^{-4}(t_1 + t_2)} \, \mathrm{d}t_1 \, \mathrm{d}t_2 = 1 - 2 \cdot 10^{-9} = 1 - \beta$$

in dem so festgelegten Annahmebereich. Die zum Annahmebereich für die alternative Hypothese gehörende Annahmewahrscheinlichkeit wird mit $(1 - \beta)$ bezeichnet. Wenn die alternative Hypothese H_1 zutrifft, liegt eine Stichprobe des betrachteten Umfangs mit der Wahrscheinlichkeit β nicht in ihrem Annahmebereich.

Der Test ist einfach eine Entscheidungsregel. Dazu wird eine Stichprobe der vorgegebenen Art verwendet, im Beispiel zwei Werte t_1, t_2. Liegen sie im Annahmebereich von H_1, so wird die Hypothese $H_1 : \lambda = 10^{-4}\,h^{-1}$ angenommen; ist $t_1 \geqq 10^5$ h und $t_2 \geqq 10^5$ h, so ist H_0 anzunehmen. Über andere Hypothesen, etwa $H : \lambda = 2 \cdot 10^{-5}\,h^{-1}$, ist dabei zunächst nichts gesagt; sie sind bisher nicht in Erwägung gezogen worden. Der Test ist mit zwei möglichen Fehlentscheidungen verknüpft: Die Hypothese H_0 wird abgelehnt, obwohl sie zutrifft. Das geschieht mit der Wahrscheinlichkeit α, die als *Fehler 1. Art* bezeichnet wird. Die Hypothese H_1 wird abgelehnt, obwohl sie zutrifft. Das geschieht mit der Wahrscheinlichkeit β, die als *Fehler 2. Art* bezeichnet wird.

In vielen Testsituationen ist Θ ein einfacher Parameter, etwa eindimensional und auf der positiven Halbachse definiert, wie die Ausfallrate λ einer Exponentialverteilung. Dann läßt sich für eine gegebene Nullhypothese $H_0 : \Theta = \Theta_0$ und den dazu festgelegten Annahmebereich die Wahrscheinlichkeit $P_0(\Theta)$ dafür berechnen, daß eine Stichprobe aus einer Grundgesamtheit mit dem Parameter $\Theta \neq \Theta_0$ in den Annahmebereich von H_0 fällt. In unserem Beispiel war der Annahmebereich für $H_0 : \lambda = 10^{-6}\,h^{-1}$ durch das Gebiet $t_1 \geqq 10^5$ h, $t_2 \geqq 10^5$ h im Stichprobenraum festgelegt worden. Für beliebige Werte λ kann die Wahrscheinlichkeit

$$P_0(\lambda) = \lambda^2 \int_{10^5}^{\infty} \int_{10^5}^{\infty} e^{-\lambda\,(t_1 + t_2)}\,dt_1\,dt_2 = e^{-2\lambda\,10^5}$$

berechnet werden. Man erhält z. B. folgende Werte:

λ	$P_0(\lambda)$
10^{-4}	$2 \cdot 10^{-9}$
10^{-5}	$0{,}135$
10^{-6}	$0{,}8187$
10^{-7}	$0{,}9802$
10^{-8}	$0{,}9980$

Diese können über der λ-Achse dargestellt werden.

Es sei nun allgemein $P_0(\Theta)$ die Wahrscheinlichkeit dafür, daß eine Stichprobe aus einer Grundgesamtheit mit dem wahren Parameter Θ in den Annahmebereich von H_0 fällt. Stellt man $P_0(\Theta)$ über Θ dar, so erhält man die *Operationscharakteristik* des Tests (Bild 3.6). Diese hat an der Stelle $\Theta = \Theta_0$ den Wert $P_0(\Theta_0) = 1 - \alpha$.

Man bezeichnet α als Herstellerrisiko oder Fehler 1. Art. An der Stelle $\Theta = \Theta_1$ ist dagegen $P_0(\Theta_1) = \beta$. Der Wert β wird Abnehmerrisiko oder Fehler 2. Art genannt. Die Bezeichnungen Herstellerrisiko und Abnehmerrisiko stammen aus der statistischen Qualitätskontrolle (siehe auch [25] [26]); denn dort wird Θ_0 mit dem Parameter gleichgesetzt, der die gute und bei einer Annahmestichprobenkontrolle anzunehmende Qualität kennzeichnet. Der Hersteller, dessen Qualität der Forderung entspricht, hat bei der Stichprobenprüfung das Risiko α, daß seine Produkte wegen der Unvollständigkeit einer Stichprobenprüfung abgelehnt werden. Der Abnehmer hat dagegen das Risiko β, daß er Produkte mit der schlechten und abzulehnenden Qualität, die durch $\Theta = \Theta_1$ gekennzeichnet ist, für gut ($\Theta = \Theta_0$) hält. Die Trennschärfe eines Tests wird um so besser, je kleiner α und β bzw. je enger Θ_0 und Θ_1 benachbart sind. Das ist gleichbedeutend mit einem steileren Verlauf der Operationscharakteristik.

In der Praxis werden Tests nicht direkt durch Annahmebereiche im n-dimensionalen Stichprobenraum, sondern durch die entsprechenden Annahmebereiche für Stichprobenfunktionen gebildet. Das ist kein einschneidender Unterschied zu dem oben dargestellten logischen Hintergrund des Tests. Aber daraus ergibt sich die Möglichkeit, verschiedene Stichprobenfunktionen zu ein und derselben Testaufgabe zu benutzen. Wie bei den Schätzverfahren lassen sich auch die Eigenschaften von Tests mit Hilfe der verschiedenen Eigenschaften der benutzten Stichprobenfunktionen vergleichen. Die Testtheorie benutzt dazu entsprechende Gütekriterien, auf die hier nicht weiter eingegangen werden soll. Man wird allerdings bei der Standardisierung von Prüfplänen darauf achten, möglichst effektive Tests zu benutzen.

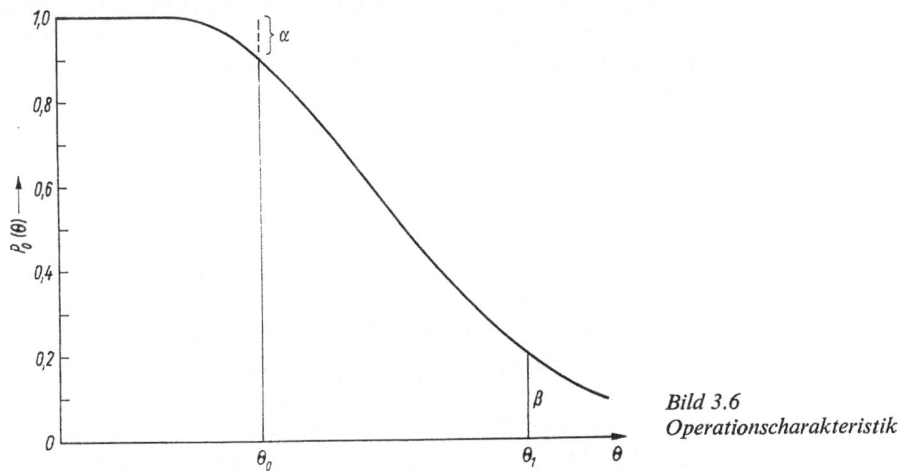

Bild 3.6
Operationscharakteristik

Eine günstige Methode zur Konstruktion von Tests ist der Likelihood-Quotient. Er vergleicht die Nullhypothese $\mathbf{H}_0 : \Theta = \Theta_0$ mit der Alternativhypothese $\mathbf{H}_1 : \Theta = \Theta_1$ durch den Quotienten der entsprechenden Likelihood-Funktionen

$$Q = \frac{L(\Theta_0)}{L(\Theta_1)}, \qquad \Theta_0 \neq \Theta_1. \tag{3.41}$$

Je mehr das Stichprobenresultat zugunsten von Θ_0 spricht, um so größer wird Q und umgekehrt. Durch eine untere Schranke für Q wird der Annahmebereich für $\mathbf{H}_0$ abgegrenzt, durch eine obere Schranke der für $\mathbf{H}_1$. Die Schranke hängt von $\Theta_0, \Theta_1, \alpha$ und β ab.

Jeder Test wird mit einer Ja-Nein-Entscheidung beendet, die mit den Risiken α und β für Fehlentscheidungen verbunden ist. Wenn sich die Risiken mit Kostenfunktionen verknüpfen lassen, ist es möglich, optimale Entscheidungsstrategien für einen speziellen Anwendungsfall festzulegen. In einem solchen Fall braucht man die Operationscharakteristik des Tests nicht willkürlich zu wählen, wie es meistens üblich ist.

Die statistische Schätzung wird mit einer quantitativen Angabe über den Parameter beendet. Schätzwert und Vertrauensbereich haben eine zufällige Lage im Parameterraum. Der Test dagegen endet mit einer Entscheidung, die auf der Grundlage des Annahmebereichs der Hypothesen gefällt wird. *Die Annahmebereiche haben eine feste Lage im Stichprobenraum, und die Entscheidung hat zufälligen Charakter.* Sie läßt sich wie folgt interpretieren: In einer hinreichend langen Folge von Tests aus einer Grundgesamtheit mit dem wahren Parameter Θ^* entspricht der relative Anteil von Entscheidungen zugunsten von $\mathbf{H}_0$ dem Wert $P(\Theta^*)$ auf der Operationscharakteristik.

3.4. Anpassungstests

Als Anpassungstests werden Methoden zur Prüfung der Frage bezeichnet, ob Beobachtungswerte einem hypothetischen Wahrscheinlichkeitsmodell widersprechen oder nicht. Es handelt sich also um statistische Tests, bei denen sich die Hypothese nicht auf einen Parameter, sondern auf das Wahrscheinlichkeitsmodell selbst bezieht.

Jeder Anpassungstest beruht auf einer Nullhypothese $\mathbf{H}_0$. Sie lautet: Die betrachteten Zufallsgrößen genügen der Wahrscheinlichkeitsverteilung $F_0(t)$. Diese Hypothese ist auf der Grundlage einer Stichprobe mit einer geeigneten Stichprobenfunktion zu prüfen. Dazu wird, wie es auch bei den Tests über die Parameter einer Wahrscheinlichkeitsverteilung der Fall war, ein mit einer Annahmewahrscheinlichkeit $1 - \alpha$ verbundener Annahmebereich für die Nullhypothese gebildet. Dieser beruht auf der Wahrscheinlichkeitsverteilung der verwendeten Stichprobenfunktion. Er ist so gewählt, daß die Realisierung der Stichprobenfunktion im konkreten Fall nur mit der Wahrscheinlichkeit α außerhalb dieses Bereichs liegt, wenn die Nullhypothese zutrifft. Deshalb nennt man α Irrtumswahrscheinlichkeit.

Als Beispiel betrachten wir eine Möglichkeit, zu einem Anpassungstest für die Nullhypothese $\mathbf{H}_0 : F_0(t) = 1 - e^{-t}$ zu gelangen. Wenn die Nullhypothese richtig ist, genügt die Zufallsgröße t einer Exponentialverteilung mit dem Parameter $\lambda = 1$. Wir wollen diese Hypothese mit Hilfe einer Stichprobe vom Umfang $n = 5$ prüfen. Als Stichprobenfunktion soll die Summe $S = t_1 + \ldots + t_5$ von fünf unabhängigen Beobachtungswerten dienen. Im Abschnitt 2.4. wurde gesagt, daß S einer Gammaverteilung mit dem Formparameter $b = 5$ und dem Maßstabsparameter $\eta = 1$ genügt, wenn die t_i, $i = 1, \ldots, 5$, der als Nullhypothese formulierten Exponentialverteilung folgen. Die Verteilungsdichte dieser Gammaverteilung ist im Bild 2.4 dargestellt. Durch Betrachten dieses Bildes sieht man, daß zwischen den Werten $S = 1{,}5$ und $S = 8$ ein vermutlich ausreichender Teil der Wahrscheinlichkeitsverteilung von S liegen müßte. Durch Integration über die Verteilungsdichte (2.36) erhält man

$$P_0 = \frac{1}{\Gamma(5)} \int_{1,5}^{8} u^4 \, e^{-u} \, du = 0{,}88 = 1 - \alpha .$$

Der Anpassungstest hat damit die Irrtumswahrscheinlichkeit $\alpha = 0{,}12$. Er ist, würde er praktisch angewandt, wie folgt durchzuführen: Man beobachte die Lebensdauer von fünf Elementen $t_1, \ldots, t_5$, bilde die Summe $S = t_1 + \ldots + t_5$ und vergleiche diese mit dem Annahmebereich. Gilt $1{,}5 \leq S \leq 8$, so ist die Nullhypothese anzunehmen, anderenfalls mit der Irrtumswahrscheinlichkeit $\alpha = 0{,}12$ zu verwerfen. Im Beispiel wäre natürlich auch die Frage von Interesse, mit welcher Wahrscheinlichkeit S in dem Annahmebereich für die Nullhypothese $\mathbf{H}_0$ liegt, wenn statt $F_0(t)$ eine andere Wahrscheinlichkeitsverteilung gilt. Die Zufallsgröße t soll einer Gammaverteilung mit dem Formparameter $b = \frac{1}{5}$ und dem Maßstabsparameter $\eta = 1$ genügen, d.h., es gelte

$$F_1(t) = \frac{1}{\Gamma(\frac{1}{5})} \int_{0}^{t} u^{1/5 - 1} \, e^{-u} \, du .$$

Aus dem im Abschnitt 2.4. erwähnten Sachverhalt folgt, daß für die Summe $S = t_1$ $+ \ldots + t_5$ von unabhängigen Zufallsgrößen, die der Verteilungsfunktion $F_1(t)$ genügen, eine Gammaverteilung mit dem Formparameter $b = \frac{1}{5} + \frac{1}{5} + \frac{1}{5} + \frac{1}{5} + \frac{1}{5}$ $= 1$ und dem Maßstabsparameter $\eta = 1$, d.h. eine Exponentialverteilung, gilt. In diesem Fall erhält man durch Integration über den Annahmebereich die Wahrscheinlichkeit

$$P_1 = \int_{1,5}^{8} \mathrm{e}^{-u}\,\mathrm{d}u = 0{,}22.$$

Stammen also die Beobachtungswerte aus einer Grundgesamtheit, für die $F_1(t)$ gilt, so ist die Annahmewahrscheinlichkeit von $\mathbf{H}_0$ im betrachteten Test immerhin noch 0,22. Der im Beispiel gebildete Test ist nicht sehr trennscharf in bezug auf $F_1(t)$.

Die Trennschärfe eines Anpassungstests hängt wie die der Tests über Parameter von der Größe des Annahmebereichs für die Nullhypothese ab. Ist dieser Bereich sehr ausgedehnt, so werden Stichproben aus von $F_0(t)$ abweichenden Verteilungstypen mit großer Wahrscheinlichkeit für Stichproben aus einer nach $F_0(t)$ verteilten Grundgesamtheit gehalten. Aber die Trennschärfe eines Anpassungstests läßt sich nur in speziellen Fällen durch eine Art von Operationscharakteristik kennzeichnen; denn Verteilungstypen sind von unterschiedlicher Struktur. Man kann sie nicht ordnen, wie es bei Parametern möglich ist. So entsteht die Schwierigkeit, daß die Trennschärfe eines Anpassungstests von dem als Alternative in Betracht kommenden Verteilungstyp abhängt. Ein Anpassungstest, der z.B. die Nullhypothese „$F_0(t)$ ist eine Exponentialverteilung" prüft, kann in bezug auf die Alternativhypothese „$F_1(t)$ ist eine logarithmische Normalverteilung" trennschärfer sein als etwa in bezug auf „$F_1(t)$ ist eine Gammaverteilung mit festem Formparameter $b = b_0$".

Es gibt Anpassungstests, die so konstruiert sind, daß mit ihnen nur eine bestimmte Nullhypothese geprüft werden kann, z.B. einige Tests auf Exponentialverteilung (Abschnitt 4.7.1.). Es gibt aber auch Anpassungstests, die für jeden Verteilungstyp als Nullhypothese anwendbar sind, etwa der χ^2-Test (siehe [3]). Erstere sind meistens von größerer Trennschärfe, weil sie die speziellen Eigenschaften des zugrunde liegenden Verteilungstyps für den Test ausnutzen. Die letzteren sind relativ unempfindlich, so daß sie in vielen Anwendungen eigentlich uninteressant sind, wenn man nicht ein sehr umfangreiches Beobachtungsmaterial zugrunde legen kann. Aber sie erfreuen sich großer Beliebtheit wegen ihres universellen Charakters.

Die Grundgedanken bei der Konstruktion von Anpassungstests entsprechen denen für Tests über Parameter: Es wird eine Nullhypothese formuliert, die die Gültigkeit einer Wahrscheinlichkeitsverteilung $F_0(t)$ postuliert. Sie ist die Grundlage für den Anpassungstest. Ist diese Nullhypothese richtig, so wird eine Stichprobe eine bestimmte typische Struktur aufweisen. Sie wird durch eine geeignete Stichprobenfunktion ausgedrückt. Unter der Voraussetzung, daß die Nullhypothese gilt, wird für die Stichprobenfunktion ein zu einer bestimmten Annahmewahrscheinlichkeit $1 - \alpha$ gehörender Annahmebereich gebildet. Wenn die Nullhypothese gilt, liegt eine Stichprobe bzw. die daraus berechnete Stichprobenfunktion nur mit der Wahrscheinlichkeit α außerhalb des Annahmebereichs. Man nennt α daher Irrtumswahrscheinlichkeit. Es wird aber nichts darüber ausgesagt, mit welcher Wahrscheinlichkeit eine Stichprobe bzw. die daraus berechnete Stichprobenfunktion in den Annahmebereich fällt, wenn die Nullhypothese nicht zutrifft. Denkt man sich eine hinreichend lange Folge von Anpassungstests mit Hilfe von Stichproben aus der Grundgesamtheit, in der $F_0(t)$ gilt, durchgeführt, so wird der relative Anteil von „Annahmen" von $F_0(t)$ etwa gleich $1 - \alpha$ sein.

3.5. Bayessche Statistik

Die klassischen statistischen Methoden, mit denen wir uns bisher befaßt haben, beziehen sich auf Zufallsgrößen, deren Wahrscheinlichkeitsverteilungen von einem festen Parameter Θ abhängen. Dagegen benutzt die Bayessche Statistik den Ansatz, *daß auch Θ eine Zufallsgröße ist und der Verteilungsdichte $\pi(\Theta)$ folgt.* Diese heißt a-priori-Verteilungsdichte von Θ. Der Name Bayessche Statistik entstand, weil unter diesen Annahmen die Bayessche Formel [siehe Gl.(1.7)] zu einer Grundbeziehung wird. Als Monografien über Bayessche Statistik für Anwender sind *Stange* [28] sowie *Box und Tiao* [27] zu nennen.

Bayessche Methoden sind von großem praktischem Interesse, vor allem im industriell-technischen Anwendungsbereich der Statistik. Beispielsweise könnte Θ den Anteil zuverlässiger Elemente in einem Produktionslos bedeuten. Die klassische Statistik betrachtet Θ als feste und unbekannte Wahrscheinlichkeit für die Herstellung eines zuverlässigen Elements. In der Praxis ist aber Θ durchaus nicht fest, sondern unterliegt Schwankungen, die durch das Ausgangsmaterial und die Einhaltung technologischer Bedingungen verursacht werden. Über eine längere Zeit betrachtet läßt sich dann für Θ eine Wahrscheinlichkeitsverteilung bilden. Der Parameter Θ kann also als eine Zufallsgröße aufgefaßt werden und besitzt damit eine a-priori-Verteilungsdichte $\pi(\Theta)$. Wenn über Θ solche Vorkenntnisse vorhanden sind, bedeutet die Anwendung der Bayesschen Statistik die Ausnutzung dieser Vorinformation. In der a-priori-Verteilungsdichte $\pi(\Theta)$ ist das Vorwissen über die Zufallsgröße Θ ausgedrückt. Kann über Θ nichts gesagt werden, verwendet man eine gleichmäßige Verteilung über den Parameterraum Θ^k als a-priori-Verteilungsdichte $\pi(\Theta)$. Das ist gleichbedeutend mit der Anwendung der klassischen Statistik. Sie gewinnt die Information über Θ nur aus der aktuellen Stichprobe. Würde also der Parameter Θ in der obengenannten Bedeutung als Anteil zuverlässiger Erzeugnisse im Produktionslos untersucht, schlösse man einzig und allein aus den r unzuverlässigen Elementen in der n Elemente umfassenden Stichprobe auf Θ. Etwa vorhandene Information über die zu erwartenden Θ-Werte, die in den meisten Fällen durch vorhergegangene Untersuchungen oder Erfahrung vorliegt, würde nicht ausgenutzt.

In der Bayesschen Statistik unterscheidet man zwischen der *Information vor* dem Experiment und der *nach* diesem. Mit Hilfe der Beobachtungswerte $t_1, \ldots, t_n$ wird aus der a-priori-Verteilungsdichte $\pi(\Theta)$ die a-posteriori-Verteilungsdichte $p(\Theta \mid t_1, \ldots, t_n)$ gebildet. Ist $f(t \mid \Theta)$ die Wahrscheinlichkeitsdichte der betrachteten Zufallsgröße t, die von dem Parameter Θ abhängt, so ist die Wahrscheinlichkeitsdichte der n-Elemente-Stichprobe nach Gl.(3.1) bei festem Parameter Θ das Produkt

$$\varphi(t_1, \ldots, t_n \mid \Theta) = f(t_1 \mid \Theta) \ldots f(t_n \mid \Theta). \tag{3.42}$$

Weil in der Bayesschen Betrachtungsweise nun auch Θ eine Zufallsgröße ist, hat (3.42) die Bedeutung einer bedingten Verteilungsdichte für festes Θ. Es gibt auch eine gemeinsame Verteilungsdichte von t und Θ:

$$\varphi(t_1, \ldots, t_n, \Theta) = \varphi(t_1, \ldots, t_n \mid \Theta)\, \pi(\Theta). \tag{3.43}$$

Wird über diese bezüglich Θ integriert, so erhält man die Dichte der Randverteilung der Stichprobe $t_1, \ldots, t_n$ [siehe Gl.(1.54)]:

$$\Phi(t_1, \ldots, t_n) = \int \varphi(t_1, \ldots, t_n, \Theta)\, \mathrm{d}\Theta. \tag{3.44}$$

Nach dem Satz von *Bayes* bzw. Gl.(1.61) erhält man die *Dichte der a-posteriori-Verteilung* von Θ durch die Beziehung

$$p(\Theta|t_1, \ldots, t_n) = \frac{\varphi(t_1, \ldots, t_n|\Theta)\,\pi(\Theta)}{\Phi(t_1, \ldots, t_n)}. \tag{3.45}$$

Die im Zähler stehende bedingte Verteilungsdichte $\varphi(t_1, \ldots, t_n \mid \Theta)$ stimmt bis auf einen Normierungsfaktor mit der Likelihood-Funktion überein, die ein Maß dafür ist, wieweit die Stichprobe durch die verschiedenen Θ-Werte erklärt werden kann. Ein entsprechendes Maß ist auch die a-posteriori-Verteilungsdichte, die die Wahrscheinlichkeitsdichte der Zufallsgröße Θ *nach* dem Experiment bedeutet und die Vorinformation $\pi(\Theta)$ berücksichtigt.

Wir betrachten als Beispiel den im Bild 3.5 und in Gl.(3.25) behandelten Fall, daß Θ den Anteil zuverlässiger Erzeugnisse im Los bedeutet. Eine Stichprobe mit $n = 10$ Elementen hat $r = 2$ unzuverlässige Erzeugnisse ergeben, d.h., von den Beobachtungswerten $t_1, \ldots, t_{10}$ haben acht den Wert $t = 0$ und zwei den Wert $t = 1$ angenommen. Als a-priori-Verteilungsdichte von Θ sei betrachtet:

1. eine Betaverteilung mit der Verteilungsdichte (1.42) und $a = 8$, $b = 2$, d.h.
   $\pi(\Theta) = (9!/7!\,1!)\,\Theta^7\,(1 - \Theta)^1$
2. eine Rechtecksverteilung bzw. eine Betaverteilung mit $a = b = 1$ und der Dichte
   $\pi(\Theta) = 1$ für $0 \leqq \Theta \leqq 1$.
   (Im zweiten Fall ist keine Vorinformation vorhanden, und alle Θ sind gleichwahrscheinlich.)

Aus den Beobachtungswerten folgt nach (3.42)

$$\varphi(t_1, \ldots, t_{10}|\Theta) = \frac{11!}{8!\,2!}\,[\Theta^8\,(1 - \Theta)^2],$$

wobei der Ausdruck in der eckigen Klammer mit der Likelihood-Funktion nach Gl.(3.25) übereinstimmt und der Faktor $11!/8!\,2!$ lediglich eine Normierung bewirkt [damit das Integral über $\varphi(t_1, \ldots, t_{10} \mid \Theta)$ gleich 1 wird, was bei einer Wahrscheinlichkeitsdichte der Fall sein muß]. Wird für beide Fälle die Dichte der Randverteilung

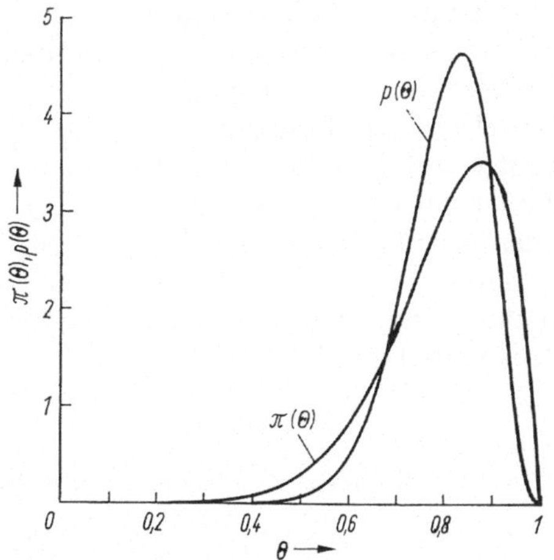

Bild 3.7. a-priori- und a-posteriori-Verteilungsdichte im Beispiel (Fall 1)

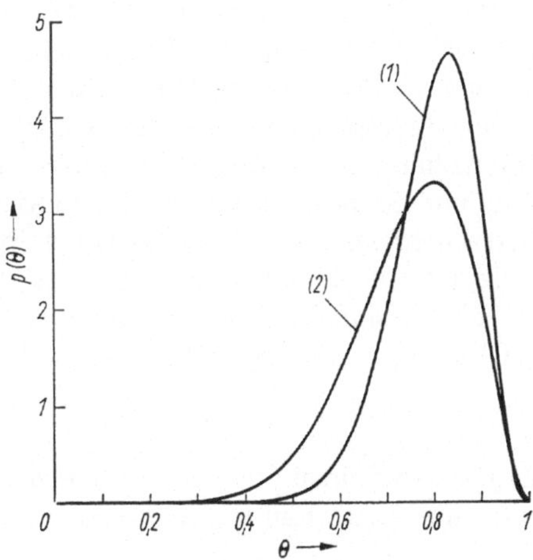

Bild 3.8. a-posteriori-Verteilungsdichte mit (1) und ohne (2) Vorinformation

$\Phi(t_1, \ldots, t_{10})$ und anschließend $p(\Theta \mid t_1, \ldots, t_{10})$ berechnet, so erhält man die a-posteriori-Verteilungsdichten

1. $p(\Theta \mid t_1, \ldots, t_{10}) = C\Theta^{7+8}(1 - \Theta)^{1+2}$ mit $C = \dfrac{19!}{15!\,3!}$

2. $p(\Theta \mid t_1, \ldots, t_{10}) = \varphi(t_1, \ldots, t_{10} \mid \Theta)$.

Bild 3.7 zeigt die a-priori-Verteilungsdichte und die a-posteriori-Verteilungsdichte für den Fall 1. Man sieht, wie letztere durch die Stichprobeninformation steiler geworden ist, d.h., bestimmte Θ-Werte sind *nach* dem Experiment wahrscheinlicher, andere unwahrscheinlicher als zuvor. Bild 3.8 vergleicht die Fälle 1 und 2. Wenn die a-priori-Verteilungsdichte $\pi(\Theta)$ eine Betaverteilungsdichte mit $a > 1$, $b > 1$ ist, wird die a-posteriori-Verteilungsdichte steiler. Das ist in diesem Fall zu erwarten; denn die Annahme einer Gleichverteilung im Intervall $0 \leq \Theta \leq 1$ bedeutet, daß keine a-priori-Information vorhanden ist. Diese a-posteriori-Verteilung beruht ausschließlich auf der Stichprobe und ist der Likelihood-Funktion proportional (vgl. Bild 3.5).

Die *Bayessche Schätzung* des Parameters Θ beruht auf der a-posteriori-Verteilung. Als Punktschätzung kann man irgendeinen Mittelwert dieser Verteilung verwenden: den Erwartungswert, der einer quadratischen Verlustfunktion zugeordnet ist und den mittleren quadratischen Fehler der Schätzung (3.10) minimiert, den Modalwert, an dem die a-posteriori-Dichte ihr Maximum hat und der im Fall $\pi(\Theta) = $ const der Maximum-Likelihood-Schätzung entspricht, oder den Median, für den der wahre Parameter mit der Wahrscheinlichkeit $\frac{1}{2}$ größer oder kleiner als der Schätzwert ist.

Ein *Bayessches Vertrauensintervall auf dem Vertrauensniveau* $(1 - \alpha)$ erhält man ebenfalls aus der a-posteriori-Verteilung. Im zweiseitigen Fall werden die Grenzen $\Theta_{\alpha/2}$, $\Theta_{1-\alpha/2}$ durch die Quantile

$$\int_{-\infty}^{\Theta_{\alpha/2}} p(\Theta \mid t_1, \ldots, t_n)\, \mathrm{d}\Theta = \frac{\alpha}{2} \tag{3.46}$$

$$\int_{\Theta_{1-\alpha/2}}^{\infty} p(\Theta \mid t_1, \ldots, t_n)\, \mathrm{d}\Theta = \frac{\alpha}{2}$$

definiert. Da im Bayesschen Fall Θ eine Zufallsgröße ist, sind die Bayesschen Intervalle wirklich als Quantile von Wahrscheinlichkeitsverteilungen anzusehen, d.h., sie enthalten mit der vorgegebenen Wahrscheinlichkeit $1 - \alpha$ den wahren Parameter Θ.

Die Bayessche Statistik benutzt meistens Mittel aus der Entscheidungstheorie, um Schätzungen oder Tests zu entwerfen. Das bedeutet praktisch die Anwendung von Verlust- und Risikofunktionen [Gln. (3.8), (3.9)] zur Konstruktion *optimaler Teststrategien*. Betrachten wir wieder unser Beispiel, in dem Θ den Anteil zuverlässiger Elemente im Los bedeuten soll. Es sei N der Losumfang; bei Herstellung eines zuverlässigen Erzeugnisses soll ein Gewinn der Höhe A entstehen, bei Herstellung eines unzuverlässigen Erzeugnisses ein Verlust der Höhe $-B$. Dann ist folgende Kostenfunktion gültig:

$$K(\Theta) = NA\Theta - NB(1 - \Theta).$$

Es gibt dabei einen Wert Θ^*, für den vom Kostenstandpunkt her eine indifferente Situation entsteht. Dieser Fall tritt ein, wenn

$$\Theta^* = \frac{B}{A + B}$$

ist; denn dann ist $A\Theta = B(1 - \Theta)$. Der Test soll dazu dienen, kostenmäßig günstige Lose ($\Theta > \Theta^*$) anzunehmen und ungünstige ($\Theta < \Theta^*$) abzulehnen. Durch den Stichprobencharakter des Tests sind auch Fehlentscheidungen zu erwarten. Es entsteht folgende Situation:

wahre Zuverlässigkeit	Entscheidung	Folgen
$\Theta < \Theta^*$	Annahme	Verlust
$\Theta > \Theta^*$	Ablehnung	Verlust
$\Theta \geqq \Theta^*$	Annahme	kein Verlust
$\Theta \leqq \Theta^*$	Ablehnung	kein Verlust

Die Höhe des jeweiligen Verlustes hängt von der Kostenbeziehung ab. Ein *Bayessches Testverfahren* wird unter Berücksichtigung der Kostenfunktion so konstruiert, daß ein optimaler Stichprobenumfang und ein optimales Annahmekriterium bestimmt werden. Dabei spielt im Einzelfall natürlich der Typ der Kostenfunktion, der a-priori- und der a-posteriori-Verteilung, eine Rolle.

Im Zusammenhang mit Bayesschen Methoden sind folgende Probleme entscheidend: die Formulierung der a-priori-Verteilungsdichte $\pi(\Theta)$ und die formale Verträglichkeit von $\pi(\Theta)$ mit $\varphi(t_i \mid \Theta)$.

a-priori-Verteilungen lassen sich finden, wenn durch vorausgegangene Untersuchungen genügend Kenntnisse über Θ vorhanden sind (empirischer Weg), wenn durch Erfahrung etwa das „mittlere Θ und seine Streuung" bekannt ist, aus denen man eine entsprechende Verteilung bilden kann, oder auch (dieser Weg ist umstritten) als subjektive Wahrscheinlichkeitsverteilung. Liegt keine Kenntnis von $\pi(\Theta)$ vor, wendet man die Gleichverteilung über ein endliches Θ-Intervall an (nichtinformative a-priori-Verteilung). Die formale Verträglichkeit von $\pi(\Theta)$ mit $\varphi(t_i \mid \Theta)$ ist Voraussetzung, um zu einer a-posteriori-Verteilung zu kommen, die sich mathematisch handhaben läßt. Es gibt bestimmte Klassen von Verteilungen, die sog. konjugierten Klassen, für die das möglich ist. Eine lernten wir kennen: die Betaverteilung als a-priori-Verteilung und die Binomialverteilung als bedingte Verteilung der t_i im Beispiel. Wird Θ als Parameter der Exponentialverteilung aufgefaßt, so läßt sich eine Gammaverteilung als a-priori-Verteilung verwenden. Ist Θ der Erwartungswert einer Normalverteilung bei bekanntem σ^2, so ist die Normalverteilung als a-priori-Verteilung geeignet. Um also zu auswertbaren Beziehungen zu kommen, ist es wichtig, die vermutete a-priori-Verteilung durch eine Verteilung der jeweils konjugierten Klasse zu approximieren. Dieses Problem detaillierter zu behandeln ist hier nicht der Ort. Der interessierte Leser sei deshalb auf die Bücher [27] [28] hingewiesen.

4. Wahrscheinlichkeitsmodell Exponentialverteilung

4.1. Parameterschätzung

4.1.1. Einparametrige Exponentialverteilung

Die Verteilungsfunktion

$$F(t) = 1 - \exp\{-\lambda t\}, \qquad t \geq 0, \qquad \lambda > 0, \tag{4.1}$$

enthält als einzigen Parameter die zeitunabhängige Ausfallrate λ. Auf der Grundlage von Beobachtungswerten soll λ oder eine davon abgeleitete Größe geschätzt werden. So wird die Verteilungsfunktion (4.1) häufig auch statt durch λ durch ihren Erwartungswert $\vartheta = \lambda^{-1}$ charakterisiert. Dadurch ändert sich am Prinzip der Parameterschätzung nichts. Ähnlich verhält es sich mit der Schätzung der Überlebenswahrscheinlichkeit zu einem festen Zeitpunkt oder eines Quantils der Verteilungsfunktion (4.1). In allen diesen Fällen ist das bevorzugte Prinzip der Schätzung die Maximum-Likelihood-Methode.

Die Beobachtungswerte lassen sich auf verschiedene Weise gewinnen:

1. Es werden n Elemente vom Zeitpunkt $t = 0$ an beobachtet. Sie fallen in einer zufälligen Reihenfolge aus. Die Beobachtung wird nach einer fest vorgegebenen Anzahl von Ausfällen $r = r^*$ beendet. Die Beobachtungsdauer ist zufällig.
2. Es werden n Elemente vom Zeitpunkt $t = 0$ an beobachtet. Ausgefallene Elemente werden sofort durch neue ersetzt. Das beeinträchtigt die Gültigkeit des Wahrscheinlichkeitsmodells nicht, weil die Exponentialverteilung durch die Konstanz der Ausfallrate die Eigenschaft „gebraucht so gut wie neu" hat. Die Beobachtung wird nach einer fest vorgegebenen Anzahl von Ausfällen $r = r^*$ beendet. Die Beobachtungsdauer ist zufällig.
3. Es werden n Elemente vom Zeitpunkt $t = 0$ an beobachtet. Sie fallen in einer zufälligen Reihenfolge aus. Die Beobachtung wird nach einer fest vorgegebenen Zeit $t = t^*$ beendet. Die Anzahl der Ausfälle r ist zufällig.
4. Es werden n Elemente vom Zeitpunkt $t = 0$ an beobachtet. Ausgefallene Elemente werden sofort durch neue ersetzt. Die Beobachtung wird nach einer fest vorgegebenen Zeit $t = t^*$ beendet. Die Anzahl der Ausfälle r ist zufällig.

Diese vier Möglichkeiten der Datengewinnung sind bei der Schätzung zu unterscheiden. Sie werden getrennt beschrieben.

4.1.1.1. Beendigung beim r^*-ten Ausfall ohne Ersetzen der ausgefallenen Elemente

Die Beobachtung wird beendet, wenn die vorgegebene Anzahl von r^* Ausfällen erreicht ist. In diesem Fall ist $r \leq n$ eine feste Größe, und die Testdauer $t_{(r)}$ ist zufällig. Die Ausfalldaten bilden die Folge $t_{(1)} \leq t_{(2)} \leq \ldots \leq t_{(r)}$. Die Likelihood-Funktion lautet in diesem Fall [vgl. Gl. (3.26)]:

$$L(\lambda|r^*) = \frac{n!}{(n-r)!} \prod_{i=1}^{r} \lambda^r \, e^{-\lambda t_{(i)}} \, e^{-\lambda(n-r)t_{(r)}} = \frac{n!}{(n-r)!} \lambda^r \, e^{-\lambda\left[\sum_{i=1}^{r} t_{(i)} + (n-r)t_{(r)}\right]}. \tag{4.2}$$

Nach (3.29) erhält man daraus die *Maximum-Likelihood-Schätzung für* λ in der Form

$$\hat{\lambda} = \frac{r}{\sum_{i=1}^{r} t_{(i)} + (n-r)\,t_{(r)}}. \tag{4.3}$$

Den Nenner von (4.3) bezeichnet man als summierte Lebensdauer S_r:

$$S_r = \sum_{i=1}^{r} t_{(i)} + (n-r)\,t_{(r)}. \tag{4.4}$$

Sie ist die Summe der Zeit, in der jedes der n Elemente während der Beobachtung, die bis zum Zeitpunkt $t_{(r)}$ dauerte, intakt war. Damit ist S_r die Realisierung der Zufallsgröße S_r. Je kleiner die Ausfallrate λ ist, um so größer wird S_r im Mittel. Die Maximum-Likelihood-Schätzung $\hat{\lambda}$ ist in diesem Fall eine erwartungstreue Schätzung für λ [Gl. (3.11)] und besitzt Minimalstreuung [Gl. (3.15)].

Das *Vertrauensintervall für* λ wird mit Hilfe der χ^2-Verteilung (Abschnitt 1.2.2.) gebildet. *Epstein* und *Sobel* [29] zeigten, daß die Größe $2r\,(\lambda/\hat{\lambda})$ einer χ^2-Verteilung mit $2r$ Freiheitsgraden folgt, wenn λ die unbekannte wahre Ausfallrate bedeutet. Somit läßt sich ein Vertrauensintervall für λ auf dem Vertrauensniveau $(1-\alpha)$ durch das oder die entsprechenden Quantile der χ^2-Verteilung bilden. Die χ^2-Verteilung mit $2r$ Freiheitsgraden wird symbolisch mit $\chi^2\,(2r)$ bezeichnet, das Quantil gemäß (1.32) mit $\chi^2_\gamma\,(2r)$. Man erhält auf dieser Grundlage

1. die einseitige obere Vertrauensgrenze für λ

$$\lambda_{1-\alpha} = \frac{\chi^2_{1-\alpha}(2r)}{2S_r} \tag{4.5}$$

2. die einseitige untere Vertrauensgrenze für λ

$$\lambda_\alpha = \frac{\chi^2_\alpha\,(2r)}{2S_r} \tag{4.6}$$

3. die zweiseitige untere und obere Vertrauensgrenze für λ

$$\lambda_{\alpha/2} = \frac{\chi^2_{\alpha/2}\,(2r)}{2S_r}; \qquad \lambda_{1-\alpha/2} = \frac{\chi^2_{1-\alpha/2}\,(2r)}{2S_r}. \tag{4.7}$$

Wird in (4.1) statt λ der Parameter $\vartheta = \lambda^{-1}$ verwendet, so ist die Maximum-Likelihood-Schätzung für ϑ einfach der zu (4.3) reziproke Ausdruck

$$\hat{\vartheta} = \frac{1}{r} \left[\sum_{i=1}^{r} t_{(i)} + (n-r)\,t_{(r)} \right]. \tag{4.8}$$

Die Grenzen der Vertrauensintervalle folgen durch entsprechende Umstellungen aus den Gln. (4.5) bis (4.7):

1. einseitige untere Vertrauensgrenze für ϑ

$$\hat{\vartheta}_\alpha = \frac{2S_r}{\chi^2_{1-\alpha}\,(2r)} \tag{4.9}$$

2. einseitige obere Vertrauensgrenze für ϑ

$$\vartheta_{1-\alpha} = \frac{2S_r}{\chi^2_\alpha (2r)} \tag{4.10}$$

3. zweiseitige untere und obere Vertrauensgrenze für ϑ

$$\vartheta_{\alpha/2} = \frac{2S_r}{\chi^2_{1-\alpha/2} (2r)}; \qquad \vartheta_{1-\alpha/2} = \frac{2S_r}{\chi^2_{\alpha/2} (2r)}. \tag{4.11}$$

Aus den Formeln (4.5) bis (4.11) ergibt sich, daß die Breite des Vertrauensintervalls entscheidend durch $r = r^*$ beeinflußt wird. Wählt man r^* groß, so wird auch S_r groß; die χ^2-Verteilung hat eine entsprechend größere Anzahl von Freiheitsgraden, und es ergeben sich relativ engere Vertrauensgrenzen.

Für die Planung von Versuchen ist es wichtig zu wissen, in welcher Zeit etwa die r^*-Ausfälle auftreten können. Diese Zeit hängt natürlich vom wahren und unbekannten Wert λ ab. Aber es interessiert auch die relative Verlängerung der Beobachtungsdauer bei einer Vergrößerung von r^*. Nach *Epstein* [30] erhält man den Erwartungswert der Zeit bis zum r-ten Ausfall durch die Beziehung

$$E\left(t_{(r)}|n\right) = \vartheta \sum_{i=1}^{r} \frac{1}{n-i+1}. \tag{4.12}$$

Bild 4.1 zeigt für $\vartheta = 1$ und $n = 10, 20, 50, 100$ den Quotienten r/n über dem Erwartungswert der Zeit bis zum r-ten Ausfall $E\left(t_{(r)} \mid n\right)$. Für kleinere Werte von r/n stimmen die Kurven fast überein; spürbare Unterschiede treten erst bei großen Werten r/n auf. Für praktische Zwecke und relativ kleine Werte r/n reicht es daher meistens, die aus dem empirischen Quantil $F(t_{(r)}) = r/n$ folgende Näherung

$$E\left(t_{(r)}|n\right) \approx \vartheta \ln \frac{n}{n-r} \tag{4.13}$$

zu verwenden. Diese Kurve ist für $n = 100$ im Bild 4.1 gestrichelt dargestellt.

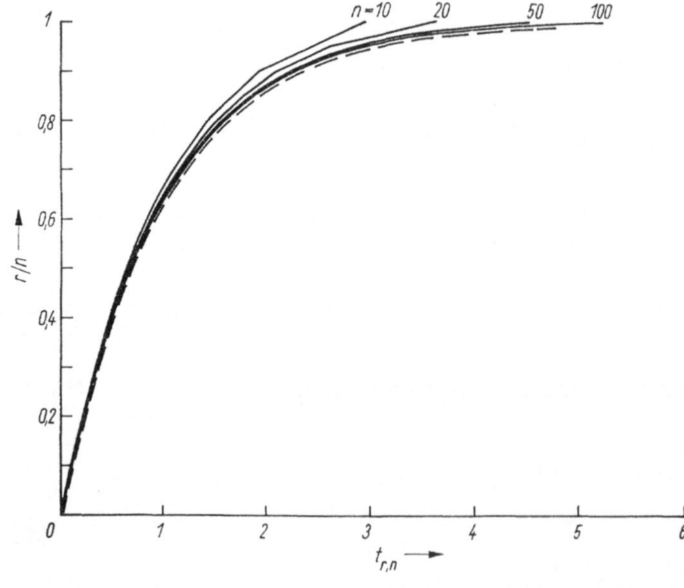

Bild 4.1
Erwartungswert der Zeit
bis zum r-ten Ausfall
für $\vartheta = 1$

In der Praxis beschränkt sich die Parameterschätzung nur selten auf die Aufgabe, λ oder ϑ zu schätzen. Meistens sind auch davon abgeleitete Größen zu ermitteln. Eine solche Größe ist das Quantil t_γ, das durch die Beziehung (1.32)

$$P(t < t_\gamma) = \gamma$$

definiert ist. Für die Exponentialverteilung folgt durch Umstellung von Gl. (4.1)

$$t_\gamma = \vartheta \ln \frac{1}{1-\gamma}. \tag{4.14}$$

Der Wert t_γ gibt die Zeit an, die mit einer vorgegebenen Wahrscheinlichkeit $(1-\gamma)$ überlebt wird. Die Maximum-Likelihood-Schätzung von t_γ erhält man durch Einsetzen von (4.8) in (4.14):

$$\hat{t}_\gamma = \hat{\vartheta} \ln \frac{1}{1-\gamma}. \tag{4.15}$$

In der Praxis sind auch die Vertrauensgrenzen $t_{\gamma,\alpha}$, $t_{\gamma,1-\alpha}$ oder $t_{\gamma,\alpha/2}$, $t_{\gamma,1-\alpha/2}$ von Bedeutung. Sie heißen *Toleranzgrenzen* und haben die Bedeutung

$$P(t_{\gamma,\alpha} \leqq t_\gamma) \geqq 1 - \alpha. \tag{4.16}$$

Je nachdem, ob man eine untere, obere oder zweiseitige Toleranzgrenze für t_γ wünscht, wird (4.9), (4.10) oder (4.11) in (4.14) eingesetzt. Die *einseitige untere Toleranzgrenze* $t_{\gamma,\alpha}$ auf dem Vertrauensniveau $(1-\alpha)$ hat also die Gestalt

$$t_{\gamma,\alpha} = \frac{2S_r}{\chi^2_{1-\alpha}(2r)} \ln \frac{1}{1-\gamma}. \tag{4.17}$$

Sie gibt die Zeit an, von der mit der Irrtumswahrscheinlichkeit α gesagt werden kann, daß sie von den betrachteten Elementen mit der Wahrscheinlichkeit $(1-\gamma)$ überlebt wird.

In manchen praktischen Fällen benötigt man die Überlebenswahrscheinlichkeit zu einem festen Zeitpunkt t'. Sie wird mit

$$R(t') = e^{-\lambda t'} \tag{4.18}$$

bezeichnet. Die Schätzung erhält man, wenn in (4.18) für λ die Maximum-Likelihood-Schätzung $\hat{\lambda}$ [nach (4.3)] eingesetzt wird, d.h.

$$\hat{R}(t') = e^{-\hat{\lambda} t'}. \tag{4.19}$$

Eine untere, obere oder zweiseitige Vertrauensgrenze folgt entsprechend durch Einsetzen von (4.5), (4.6) oder (4.7) in (4.18). Die untere Vertrauensgrenze $R(t')_\alpha$ auf dem Vertrauensniveau $(1-\alpha)$ hat also die Gestalt

$$R(t')_\alpha = \exp\left[-\frac{\chi^2_{1-\alpha}(2r)}{2S_r} t' \right]. \tag{4.20}$$

Sie gibt die Überlebenswahrscheinlichkeit zum Zeitpunkt t' an, die mit der Irrtumswahrscheinlichkeit α für die Elemente der untersuchten Grundgesamtheit gilt.

Beispiel 4.1. Es sei $n = 50$ und $r^* = 15$. Im Test ergaben sich die Ausfallzeitpunkte $t_{(1)} = 125$ h, $t_{(2)} = 252$ h, $t_{(3)} = 319$ h, $t_{(4)} = 401$ h, $t_{(5)} = 470$ h, $t_{(6)} = 691$ h, $t_{(7)} = 965$ h, $t_{(8)} = 1377$ h, $t_{(9)} = 1462$ h, $t_{(10)} = 1498$ h, $t_{(11)} = 1674$ h, $t_{(12)} = 1902$ h, $t_{(13)} = 1907$ h, $t_{(14)} = 2299$ h, $t_{(15)} = 2312$ h.

Die summierte Lebensdauer beträgt nach Gl.(4.4)

$$S_{15} = 17654 + 35 \cdot 2312 = 98\,574\,\text{h}.$$

Daraus folgt der Schätzwert für λ

$$\hat{\lambda} = \frac{15}{98\,574} = 1{,}5 \cdot 10^{-4}\,\text{h}^{-1}.$$

Nun soll die einseitige obere Vertrauensgrenze für λ auf dem Vertrauensniveau $1 - \alpha = 0{,}9$ berechnet werden. Dazu wird Gl.(4.5) verwendet. Aus der Tabelle der χ^2-Verteilung erhalten wir den Wert $\chi^2_{0,9}\,(30) = 40{,}3$; dann folgt aus (4.5)

$$\lambda_{0,9} = 2{,}0 \cdot 10^{-4}\,\text{h}^{-1}.$$

Der wahre Wert λ ist also mit der Irrtumswahrscheinlichkeit $\alpha = 0{,}1$ kleiner als $2 \cdot 10^{-4}\,\text{h}^{-1}$.

Außerdem soll das 0,01-Quantil $t_{0,01}$ geschätzt werden, d.h. der Zeitpunkt, der von 99% der Elemente überlebt wird. Nach Gl.(4.15) erhält man

$$\hat{t}_{0,01} = 66\,\text{h}.$$

Die untere Toleranzgrenze für $t_{0,01}$ auf dem Vertrauensniveau 0,9 folgt aus (4.17) und beträgt

$$t_{0,01;0,1} = 49\,\text{h}.$$

Das bedeutet: Man kann mit einer Irrtumswahrscheinlichkeit von $\alpha = 0{,}1$ sagen, daß 99% der Elemente länger als 49 h leben werden.

Schließlich sei noch die Überlebenswahrscheinlichkeit von $t' = 1000\,\text{h}$ zu schätzen. Nach Gl.(4.19) gilt

$$\hat{R}(t') = 0{,}86.$$

Die untere Vertrauensgrenze auf dem Vertrauensniveau 0,9 ist nach Gl.(4.20)

$$R(t')_{0,1} = 0{,}815.$$

Das bedeutet: Man kann mit einer Irrtumswahrscheinlichkeit $\alpha = 0{,}1$ sagen, daß mindestens $81{,}5\%$ der Elemente länger als 1000 h leben werden.

4.1.1.2. Beendigung nach t^* Stunden ohne Ersetzen der ausgefallenen Elemente

Die Beobachtung wird zu einem vorgegebenen Zeitpunkt t^* beendet. Dabei ist die Anzahl der Ausfälle r zufällig. Es gilt stets $r \leq n$, und es kann auch der Fall $r = 0$ eintreten. Die Ausfalldaten bilden die Folge $t_{(1)} \leq t_{(2)} \leq \dots \leq t_{(r)} \leq t^*$. Die Likelihood-Funktion [Gl.(3.27)] lautet:

$$L\,(\lambda|t^*) = \frac{n!}{(n-r)!}\,\lambda^r\,e^{-\lambda\left[\sum\limits_{i=1}^{r} t_{(i)} + (n-r)\,t^*\right]}. \tag{4.21}$$

Daraus folgt die Maximum-Likelihood-Schätzung

$$\hat{\lambda} = \frac{r}{\sum\limits_{i=1}^{r} t_{(i)} + (n-r)\,t^*}. \tag{4.22}$$

Für $r = 0$ wird auch $\hat{\lambda} = 0$. In diesem Fall hat die Likelihood-Funktion die Gestalt

$$L(\lambda|t^*, r = 0) = e^{-\lambda n t^*}.$$

Das Maximum dieser Funktion liegt dann am Rande ihres Definitionsgebiets bei $\lambda = 0$.

Der Nenner von (4.22) ist wieder die summierte Lebensdauer

$$S_{t^*} = \sum_{i=1}^{r} t_{(i)} + (n - r) t^*. \tag{4.23}$$

Sie ist von t^* abhängig. Dadurch verändert sich die Likelihood-Funktion mit wachsendem t^* zwischen den Ausfällen kontinuierlich. Zu jedem Ausfallzeitpunkt ergibt sich aber eine sprunghafte Änderung der Likelihood-Funktion (Abschnitt 3.2.2.) und damit auch des Schätzwerts $\hat{\lambda}$. Die Maximum-Likelihood-Schätzung ist in diesem Fall nicht erwartungstreu. Für großes n und r sind die Eigenschaften dieser Schätzung jedoch denen nach Gl.(4.3) ähnlich.

Bei der Bildung des Vertrauensintervalls für λ ist zu berücksichtigen, daß r eine Zufallsgröße ist. Für die wahre Ausfallrate λ ist die Ausfallwahrscheinlichkeit p durch die Beziehung

$$p = 1 - e^{-\lambda t^*} \tag{4.24}$$

bestimmt. Die Wahrscheinlichkeit dafür, in einer n-Elemente-Stichprobe genau r Ausfälle zu erhalten, ergibt sich für bekanntes p aus der Binomialverteilung (1.17)

$$p_r = \binom{n}{r} p^r (1 - p)^{(n-r)}, \qquad r = 0, 1, \ldots, n. \tag{4.25}$$

Nach der Beobachtung liegen n und r fest. Die Frage nach dem Vertrauensintervall bedeutet, festzustellen, welche p- bzw. λ-Werte bei gegebenem n zu den r Ausfällen geführt haben können. Dazu wird (4.25) als Betaverteilung [Gl.(1.42)] angesehen. Die Vertrauensgrenzen für p auf dem Vertrauensniveau $1 - \alpha$ ergeben sich durch die entsprechenden Quantile der Betaverteilung mit den Parametern $a = r + 1$ und $b = n - r + 1$. Wird mit $B_\gamma(a, b)$ das durch (1.32) definierte Quantil der Betaverteilung bezeichnet, so erhält man die Vertrauensgrenzen für λ durch die für p aus (4.24). Es folgt somit

1. die einseitige obere Vertrauensgrenze

$$\lambda_{1-\alpha} = \frac{1}{t^*} \ln \frac{1}{1 - B_{1-\alpha}(r + 1, n - r + 1)} \tag{4.26a}$$

2. die einseitige untere Vertrauensgrenze

$$\lambda_\alpha = \frac{1}{t^*} \ln \frac{1}{1 - B_\alpha(r + 1, n - r + 1)} \tag{4.26b}$$

3. die zweiseitige untere und obere Vertrauensgrenze

$$\lambda_{\alpha/2} = \frac{1}{t^*} \ln \frac{1}{1 - B_{\alpha/2}(r + 1, n - r + 1)},$$

$$\lambda_{1-\alpha/2} = \frac{1}{t^*} \ln \frac{1}{1 - B_{1-\alpha/2}(r + 1, n - r + 1)}. \tag{4.27}$$

Die Schätzung für ϑ erhält man als reziproken Wert zu $\hat{\lambda}$ nach Gl. (4.22), und die Vertrauensgrenzen für ϑ folgen durch entsprechende Umstellungen aus den Gln. (4.25) bis (4.27). Ähnlich verhält es sich mit der Schätzung des γ-Quantils t_γ und der Überlebenswahrscheinlichkeit $R(t')$; sie werden wie im Abschnitt 4.1.1.1. aus den Schätzwerten für λ und den Vertrauensgrenzen abgeleitet.

Beispiel 4.2. Die Beobachtung aus Beispiel 4.1 wird bis zum Zeitpunkt $t^* = 2500$ h durchgeführt. Es ist also $n = 50$, $r = 15$. Die Ausfallzeitpunkte sind die im Beispiel 4.1 angegebenen Zahlen. Aus Gl. (4.23) erhält man

$$S_{2500\text{h}} = 17\,654 + 35 \cdot 2500 = 105\,154\,\text{h}.$$

Also ist

$$\hat{\lambda} = \frac{15}{105\,154} = 1{,}43 \cdot 10^{-4}\,\text{h}^{-1}.$$

Der Schätzwert für λ ist natürlich etwas kleiner als der im Beispiel 4.1; denn die Zeit zwischen den letzten beiden Ausfällen bei 2312 h und 2500 h verlief ohne Ausfall. Daraus folgt ein kleinerer Schätzwert der Ausfallrate.

Nun soll die einseitige obere Vertrauensgrenze auf dem Vertrauensniveau $1 - \alpha = 0{,}9$ berechnet werden. Dazu wird das 0,9-Quantil der Betaverteilung $B_{0,9}$ (16,36) benötigt. In der Tabelle der Betaverteilung [7] sind aber nur die unteren Quantile angegeben. Auf Grund der Symmetriebeziehung (1.45) erhält man das gesuchte 0,9-Quantil.

Aus der Tabelle in [7] erhält man mit Hilfe einer linearen Interpolation den Wert

$$B_{0,1}\,(36{,}16) = 0{,}60.$$

Daraus folgt

$$B_{0,9}\,(16{,}36) = 0{,}40$$

und nach Gl. (4.26 a)

$$\lambda_{0,9} = 2{,}0 \cdot 10^{-4}\,\text{h}^{-1}.$$

Steht keine Tabelle der Betaverteilung zur Verfügung, so wird die F-Verteilung mit $m_1 = 2a$ und $m_2 = 2b$ Freiheitsgraden verwendet [Gl. (1.46)]. Mit Hilfe einer linearen Interpolation finden wir in der Tabelle der F-Verteilung, die in vielen Lehrbüchern über mathematische Statistik enthalten ist, den Wert $F_{0,9}\,(32{,}72) = 1{,}46$. Daraus folgt der Wert $B_{0,9}\,(16{,}36) = 0{,}39$ und $\lambda_{0,9} = 2{,}0 \cdot 10^{-4}\,\text{h}^{-1}$.

Lebensdaueruntersuchungen ohne Ersetzen der ausgefallenen Elemente, die zum Zeitpunkt t^* beendet werden, treten in der Praxis häufig in solchen Fällen auf, in denen die genauen Ausfallzeitpunkte $t_{(i)}$ nicht ermittelt werden können, weil nur die Anzahl der Ausfälle zu festen Zeitpunkten erfaßt wird. Dadurch wird die exakte Berechnung der summierten Lebensdauer S_{t^*} unmöglich. Eine Schätzung von λ kann dann mit Hilfe der Maximum-Likelihood-Schätzung für p durch die Beziehung (4.24) erfolgen. Die Maximum-Likelihood-Schätzung für p ist einfach

$$\hat{p} = \frac{r}{n}. \tag{4.28}$$

Daraus folgt der Schätzwert λ' für λ in der Form

$$\lambda' = \frac{1}{t^*} \ln \frac{n}{n-r}. \tag{4.29}$$

Im Beispiel 4.2 ist $n = 50$, $r = 15$ und $t^* = 2500$ h. Daraus folgt $\lambda' = 1{,}43 \cdot 10^{-4}\,\mathrm{h}^{-1}$; der Schätzwert stimmt in diesem Fall sogar mit $\hat{\lambda}$ überein.

4.1.1.3. Beendigung nach r^* Ausfällen mit Ersetzen der ausgefallenen Elemente

Die Beobachtung wird beendet, wenn die vorgegebene Anzahl von r^*, $r^* > 0$, Ausfällen erreicht wurde. Der Zeitpunkt $t_{(r)}$ ist eine Zufallsgröße. Weil ausgefallene Elemente sofort durch neue ersetzt werden, befinden sich stets n Elemente im Versuch. Die Ausfallrate für die n-Elemente-Stichprobe ist gleich $(n\lambda)$, und die Likelihood-Funktion lautet für $r = r^*$:

$$L\,(\lambda|r^*) = (n\lambda)^r\, e^{-n\lambda t_{(r)}}. \tag{4.30}$$

Daraus erhält man die Maximum-Likelihood-Schätzung

$$\hat{\lambda} = \frac{r}{nt_{(r)}}. \tag{4.31}$$

Im Nenner steht wieder die summierte Lebensdauer, die in einem Versuch mit Ersetzen der ausgefallenen Elemente einfach das Produkt aus Stichprobenumfang und Beobachtungsdauer ist. Somit ist Gl. (4.31) ein Analogon zu (4.3) und hat auch dieselben Eigenschaften. Insbesondere ist $\hat{\lambda}$ eine erwartungstreue Schätzung. Den Schätzwert für $\vartheta = \lambda^{-1}$ erhält man einfach als reziproken Wert zu $\hat{\lambda}$.

Das Vertrauensintervall für λ beruht auf der χ^2-Verteilung mit $2r$ Freiheitsgraden. Wird die Differenz zwischen zwei aufeinanderfolgenden Ausfallzeitpunkten $x_i = t_{(i)} - t_{(i-1)}$, $i = 1. \ldots, r$, $x_0 = 0$, gebildet, so läßt sich der letzte Ausfallzeitpunkt $t_{(r)}$ in Form einer Summe der x_i ausdrücken:

$$t_{(r)} = \sum_{i=1}^{r} x_i.$$

Aus den Eigenschaften des Poissonschen Prozesses [Gl. (1.107)] folgt, daß die x_i einer Exponentialverteilung mit dem Parameter $(n\lambda)$ genügen. Die Summe von r unabhängigen Zufallsgrößen mit einer durch einen Parameter $(n\lambda)$ charakterisierten Exponentialverteilung ist eine Zufallsgröße mit einer zweiparametrigen Gammaverteilung [Gl. (2.37)], und zwar mit den Parametern $b = r$ und $\eta = (n\lambda)$. Die Gammaverteilung wiederum ist einer χ^2-Verteilung mit $2r$ Freiheitsgraden [Gl. (1.39)] proportional. So läßt sich zeigen, daß die Größe $2r\,(\lambda/\hat{\lambda})$ einer χ^2-Verteilung mit $2r$ Freiheitsgraden folgt. Die Vertrauensintervalle stimmen im betrachteten Versuchstyp also mit denen nach Gln. (4.5) bis (4.7) überein; lediglich die summierte Lebensdauer wird in der Form

$$S_{(r)} = nt_{(r)} \tag{4.32}$$

berechnet.

In einem Versuch, der nach der vorgegebenen Anzahl von Ausfällen r^* beendet wird, ist die Beobachtungsdauer eine Zufallsgröße. Der Erwartungswert der Zeit bis zum r-ten Ausfall hängt natürlich von λ bzw. $\vartheta = \lambda^{-1}$ ab. Es gilt

$$E\,(t_{(r)}|n) = \vartheta\,\frac{r}{n}. \tag{4.33}$$

Die relative Zeiteinsparung durch die Vergrößerung von n oder durch die Verringerung von r kann mit Hilfe von (4.33) beurteilt werden. Es ist in der Praxis zu beachten, daß die Breite des Vertrauensintervalls durch r stark beeinflußt wird. Deshalb sollte r^* nicht zu klein gewählt werden.

Beispiel 4.3. Ein Versuch mit $n = 10$ Elementen soll bis zum dritten Ausfall ($r^* = 3$) durchgeführt werden. Ausgefallene Elemente werden sofort ersetzt (man benötigt also insgesamt 12 Elemente). Es wurde $t_{(3)} = 750\,\text{h}$ ermittelt. Nach Gl. (4.31) erhält man den Schätzwert

$$\hat\lambda = \frac{3}{7500} = 4 \cdot 10^{-4}\,\text{h}^{-1}.$$

Außerdem sollen die zweiseitigen Vertrauensgrenzen für λ auf dem Vertrauensniveau $(1 - \alpha) = 0{,}9$ berechnet werden. Dazu wird Formel (4.7) benutzt. In einer Tabelle findet man die χ^2-Werte $\chi^2_{0,05}(6) = 1{,}64$, $\chi^2_{0,95}(6) = 12{,}6$. Durch Einsetzen in (4.7) erhält man $\lambda_{0,05} = 1{,}1 \cdot 10^{-4}\,\text{h}^{-1}$, $\lambda_{0,95} = 8{,}4 \cdot 10^{-4}\,\text{h}^{-1}$.

Wäre der Versuch statt mit 10 Elementen mit 100 Elementen durchgeführt und ebenfalls nach dem dritten Ausfall beendet worden, so hätte er sehr viel schneller zum Ziel geführt. Angenommen, der dritte Ausfall wäre entsprechend dem Erwartungswert der Zeit bis zu dem betreffenden Ausfall nach Gl. (4.33) schon zum Zeitpunkt $t_{(3)} = 75\,\text{h}$ aufgetreten, so hätte die Schätzung folgende Werte ergeben:

$$\hat\lambda = \frac{3}{7500} = 4 \cdot 10^{-4}\,\text{h}^{-1}$$

$$\lambda_{0,05} = \frac{1{,}64}{15\,000} = 1{,}1 \cdot 10^{-4}\,\text{h}^{-1}; \qquad \lambda_{0,95} = \frac{12{,}6}{15\,000}\, 8{,}4 \cdot 10^{-4}\,\text{h}^{-1}.$$

Die Werte stimmen mit denen im ersten Fall überein; der Vorteil beim Einsatz von 100 Elementen liegt also nur in der Zeiteinsparung.

Wären n und r proportional vergrößert worden, d.h. $n = 100$ und $r^* = 30$, und wäre der dreißigste Ausfall entsprechend (4.33) zum Zeitpunkt $t_{(30)} = 750\,\text{h}$ aufgetreten, so ergäbe sich

$$\hat\lambda = \frac{30}{75000} = 4 \cdot 10^{-4}\,\text{h}^{-1}.$$

Aus der Tabelle der χ^2-Verteilung mit 60 Freiheitsgraden erhält man $\chi^2_{0,05}(60) = 43{,}2$, $\chi^2_{0,95}(60) = 79{,}1$. Daraus folgt

$$\lambda_{0,05} = \frac{43{,}2}{150\,000} = 2{,}9 \cdot 10^{-4}\,\text{h}^{-1}; \qquad \lambda_{0,95} = \frac{79{,}1}{150\,000} = 5{,}3 \cdot 10^{-4}\,\text{h}^{-1},$$

ein gegenüber dem ersten Fall engeres Vertrauensintervall. Es ist bedingt durch die umfangreichere experimentelle Information. Der Versuch hatte gegenüber dem ersten Fall den 10fachen Elementeaufwand bei gleicher Beobachtungsdauer.

4.1.1.4. Beendigung nach t^* Stunden mit Ersetzen der ausgefallenen Elemente

Die Beobachtung wird nach einer vorgegebenen Zeit t^* beendet. Ausgefallene Elemente werden sofort ersetzt, so daß sich während der gesamten Beobachtungsdauer stets n Elemente im Versuch befinden. Die Anzahl der Ausfälle $r \geq 0$ ist eine zufällige Größe.

Wie im vorhergehenden Fall folgt die Zeit zwischen den Ausfällen einer Exponentialverteilung mit dem Parameter $(n\lambda)$. Die Likelihood-Funktion hat die zu (4.30) analoge Form

$$L(\lambda|t^*) = (n\lambda)^r \, e^{-n\lambda t^*}. \tag{4.34}$$

Daraus erhält man als Maximum-Likelihood-Schätzung den Ausdruck

$$\hat{\lambda} = \frac{r}{nt^*}. \tag{4.35}$$

Im Nenner steht wieder die summierte Lebensdauer

$$S_{t^*} = nt^*. \tag{4.36}$$

Bei der Konstruktion von Vertrauensintervallen für λ ist die Zufälligkeit von r zu berücksichtigen. Die im Versuch mit Ersetzen der ausgefallenen Elemente auftretende Folge von Ausfällen kann durch einen Poissonschen Prozeß mit der Intensität $n\lambda$ beschrieben werden (Abschnitt 1.6.). Nach Gl. (1.104) gilt für die Anzahl der Ausfälle r bei festem n und λ im Zeitintervall $[0, t^*]$ die Poisson-Verteilung

$$P(X = r) = \frac{1}{r!} \, e^{-\lambda nt^*} (\lambda nt^*)^r, \qquad r = 0, 1, 2, \ldots \tag{4.37}$$

Nach dem Experiment steht r fest, und es sind die Grenzen für λ zu finden, die mit der vorgegebenen Wahrscheinlichkeit $1 - \alpha$ zum beobachteten r geführt haben können. Die Poisson-Verteilung wird zu diesem Zweck so betrachtet, als wäre λ die Zufallsgröße und r ein fester Wert. Nach Gln. (2.37) und (2.38) besteht zwischen der Poisson-Verteilung und einer Gammaverteilung folgende Beziehung:

$$\sum_{i=r+1}^{\infty} \frac{1}{i!} \, e^{-\lambda nt^*} (\lambda nt^*)^i = \frac{(nt^*)^{r+1}}{\Gamma(r+1)} \int_0^\lambda u^r \, e^{-nt^* u} \, du. \tag{4.38}$$

Dadurch kann jedem Quantil der Poisson-Verteilung ein zur gleichen Wahrscheinlichkeit gehörendes Quantil der Gammaverteilung zugeordnet und eine untere (obere) Grenze für r in eine obere (untere) Grenze für λ transformiert werden. Da r eine ganze Zahl ist, läßt sich für beliebige λ-Grenzen nicht immer eine r-Grenze mit genau der gleichen Wahrscheinlichkeit finden. In solchen Fällen verwendet man die nächstmögliche Grenze; das ist die zur ganzen Zahl r gehörende Grenze, für die das Vertrauensniveau etwas größer als $1 - \alpha$ ist. Die Gammaverteilung ist mit der χ^2-Verteilung verwandt, mit der, weil sie in Tabellenform vorliegt, die Vertrauensgrenzen für λ bevorzugt berechnet werden. Man erhält

1. die einseitige obere Vertrauensgrenze

$$\lambda_{1-\alpha} = \frac{\chi^2_{1-\alpha}(2r+2)}{2S_{t^*}} \tag{4.39}$$

2. die einseitige untere Vertrauensgrenze

$$\lambda_\alpha = \frac{\chi^2_\alpha(2r)}{2S_{t^*}} \tag{4.40}$$

3. die zweiseitige untere und obere Vertrauensgrenze

$$\lambda_{\alpha/2} = \frac{\chi^2_{\alpha/2}(2r)}{2S_{t*}}; \qquad \lambda_{1-\alpha/2} = \frac{\chi^2_{1-\alpha/2}(2r+2)}{2S_{t*}}.$$ (4.41)

Die unterschiedliche Anzahl von Freiheitsgraden hat ihre Ursache in der Ganzzahligkeit von r. Die Irrtumswahrscheinlichkeit ist für die unteren Grenzen in der Regel etwas kleiner als α bzw. $\alpha/2$.

Beispiel 4.4. Wie im Beispiel 4.3 wird die Beobachtung mit $n = 10$ Elementen durchgeführt. Ausgefallene Elemente werden sofort ersetzt. Der Versuch dauert bis zum Zeitpunkt $t* = 1000$ h. Es wurden $r = 3$ Ausfälle beobachtet. Daraus folgt

$$\hat{\lambda} = \frac{3}{10\,000} = 3 \cdot 10^{-4}\,\text{h}^{-1}.$$

Die geschätzte Ausfallrate ist kleiner als im Beispiel 4.3; denn die Zeit zwischen 750 h und 1000 h verging ohne einen weiteren Ausfall. Es sei wieder die zweiseitige Vertrauensgrenze auf dem Vertrauensniveau $1 - \alpha = 0,9$ zu berechnen. In der χ^2-Tabelle findet man die Werte $\chi^2_{0,05}(6) = 1,64$, $\chi^2_{0,95}(8) = 15,5$. Durch Einsetzen in Gl.(4.41) erhält man

$$\lambda_{0,05} = 8,2 \cdot 10^{-5}\,\text{h}^{-1}; \qquad \lambda_{0,95} = 7,8 \cdot 10^{-4}\,\text{h}^{-1}.$$

Eine Übersicht über die wichtigsten Formeln gibt Tabelle 4.1. Dabei wurde auf die Formeln für die zweiseitigen Vertrauensgrenzen verzichtet; sie entsprechen den einseitigen bei Ersatz von α durch $\alpha/2$.

Tabelle 4.1. Die wichtigsten Formeln des Abschnitts 4.1.1.

Funktion	Beendigungsregel $t*$		Beendigungsregel $r*$	
	Mit Ersatz	Ohne Ersatz	Mit Ersatz	Ohne Ersatz
S	$nt*$	$\sum\limits_{i=1}^{r} t_{(i)} + (n-r)\,t*$	$nt_{(r)}$	$\sum\limits_{i=1}^{r} t_{(i)} + (n-r)\,t_{(r)}$
$\hat{\lambda}$	$\dfrac{r}{S}$	$\dfrac{r}{S}$	$\dfrac{r}{S}$	$\dfrac{r}{S}$
$L(\lambda)$	$(n\lambda)^r\,e^{-\lambda S}$	$\dfrac{n!}{(n-r)!}\,\lambda^r\,e^{-\lambda S}$	$(n\lambda)^r\,e^{-\lambda S}$	$\dfrac{n!}{(n-r)!}\,\lambda^r\,e^{-\lambda S}$
λ_α	$\dfrac{\chi^2_\alpha(2r)}{2S}$	$\dfrac{1}{t*}\ln\dfrac{1}{1 - B_\alpha(r+1, n-r+1)}$	$\dfrac{\chi^2_\alpha(2r)}{2S}$	$\dfrac{\chi^2_\alpha(2r)}{2S}$
$\lambda_{1-\alpha}$	$\dfrac{\chi^2_{1-\alpha}(2r+2)}{2S}$	$\dfrac{1}{t*}\ln\dfrac{1}{1 - B_{1-\alpha}(r+1, n-r+1)}$	$\dfrac{\chi^2_{1-\alpha}(2r)}{2S}$	$\dfrac{\chi^2_{1-\alpha}(2r)}{2S}$

4.1.2. Zweiparametrige Exponentialverteilung

Die Wahrscheinlichkeitsverteilung

$$F(t) = 1 - \exp[-\lambda(t - t_0)], \qquad t \geq t_0 \geq 0, \qquad \lambda > 0,$$ (4.42)

enthält zwei unbekannte Parameter, die auf der Basis von Beobachtungswerten geschätzt werden sollen. Wie im Fall der einparametrigen Form der Exponentialverteilung können die Daten in verschiedener Weise gewonnen werden: mit und ohne Ersetzen der ausgefallenen Elemente, mit Beendigung des Versuchs nach r^* Ausfällen oder nach der vorgegebenen Beobachtungsdauer t^*.

4.1.2.1. Beendigung beim r^*-ten Ausfall ohne Ersetzen der ausgefallenen Elemente

Die Beobachtung wird beendet, wenn die vorgegebene Anzahl von Ausfällen r^* erreicht worden ist. Die Versuchsdauer $t_{(r)}$ ist zufällig und $r^* \leq n$ eine feste Zahl. Die Ausfalldaten bilden die Folge $t_{(1)} \leq t_{(2)} \leq \ldots \leq t_{(r)}$. Die Likelihood-Funktion hat die Gestalt

$$L(\lambda, t_0 | r^*) = \frac{n!}{(n-r)!} \lambda^r \exp\left\{ -\lambda \left[\sum_{i=1}^{r} (t_{(i)} - t_0) + (n-r)(t_{(r)} - t_0) \right] \right\}. \tag{4.43}$$

Daraus folgt als Maximum-Likelihood-Schätzung für die Parameter λ und t_0 das Paar von Gleichungen

$$\hat{t}_0 = t_{(1)}$$

$$\hat{\lambda} = \frac{r}{\sum_{i=1}^{r} t_{(i)} + (n-r) t_{(r)} - n t_{(1)}}. \tag{4.44}$$

Wird in (4.42) statt λ der Parameter $\vartheta = \lambda^{-1}$ verwendet, so ist $\hat{\vartheta}$ einfach der zu $\hat{\lambda}$ reziproke Wert.

Die Maximum-Likelihood-Schätzung ist im zweiparametrigen Fall verbesserungsfähig; denn die nach Gl. (4.44) gewonnenen Schätzwerte sind nicht erwartungstreu und besitzen nicht die kleinstmögliche Varianz. Eine verbesserte Schätzung erhält man durch die Ausdrücke

$$t_0' = \frac{r}{r-1} t_{(1)} - \frac{1}{n(r-1)} \left[\sum_{i=1}^{r} t_{(i)} + (n-r) t_{(r)} \right]$$

$$\lambda' = \frac{(r-1)}{\sum_{i=1}^{r} t_{(i)} + (n-r) t_{(r)} - n t_{(1)}}. \tag{4.45}$$

Dieses Schätzverfahren ist erwartungstreu und besitzt Minimalvarianz. Es wurde von *Epstein* [31] beschrieben.

Zur Konstruktion der Vertrauensintervalle für t_0 und λ benutzt man die Eigenschaften der Zufallsgrößen

$$h = 2n\lambda (t_{(1)} - t_0) \tag{4.46}$$

und

$$g = \frac{2(r-1)\lambda}{\lambda'}. \tag{4.47}$$

Die Größen h und g sind voneinander unabhängig; h folgt einer χ^2-Verteilung mit zwei Freiheitsgraden und g einer χ^2-Verteilung mit $2(r-1)$ Freiheitsgraden. Somit besitzt der Quotient

$$W = \frac{2(r-1)h}{2g} = n\lambda' (t_{(1)} - t_0) \tag{4.48}$$

eine F-Verteilung mit $m_1 = 2$ und $m_2 = 2(r-1)$ Freiheitsgraden [3].

Die Vertrauensgrenzen für t_0 werden mit Hilfe der F-Verteilung gebildet, indem in (4.48) für W das entsprechende Quantil der F-Verteilung eingesetzt wird. Ist $F_\gamma\,(2, 2r - 2)$ das durch

$$P\,(W \leqq F_\gamma) = \gamma \qquad (4.49)$$

definierte Quantil, so ergibt sich als untere Vertrauensgrenze für t_0 der Wert

$$t_{0;\,1-\alpha} = t_{(1)} - \frac{F_{1-\alpha}\,(2, 2r - 2)}{n\lambda'}. \qquad (4.50)$$

Als obere Vertrauensgrenze für t_0 verwendet man den ersten Ausfallzeitpunkt $t_{(1)}$. Das Intervall

$$\left\{ t_{(1)} - \frac{F_{1-\alpha}\,(2, 2r - 2)}{n\lambda'},\; t_{(1)} \right\} \qquad (4.51)$$

ist somit ein Vertrauensintervall für t_0 auf dem Vertrauensniveau $(1 - \alpha)$. Es gibt mit der Irrtumswahrscheinlichkeit α an, in welchem Zahlenbereich der Parameter t_0 zu erwarten ist [29].

Bei der Berechnung der Vertrauensgrenzen für t_0 läßt sich eine vereinfachte Methode zur Bestimmung von F_γ anwenden. Ist F_γ das durch Gl.(4.49) definierte Quantil der F-Verteilung mit $m_1 = 2$ und $m_2 = 2\,(r - 1)$ Freiheitsgraden, so läßt sich folgender Zusammenhang herstellen:

$$F_\gamma = \left[\left(\frac{1}{1 - \gamma} \right)^{1/(r-1)} - 1 \right] (r - 1). \qquad (4.52)$$

Diese Beziehung ermöglicht die Berechnung von Vertrauensgrenzen für t_0 auch ohne die Verwendung von Tabellen der F-Verteilung.

Zur Berechnung der Vertrauensgrenzen für λ' wird von der durch (4.47) definierten Größe ausgegangen. Sie folgt einer χ^2-Verteilung mit $2\,(r - 1)$ Freiheitsgraden. Somit lassen sich folgende Vertrauensgrenzen berechnen:

1. die einseitige obere Vertrauensgrenze

$$\lambda_{1-\alpha} = \frac{\chi^2_{1-\alpha}\,(2r - 2)}{2S_{r-1}} \qquad (4.53)$$

2. die einseitige untere Vertrauensgrenze

$$\lambda_\alpha = \frac{\chi^2_\alpha\,(2r - 2)}{2S_{r-1}} \qquad (4.54)$$

3. die zweiseitige untere und obere Vertrauensgrenze

$$\lambda_{\alpha/2} = \frac{\chi^2_{\alpha/2}\,(2r - 2)}{2S_{r-1}}; \qquad \lambda_{1-\alpha/2} = \frac{\chi^2_{1-\alpha/2}\,(2r - 2)}{2S_{r-1}}. \qquad (4.55)$$

Dabei ist S_{r-1} die durch die Beziehung

$$S_{r-1} = \sum_{i=1}^{r} t_{(i)} + (n - r)\,t_{(r)} - nt_{(1)} \qquad (4.56)$$

definierte summierte Lebensdauer, d.h. die Summe der Zeit, die alle Elemente zwischen den Zeitpunkten $t_{(1)}$ und $t_{(r)}$ gelebt haben. Die Vertrauensgrenzen für ϑ' erhält man aus den Gln. (4.53) bis (4.55) nach den üblichen Umstellungen.

Beispiel 4.5. Es ist $n = 50$ und $r^* = 5$ vorgegeben. Folgende Ausfallzeitpunkte wurden beobachtet: $t_{(1)} = 625$ h, $t_{(2)} = 752$ h, $t_{(3)} = 819$ h, $t_{(4)} = 901$ h, $t_{(5)} = 970$ h. Die summierte Lebensdauer nach Gl. (4.56) beträgt

$$S_4 = 16467 \text{ h}.$$

Nach Gl. (4.45) erhält man die Schätzwerte

$$\lambda' = 2{,}4 \cdot 10^{-4} \text{ h}^{-1}$$

$$t_0' = 543 \text{ h}.$$

Außerdem sollen für λ die obere Vertrauensgrenze auf dem Vertrauensniveau $1 - \alpha = 0{,}95$ und für t_0 die untere Vertrauensgrenze auf dem Vertrauensniveau $1 - \alpha = 0{,}95$ bestimmt werden. Aus einer Tabelle der χ^2-Verteilung entnimmt man den Wert $\chi^2_{0,95}(8) = 15{,}5$. Daraus folgt

$$\lambda_{0,95} = 4{,}7 \cdot 10^{-4} \text{ h}^{-1}.$$

Mit einer Irrtumswahrscheinlichkeit von $\alpha = 0{,}05$ ist die wahre Ausfallrate λ nicht größer als $4{,}7 \cdot 10^{-4} \text{ h}^{-1}$.

Aus einer Tabelle der F-Verteilung mit $m_1 = 2$ und $m_2 = 8$ Freiheitsgraden entnimmt man den Wert $F_{0,95}(2{,}8) = 4{,}46$, der auch nach Gl. (4.52) berechnet werden kann. Somit ergibt sich nach (4.50) als untere Vertrauensgrenze auf dem Vertrauensniveau $1 - \alpha = 0{,}95$ für t_0 der Wert

$$t_{0;0,95} = 253 \text{ h}.$$

Das bedeutet, daß sich auf der Basis der Beobachtungswerte sagen läßt: Der wahre Parameter t_0 ist mit einer Irrtumswahrscheinlichkeit von 0,05 größer als 253 h.

4.1.2.2. Beendigung zum Zeitpunkt t^* ohne Ersetzen der ausgefallenen Elemente

Die Beobachtung wird zu einem festen Zeitpunkt beendet, und die Anzahl der Ausfälle ist zufällig. Es gilt $r \leq n$. Der Fall $r = 0$ ist möglich. Allerdings erhält man dann keine Schätzung für die beiden Parameter t_0 und λ. Die Grundlage für die Parameterschätzung bildet die Beobachtungsdauer und die Folge der Ausfallzeitpunkte $t_{(1)} \leqq t_{(2)} \leqq \dots \leqq t_{(r)}$. Die Likelihood-Funktion lautet:

$$L(\lambda, t_0 | t^*) = \frac{n!}{(n-r)!} \lambda^r \exp\left\{ -\lambda \left[\sum_{i=1}^{r} (t_{(i)} - t_0) + (n-r)(t^* - t_0) \right] \right\}. \tag{4.57}$$

Daraus lassen sich für die Maximum-Likelihood-Schätzung folgende Gleichungen herleiten:

$$\hat{t}_0 = t_{(1)}$$

$$\hat{\lambda} = \frac{r}{\sum\limits_{i=1}^{r} t_{(i)} + (n-r)t^* - nt_{(1)}}. \tag{4.58}$$

Die Berechnung von Vertrauensgrenzen für t_0 und λ ist in diesem Fall nicht ohne weiteres möglich, weil die Eigenschaften der Schätzwerte vom wahren t_0 abhängig sind. Daher sind in der Praxis Experimente, die bei einer fest vorgegebenen Anzahl von Ausfällen beendet werden, vorzuziehen.

4.1.2.3. Beendigung beim r^*-ten Ausfall mit Ersetzen der ausgefallenen Elemente

Die Beobachtung wird beendet, wenn die vorgegebene Anzahl von Ausfällen r^* erreicht worden ist. Ausgefallene Elemente werden sofort ersetzt, so daß sich stets n Elemente im Versuch befinden. Man braucht insgesamt $(n + r - 1)$ Testelemente. Die Versuchsdauer $t_{(r)}$ ist eine Zufallsgröße.

Das Modell (4.42) bedeutet, daß bis zum Zeitpunkt t_0 keine Ausfälle möglich sind und daß ab $t = t_0$ das Ausfallverhalten durch einen Poissonschen Prozeß mit der Intensität $(n\lambda)$ beschrieben werden kann. Die Likelihood-Funktion hat also die zu (4.30) analoge Form

$$L\left(\lambda, t_0 | r^*\right) = (n\lambda)^r \exp\left\{-n\lambda\left(t_{(r)} - t_0\right)\right\}. \tag{4.59}$$

Daraus folgen die Maximum-Likelihood-Schätzungen

$$\hat{t}_0 = t_{(1)}$$

$$\hat{\lambda} = \frac{r}{n\left(t_{(r)} - t_{(1)}\right)}. \tag{4.60}$$

Wie bei Experimenten ohne Ersetzen der ausgefallenen Elemente lassen sich die Schätzungen (4.60) noch verbessern. Erwartungstreue Schätzungen mit Minimalstreuung sind gegeben durch die Gleichungen

$$t_0' = \frac{r}{r - 1}\, t_{(1)} - \frac{1}{r - 1}\, t_{(r)}$$

$$\lambda' = \frac{r - 1}{n\left(t_{(r)} - t_{(1)}\right)}. \tag{4.61}$$

Die Konstruktion der Vertrauensintervalle entspricht dem Fall ohne Ersetzen der ausgefallenen Elemente (Abschnitt 4.1.2.1.). Es werden unabhängige Hilfsgrößen h und g benutzt, wie sie durch Gln.(4.46) und (4.47) definiert sind. Daraus folgt für t_0 das Vertrauensintervall nach Gln.(4.50) und (4.51), und die Vertrauensintervalle für λ erhält man aus Gln.(4.53) bis (4.55), wobei die summierte Lebensdauer durch

$$S_{r-1} = n\left(t_{(r)} - t_{(1)}\right) \tag{4.62}$$

gegeben ist.

Beispiel 4.6. Ein Versuch mit $n = 10$ Elementen soll bis zum dritten Ausfall ($r^* = 3$) durchgeführt werden. Ausgefallene Elemente werden sofort ersetzt. Es wurden $t_{(1)} = 620$ h und $t_{(3)} = 1250$ h ermittelt.
Nach Gl.(4.61) erhält man die Schätzwerte $\lambda' = 3{,}2 \cdot 10^{-4}\,\mathrm{h}^{-1}$, $t_0' = 305$ h. Für t_0 soll die untere Vertrauensgrenze auf dem Vertrauensniveau $1 - \alpha = 0{,}95$ berechnet werden. Dazu ist Gl.(4.50) anzuwenden. In einer Tabelle der F-Verteilung findet man für $F_{0{,}95}$ mit $m_1 = 2$ und $m_2 = 4$ Freiheitsgraden den Wert 6,94, den man auch nach Gl.(4.52) ausrechnen kann. Daraus folgt die untere Vertrauensgrenze

$$t_{0;\,0{,}95} = -1{,}6 \cdot 10^3\,\mathrm{h}.$$

Die Vertrauensgrenze ist negativ und daher Null zu setzen. Setzt man in (4.50) den Wert $t_{0;1-\alpha} = 0$ ein, so findet man durch Umstellen von Gln. (4.50) und (4.52), daß dazu ein Vertrauensniveau von 0,75 gehört. Aus den vorhandenen Daten kann man also nur mit einer Irrtumswahrscheinlichkeit von 0,25 auf einen Parameter $t_0 > 0$ schließen. Für λ sollen zweiseitige Vertrauensgrenzen auf dem Vertrauensniveau $1 - \alpha = 0,9$ bestimmt werden. Dazu sind die Gln. (4.55) zu benutzen. Einer Tabelle der χ^2-Verteilung mit vier Freiheitsgraden entnimmt man die Werte

$$\chi^2_{0,05}(4) = 0,711, \qquad \chi^2_{0,95}(4) = 9,49.$$

Da $S_{r-1} = 6300\,\text{h}$ ist, folgen die Grenzen

$$\lambda_{0,05} = 5,6 \cdot 10^{-5}\,\text{h}^{-1}, \qquad \lambda_{0,95} = 7,5 \cdot 10^{-4}\,\text{h}^{-1}.$$

4.1.2.4. Beendigung zum Zeitpunkt t^* mit Ersetzen der ausgefallenen Elemente

Der Versuch wird zum Zeitpunkt t^* beendet; ausgefallene Elemente werden sofort ersetzt. Die Anzahl der Elemente während der Beobachtung ist stets gleich n. Die Anzahl der Ausfälle r ist zufällig. Es kann also der Fall $r = 0$ eintreten, der keine Schätzung von t_0 und λ erlaubt. Das Modell einer zweiparametrigen Exponentialverteilung bedeutet, daß bis zum Zeitpunkt t_0 keine Ausfälle möglich sind und daß das Ausfallverhalten für die Zeit $t > t_0$ durch einen Poissonschen Prozeß mit der Ausfallrate $(n\lambda)$ beschrieben werden kann. Analog zu (4.59) lautet die Likelihood-Funktion:

$$L(\lambda, t_0 | t^*) = (n\lambda)^r \exp\left\{ -n\lambda(t^* - t_0) \right\}. \tag{4.63}$$

Tabelle 4.2. Die wichtigsten Formeln des Abschnitts 4.1.2.

Funk-tion	Beendigungsregel t^*		r^*	
	Mit Ersatz	Ohne Ersatz	Mit Ersatz	Ohne Ersatz
S	$n(t^* - t_{(1)})$	$\sum\limits_{i=1}^{r} t_{(i)} + (n-r)t^* - nt_{(1)}$	$n(t_{(r)} - t_{(1)})$	$\sum\limits_{i=1}^{r} t_{(i)} + (n-r)t_{(r)} - nt_{(1)}$
$\hat{\lambda}$	$\dfrac{r}{S}$	$\dfrac{r}{S}$	$\dfrac{r}{S}$	$\dfrac{r}{S}$
$\hat{t}_0$	$t_{(1)}$	$t_{(1)}$	$t_{(1)}$	$t_{(1)}$
λ'	—	—	$\dfrac{r-1}{S}$	$\dfrac{r-1}{S}$
t'_0	—	—	$t_{(1)} - \dfrac{S}{n(r-1)}$	$t_{(1)} - \dfrac{S}{n(r-1)}$
λ_α	—	—	$\dfrac{\chi^2_\alpha(2r-2)}{2S}$	$\dfrac{\chi^2_\alpha(2r-2)}{2S}$
$\lambda_{1-\alpha}$	—	—	$\dfrac{\chi^2_{1-\alpha}(2r-2)}{2S}$	$\dfrac{\chi^2_{1-\alpha}(2r-2)}{2S}$
$t_{0;1-\alpha}$	—	—	$t_{(1)} - \dfrac{F_{1-\alpha}(2, 2r-2)}{n\lambda'}$	$t_{(1)} - \dfrac{F_{1-\alpha}(2, 2r-2)}{n\lambda'}$

Daraus folgen die Maximum-Likelihood-Schätzungen

$$\hat{t}_0 = t_{(1)}$$

$$\hat{\lambda} = \frac{r}{n\,(t^* - t_{(1)})}.$$

(4.64)

Wie bei Experimenten mit Beendigung zum Zeitpunkt t^* ohne Ersetzen der ausgefallenen Elemente ist auch hier die Berechnung von Vertrauensintervallen für t_0 und λ nicht allgemein möglich; denn der Wert t_0 hat einen Einfluß auf die Varianz der Schätzwerte. So sind Experimente, die nach einer fest vorgegebenen Anzahl von Ausfällen r^* beendet werden, im Hinblick auf die Datenauswertung günstiger.

4.2. Datenauswertung durch die relative Likelihood-Funktion

Für die einparametrige Exponentialverteilung ist in vielen praktischen Fällen die Berechnung der relativen Likelihood-Funktion von Vorteil; denn sie läßt eine recht anschauliche Bewertung aller möglichen λ- (oder ϑ-)Werte zu. Die Likelihood-Methode wurde allgemein als Verfahren der Parameterschätzung schon im Abschnitt 3.2.2. behandelt. Ursprünglich ist die Likelihood-Funktion einfach ein Maß dafür, wie sehr das experimentelle Resultat für die einzelnen Parameterwerte spricht. Da sie von den beobachteten Werten abhängt, kann sie nach dem Experiment immer berechnet werden. Die Auswertung der relativen Likelihood-Funktion ist praktisch eine Vorstufe zum Bayesschen Weg. Natürlich ist die unterschiedliche Denkweise der klassischen und Bayesschen Statistik strikt zu beachten; die Parameterwerte werden im klassischen Ansatz als fest und unbekannt, unter dem Bayesschen Aspekt dagegen als Zufallsgrößen behandelt. Damit bedeutet die relative Likelihood-Funktion (klassisch) einfach ein Maß für die Plausibilität der verschiedenen Parameterwerte, im Bayesschen Ansatz jedoch eine Verteilungsdichte.

Die Datenauswertung mit Hilfe der relativen Likelihood-Funktion ermöglicht es dem Experimentator sozusagen mit einem Blick die gesamte Information zu erfassen, die ihm das Experiment geliefert hat.

In den vier betrachteten Typen von Experimenten (sie unterscheiden sich durch die Beendigungsregel bzw. durch Ersatz oder Nichtersatz ausgefallener Elemente) ist die Likelihood-Funktion durch die Gln. (4.2), (4.21), (4.30) und (4.34) gegeben. Sie hat die allgemeine Form

$$L(\lambda) = C\lambda^r\,e^{-\lambda S},$$

(4.65)

wobei C eine von n und r abhängende Konstante und S die summierte Lebensdauer im gesamten Experiment nach Gln. (4.4), (4.23), (4.32) und (4.36) bedeutet. Die Maximum-Likelihood-Schätzung $\hat{\lambda}$ hat die allgemeine Gestalt

$$\hat{\lambda} = \frac{r}{S}.$$

(4.66)

Daraus erhält man die relative Likelihood-Funktion in der Form

$$L'(\lambda) = \frac{L(\lambda)}{L(\hat{\lambda})} = \left(\frac{\lambda S}{r}\right)^r \exp\,[r - \lambda S].$$

(4.67)

Im Falle $r = 0$ ergibt sich der einfache Ausdruck

$$L' (\lambda | r = 0) = e^{-\lambda S}. \tag{4.68}$$

Mit Hilfe der in einem Experiment ermittelten Werte von r und S kann $L'(\lambda)$ über λ bildlich dargestellt werden. Das ermöglicht eine zusammenfassende Darstellung des experimentellen Resultats. $L'(\lambda)$ hängt von r und S ab. Bei festem r verschieben sich mit wachsendem S die Kurven zu kleineren λ-Werten hin; bei festem S wird ihr Verlauf mit wachsendem r steiler und der Bereich der plausiblen λ-Werte enger. Beispiele dafür findet man in [22].

Die relative Likelihood-Funktion läßt sich ebenfalls über ϑ darstellen, wenn in (4.67) λ durch ϑ^{-1} ersetzt wird.

Beispiel 4.7. In [32] wird folgendes Ergebnis einer Lebensdaueruntersuchung beschrieben: 200 Elemente wurden 10000 h beobachtet; dabei trat nach 2500 h ein Ausfall ein. Das ausgefallene Element wurde nicht ersetzt. Die summierte Lebensdauer hat den Wert $S = 1\,992\,500$ h. Durch Einsetzen in Gl.(4.67) erhält man die relative Likelihood-Funktion

$$L'(\lambda) = 1\,992\,500\lambda\, e^{1 - 1\,992\,500\lambda}.$$

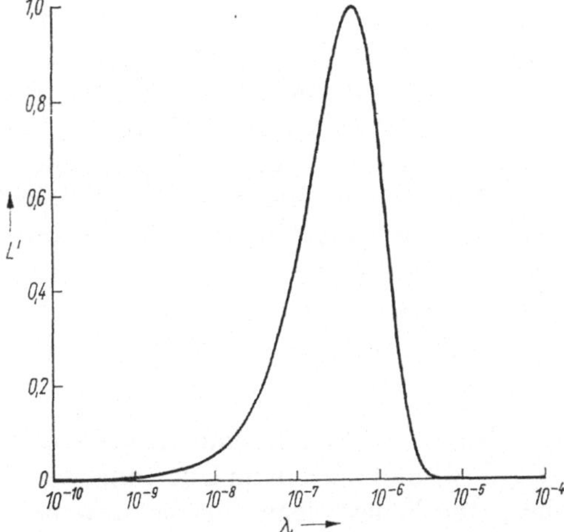

Bild 4.2
Relative Likelihood-Funktion
zu den Versuchsergebnissen in [32]

Wird $L'(\lambda)$ über $\lambda > 0$ dargestellt, so ergibt sich die im Bild 4.2 eingezeichnete Kurve. Alle λ-Werte, für die $L'(\lambda)$ ziemlich groß ist, sind auf der Grundlage des experimentellen Resultats plausibel. Es ergeben sich recht große Bereiche für die möglichen λ-Werte: $L'(\lambda) > 0{,}1$ gilt für ungefähr zwei Zehnerpotenzen von λ; $L'(\lambda) > 0{,}5$ immerhin noch für eine. Man sieht aber auch, daß mit Parametern um $\lambda = 10^{-5}$ h^{-1} praktisch ebensowenig zu rechnen ist wie mit solchen um $\lambda = 10^{-10}$ h^{-1}.

4.3.   Bayessche Schätzung

Das Wahrscheinlichkeitsmodell ist die einparametrige Exponentialverteilung. Der Parameter λ sei zu schätzen. Unter dem Bayesschen Aspekt wird λ als Zufallsgröße angesehen. Das kann in der Praxis ein durchaus brauchbares Denkmodell sein: Ist λ die Ausfallrate bestimmter Erzeugnisse, so wird λ in Abhängigkeit vom Ausgangsmaterial, der Einhaltung technologischer Parameter u. ä. schwanken, also eine zufällige Größe sein. Durch die aktuelle Beobachtungsreihe wird die *vor* dem Experiment geltende a-priori-Verteilungsdichte $\pi(\lambda)$ mit der *nach* dem Experiment geltenden a-posteriori-Verteilungsdichte $p(\lambda)$ verbunden. Für eine Bayessche Schätzung muß die a-priori-Verteilungsdichte als bekannt angenommen werden. Das ist die Hauptschwierigkeit bei der Anwendung der Bayesschen Statistik. Die a-priori-Verteilungsdichte $\pi(\lambda)$ trägt – je nachdem, wie sie gewonnen wurde – einen mehr oder weniger hypothetischen Charakter. Normalerweise dienen vorausgegangene Experimente der Ermittlung von $\pi(\lambda)$. Ist über $\pi(\lambda)$ nichts bekannt, müßte für alle $\lambda > 0$ die Dichte $\pi(\lambda) = $ const angenommen werden. (Hier tritt häufig eine formale Schwierigkeit auf: Für ein unendliches λ-Intervall kann man so eine Gleichverteilung nicht definieren; denn das Integral über den gesamten λ-Bereich sollte 1 ergeben. Man hilft sich durch die Definition der Gleichverteilung in einem endlichen Intervall, das aber groß genug ist, um der Situation des „nicht-informiert-sein" zu entsprechen.) Grundsätzlich muß $\pi(\lambda)$ für alle möglichen λ-Werte größer als Null sein, damit die Analyse nicht zur vollständigen Ignorierung bestimmter λ-Werte führt.

Die Bayessche Schätzung wird durch den Typ des Experiments beeinflußt. Wir betrachten zuerst Experimente, die nach einer festen Anzahl von Ausfällen r^* beendet werden.

Die Entstehung der a-posteriori-Wahrscheinlichkeitsdichte wurde im Abschnitt 3.5. beschrieben. Dazu wird die Verteilungsdichte der Beobachtungswerte bei festem λ benötigt. *Epstein* und *Sobel* [29] zeigten, daß beim betrachteten Typ von Experimenten (Beendigungsregel r^*) Größen der Gestalt $2\lambda S$ einer χ^2-Verteilung mit $2r$ Freiheitsgraden genügen. Dabei ist S die summierte Lebensdauer im Experiment. Sie ist bei festem r die interessierende Zufallsgröße. Nach Gln. (1.39) und (2.36) folgt für die Zufallsgröße $2\lambda S$ mit einer χ^2-Verteilung mit $2r$ Freiheitsgraden, daß die Größe S einer Gammaverteilung mit der Dichte

$$\varphi\,(S|\lambda) = \frac{\lambda^r}{\Gamma(r)}\,S^{r-1}\,\mathrm{e}^{-\lambda S}, \qquad \lambda \geqq 0, \qquad S \geqq 0, \tag{4.69}$$

genügt. In (4.69) ist λ als fester Wert anzusehen. Nach (3.43) erhält man die gemeinsame Verteilungsdichte von S und λ als Produkt von $\varphi(S\,|\,\lambda)$ und $\pi(\lambda)$. Beim Übergang zu (3.45) spielt der Verteilungstyp von $\pi(\lambda)$ die entscheidende Rolle; denn für die Anwendung der Bayesschen Formel muß die Dichte der Randverteilung (3.44) gebildet werden, d. h., es muß über die gemeinsame Verteilungsdichte von S und λ integriert werden. Wenn $\pi(\lambda)$ mit $\varphi(S\,|\,\lambda)$ formal nicht zusammenpaßt, ergeben sich nur numerisch auswertbare Integrale. Um solchen Schwierigkeiten aus dem Wege zu gehen, sucht man Typen von a-priori-Verteilungen, die so zu den Stichprobenverteilungen $\varphi\,(S\,|\,\lambda)$ passen, daß das Integral analytisch berechnet werden kann. In unserem Fall eignet sich die Gammaverteilung, wobei die Parameter $b > 0$ und $\eta > 0$ beliebige Werte annehmen können, d. h., es wird

$$\pi(\lambda) = \frac{\eta^b}{\Gamma(b)}\,\lambda^{b-1}\,\mathrm{e}^{-\lambda\eta}, \qquad \lambda \geqq 0, \tag{4.70}$$

vorausgesetzt. Die gemeinsame Verteilungsdichte von S und λ hat dann die Form

$$\varphi\,(S, \lambda) = \frac{1}{\Gamma(r)\,\Gamma(b)}\,\lambda^r\eta^b S^{r-1}\lambda^{b-1}\,\mathrm{e}^{-\lambda(S+\eta)}. \tag{4.71}$$

Durch Integration über den Bereich $0 \leq \lambda < \infty$ ergibt sich die Randverteilung

$$\Phi(S) = \int_0^\infty \Phi(S, \lambda)\, d\lambda = \frac{\eta^b S^{r-1} \Gamma(r + b)}{\Gamma(r)\, \Gamma(b)\, (S + \eta)^{r+b}}. \tag{4.72}$$

Nach dem Satz von *Bayes* erhält man analog zu (3.45) die a-posteriori-Verteilungsdichte durch Division von $\varphi(S, \lambda)$ durch $\Phi(S)$:

$$p(\lambda|S) = \frac{(\eta + S)^{b+r}}{\Gamma(b + r)} \lambda^{b+r-1}\, e^{-\lambda(\eta+S)}. \tag{4.73}$$

Daß (4.73) eine Verteilungsdichte ist, sieht man durch Integration bezüglich λ im Bereich $0 \leq \lambda < \infty$: Das Integral ist gleich 1, und (4.73) erweist sich als Dichte einer Gammaverteilung mit den Parametern $(\eta + S)$ und $(b + r)$ [vgl. Gl.(2.36)].

Im betrachteten Fall, in dem $\pi(\lambda)$ vom Gammatyp ist, ist die a-posteriori-Verteilungsdichte auf einfachste Weise mit der a-priori-Verteilungsdichte verknüpft – die Parameter werden addiert. Ist vor dem Experiment der a-priori-Erwartungswert von λ gleich b/η, so ergibt sich nach dem Experiment der Erwartungswert $(b + r)/(\eta + S)$. Bei großem r und S spielt die a-priori-Verteilungsdichte eine geringere Rolle als im Fall weniger Ausfälle r und einer geringen summierten Lebensdauer S. Ähnliches gilt für die Varianz: Ist die a-priori-Varianz gleich b/η^2, so erhält man nach dem Experiment die a-posteriori-Varianz $(b + r)/(\eta + S)^2$.

Eine übliche Bayessche Punktschätzung für λ ist der Erwartungswert der a-posteriori-Verteilung

$$\check{\lambda} = \frac{b + r}{\eta + S}. \tag{4.74}$$

Die Bevorzugung des Erwartungswerts der a-posteriori-Verteilung als Bayessche Punktschätzung beruht auf der Vorstellung, daß eine quadratische Verlustfunktion minimiert werden soll. Man könnte ebensogut andere Kenngrößen der a-posteriori-Verteilung als Punktschätzung verwenden, z.B. den Modalwert (1.33) (die Verteilungsdichte hat an dieser Stelle ihr Maximum), der dem Maximum-Likelihood-Schätzwert im klassischen Fall entspräche, oder den Median, der mit der Wahrscheinlichkeit $\frac{1}{2}$ vom zutreffenden λ-Wert über- und unterschritten werden würde. Die verschiedenen Möglichkeiten führen zu jeweils unterschiedlichen Eigenschaften der Schätzung (vgl. Abschnitt 3.2.1.).

Bayessche Vertrauensintervalle erhält man im betrachteten Fall durch die entsprechenden Quantile der Gammaverteilung mit den Parametern $(b + r)$ und $(\eta + S)$. In der Praxis wird man bei ganzzahligem b auf die tabelliert vorliegende χ^2-Verteilung zurückgreifen und den Umstand ausnutzen, daß, wenn λ einer Gammaverteilung mit den Parametern $(b + r)$ und $(\eta + S)$ folgt, die Größe $2\lambda(\eta + S)$ einer χ^2-Verteilung mit $2(r + b)$ Freiheitsgraden genügt. Analog zum klassischen Fall erhält man so die Bayesschen Vertrauensgrenzen

$$_\text{B}\lambda_{1-\alpha} = \frac{\chi^2_{1-\alpha}(2r + 2b)}{2(S + \eta)} \tag{4.75}$$

$$_\text{B}\lambda_{\alpha} = \frac{\chi^2_{\alpha}(2r + 2b)}{2(S + \eta)}. \tag{4.76}$$

Der Fall $b = \eta = 0$ entspricht also dem klassischen Fall der Intervallschätzung, der durch die Gln.(4.5), (4.6) behandelt ist. Analoges gilt für das zweiseitige Vertrauensintervall nach Gl.(4.7).

Beispiel 4.8. Wir betrachten das im Beispiel 4.1 beschriebene Experiment, das mit $n = 50$ Elementen bis zu $r^* = 15$ Ausfällen durchgeführt wurde und die summierte Lebensdauer $S = 98\,574$ h ergab. Daraus folgte $\hat{\lambda} = 1{,}5 \cdot 10^{-4}\,\text{h}^{-1}$ und die obere Vertrauensgrenze $\lambda_{0,9} = 2 \cdot 10^{-4}\,\text{h}^{-1}$. Aus vorangegangenen Experimenten oder anderweitigen Vorkenntnissen sei die a-priori-Verteilungsdichte

$$\pi(\lambda) = \frac{\eta^b}{\Gamma(b)}\, \lambda^{b-1}\, e^{-\lambda\eta}$$

mit den Parametern $b = 10$ und $\eta = 10^5$ h ermittelt worden. Das entspricht der mittleren a-priori-Ausfallrate von $10^{-4}\,\text{h}^{-1}$. Diese a-priori-Verteilungsdichte ist im Bild 4.3 eingezeichnet. Durch das Experiment erhalten wir die a-posteriori-Verteilungsdichte

$$p\,(\lambda|S) = \frac{(\eta + S)^{b+r}}{\Gamma\,(b + r)}\, \lambda^{b+r-1}\, e^{-\lambda(\eta + S)}$$

mit den Parametern $b + r = 25$ und $\eta + S = 198\,574$ h. Sie ist im Bild 4.3 ebenfalls eingezeichnet. Aus ihr erhält man den Bayesschen Schätzwert für λ als $\hat{\lambda} = 25/198\,574$ $= 1{,}26 \cdot 10^{-4}\,\text{h}^{-1}$. Er ist etwas kleiner als die Maximum-Likelihood-Schätzung, die ja die Vorinformation nicht berücksichtigt. Als obere Vertrauensgrenze erhält man für die Bayessche Schätzung den Wert $_B\lambda_{0,9} = 1{,}59 \cdot 10^{-4}\,\text{h}^{-1}$, der ebenfalls kleiner ist als der ohne Vorinformation. Im betrachteten Beispiel, in dem die Vorinformation für günstigere Ausfallratenwerte spricht als das Experiment, erhält man nach dem Experiment auch günstigere λ-Werte, als es ohne Berücksichtigung der Vorinformation der Fall gewesen wäre. Analoges gilt für den umgekehrten Fall.

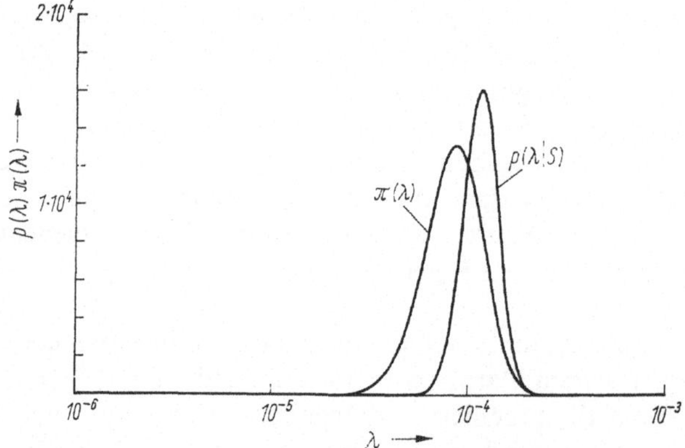

Bild 4.3
a-priori- und a-posteriori-
Verteilungsdichte
zu Beispiel 4.8

Wird eine Lebensdaueruntersuchung mit Ersetzen ausgefallener Elemente bis zu einem festen Zeitpunkt t^* durchgeführt, so folgt die Anzahl der Ausfälle, die ja in diesem Fall zufällig ist, der Poisson-Verteilung (4.37). Das bedeutet, daß der Ausfallvorgang einem Poissonschen Prozeß mit der Intensität $(n\lambda)$ äquivalent ist. Weil die Poisson-Verteilung mit der Gammaverteilung verwandt ist [vgl. Gl. (4.38)], läßt sich für λ wieder eine Gammaverteilung als a-priori-Verteilung anwenden. Auch in diesem Fall wäre Gl. (4.70) als a-priori-Verteilungsdichte anwendbar. Durch Multiplikation von $\pi(\lambda)$ und $P\,(X = r)$ nach Gl. (4.37) folgt die gemeinsame Verteilungsdichte von r und λ

$$\varphi\,(r, \lambda) = \frac{1}{\Gamma(b)\,r!}\, \eta^b\, (nt^*)^r\, \lambda^{r+b-1}\, e^{-\lambda(n+nt^*)}. \tag{4.77}$$

Integration ergibt die Randverteilung

$$\Phi(r) = \frac{\eta^b \, (nt^*)^r}{\Gamma(b) \, \Gamma(r+1)} \, \frac{\Gamma(r+b)}{(\eta + nt^*)^{r+b}}, \tag{4.78}$$

die der Gl. (4.72) bei Beendigung nach r^* Ausfällen entspricht. Nach dem Satz von *Bayes* lautet die a-posteriori-Verteilungsdichte:

$$p\,(\lambda|S) = \frac{(\eta + S)^{r+b}}{\Gamma(r+b)} \, \lambda^{b+r-1} \, e^{-\lambda(\eta+S)}, \tag{4.79}$$

die mit Gl. (4.73) übereinstimmt, wenn für die summierte Lebensdauer nt^* das Symbol S eingesetzt wird.

Versuche, die nach einer festen Zeit t^* beendet und bei denen ausgefallene Elemente nicht durch neue ersetzt werden, sind nach Gl. (4.25) mit Hilfe der Betaverteilung auszuwerten. Hier wird die Bayessche Schätzung mit einer a-priori-Verteilungsdichte $\pi(p)$ für die Ausfallwahrscheinlichkeit p durchgeführt, die zweckmäßigerweise auch vom Betatyp sein soll. Eine solche Bayessche Schätzung wurde bereits im Abschnitt 3.5. als Beispiel behandelt. Sie soll hier nicht wiederholt werden. Der Zusammenhang zwischen der Ausfallwahrscheinlichkeit p und dem Zeitintervall t^* führt über Gl. (4.24) zu den benötigten λ-Werten.

4.4. Tests für den Parameter der einparametrigen Exponentialverteilung

Eine häufige Aufgabe der Zuverlässigkeitsanalyse ist das Testen der Ausfallrate λ oder des mittleren Ausfallabstands ϑ mit Hilfe von Prüfplänen. Dabei wird die einparametrige Exponentialverteilung als Wahrscheinlichkeitsmodell vorausgesetzt. Wie im Abschnitt 3.3. bereits erläutert wurde, bedeutet das Testen eines Parameters nichts anderes als den Vergleich einer Stichprobe mit einer durch einen (oder mehrere) Zielwert(e) vollständig quantifizierten Grundgesamtheit. Wir werden uns hier auf den in der Praxis üblichen Fall beschränken, in dem zwei durch verschiedene Parameter fixierte Grundgesamtheiten als Testgrundlage verwendet werden; in ihnen gelten folgende Exponentialverteilungen

$$F_0(t) = 1 - \exp\left[-\frac{t}{\vartheta_0}\right] \quad \text{für} \quad t \geq 0, \quad \vartheta_0 > 0 \tag{4.80}$$

$$F_1(t) = 1 - \exp\left[-\frac{t}{\vartheta_1}\right] \quad \text{für} \quad t \geq 0, \quad \vartheta_1 > 0, \quad \vartheta_1 \neq \vartheta_0. \tag{4.81}$$

Wir werden außerdem der durch TGL 26096 festgelegten Bezeichnungsweise folgen und den mittleren Ausfallabstand statt – wie bisher – die Ausfallrate $\lambda = 1/\vartheta$ als Parameter verwenden.

Die durch (4.80) und (4.81) fixierten Exponentialverteilungen sind zwei hypothetische Grundgesamtheiten, mit denen die Gesamtheit, aus der unsere Stichprobe entnommen wird, verglichen werden soll. Die durch (4.80) fixierte Exponentialverteilung sei durch einen größeren mittleren Ausfallabstand ϑ_0 gekennzeichnet als (4.81). Dem Sprachgebrauch der aus der statistischen Qualitätskontrolle stammenden Prüfplänen gemäß wird ϑ_0 als *annehmbarer mittlerer Ausfallabstand*, ϑ_1 dagegen als *abzulehnender oder nicht annehmbarer mittlerer Ausfallabstand* bezeichnet. Dieser Bezeichnungsweise liegt die Vorstellung zugrunde, daß eine durch ϑ_0 gekennzeichnete Zuverlässigkeit den Anforderungen entspricht, eine Gesamtheit, die diese Zuverlässigkeit besitzt, vom Abnehmer der Produkte daher angenommen wird. Eine durch ϑ_1 gekennzeichnete Gesamtheit dagegen ist zu unzuverlässig, also vom Abnehmer der Produkte abzulehnen. Die Entscheidung über Annahme oder Ablehnung der interessierenden Gesamtheit erfolgt durch die Stichprobenprüfung. Diese ist immer mit Risiken für falsche Entscheidungen verbunden. Die akzeptablen Risiken für den Test werden vor dem Test festgelegt, und zwar als Herstellerrisiko α (Wahrscheinlichkeit dafür, die Hypothese $H_0 : \vartheta = \vartheta_0$ abzulehnen, obwohl sie wahr ist) und als Abnehmerrisiko β (Wahrscheinlichkeit dafür, die Hypothese $H_0 : \vartheta = \vartheta_0$ anzunehmen, obwohl $\vartheta = \vartheta_1$ zutrifft). Damit sind zwei Punkte auf der Operationscharakteristik festgelegt (siehe Bild 3.6), und die Trennschärfe des Tests ist vorgegeben. Der Ausgangspunkt für einen Test über den Parameter ϑ einer Gesamtheit mit einparametriger Exponentialverteilung sind also die folgenden vier Festlegungen: ϑ_0, ϑ_1, α und β.

Bei der Schätzung von λ bzw. ϑ als Parameter der einparametrigen Exponentialverteilung mußte zwischen vier Typen von Experimenten unterschieden werden: mit und ohne Ersetzen der ausgefallenen Elemente und mit Beendigung nach einer festen Anzahl von Ausfällen oder einer festen Zeit. Auch für die Herleitung von Tests sind solche Unterscheidungen erforderlich. Wir werden drei Formen zu betrachten haben: Beendigung nach einer festen Anzahl von Ausfällen, Beendigung nach einer festen Zeit und Beendigung bei ausreichender Entscheidungsmöglichkeit (sequentielle Prüfpläne).

4.4.1. Beendigung nach einer festen Anzahl von Ausfällen r^*

Wie in den vorhergehenden Abschnitten bedeutet S die summierte Lebensdauer in einem Experiment mit n Elementen. Weil die Anzahl der Ausfälle $r^* = r$ im betrachteten Fall fest ist, erfolgt die Entscheidung auf der Basis der Zufallsgröße „summierte Lebensdauer". Der r-te Ausfall trat zum Zeitpunkt $t_{(r)}$ auf. Man berechnet die summierte Lebensdauer ohne Ersetzen der ausgefallenen Elemente nach der üblichen Formel (4.4):

$$S = \sum_{i=1}^{r} t_{(i)} + (n - r)\, t_{(r)}. \tag{4.82}$$

In einem Versuch mit Ersetzen der ausgefallenen Elemente gilt dagegen (4.32)

$$S = n t_{(r)}. \tag{4.83}$$

Nach *Epstein* und *Sobel* [29] folgen $2\lambda S$ bzw. $2S/\vartheta$ einer χ^2-Verteilung mit $2r$ Freiheitsgraden, wobei r eine feste Größe ist. In unseren beiden hypothetischen Grundgesamtheiten mit den Parametern ϑ_0 bzw. ϑ_1 und bei fest vorgegebenen $r = r^*$ gilt somit für eine zufällige Veränderliche der Form $2S/\vartheta_0$ bzw. $2S/\vartheta_1$ ebenfalls die χ^2-Verteilung mit $2r$ Freiheitsgraden. Der Test über den Parameter ϑ einer vorliegenden Gesamtheit soll anhand einer n-Elemente-Stichprobe entscheiden, ob die Hypothese $\vartheta = \vartheta_0$ oder die Alternativhypothese $\vartheta = \vartheta_1$, $\vartheta_1 < \vartheta_0$, anzunehmen ist. Dabei sind die Risiken für Fehlentscheidungen α und β vorgegeben.

Die Herleitung des Tests wird übersichtlicher, wenn wir zunächst von jeder Normierung absehen und uns die Verteilung der Zufallsgröße S unter den beiden Hypothesen $\vartheta = \vartheta_0$ bzw. $\vartheta = \vartheta_1$ vorstellen. Wie zur Herleitung der Verteilungsdichte (4.69), so wird auch hier der Zusammenhang zwischen der χ^2-Verteilung und der Gammaverteilung benutzt. Hat die Zufallsgröße $2S/\vartheta$ eine χ^2-Verteilung mit $2r$ Freiheitsgraden, so folgt S einer Gammaverteilung mit dem Formparameter r und dem Maßstabsparameter $1/\vartheta$. Stammt also unsere Stichprobe aus der Grundgesamtheit (4.80) mit $\vartheta = \vartheta_0$, so hat S

eine Gammaverteilung mit dem Formparameter r und dem Maßstabsparameter $1/\vartheta_0$. Stammt sie dagegen aus der Grundgesamtheit (4.81) mit $\vartheta = \vartheta_1$, so folgt S einer Gammaverteilung mit dem gleichen Formparameter r, aber dem Maßstabsparameter $1/\vartheta_1$. Bild 4.4 zeigt diese Verteilungsdichten für den Fall $r^* = 3$ (entspricht der Beendigung nach drei Ausfällen), $\vartheta_0 = 10\,000$ h und $\vartheta_1 = 1000$ h. (Die unterschiedliche Höhe der Dichtekurven ist auf die logarithmische Verzerrung der S-Achse zurückzuführen.) Die beiden Dichten überschneiden sich nur wenig (schraffiertes Gebiet), so daß eine Unterscheidung zwischen den beiden hypothetischen Grundgesamtheiten auf Stichprobenbasis mit geringen Risiken möglich zu sein scheint. Wäre $r^* < 3$, so würde die Überschneidung größer und die Trennbarkeit der beiden Gesamtheiten schlechter. Für größeres r^* konzentrieren sich die Dichtefunktionen besser um den Erwartungswert der Gammaverteilungen $E(S) = r^*\vartheta_i, i = 0{,}1$, und eine Unterscheidung zwischen beiden Gesamtheiten wird sicherer. Je dichter ϑ_0 und ϑ_1 benachbart sind, um so größere Zahlen werden für r^* benötigt.

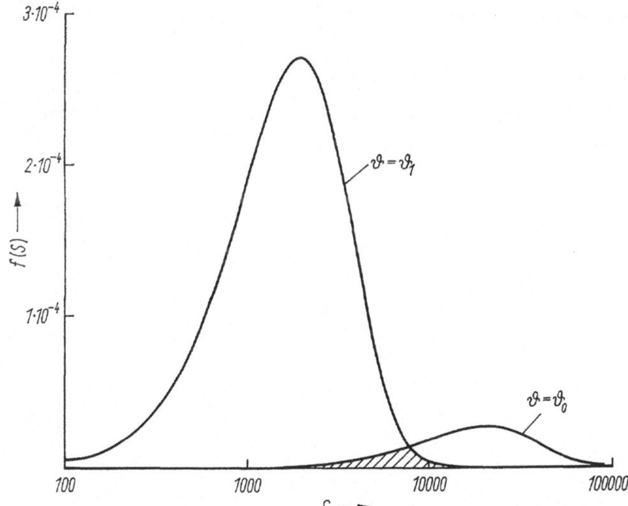

Bild 4.4
Verteilungsdichten der summierten Lebensdauer S für r = 3 unter den Hypothesen
$\vartheta = \vartheta_0 = 10\,000\,h$
und $\vartheta = \vartheta_1 = 1000\,h$

Für einen Test werden normalerweise ϑ_0, ϑ_1, das Herstellerrisiko α und das Abnehmerrisiko β vorgegeben und nicht r^*. Es muß also der Wert r^* gefunden werden, der die Einhaltung von α und β bei festem ϑ_0 und ϑ_1 garantiert. Außerdem ist als Entscheidungsregel eine Grenze für S zu fixieren, die mit den festgelegten Werten in Einklang steht. Das Herstellerrisiko α ist die Wahrscheinlichkeit dafür, die Hypothese $\vartheta = \vartheta_0$ abzulehnen, obwohl sie richtig ist. Es muß daher eine entsprechende untere Grenze S_{α,ϑ_0} für S auf der Basis der Gammaverteilung mit den Parametern r^* und $1/\vartheta_0$ berechnet werden, die nur mit der Wahrscheinlichkeit α unterschritten wird. Eine solche Grenze ist das Quantil S_{α,ϑ_0}, für das

$$P\,(S < S_{\alpha,\vartheta_0}|\vartheta = \vartheta_0) = \alpha \tag{4.84}$$

gilt. Das entspricht dem Ausdruck

$$\frac{1}{\vartheta_0^{r^*}\Gamma(r^*)} \int_0^{S_{\alpha,\vartheta_0}} u^{r^*-1}\,e^{-u/\vartheta_0}\,\mathrm{d}u = \alpha. \tag{4.85}$$

Das Abnehmerrisiko ist die Wahrscheinlichkeit dafür, die Hypothese $\vartheta = \vartheta_0$ anzunehmen, obwohl $\vartheta = \vartheta_1$ zutrifft. Für uns bedeutet das, eine *obere* Grenze $S_{1-\beta,\vartheta_1}$ für die Zufallsgröße S auf der Basis der Gammaverteilung mit den Parametern r^* und $1/\vartheta_1$ zu bestimmen, so daß gilt

$$P\,(S < S_{1-\beta,\vartheta_1}|\vartheta = \vartheta_1) = 1 - \beta \tag{4.86}$$

oder ausführlich

$$\frac{1}{\vartheta_1^{r^*}\Gamma(r^*)}\int_0^{S_{1-\beta,\vartheta_1}} u^{r^*-1}\,e^{u/\vartheta_1}\,\mathrm{d}u = 1-\beta.\tag{4.87}$$

Da wir es mit einem Test zu tun haben, in dem es nur die beiden Alternativen ϑ_0 oder ϑ_1 gibt, bedeutet eine Unterschreitung von S_{α,ϑ_0} durch die beobachtete summierte Lebensdauer die Ablehnung der Hypothese $\vartheta = \vartheta_0$, Überschreitung von $S_{1-\beta,\vartheta_1}$ entsprechend die Ablehnung der Hypothese $\vartheta = \vartheta_1$. Ein Test, der beide Risiken genau einhält, müßte zusätzlich die Bedingung

$$S_{1-\beta,\vartheta_1} = S_{\alpha,\lambda_0}\tag{4.88}$$

erfüllen. Wegen der Ganzzahligkeit von r^* läßt sich (4.88) nicht immer erreichen. Man fordert daher, die Bestimmung von r^* so vorzunehmen, daß

$$S_{1-\beta,\vartheta_1} \leqq S_{\alpha,\vartheta_0}\tag{4.89}$$

gilt, wobei die Differenz zwischen S_{α,ϑ_0} und $S_{1-\beta,\vartheta_1}$ die kleinstmögliche sein soll. Letzteres ist gleichbedeutend mit der Forderung, die kleinste Zahl r^* zu bestimmen, für die (4.89) gilt.

Als Beispiel werden die Grenzen S_{α,ϑ_0} und $S_{1-\beta,\vartheta_1}$ zu dem im Bild 4.4 dargestellten Fall mit $r^* = 3$ berechnet. Es sei $\alpha = 0{,}05$, $\beta = 0{,}10$. Um die tabelliert vorliegende χ^2-Verteilung anwenden zu können, werden die normierten Größen $2S/\vartheta_0$ bzw. $2S/\vartheta_1$ verwendet.

Es gilt

$$S_{\alpha,\vartheta_0} = \frac{\chi_\alpha^2(2r)\,\vartheta_0}{2}\tag{4.90}$$

$$S_{1-\beta,\vartheta_1} = \frac{\chi_{1-\beta}^2(2r)\,\vartheta_1}{2}.\tag{4.91}$$

In der χ^2-Tabelle findet man $\chi_{0,05}^2(6) = 1{,}64$ und $\chi_{0,9}(6) = 10{,}64$. Im Bild 4.4 ist $\vartheta_0 = 10000\,\mathrm{h}$ und $\vartheta_1 = 1000\,\mathrm{h}$, somit ergeben sich die Grenzen $S_{\alpha,\vartheta_0} = 8{,}2\cdot 10^3\,\mathrm{h}$ und $S_{1-\beta,\vartheta_1} = 5{,}3\cdot 10^3\,\mathrm{h}$. Die Beziehung (4.89) gilt. Das bedeutet, daß man mit einer Stichprobe vom Umfang $n \geqq 3$ und der Abbruchzahl $r^* = 3$ die Hypothese $\vartheta = \vartheta_0$ gegen $\vartheta = \vartheta_1$ testen kann und die Risiken $\alpha = 0{,}05$ und $\beta = 0{,}1$ dabei nicht überschreitet. Es bleibt zu prüfen, ob das auch schon mit $r^* = 2$ möglich wäre. Aus der χ^2-Tabelle erhält man $\chi_{0,05}^2(4) = 0{,}711$ und $\chi_{0,9}^2(4) = 7{,}78$. Aus (4.90) und (4.91) ergeben sich die Grenzen $S_{\alpha,\vartheta_0} = 3{,}6\cdot 10^3\,\mathrm{h}$ und $S_{1-\beta,\vartheta_1} = 3{,}9\cdot 10^3\,\mathrm{h}$. Die Bedingung (4.89) gilt nicht; also ist ein Test mit den vorgegebenen Hypothesen und Risiken bei $r^* = 2$ nicht möglich.

Schreibt man (4.89) mit Hilfe der χ^2-Verteilung in der Form von (4.90) und (4.91), so erhält man eine allgemeine Bedingung zur Bestimmung von r^* in Abhängigkeit von ϑ_0, ϑ_1, α und β durch den Ausdruck

$$\frac{\chi_{1-\beta}^2(2r)}{\chi_\alpha^2(2r)} \leqq \frac{\vartheta_0}{\vartheta_1}.\tag{4.92}$$

Ein Test mit der geforderten Trennschärfe und dem kleinstmöglichen Aufwand hat die Abbruchzahl r^*, die als kleinste ganze Zahl die Gl.(4.92) erfüllt. Bild 4.5 zeigt den Zusammenhang von ϑ_0/ϑ_1 und r^* für $\alpha = \beta = 0{,}1$. Für kleine Werte des Quotienten ϑ_0/ϑ_1 ist r^* sehr groß, während für große Werte von ϑ_0/ϑ_1 bereits kleine Abbruchzahlen r^* genügen. Das ist einleuchtend; denn je kleiner das Verhältnis ϑ_0/ϑ_1 ist, um so weniger unterscheiden sich die beiden Hypothesen voneinander, und um so mehr experimentelle Information wird zu ihrer Unterscheidung durch eine Stichprobenprüfung benötigt. Werden α oder β verkleinert, so verschiebt sich die Kurve im Bild 4.5 zu größeren r^*-Werten hin; denn auch die Verringerung von Risiken bedeutet, daß mehr experimentelle Information benötigt wird.

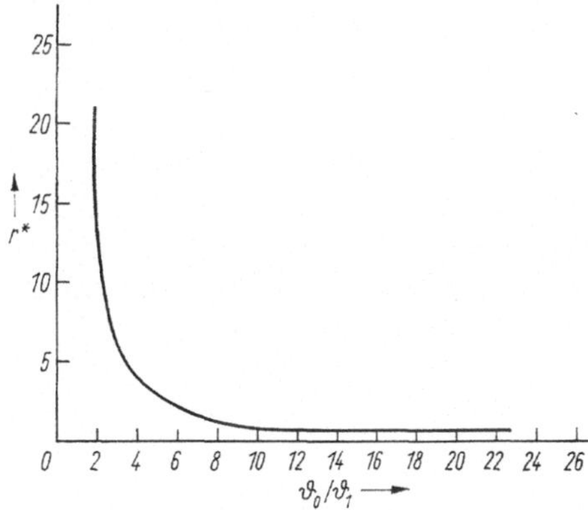

Bild 4.5
Zusammenhang zwischen r^*
und ϑ_0/ϑ_1 bei $\alpha = \beta = 0{,}1$

Die Entscheidungsregel für den Test ist eine feste Grenze für die Zufallsgröße S. Sie hängt von den Werten ϑ_0 und α oder von ϑ_1 und β ab. Der Test führt in folgender Form zur Entscheidung: Für eine Stichprobe, die bis zum Zeitpunkt des r^*-ten Ausfalls beobachtet wird, wird die summierte Lebensdauer S berechnet. Diese ist Realisierung einer Zufallsgröße, die laut Hypothese einer der beiden Grundgesamtheiten (4.80) oder (4.81) entspricht. Gilt $S \geqq C$, so wird die Hypothese $\vartheta = \vartheta_0$ angenommen, andernfalls die alternative Hypothese $\vartheta = \vartheta_1$.

Die Bestimmung der Grenze C bedeutet einfach die Berechnung eines der beiden Quantile S_{α, ϑ_0} oder $S_{1-\beta, \vartheta_1}$, je nachdem, ob das Herstellerrisiko α oder das Abnehmerrisiko β genau eingehalten werden soll. Wegen der Ganzzahligkeit von r^* ist die genaue Einhaltung beider Risiken im allgemeinen nicht möglich. Wird S_{α, ϑ_0} als Grenze C für die Entscheidung benutzt, so wird das Herstellerrisiko genau eingehalten, und das wirkliche Abnehmerrisiko ist kleiner oder gleich β. In ausländischen Standards ist dieser Weg üblich. Wird $S_{1-\beta, \vartheta_1}$ verwendet, so gilt β genau, und das wahre α liegt unter dem vorgegebenen Wert. Im standardisierten Prüfplan [33] wird $S_{1-\beta, \vartheta_1}$ als Grenze verwendet. Dort werden also folgende Risiken eingehalten:

$$P\,(\text{Annahme von } \mathbf{H}_0 | \vartheta = \vartheta_1) = \beta$$

$$P\,(\text{Annahme von } \mathbf{H}_1 | \vartheta = \vartheta_0) \leqq \alpha. \tag{4.93}$$

Im Bild 4.4 gilt $r^* = 3$, $\vartheta_0 = 10000\,\text{h}$ und $\vartheta_1 = 1000\,\text{h}$. Es sei $\alpha = 0{,}05$ und $\beta = 0{,}1$ festgelegt. Die Grenze $S_{1-\beta, \vartheta_1}$ wird nach Gl. (4.91) mit Hilfe der χ^2-Verteilung berechnet. Es gilt

$$S_{1-\beta, \vartheta_1} = \frac{10{,}64 \cdot 10^3}{2} = 5{,}32 \cdot 10^3\,\text{h}.$$

Erhält man in einer Stichprobe vom Umfang n mit der Abbruchzahl r^* einen Wert S, der $S_{1-\beta, \vartheta_1}$ überschreitet, so erfolgt Annahme der Hypothese $\mathbf{H}_0 : \vartheta = \vartheta_0$. Ist das berechnete S kleiner als $S_{1-\beta, \vartheta_1}$, wird zugunsten von $\mathbf{H}_1 : \vartheta = \vartheta_1$ entschieden.

In den standardisierten Prüfplänen [33] wird als Entscheidungskriterium nicht die summierte Lebensdauer S verwendet, sondern die normierte Größe $\hat{\vartheta} = S/r^*$. Dieser

Ausdruck ist mit dem Maximum-Likelihood-Schätzwert für ϑ identisch [Gl.(4.8) bzw. (4.31)]. Der in der Stichprobe ermittelte Wert $\hat{\vartheta}$ wird mit der Grenze

$$\frac{C}{\vartheta_1} = \frac{\chi^2_{1-\beta}}{2r^*}, \qquad C = S_{1-\beta,\vartheta_1}, \tag{4.94}$$

verglichen. Der Vorteil der Normierung besteht in der unmittelbaren Interpretierbarkeit von $\hat{\vartheta}$. Im Prinzip besteht kein Unterschied zum weiter oben angegebenen Weg.

Obwohl der Test auf den beiden Hypothesen $\vartheta = \vartheta_0$ und $\vartheta = \vartheta_1$ beruht, kann die untersuchte Gesamtheit einen wahren mittleren Ausfallabstand ϑ haben, der weder mit ϑ_0 noch mit ϑ_1 übereinstimmt. Somit ist die Wahrscheinlichkeit dafür von Interesse, mit der die Hypothese $\vartheta = \vartheta_0$ bei beliebigem ϑ angenommen wird. Das ist die Operationscharakteristik des Tests (siehe Bild 3.6). Die Annahmewahrscheinlichkeit $P_0(\vartheta)$ für die Hypothese $\vartheta = \vartheta_0$ ist der Wahrscheinlichkeit dafür äquivalent, daß die summierte Lebensdauer S im Test aus einer Gesamtheit mit beliebigem ϑ die Grenze $C = S_{1-\beta,\vartheta_1}$ überschreitet, daß also folgende Ungleichung gilt:

$$\chi^2(2r)\,\vartheta \geqq \chi^2_{1-\beta}(2r)\,\vartheta_1. \tag{4.95}$$

Damit ist die Operationscharakteristik folgendermaßen definiert:

$$P_0(\vartheta) = P\left(\chi^2(2r) \geqq \chi^2_{1-\beta}(2r)\frac{\vartheta_1}{\vartheta}\right). \tag{4.96}$$

Für das im Bild 4.4 dargestellte Beispiel mit $r^* = 3$, $\vartheta_0 = 10000\ \text{h}$, $\vartheta_1 = 1000\ \text{h}$, $\alpha = 0{,}05$ und $\beta = 0{,}1$ soll die Annahmewahrscheinlichkeit für die Hypothese $\vartheta = \vartheta_0$ beim wahren Wert $\vartheta = 5000\ \text{h}$ berechnet werden. Man benutzt den Wert $\chi^2_{1-\beta}(2r) = 10{,}64$ und erhält die Beziehung

$$P_0(5000\ \text{h}) = P\left(\chi^2(6) \geqq \frac{10{,}64 \cdot 1000}{5000} = 2{,}128\right).$$

In einer Tabelle der χ^2-Verteilung mit sechs Freiheitsgraden findet man das Quantil $\chi^2_{0,1}(6) = 2{,}20$, d.h., der Wert $2{,}128$ wird mit einer Wahrscheinlichkeit von mehr als $0{,}9$ überschritten. Somit gilt $P_0(5000\ \text{h}) > 0{,}9$.

Weil χ^2-Tabellen im allgemeinen nur die Quantile für eine feste Folge von Wahrscheinlichkeiten enthalten, ist es einfacher, zu festen Werten $P_0(\vartheta)$ die zugehörigen ϑ-Werte zu berechnen, als für gegebenes ϑ den Wert $P_0(\vartheta)$ zu bestimmen. Das ergibt für unser Beispiel (die χ^2-Werte sind dem Tabellenband [34] entnommen worden):

$P_0(\vartheta)$	$\chi^2_{1-P_0}(6)$	$\vartheta = \vartheta_1\,\dfrac{\chi^2_{1-\beta}(6)}{\chi^2_{1-P_0}(6)}$
0,999	0,381	$2{,}8 \cdot 10^4$
0,995	0,676	$1{,}6 \cdot 10^4$
0,99	0,872	$1{,}2 \cdot 10^4$
0,95	1,64	$6{,}5 \cdot 10^3$
0,9	2,20	$4{,}8 \cdot 10^3$
0,5	5,35	$2{,}0 \cdot 10^3$
0,1	10,64	$1{,}0 \cdot 10^3$
0,05	12,59	$8{,}5 \cdot 10^2$
0,01	16,81	$6{,}3 \cdot 10^2$
0,005	18,55	$5{,}7 \cdot 10^2$
0,001	22,46	$4{,}7 \cdot 10^2$

Auf dieser Basis kann die Operationscharakteristik des Tests gezeichnet werden (Bild 4.6). Für $\vartheta = 2000$ h erhalten wir $P_0(\vartheta) = 0{,}5$, d.h., Gesamtheiten mit einem mittleren Ausfallabstand von 2000 h führen mit gleicher Wahrscheinlichkeit zur Annahme der Hypothese $\vartheta = \vartheta_0$ wie zu ihrer Ablehnung. Dieser der Annahmewahrscheinlichkeit $P_0(\vartheta) = 0{,}5$ zugeordnete Wert $\vartheta_{0,5}$ wird manchmal auch zur Kennzeichnung von Prüfplänen benutzt. Standardisierte Prüfpläne, etwa TGL 26096, enthalten in der Regel die grafischen Darstellungen aller verwendbaren Operationscharakteristiken, wobei die Abszisse in der Form ϑ/ϑ_1 oder, wenn der Plan auf der Grenze S_{α,ϑ_0} beruht, in der Form ϑ/ϑ_0 normiert ist.

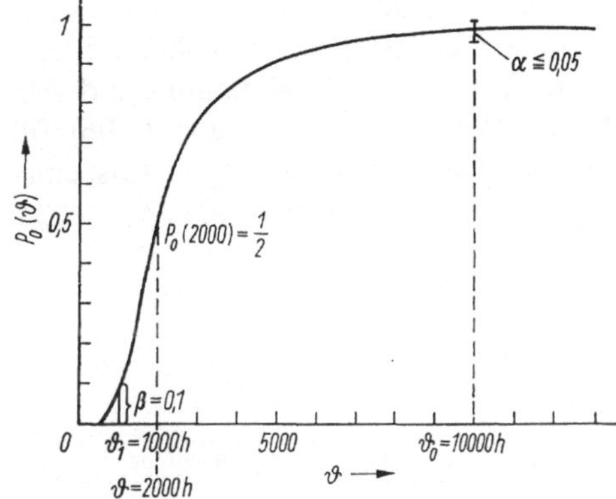

Bild 4.6
Operationscharakteristik des Tests mit
$r^* = 3$, $\vartheta_0 = 10\,000\,h$, $\vartheta_1 = 1000\,h$, $\alpha \leqq 0{,}05$
und $\beta = 0{,}1$

Prüfpläne, die nach einer vorgegebenen Anzahl von Ausfällen zur Entscheidung führen, haben den Nachteil, daß die Testdauer unbestimmt ist. Wie bei den entsprechenden Schätzverfahren läßt sich die mittlere Testdauer als Funktion von n und ϑ berechnen. Dazu dienen die Gln. (4.12) und (4.33). Die mittlere Testdauer läßt sich durch eine Vergrößerung von n abkürzen (Abschnitt 4.1.1.).

Beispiel 4.9. Es soll ein Testverfahren, bestehend aus der Abbruchzahl r^* und dem Annahmekriterium $S_{1-\beta,\vartheta_1}$ für folgende Festlegungen aufgestellt werden: $\vartheta_0 = 2000\,\text{h}$, $\vartheta_1 = 500$ h, $\alpha \leqq 0{,}1$, $\beta = 0{,}1$.

Zunächst wird r^* ermittelt. Aus einer χ^2-Tabelle mit $2r$ Freiheitsgraden entnimmt man für die Bedingung (4.92) folgende Quotienten:

$$\text{für} \quad r = 5 \qquad \frac{\chi^2_{0,9}(10)}{\chi^2_{0,1}(10)} = \frac{15{,}99}{4{,}87} = 3{,}28$$

$$\text{für} \quad r = 4 \qquad \frac{\chi^2_{0,9}(8)}{\chi^2_{0,1}(8)} = \frac{13{,}36}{3{,}49} = 3{,}82$$

$$\text{für} \quad r = 3 \qquad \frac{\chi^2_{0,9}(6)}{\chi^2_{0,1}(6)} = \frac{10{,}64}{2{,}20} = 4{,}84.$$

Weil $\vartheta_0/\vartheta_1 = 4$ vorgegeben wurde, ist r^* die kleinste ganze Zahl, für die der obengenannte Quotient kleiner als 4 ist. Das ist für den Fall $2r = 8$ erfüllt, d.h., ein Test mit $r^* = 4$ entspricht den Vorgabewerten. Das Annahmekriterium für die Hypothese $\vartheta = \vartheta_0$ ist nach (4.91) die Grenze

$$S_{1-\beta,\vartheta_1} = \frac{\chi^2_{1-\beta}(8)\,\vartheta_1}{2} = \frac{13{,}36 \cdot 500}{2} = 3340\,\text{h}.$$

Der Test wird mit Ersetzen der ausgefallenen Elemente durchgeführt. Nach (4.12) beträgt die mittlere Zeit bis zum vierten Ausfall

$$E(t_{4,n}) = \vartheta \sum_{i=1}^{4} \frac{1}{n-i+1}.$$

Für $n = 100$ ergibt sich im Fall $\vartheta = \vartheta_0$ die mittlere Testdauer $E(t_{4,100}) = 81\,\text{h}$. Diese wird als vertretbar angesehen. Im Test mit $n = 100$ traten folgende Ausfälle auf: $t_{(1)} = 18\,\text{h}$, $t_{(2)} = 30\,\text{h}$, $t_{(3)} = 52\,\text{h}$, $t_{(4)} = 67\,\text{h}$. Nach (4.82) ergibt sich als summierte Lebensdauer im Test $S = 167 + 96 \cdot 67 = 6599\,\text{h}$. Verglichen mit der Grenze $S_{1-\beta,\vartheta_1}$ muß Annahme der Hypothese $\vartheta = \vartheta_0$ erfolgen.

Durch die Festlegung von ϑ_0, ϑ_1, α und β wurde die Operationscharakteristik des Tests vorgegeben. Es interessiert noch der Punkt $\vartheta_{0,5}$, für den Annahme und Ablehnung von $\vartheta = \vartheta_0$ gleich wahrscheinlich sind. Durch Umstellen von (4.96) für $P_0(\vartheta) = 0{,}5$ erhält man mit Hilfe der χ^2-Verteilung den Wert für $\vartheta_{0,5}$. Aus einer Tabelle der χ^2-Verteilung mit acht Freiheitsgraden entnimmt man $\chi^2_{0,5}(8) = 7{,}34$. Dann ergibt sich

$$\vartheta_{0,5} = \vartheta_1 \frac{\chi^2_{1-\beta}(8)}{\chi^2_{0,5}(8)} = 910\,\text{h}.$$

Tabelle 4.3. *Die wichtigsten Formeln zur Berechnung eines Tests mit der Beendigungsregel r* bei gegebenen Werten* ϑ_0, ϑ_1, α *und* β

Funktion	Mit Ersatz	Ohne Ersatz
r^*	$\dfrac{\chi^2_{1-\beta}(2r)}{\chi^2_{\alpha}(2r)} \leqq \dfrac{\vartheta_0}{\vartheta_1}$	$\dfrac{\chi^2_{1-\beta}(2r)}{\chi^2_{\alpha}(2r)} \leqq \dfrac{\vartheta_0}{\vartheta_1}$
S	$nt_{(r)}$	$\sum\limits_{i=1}^{r} t_{(i)} + (n-r)\,t_{(r)}$
S_{α,ϑ_0}	$\dfrac{\chi^2_{\alpha}(2r)}{2}\,\vartheta_0$	$\dfrac{\chi^2_{\alpha}(2r)}{2}\,\vartheta_0$
$S_{1-\beta,\vartheta_1}$	$\dfrac{\chi^2_{1-\beta}(2r)}{2}\,\vartheta_1$	$\dfrac{\chi^2_{1-\beta}(2r)}{2}\,\vartheta_1$
$P_0(\vartheta)$	$\chi^2_{1-P_0}(2r) \geqq \chi^2_{1-\beta}(2r)\dfrac{\vartheta_1}{\vartheta}$	$\chi^2_{1-P_0}(2r) \geqq \chi^2_{1-\beta}(2r)\dfrac{\vartheta_1}{\vartheta}$
$E(t_{(r)})$	$\vartheta\,\dfrac{r}{n}$	$\vartheta \sum\limits_{i=1}^{r} \dfrac{1}{n-i+1} \approx \vartheta \ln\dfrac{n}{n-r}$

4.4.2. Beendigung nach einer festen Zeit t^*

Tests mit fest vorgegebener Abbruchzahl r^* haben den Nachteil, daß die Zeit unbestimmt ist, nach der die Prüfung mit einer Entscheidung beendet werden kann. Deshalb werden häufig sogenannte *gestutzte Tests*, die spätestens zu einem vorgegebenen Zeitpunkt t^* beendet werden, bevorzugt. Bei der Herleitung solcher Tests ist zwischen Experimenten mit Ersatz ausgefallener Elemente und Experimenten ohne Ersatz zu unterscheiden. In beiden Fällen verläuft das Experiment wie folgt: n Elemente werden geprüft; treten vor Ablauf der maximalen Testdauer t^* bereits r^* Ausfälle auf, wird der Test mit der Ablehnung der Hypothese $H_0 : \vartheta = \vartheta_0$ beendet; treten bis zum Zeitpunkt t^* dagegen höchstens $(r^* - 1)$ Ausfälle auf, wird der Test zum Zeitpunkt t^* mit der Annahme der Hypothese $H_0 : \vartheta = \vartheta_0$ beendet. Dabei werden ϑ_0, ϑ_1, α und β vorgegeben. Die Konstruktion eines solchen Tests bedeutet also, bei gegebenem t^* die Werte n und r^* so zu bestimmen, daß die ebenfalls vorgegebenen Werte ϑ_0, ϑ_1, α und β eingehalten werden.

Die Unterscheidbarkeit der beiden hypothetischen Gesamtheiten ist im wesentlichen durch die Anzahl der Ausfälle r^* bestimmt. So bedeutet die Konstruktion eines gestutzten Tests mit vorgegebener Operationscharakteristik zunächst die Ermittlung der Anzahl der vor Ablauf der Zeit t^* auftretenden Ausfälle r^*, die zur Ablehnung der Hypothese $H_0 : \vartheta = \vartheta_0$ führt. Hierzu wird wieder die Bedingung (4.92) angewandt. Sie gilt sowohl für Experimente ohne Ersatz der ausgefallenen Elemente als auch für solche mit Ersatz. Bei der Bestimmung von n ist nun aber zwischen beiden Typen von Experimenten zu unterscheiden.

4.4.2.1. Experimente ohne Ersetzen ausgefallener Elemente

Die Wahrscheinlichkeit dafür, daß ein Element bis zum Zeitpunkt t^* ausfällt, ist vom wahren Wert ϑ abhängig und durch die Exponentialverteilung

$$p_\vartheta = 1 - e^{-t^*/\vartheta} \tag{4.97}$$

gegeben. In einer Stichprobe vom Umfang n erhält man genau r Ausfälle mit der Wahrscheinlichkeit

$$P(r) = \binom{n}{r} p_\vartheta^r (1 - p_\vartheta)^{n-r}, \qquad r = 0, 1, \ldots, n, \tag{4.98}$$

wenn keine vorzeitige Beendigung des Tests erfolgt. Es wurde aber vereinbart, daß der Test mit einer Ablehnung der Hypothese $\vartheta = \vartheta_0$ bereits vor dem Zeitpunkt t^* beendet wird, wenn bis dahin r^* Ausfälle beobachtet werden konnten. Damit gilt (4.98) in unserem Fall nur für $r = 0, 1, \ldots, r^* - 1$. Für $r = r^*$ gilt

$$P(r^*) = 1 - \sum_{r=0}^{r^*-1} \binom{n}{r} p_\vartheta^r (1 - p_\vartheta)^{n-r}, \tag{4.99}$$

und für $r > r^*$ ist

$$P(r) = 0. \tag{4.100}$$

Die Wahrscheinlichkeit dafür, im Test weniger als r^* Ausfälle zu beobachten, erhält man nach der Formel

$$P(r < r^*) = \sum_{r=0}^{r^*-1} \binom{n}{r} p_\vartheta^r (1 - p_\vartheta)^{n-r}. \tag{4.101}$$

Diese Wahrscheinlichkeiten hängen vom wahren Wert ϑ ab. Gl. (4.101) ist mit der vorgegebenen Operationscharakteristik in Zusammenhang zu bringen, durch die folgendes gefordert wird:

1. Wenn $\vartheta = \vartheta_0$ ist, soll der Test mindestens mit der Wahrscheinlichkeit $1 - \alpha$ zur Annahme der Hypothese $H_0 : \vartheta = \vartheta_0$ führen. Annahme erfolgt, wenn im Beobachtungszeitraum weniger als r^* Ausfälle beobachtet werden. Das bedeutet, daß folgende Beziehung gelten muß:

$$P_0(\vartheta_0) = P(r < r^* | \vartheta_0) = \sum_{r=0}^{r^*-1} \binom{n}{r} p_{\vartheta_0}^r (1 - p_{\vartheta_0})^{n-r} \geqq 1 - \alpha. \tag{4.102}$$

2. Wenn $\vartheta = \vartheta_1$ gilt, soll der Test nur mit der Wahrscheinlichkeit β zur Annahme von $\mathbf{H}_0 : \vartheta = \vartheta_0$ führen.

Das bedeutet

$$P_0(\vartheta_1) = P(r < r^* | \vartheta_1) = \sum_{r=0}^{r^*-1} \binom{n}{r} p_{\vartheta_1}^r (1 - p_{\vartheta_1})^{n-r} = \beta. \tag{4.103}$$

Weil r^* eine ganze Zahl ist, läßt sich das Gleichheitszeichen nicht in beiden Beziehungen fordern. Den Festlegungen in TGL 26096/07 [35] entsprechend wurde das Abnehmerrisiko β als fest und das Herstellerrisiko α als Mindestwert angesetzt. In vielen ausländischen Prüfplänen wird umgekehrt verfahren.

Bei gegebener Testdauer t^* läßt sich der Stichprobenumfang n nach Gln. (4.102) und (4.103) mit Hilfe der Binomialverteilung finden, da ja p_{ϑ_0} und p_{ϑ_1} aus Gl. (4.97) berechnet werden können. In der Praxis benötigte man dazu aber sehr umfangreiche und genaue Tabellen der Binomialverteilung. Deshalb benutzt man besser die in [35] publizierten Hilfstabellen, die für $n = kr^*$ mit $k = 2(1)10$ und $k = 20$ den Quotienten t^*/ϑ_1 angeben, aus dem sich der geeignete Wert t^* entnehmen läßt.

Die Operationscharakteristik des Tests wird nach Gl. (4.96) berechnet, stimmt also mit der Operationscharakteristik des Tests mit fester Abbruchzahl r^* überein.

Beispiel 4.10. Für den im Beispiel 4.9 behandelten Test mit $\vartheta_0 = 2000\,\mathrm{h}$ und $\vartheta_1 = 500\,\mathrm{h}$, $\alpha \leq 0,1$ und $\beta = 0,1$ soll ein etwa zum Zeitpunkt $t^* = 150\,\mathrm{h}$ gestutzter Test ermittelt werden. Als Annahmezahl erhalten wir, wie im Beispiel 4.9, den Wert $r^* = 4$. Tritt also der vierte Ausfall vor Ablauf der (noch unbestimmten) Zeit t^* auf, so wird der Test mit der Ablehnung der Hypothese $\vartheta = \vartheta_0$ beendet; andernfalls wird diese Hypothese angenommen. Zur Bestimmung von n benutzen wir die in [35] enthaltenen Hilfstabellen. Für $\beta = 0,1$ gilt Tabelle 3, für $r^* = 4$ der darin enthaltene Plan mit dem Kode $C - 4$. Es soll t^* ungefähr gleich $150\,\mathrm{h}$ sein, d. h., wir müssen das zum Verhältnis $t^*/\vartheta_1 = 150/500 = 0,3$ gehörende n aufsuchen. Es gilt $n < 6r^*$; denn für $n = 6r^*$ ist $t^*/\vartheta_1 = 0,299$. Wird der Test mit $n = 24$ Elementen durchgeführt, so kann er entweder zum Zeitpunkt $t^* = 149,5\,\mathrm{h}$ mit der Annahme von $\vartheta = \vartheta_0$ beendet werden, wenn bis dahin weniger als vier Ausfälle auftraten, oder er wird zum Zeitpunkt des vierten Ausfalls beendet, wenn dieser früher erfolgt. Die Operationscharakteristik ist mit der von Beispiel 4.9 identisch.

4.4.2.2. Experimente mit Ersetzen ausgefallener Elemente

Im Experiment befinden sich n Elemente. Ausgefallene Exemplare werden sofort ersetzt. Das Experiment läßt sich in diesem Fall durch einen Poissonschen Prozeß mit der Ausfallrate n/ϑ beschreiben, wobei ϑ den wahren mittleren Ausfallabstand eines Elements bedeutet. Die Wahrscheinlichkeit dafür, daß im Zeitintervall $t = 0$ bis $t = t^*$ genau r Ausfälle auftreten, ist von ϑ abhängig und genügt der Poisson-Verteilung

$$P(r) = \frac{1}{r!}\, e^{-nt^*/\vartheta} \left(\frac{nt^*}{\vartheta} \right)^r, \qquad r = 0, 1, \ldots \tag{4.104}$$

Der Test wird mit folgender Entscheidungsregel beendet: Annahme der Hypothese $\vartheta = \vartheta_0$, falls bis zum Zeitpunkt t^* weniger als r^* Ausfälle auftreten; andernfalls Ablehnung dieser Hypothese. Zu den vorgegebenen Werten ϑ_0, ϑ_1, α und β erhält man die Zahl r^* aus der Bedingung (4.92). Die Bestimmung der Abbruchzeit t^* bzw. des Stichprobenumfangs n ist für Tests mit Ersetzen der ausgefallenen Elemente einfach, weil die summierte Lebensdauer zu jedem beliebigen Zeitpunkt t gleich nt ist. Es wird die durch Gl. (4.91) definierte Grenze $S_{1-\beta,\vartheta_1}$ für die summierte Lebensdauer angewendet, um n oder t^* zu bestimmen. Es gilt

$$nt^* = \tfrac{1}{2}\chi^2_{1-\beta}(2r^*)\,\vartheta_1 = S_{1-\beta,\vartheta_1}. \qquad (4.105)$$

Daraus erhält man für festes n die Abbruchzeit t^* oder für festes t^* den Stichprobenumfang n als nächstgrößere ganze Zahl, die (4.105) erfüllt. Die Operationscharakteristik dieses Tests ist durch (4.96) gegeben, also mit der von Tests mit der festen Abbruchzahl r^* identisch.

Tabelle 4.4. Die wichtigsten Formeln zur Berechnung eines Tests mit der Beendigungsregel t^* bei gegebenen Werten ϑ_0, ϑ_1, α und β

Funktion	Mit Ersatz	Ohne Ersatz
r^*	$\dfrac{\chi^2_{1-\beta}(2r)}{\chi^2_{\alpha}(2r)} \leqq \dfrac{\vartheta_0}{\vartheta_1}$	$\dfrac{\chi^2_{1-\beta}(2r)}{\chi^2_{\alpha}(2r)} \leqq \dfrac{\vartheta_0}{\vartheta_1}$
$P(r)$	$\dfrac{1}{r!}\,e^{-nt^*/\vartheta}\left(\dfrac{nt^*}{\vartheta}\right)^r$	$\dbinom{n}{r} p_\vartheta^r (1-p_\vartheta)^{n-r}$ mit $p_\vartheta = 1 - e^{-t^*/\vartheta}$
$P_0(\vartheta_0)$	$\displaystyle\sum_{r=0}^{r^*-1}\dfrac{1}{r!}\,e^{-nt^*/\vartheta_0}\left(\dfrac{nt^*}{\vartheta_0}\right)^r$	$\displaystyle\sum_{r=0}^{r^*-1}\dbinom{n}{r} p_{\vartheta_0}^r (1-p_{\vartheta_0})^{n-r}$
$P_0(\vartheta_1)$	$\displaystyle\sum_{r=0}^{r^*-1}\dfrac{1}{r!}\,e^{-nt^*/\vartheta_1}\left(\dfrac{nt^*}{\vartheta_1}\right)^r$	$\displaystyle\sum_{r=0}^{r^*-1}\dbinom{n}{r} p_{\vartheta_1}^r (1-p_{\vartheta_1})^{n-r}$
$P_0(\vartheta)$	$\chi^2_{1-P_0}(2r) \geqq \chi^2_{1-\beta}(2r)\dfrac{\vartheta_1}{\vartheta}$	$\chi^2_{1-P_0}(2r) \geqq \chi^2_{1-\beta}(2r)\dfrac{\vartheta_1}{\vartheta}$
n	$\dfrac{1}{2t^*}\chi^2_{1-\beta}(2r^*)\,\vartheta_1$	Mit Hilfe der Gln. (4.102) und (4.103) und Tabellen der Binomialverteilung

Mit Hilfe von Gl. (4.104) läßt sich bei gegebenem n und t^* die Operationscharakteristik des Tests analog zu (4.102) und (4.103) berechnen. Es gilt

$$P_0(\vartheta_0) = P(r < r^* \,|\, \vartheta_0) = \sum_{r=0}^{r^*-1}\frac{1}{r!}\,e^{-nt^*/\vartheta_0}\left(\frac{nt^*}{\vartheta_0}\right)^r \geqq 1 - \alpha \qquad (4.106)$$

$$P_0(\vartheta_1) = P(r < r^* \,|\, \vartheta_1) = \sum_{r=0}^{r^*-1}\frac{1}{r!}\,e^{-nt^*/\vartheta_1}\left(\frac{nt^*}{\vartheta_1}\right)^r = \beta, \qquad (4.107)$$

wobei dem Standard TGL 26096 entsprechend das Abnehmerrisiko als fest angesehen wird, während α eine obere Grenze für das Herstellerrisiko darstellt.

Beispiel 4.11. Wie in den Beispielen 4.9 und 4.10 sei die Operationscharakteristik des gesuchten Tests durch $\vartheta_0 = 2000$ h, $\vartheta_1 = 500$ h, $\alpha \leqq \beta = 0{,}1$ gegeben. Aus (4.92) erhalten wir $r^* = 4$. Wie im Beispiel 4.9 lautet das Annahmekriterium $S_{1-\beta,\vartheta_1} = 3340$ h. Wird $n = 100$ gesetzt, so erhalten wir als Abbruchzeit t^* den Wert $t^* = 33{,}4$ h. Für $t^* = 100$ h müßte $n = 34$ sein. In diesem Fall muß t^* korrigiert werden; denn $34 \cdot 100$ ist etwas größer als 3340 h. Für $n = 34$ erhält man die genauere Abbruchzeit t^* des Tests: $3340/34 = 98{,}2$ h.

Mit Hilfe einer Tabelle der Poisson-Verteilung läßt sich auch die Gültigkeit von (4.106) und (4.107) überprüfen. Eine solche Tabelle befindet sich z. B. in [34]. In (4.106) erhalten wir für den Parameter der Poisson-Verteilung den Wert $nt^*/\vartheta_0 = 3340/2000 = 1{,}67$. In der genannten Tabelle sind die Verteilungen für die Parameter 1,65 und 1,70 angegeben. Danach sind in diesen Fällen die Wahrscheinlichkeiten dafür, daß maximal drei Ausfälle auftreten, gleich 0,9141 und 0,9068. Der uns interessierende Wert liegt dazwischen, ist jedenfalls größer als $1 - \alpha = 0{,}9$, d. h., (4.106) gilt. In (4.107) hat der Parameter der Poisson-Verteilung den Wert $nt^*/\vartheta_1 = 3340/500 = 6{,}68$. In [34] finden wir nur die Verteilungen für die Parameter 6,6 und 6,7 tabelliert. Danach sind die Wahrscheinlichkeiten dafür, maximal drei Ausfälle zu beobachten, gleich 0,1052 und 0,0988. Der Wert $\beta = 0{,}1$ liegt dazwischen; Gl. (4.107) scheint erfüllt zu sein. Weil $r^* = 4$ ist, läßt sich die Gültigkeit von (4.107) für $nt^*/\vartheta_1 = 6{,}68$ durch Aus-- rechnen leicht bestätigen.

4.4.3. Sequentielle Tests

Der im vorigen Abschnitt beschriebene Test wurde entweder zum Zeitpunkt t^* mit der Annahme von $\vartheta = \vartheta_0$ beendet, oder vorher, wenn r^* Ausfälle vor dem Zeitpunkt t^* aufgetreten sind. Dann wurde die Hypothese $\vartheta = \vartheta_0$ abgelehnt. Häufige Ausfälle sprechen gegen die Hypothese $\vartheta = \vartheta_0$, seltene Ausfälle für sie. Ein Testverfahren, das mit minimalem Aufwand zur Entscheidung führt, ist der *sequentielle* Test. Er hat eine unbestimmte Testdauer und führt in dem Moment zu einer Entscheidung, in dem hinreichend viel Information zugunsten von $\vartheta = \vartheta_0$ oder von $\vartheta = \vartheta_1$ akkumuliert worden ist. Ist der wahre ϑ-Wert der Gesamtheit größer als ϑ_0 oder kleiner als ϑ_1, wird der sequentielle Test sehr schnell beendet sein. Liegt der wahre ϑ-Wert in der Nähe des Wertes $\vartheta_{0,5}$, der laut Operationscharakteristik mit gleicher Wahrscheinlichkeit zur Annahme wie zur Ablehnung der Hypothese $\vartheta = \vartheta_0$ führt, kann der sequentielle Test sehr lange dauern. Er wird deshalb in der Praxis mit einer zusätzlichen Stutzungsregel versehen, die die Beendigung des Tests in einer vertretbaren Zeit garantiert und die vorgegebene Operationscharakteristik nur unwesentlich beeinflußt.

Der sequentielle Test wird auf der Basis vorgegebener Werte ϑ_0, ϑ_1, α und β konstruiert. Er beruht auf dem Likelihood-Quotienten (3.41) und wurde für die Exponentialverteilung von *Dvoretzky*, *Kiefer* und *Wolfowitz* [36] hergeleitet. Die von der Anwendung bevorzugte Form geht auf *Epstein* und *Sobel* [37] zurück.

Die summierte Lebensdauer ist eine Funktion der Zeit und in Experimenten ohne Ersetzen der ausgefallenen Elemente durch

$$S_t = \sum_{i=1}^{r} t_{(i)} + (n - r)\, t, \qquad (4.108)$$

in Experimenten mit Ersatz durch

$$S_t = nt \qquad (4.109)$$

gegeben. Die Likelihood-Funktion für ϑ hat nach (4.65) die Gestalt

$$L(\vartheta | t) = C \frac{1}{\vartheta^{r}}\, e^{-S_t/\vartheta}, \qquad (4.110)$$

wobei C eine nur von n bzw. von n und r abhängende Konstante ist. $L(\vartheta \mid t)$ hängt für festes t von den im Experiment aufgetretenen Werten r und S_t ab. Bei jedem Ausfall $t_{(i)}$ ändert sich $L(\vartheta \mid t)$ sprunghaft, zwischen den Ausfällen dagegen kontinuierlich.

Der sequentielle Test beruht auf dem Likelihood-Quotienten

$$\frac{L(\vartheta_1 \mid t)}{L(\vartheta_0 \mid t)} = \left(\frac{\vartheta_0}{\vartheta_1}\right)^r e^{-(1/\vartheta_1 - 1/\vartheta_0)S_t}, \tag{4.111}$$

der um so größer wird, je mehr das Experiment zugunsten von $\vartheta = \vartheta_1$ spricht, und um so kleiner, je mehr es zugunsten von $\vartheta = \vartheta_0$ verläuft. Die Entscheidungsregel des Tests hat folgende Gestalt: Annahme der Hypothese $\vartheta = \vartheta_1$, wenn $L(\vartheta_1 \mid t)/L(\vartheta_0 \mid t) > A$ ist, wobei A eine obere Grenze für den Quotienten darstellt; Annahme der Hypothese $\vartheta = \vartheta_0$, wenn $L(\vartheta_1 \mid t)/L(\vartheta_0 \mid t) < B$ ist, wobei B eine untere Grenze für den Quotienten bedeutet. Liegt der Likelihood-Quotient zwischen den Grenzen A und B, muß das Experiment weitergeführt werden.

Die Grenzen A und B werden den Risiken α und β entsprechend gewählt. Unter der Voraussetzung, daß $\alpha + \beta < 1$ ist, setzt man

$$A = \frac{1 - \beta}{\alpha}$$

$$B = \frac{\beta}{1 - \alpha}. \tag{4.112}$$

Dabei wird die vorgegebene Operationscharakteristik näherungsweise eingehalten. Der sequentielle Test beruht damit auf folgendem Paar von Ungleichungen:

$$B < \left(\frac{\vartheta_0}{\vartheta_1}\right)^r e^{-(1/\vartheta_1 - 1/\vartheta_0)S_t} < A. \tag{4.113}$$

Während der Durchführung des Experiments ist S_t eine mit der Zeit monoton zunehmende kontinuierliche Funktion; r nimmt die Werte 0, 1, 2, ... an. Wird im Verlauf des Experiments die linke Ungleichung verletzt, so bedeutet das, daß relativ wenig Ausfälle auftreten. In dem Moment, in dem sie verletzt wird, erfolgt Annahme der Hypothese $\vartheta = \vartheta_0$, und der Test wird beendet. Führt das Experiment dagegen zur Verletzung der rechten Ungleichung, so sind zu viele Ausfälle aufgetreten; die Hypothese $\vartheta = \vartheta_1$ wird angenommen. Solange die Ungleichung (4.113) erfüllt ist, muß der Test fortgesetzt werden. Bei Experimenten ohne Ersatz der ausgefallenen Elemente ist es natürlich möglich, daß alle Elemente ausgefallen sind und der Test zwangsläufig beendet wird, obwohl (4.113) nicht verletzt ist. Eine im Sinne des Tests korrekte Entscheidung ist in diesem Fall nicht möglich.

Für die Anwendung wird (4.113) so umgeformt, daß der Test grafisch durchgeführt werden kann. Durch Logarithmieren und Umstellen ergibt sich

$$\ln B < r \ln \frac{\vartheta_0}{\vartheta_1} - \left(\frac{1}{\vartheta_1} - \frac{1}{\vartheta_0}\right) S_t < \ln A,$$

$$-\frac{\ln A}{\dfrac{1}{\vartheta_1} - \dfrac{1}{\vartheta_0}} + r \frac{\ln \dfrac{\vartheta_0}{\vartheta_1}}{\dfrac{1}{\vartheta_1} - \dfrac{1}{\vartheta_0}} < S_t < -\frac{\ln B}{\dfrac{1}{\vartheta_1} - \dfrac{1}{\vartheta_0}} + r \frac{\ln \dfrac{\vartheta_0}{\vartheta_1}}{\dfrac{1}{\vartheta_1} - \dfrac{1}{\vartheta_0}}. \tag{4.114}$$

Es ist zweckmäßig, die Ausdrücke in (4.114) wie folgt zusammenzufassen:

$$h_0 = -\frac{\ln B}{\dfrac{1}{\vartheta_1} - \dfrac{1}{\vartheta_0}}$$

$$h_1 = \frac{\ln A}{\dfrac{1}{\vartheta_1} - \dfrac{1}{\vartheta_0}}$$

$$s = \frac{\ln \dfrac{\vartheta_0}{\vartheta_1}}{\dfrac{1}{\vartheta_1} - \dfrac{1}{\vartheta_0}};$$

$$(4.115)$$

dann erhält (4.114) folgende einfache Gestalt:

$$-h_1 + rs < S_t < h_0 + rs. \tag{4.116}$$

Dieses Paar von Ungleichungen wird in einer S_t-r-Ebene dargestellt (Bild 4.7).

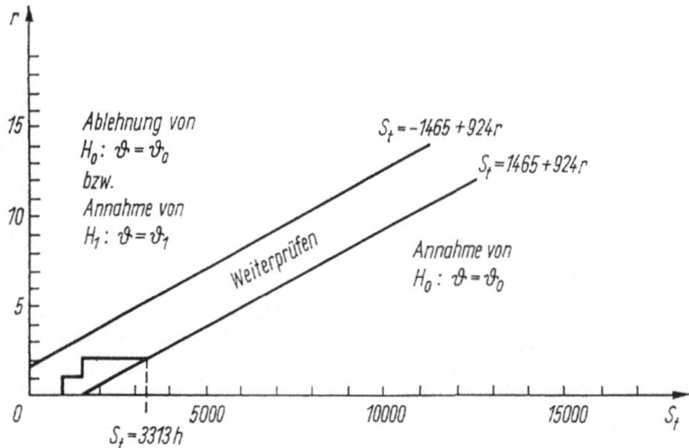

Bild 4.7. Sequentieller Test für $\vartheta_0 = 2000\,h$, $\vartheta_1 = 500\,h$, $\alpha = \beta = 0{,}1$

Die *Operationscharakteristik* eines sequentiellen Tests läßt sich nicht einfach berechnen. Man benutzt dazu meistens eine Approximation, die die simultane Lösung der parametrischen Gleichungen

$$P_0(\vartheta) = \frac{A^h - 1}{A^h - B^h}$$

$$\vartheta = \frac{\left(\dfrac{\vartheta_0}{\vartheta_1}\right)^h - 1}{h\left(\dfrac{1}{\vartheta_1} - \dfrac{1}{\vartheta_0}\right)} \tag{4.117}$$

erfordert, wobei h alle reellen Werte durchläuft. Für die wichtigsten ϑ-Werte, d.h. für $\vartheta = 0, \vartheta_1, s, \vartheta_0, \infty$, gilt jedoch

$$P_0(0) = 0$$

$$P_0(\vartheta_1) = \beta$$

$$P_0(s) = \frac{\ln A}{\ln A - \ln B}$$

$$P_0(\vartheta_0) = 1 - \alpha$$

$$P_0(\infty) = 1. \tag{4.118}$$

Daraus kann eine in den meisten Fällen ausreichende Skizze der Operationscharakteristik angefertigt werden. Eine Methode zur Berechnung der genaueren Operationscharakteristik und einige Tabellen findet man bei *Kiefer* und *Wolfowitz* [38].

Der Aufwand eines sequentiellen Tests wird durch den Erwartungswert der Anzahl der Ausfälle bis zur Entscheidung $E_\vartheta(r)$ gekennzeichnet. Er hängt von der Operationscharakteristik ab und kann näherungsweise nach der Formel

$$E_\vartheta(r) \cong \begin{cases} \dfrac{h_1 - P_0(\vartheta)\,(h_0 + h_1)}{s - \vartheta} & \text{für} \quad \vartheta \neq s \\[2em] \dfrac{h_0 h_1}{s^2} & \text{für} \quad \vartheta = s \end{cases} \tag{4.119}$$

bestimmt werden. Für die wichtigsten Werte auf der Operationscharakteristik ϑ_0, s und ϑ_1 ergibt sich aus (4.119)

$$E_{\vartheta_0}(r) \cong \frac{(1 - \alpha)\ln B + \alpha \ln A}{\ln \dfrac{\vartheta_0}{\vartheta_1} - \left(\dfrac{\vartheta_0}{\vartheta_1} - 1\right)}$$

$$E_s(r) \cong -\frac{\ln A \ln B}{\left(\ln \dfrac{\vartheta_0}{\vartheta_1}\right)^2}$$

$$E_{\vartheta_1}(r) \cong \frac{\beta \ln B + (1 - \beta)\ln A}{\ln \dfrac{\vartheta_0}{\vartheta_1} - \left(\dfrac{\vartheta_0}{\vartheta_1} - 1\right)\dfrac{\vartheta_1}{\vartheta_0}}. \tag{4.120}$$

Genauere Werte für diese Größen findet man in [38] und [39]. Der Erwartungswert für die summierte Lebensdauer S_t bis zur Entscheidung hängt wie folgt von $E_\vartheta(r)$ ab:

$$E_\vartheta(S_t) = \vartheta E_\vartheta(r). \tag{4.121}$$

Für die mittlere Zeit bis zu einer Entscheidung gilt danach im Fall von Experimenten mit Ersetzen der ausgefallenen Elemente die Beziehung

$$E_\vartheta(t) = \frac{\vartheta}{n}\, E_\vartheta(r), \tag{4.122}$$

während für Experimente ohne Ersatz folgende Formel gilt:

$$E_\vartheta(t) = \vartheta \sum_{k=1}^{n} P(r = k|\vartheta) \sum_{i=1}^{k} \frac{1}{n - i + 1}. \tag{4.123}$$

Gl. (4.123) läßt sich wie folgt approximieren:

$$E_\vartheta(t) \cong \vartheta \ln \frac{n}{n - E_\vartheta(r)}. \tag{4.124}$$

Beispiel 4.12. Für den Test mit den Hypothesen $\vartheta_0 = 2000$ h, $\vartheta_1 = 500$ h und den Risiken $\alpha = \beta = 0,1$ soll ein sequentielles Testverfahren berechnet werden. Der Test wird mit Ersetzen der ausgefallenen Elemente und $n = 100$ durchgeführt. Nach (4.112) ergibt sich $A = 9$, $B = 0,1111$; aus (4.115) erhalten wir $h_1 = h_0 = 1465$, $s = 924$. Somit hat (4.116) in diesem Fall die Gestalt $-1465 + 924r < S_t < 1465 + 924r$. Die Geraden, die diese Ungleichung definieren, sind in Bild 4.7 eingezeichnet.

Zu folgenden Zeitpunkten traten im Test Ausfälle auf: $t_{(1)} = 9$ h (das entspricht $S_9 = 900$ h), $t_{(2)} = 15$ h (entspricht $S_{15} = 1500$ h). Diese Ergebnisse wurden als Treppenkurve im Bild 4.7 eingezeichnet: Es gilt $r = 0$ bis $S_t = 900$ h, $r = 1$ bis $S_t = 1500$ h, $r = 2$ bis $S_t = 3313$ h. An dieser Stelle ist der Test mit der Annahme der Hypothese $\vartheta = \vartheta_0$ beendet; denn die Treppenkurve gelangt in das Annahmegebiet für H_0.

Wir berechnen die Werte $E_\vartheta(r)$ an den Stellen $\vartheta = 0$, ϑ_1, s, ϑ_0, ∞. Es gilt nach (4.118), (4.120) und (4.122):

ϑ	$P_0(\vartheta)$	$E(r)$	$E(t)$
0	0	1,6	0
$\vartheta_1 = 500$ h	0,1	2,8	14 h
$s = 924$ h	0,5	2,5	23 h
$\vartheta_0 = 2000$ h	0,9	1,1	22 h
∞	1	0	—

Vergleicht man $E_\vartheta(r)$ mit der Abbruchzahl $r^* = 4$ im vergleichbaren einfachen Test, so liegen alle $E_\vartheta(r)$ in den berechneten Fällen unter $r^* = 4$. Der sequentielle Test ist in der Regel ökonomischer, birgt allerdings das Risiko in sich, daß er in einzelnen Fällen in einer vertretbaren Zeit keine Entscheidung bringt.

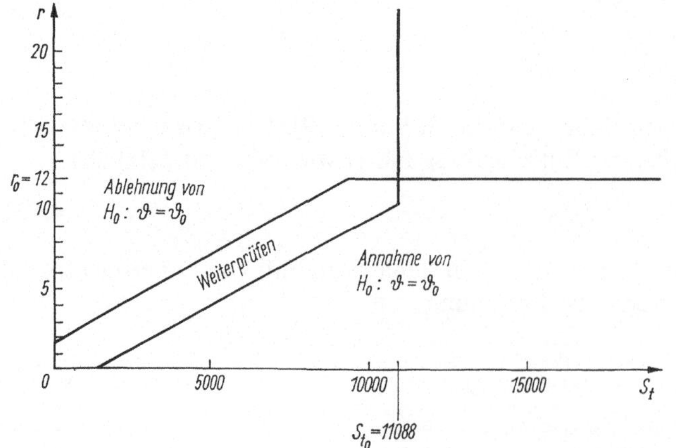

Bild 4.8
Sequentieller Test mit Stutzung

Sequentielle Tests mit einer erzwungenen Beendigung nach r_0 Ausfällen oder nach der Zeit t_0 heißen *gestutzte sequentielle Tests*. Die Stutzungsregel beeinflußt die Operationscharakteristik des Tests. Es gibt eine Reihe von Untersuchungen über geeignete Beendigungsregeln und ihren Einfluß auf die Operationscharakteristik, z. B. in [40] [41] [42]. Im allgemeinen wird sowohl das Abnehmerrisiko als auch das Herstellerrisiko vergrößert, wenn der sequentielle Test mit einer festen Abbruchregel versehen wird. Der Einfluß auf die Operationscharakteristik nimmt ab, wenn r_0 bzw. t_0 wachsen. Mit der Zeit hat sich folgende Verfahrensweise eingebürgert, die man auch in standardisierten Prüfplänen wiederfindet: Man setze $r_0 = 3r^*$, wobei r^* nach (4.92) bestimmt wird, und beende den Test mit Annahme der Hypothese $\vartheta = \vartheta_0$, wenn entweder $S_t > h_0 + rs$ oder $S_t > r_0 s$ zutrifft. Für $S_t < -h_1 + rs$ oder $S_t < r_0 s$ wird die Hypothese $\vartheta = \vartheta_0$ abgelehnt und $\vartheta = \vartheta_1$ angenommen. Diese Beendigungsregel ist für das Beispiel 4.12 im Bild 4.8 dargestellt. Die Stutzung der sequentiellen Tests mit dreifacher Anzahl von

Tabelle 4.5. Die wichtigsten Formeln zur Berechnung eines sequentiellen Tests bei gegebenen Werten von ϑ_0, ϑ_1, α und β

Funktion	Mit Ersatz	Ohne Ersatz
S_t	nt	$\sum\limits_{i=1}^{r} t_{(i)} + (n-r)\,t$
Ungleichung	$-h_1 + rs < S_t < h_0 + rs$	$-h_1 + rs < S_t < h_0 + rs$
$E_\vartheta(r)$ für $\vartheta \neq s$	$\dfrac{h_1 - P_0(\vartheta)\,(h_0 + h_1)}{s - \vartheta}$	$\dfrac{h_1 - P_0(\vartheta)\,(h_0 + h_1)}{s - \vartheta}$
$E_\vartheta(r)$ für $\vartheta = s$	$\dfrac{h_0 h_1}{s}$	$\dfrac{h_0 h_1}{s}$
$E_\vartheta(t)$	$\dfrac{\vartheta}{n}\,E_\vartheta(r)$	$\approx \vartheta \ln \dfrac{n}{n - E_\vartheta(r)}$
r_0	$3r^*$	$3r^*$

Ausfällen gegenüber dem vergleichbaren einfachen Test ändert die Operationscharakteristik unwesentlich, so daß die entstehende Abweichung in der Anwendung vernachlässigt werden kann. Eine ausführliche Darstellung der Berechnung der bedingten Operationscharakteristik und damit verbundener Größen findet man in [43].

4.5. Bayessche Tests für den Parameter der einparametrigen Exponentialverteilung

Der wahre mittlere Ausfallabstand ϑ wird als Zufallsgröße betrachtet. Die a-priori-Verteilungsdichte für ϑ sei $\pi(\vartheta)$. Um die mathematischen Formalismen nicht unnötig zu komplizieren, soll $\pi(\vartheta)$ von geeignetem Verteilungstyp sein. Zur Bayesschen Schätzung der Ausfallrate λ im Abschnitt 4.3. wurde $\pi(\lambda)$ als Dichte einer Gammaverteilung (4.70) definiert. Wir betrachten hier den Parameter $\vartheta = 1/\lambda$. Nun erfüllt die inverse Gammaverteilung mit der Dichte

$$\pi(\vartheta) = \frac{\eta^b}{\Gamma(b)} \left(\frac{1}{\vartheta}\right)^{b+1} e^{-\eta/\vartheta}, \qquad \vartheta \geqq 0, \qquad \eta \geqq 0, \qquad b > 0, \qquad (4.125)$$

die Bedingung, eine formale Verwandtschaft mit der Verteilung der Stichprobenfunktion S zu besitzen.

Unter Bayesschen Tests für ϑ kann man einerseits einfach solche Prüfpläne verstehen, die die a-priori-Verteilung in das Testverfahren einbeziehen und das erforderliche r, die Testkriterien und die Operationscharakteristik mit Hilfe der a-posteriori-Verteilung herleiten. Diesen Weg findet man für sequentielle Tests in [20]. Andererseits wird der Bayessche Aspekt vielfach mit entscheidungstheoretischen Gesichtspunkten verknüpft, und es werden *optimale Prüfpläne* gewonnen. Einen solchen Prüfplan für den Parameter der Exponentialverteilung veröffentlichte *Thyregod* [44]. Bei gegebenem Losumfang N wird auf der Grundlage eines Kostenmodells und der a-priori-Verteilungsdichte (4.125) der Prüfplan ermittelt, bei dem Anzahl der Ausfälle r^* (Abbruchzahl), Stichprobenumfang n und Annahmegrenze C für die summierte Lebensdauer optimal sind. Dieser Weg ist zwar kompliziert und erlaubt die Herleitung von Standardprüfplänen nicht, da er jeweils von der speziellen Kostensituation abhängt, aber er ist gerade wegen der Berücksichtigung von Kostenbeziehungen für die Anwendung sehr reizvoll. Er soll hier der Herleitung in [44] folgend skizziert werden.

Wir betrachten eine Lebensdauerprüfung ohne Ersetzen der ausgefallenen Elemente. Die Ausfallzeitpunkte folgen voraussetzungsgemäß der einparametrigen Exponentialverteilung. Weil ϑ eine Zufallsgröße ist, schreiben wir die Verteilungsdichte von t als bedingte Verteilungsdichte

$$f(t|\vartheta) = \frac{1}{\vartheta}\, e^{-t/\vartheta}, \qquad t \geq 0, \qquad \vartheta > 0. \tag{4.126}$$

Für ϑ gelte die a-priori-Verteilungsdichte (4.125) mit gegebenen Parametern η und b. Der Test diene der Beurteilung von Losen vom Umfang N, aus denen Stichproben vom Umfang n entnommen werden. Der Parameter ϑ soll von Los zu Los variieren. Mit Hilfe eines Kostenmodells ist der durch (n, r^*, C) gegebene optimale Prüfplan zu bestimmen.

Es besteht ein wesentlicher Unterschied zu den in den vorhergehenden Abschnitten behandelten nichtbayesschen Prüfplänen. Dort wurde der Plan auf der Basis von in gewissem Sinne willkürlich gewählten Hypothesen $\vartheta = \vartheta_0$ und $\vartheta = \vartheta_1$ mit gegebenen Risiken α und β ermittelt. Im jetzt betrachteten Fall ergibt sich die Operationscharakteristik aus der Kostenstruktur. Der Prüfplan mit entscheidungstheoretischer Prägung hat nicht nur die Aufgabe, eine ausreichende Zuverlässigkeit der beurteilten und „angenommenen" Lose zu garantieren, sondern er soll darüber hinaus die Gesamtkosten (sie enthalten Bestandteile, wie Prüfkosten, Garantieleistungen usw.) minimieren.

Der Bayessche Test hat den Charakter einer Annahmeprüfung, d.h., er verläuft wie folgt: n Elemente werden einer Lebensdauerprüfung unterworfen; ausgefallene Elemente werden nicht ersetzt; die Prüfung wird nach dem r^*-ten Ausfall beendet und die summierte Lebensdauer

$$S = \sum_{i=1}^{r} t_{(i)} + (n - r)\, t_{(r)} \tag{4.127}$$

berechnet. Dann wird der berechnete Wert S mit einer Grenze C verglichen: Ist $S \geq C$, wird das Los angenommen, bzw. der mittlere Ausfallabstand ϑ wird als ausreichend angesehen; ist dagegen $S < C$, so wird das Los abgelehnt, und es gilt als nicht den Anforderungen entsprechend. Die Risiken in Abhängigkeit vom wahren ϑ lassen sich mit Hilfe der Operationscharakteristik berechnen, die aber nun vom Losumfang N und von den Kostenbeziehungen abhängt.

Thyregod [44] geht von folgendem Kostenmodell aus: Jedes Element, das in die Stichprobe gelangt, verursacht Kosten der Höhe k_s (z.B. die Herstellungskosten eines Elements). Die Prüfung selbst verursacht je Zeiteinheit Kosten der Höhe k_t. Wird ein Element mit der Lebensdauer t durch den Test angenommen, entstehen Kosten der Höhe $k_a^*(t)$; diese Kosten können für kleine t hoch sein (Garantieleistungen), für große t entstehen z.B. negative Kosten als Gewinn. Wird ein Element mit der Lebensdauer t durch den Test abgelehnt, entstehen Kosten der Höhe $k_r^*(t)$. Auf der Basis von (4.126) lassen sich für die Kosten durch Annahme oder Ablehnung die bedingten Erwartungswerte berechnen, die von ϑ abhängig sind:

$$k_a(\vartheta) = \int_0^\infty k_a^*(t)\, f(t\,|\,\vartheta)\, \mathrm{d}t \qquad (4.128)$$

$$k_r(\vartheta) = \int_0^\infty k_r^*(t)\, f(t\,|\,\vartheta)\, \mathrm{d}t. \qquad (4.129)$$

Mit diesen beiden Kostenfunktionen definieren wir die Verlustfunktion

$$V(\vartheta) = k_r(\vartheta) - k_a(\vartheta), \qquad (4.130)$$

die mit ϑ monoton wächst und ihr Vorzeichen nur einmal wechselt. Ist für einen Wert $\vartheta = \vartheta^*$ die Verlustfunktion $V(\vartheta^*) = 0$, so liegt die sogenannte indifferente Situation vor. Wäre ϑ bekannt, so hieße die optimale Entscheidung: Annahme aller Lose mit $\vartheta \geqq \vartheta^*$; Ablehnung aller Lose mit $\vartheta < \vartheta^*$. Ein solcher Test hätte die „ideale" Operationscharakteristik (Bild 4.9). Er könnte aber nur durch die 100%-Prüfung bis zum Ausfall des letzten Elements verwirklicht werden, d.h., er kann praktisch nicht verwirklicht werden.

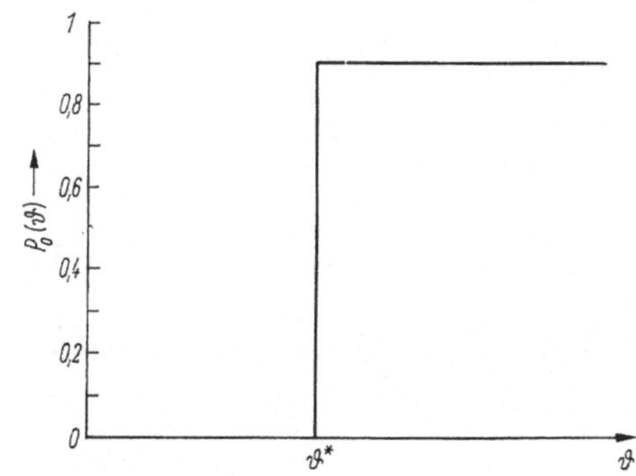

Bild 4.9
Ideale Operationscharakteristik (ϑ ist bekannt)

Die Prüfkosten k_t hängen durch den Prüfplan (n, r^*, C) von ϑ ab; denn der Erwartungswert der Zeit bis zum r-ten Ausfall in einer n-Elemente-Stichprobe ist nach (4.12) gleich

$$E\,(t_{(r)}\,|\,n) = \vartheta \sum_{i=1}^{r} \frac{1}{n - i + 1}, \qquad (4.131)$$

so daß im Mittel $k_t(\vartheta) = k_t E_r\,(t_{(r)}\,|\,n)$ gilt. Wird mit $P_0(\vartheta)$ die Annahmewahrscheinlichkeit eines Loses mit dem wahren Wert ϑ bezeichnet (Operationscharakteristik), so erhält man die Gesamtkosten für ein Los vom Umfang N, das durch eine Stichprobe vom

Umfang n mit der Annahmeregel (r^*, C) beurteilt wird, durch den Ausdruck

$$K(n, r, C, N) = nk_s + \int_0^\infty k_t(\vartheta)\, \pi(\vartheta)\, \mathrm{d}\vartheta$$

$$+ (N - n) \int_0^\infty \{k_a(\vartheta)\, P_0(\vartheta) + k_r(\vartheta)\, [1 - P_0(\vartheta)]\}$$

$$\times\, \pi(\vartheta)\, \mathrm{d}\vartheta. \tag{4.132}$$

Nun wird das Minimum von $K(n, r, C, N)$ bestimmt. Dazu wird zuerst das optimale Annahmekriterium C bei festem n und r gesucht, danach der optimale Stichprobenumfang n und zuletzt die optimale Abbruchzahl r^*.

In (4.132) ist nur der letzte Ausdruck vom eigentlichen Annahmeprüfverfahren abhängig. Setzt man

$$K_r = \int_0^\infty k_r(\vartheta)\, \pi(\vartheta)\, \mathrm{d}\vartheta \tag{4.133}$$

und

$$k(r, C) = K_r - \int_0^\infty V(\vartheta)\, P_0(r, C|\vartheta)\, \pi(\vartheta)\, \mathrm{d}\vartheta, \tag{4.134}$$

wobei $P_0(r, C|\vartheta)$ die Operationscharakteristik der auf r und C beruhenden Entscheidungsregel ist, so gibt $k(r, C)$ die mittleren, durch die Entscheidung über die nicht in die Stichprobe gelangten Elemente verursachten Kosten an. Diese Entscheidung erfolgt wie im klassischen Fall mit Hilfe der summierten Lebensdauer S. Die Größe S besitzt eine Gammaverteilung mit dem Formparameter r und dem Maßstabsparameter $1/\vartheta$ (Abschnitt 4.4.). So ist die Operationscharakteristik für eine auf der Grenze C beruhende Entscheidungsregel durch die Funktion

$$P_0(r, C|\vartheta) = \frac{1}{\vartheta^r \Gamma(r)} \int_C^\infty u^{r-1}\, \mathrm{e}^{-u/\vartheta}\, \mathrm{d}u \tag{4.135}$$

definiert [vgl. (4.87)]. Durch Differenzieren von (4.134) erhält man folgende Bestimmungsgleichung für C, die $k(r, C)$ zum Minimum macht:

$$k'_c(r, C) = \int_0^\infty V(\vartheta)\, g_r(C|\vartheta)\, \pi(\vartheta)\, \mathrm{d}\vartheta, \tag{4.136}$$

wobei $g_r(C|\vartheta)$ die Dichte der Gammaverteilung (4.135) an der Stelle $S = C$ bedeutet. Wird das a-posteriori-Risiko eingeführt

$$R(r, S) = \int_0^\infty V(\vartheta)\, \vartheta^{-r} \exp\left(-\frac{S}{\vartheta}\right) \pi(\vartheta)\, \mathrm{d}\vartheta, \tag{4.137}$$

so entsteht folgender Zusammenhang:

$$k'_c(r, C) = \frac{C^{r-1}}{\Gamma(r)}\, R(r, C). \tag{4.138}$$

In [44] wird bewiesen, daß folgende Beziehungen gelten:

A. Ist $R(r, 0) > 0$, so ist $k(r, C)$ wachsend, und die optimale Entscheidung ist die Ablehnung aller Lose, unabhängig vom Stichprobenergebnis.

B. Ist $R(r, \infty) < 0$, so ist $k(r, C)$ abnehmend, und die optimale Entscheidung ist die Annahme aller Lose.

C. Ist $R(r, 0) < 0$ und $R(r, \infty) > 0$, so ist $k(r, C)$ zuerst abnehmend und dann zunehmend mit C. Das Minimum $C_0(r)$ erhält man als Lösung an der Stelle $R(r, C) = 0$. Die optimale Entscheidung lautet, das Los für $S > C_0(r)$ anzunehmen.

Dieser Satz gilt allgemein für beliebige a-priori-Verteilungen.

Der nächste Schritt ist die Ermittlung des optimalen Stichprobenumfangs n. Dabei werden r und N als gegeben vorausgesetzt, $r < N$. Außerdem werden der Erwartungswert der Gesamtkosten je Element für die Stichprobenentnahme $K_s = k_s$ (von t und ϑ unabhängig) und der Erwartungswert der Gesamtkosten für den Test

$$K_t = k_t \int_0^\infty \vartheta \pi(\vartheta)\, \mathrm{d}\vartheta \tag{4.139}$$

benötigt. In [44] wird gezeigt, daß

A. für $K_s \leqq k(r, C)$ der optimale Stichprobenumfang $n = N$ ist,
B. für $K_s > k(r, C)$ der optimale Stichprobenumfang

$$n = \begin{cases} N & \text{für } N < n(r) \\ \text{sonst} & [n(r)] \end{cases} \tag{4.140}$$

mit

$$n(r) = \frac{r}{2} + \left[\frac{r^2}{4} + r\,\frac{K_t}{K_s - k(r, C)} \right]^{1/2} \tag{4.141}$$

ist, wobei $[n(r)]$ die größte ganze Zahl in $n(r)$ bedeutet.

Schließlich ist noch die optimale Abbruchzahl r^* zu bestimmen. In [44] wird gezeigt, daß die Funktion $\min K(n, r, C, N)$ eine stückweise lineare Funktion ist, die sich aus Abschnitten $K^*(r, N)$ zusammensetzt, wobei $K^*(r, N) = \min_n \min_C K(n, r, C, N)$ bedeutet. Der optimale Wert für r kann durch nacheinanderfolgende Bestimmung der Schnittpunkte von $\min_{i \leqq r} K^*(i, N)$ und $K^*(r + 1, N)$ ermittelt werden.

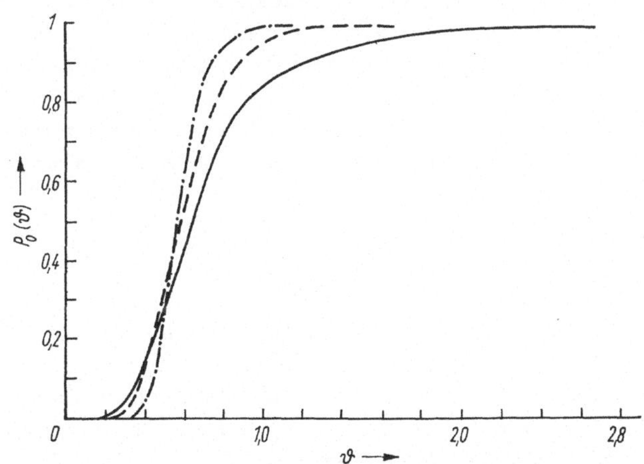

Bild 4.10. Operationscharakteristiken einiger Pläne aus [44]:
N = 115 bis 143, n = 25, r = 4, ausgezogene Linie*
N = 313 bis 351, n = 39, r = 10, gestrichelte Linie*
N = 1068 bis 1130, n = 66, r = 25, strich-punktierte Linie*

Satz 5 in [44] sagt aus, daß die optimalen Werte von n, r und C nichtabnehmende Funktionen des Losumfangs N sind, d.h., je größer das Los, um so schärfer ist die erforderliche Prüfung und um so steiler verläuft die Operationscharakteristik. Das läßt sich durch das in [44] angegebene Beispiel recht gut illustrieren. *Thyregod* berechnete den optimalen Stichprobenplan bei folgenden Kosten: $K_r = k_s = 1$, $k_a = 1{,}2$ für $t < 1$, $k_a = 0$ für $t \geq 1$ und $k_t = 12$. Das läßt sich wie folgt interpretieren: Die Kosten für die Entnahme von Elementen für die Stichprobe und für die Ablehnung von Elementen sind gleich und von der Lebensdauer unabhängig, beispielsweise die Herstellungskosten (was zuträfe, wenn abgelehnte und getestete Elemente weggeworfen werden würden). Diese Kosten seien die Normierungsbasis für alle Kosten, also gleich 1 zu setzen. Die Kosten für die Annahme von Elementen mit der Lebensdauer $t < 1$ sind beispielsweise Garantiekosten, die für eine Lebensdauer $t \geq 1$ entfallen. Dadurch spielt der Garantiezeitraum $t_0 = 1$ die Rolle der zeitlichen Bezugsbasis. Die Testkosten $k_t = 12$ je Zeiteinheit (Garantiezeitraum) sind im Vergleich hoch, was in vielen Fällen auch der Praxis entspricht. Die a-priori-Verteilung $\pi(\vartheta)$ hat die Parameter $b = 4$, $\eta = 1{,}8$. Für Losumfänge um $N = 125, 330$ und 1100 sind die Operationscharakteristiken des Tests im Bild 4.10 dargestellt. Sie werden mit wachsendem N steiler.

4.6.   Informationsgehalt zeitlich gestutzter Stichproben

Der große Vorteil der Exponentialverteilung als Wahrscheinlichkeitsmodell zur Beschreibung von Ausfallvorgängen besteht u.a. darin, daß durch die Konstanz der Ausfallrate die Schätzung oder das Testen von λ bzw. ϑ mit beliebiger Genauigkeit in beliebig kurzer Zeit möglich ist, wenn nur der Stichprobenumfang groß genug gewählt wird. Man ersetzt gewissermaßen Zeit durch größere Elementezahlen. In vielen praktischen Fällen wird die Exponentialverteilung aus diesem Grund als einfachstes Wahrscheinlichkeitsmodell zur zeitlichen Extrapolation angesehen. Ein Indiz dafür ist die Bevorzugung der Ausfallrate λ als Parameter bei hochzuverlässigen Erzeugnissen, aber von ϑ bei Geräten und Systemen mit vergleichsweise geringerer Zuverlässigkeit. Mit λ verbindet sich die Vorstellung der momentanen Ausfallwahrscheinlichkeit, mit ϑ dagegen die einer Zeit (mittlerer Ausfallabstand oder Erwartungswert der Ausfallzeit t).

In diesem Zusammenhang ist die Betrachtung der mittleren Information zugunsten einer Hypothese $\mathbf{H}_0 : \lambda = \lambda_0$ für Stichproben vom Umfang n mit der zeitlichen Stutzung t^* aufschlußreich [45]. Der mittlere Informationsgehalt einer Stichprobe zugunsten der Hypothese $\mathbf{H}_0 : \lambda = \lambda_0$ mit der Alternativhypothese $\mathbf{H}_1 : \lambda = \lambda_1$, $\lambda_0 \neq \lambda_1$, ist nach *Kullback* [46] durch die Beziehung

$$\mathbf{I}\,(\mathbf{H}_0 : \mathbf{H}_1) = C \int \log \frac{L\,(\lambda_0|S)}{L\,(\lambda_1|S)}\, \mathrm{d}S \qquad (4.142)$$

gegeben, wobei L die Likelihood-Funktion, S die summierte Lebensdauer und C ein Maß zur Normierung bedeuten. Unter dem Integral steht der Likelihood-Quotient, der z.B. bereits als Grundlage des sequentiellen Tests diente. Man kann ihn auch im Bayesschen Sinne interpretieren: Sind $P\,(\mathbf{H}_i|S)$ und $P(\mathbf{H}_i)$ für $i = 0,1$ die a-posteriori- und a-priori-Wahrscheinlichkeiten für die Hypothese $\mathbf{H}_0$ und $\mathbf{H}_1$, so läßt sich der Likelihood-Quotient wie folgt schreiben:

$$\log \frac{L\,(\lambda_0|S)}{L\,(\lambda_1|S)} = \log \frac{P\,(\mathbf{H}_0|S)}{P\,(\mathbf{H}_1|S)} - \log \frac{P(\mathbf{H}_0)}{P(\mathbf{H}_1)}. \qquad (4.143)$$

Sein Logarithmus drückt den Informationszuwachs durch die Stichprobe zugunsten von H_0 aus. Für eine zum Zeitpunkt t^* gestutzte Stichprobe ohne Ersatz erhält man aus (4.142) die Beziehung

$$\mathbf{I}\,(\mathbf{H}_0 : \mathbf{H}_1) = \ln\left(\frac{\lambda_0}{\lambda_1}\right)^r + r\,\frac{\lambda_1 - \lambda_0}{\lambda_0} + n\,(\lambda_1 - \lambda_0)\,t^* - r\,(\lambda_1 - \lambda_0)\,\frac{t^*}{F(t^*)}.$$

(4.144)

Wird die Zufallsgröße Anzahl der Ausfälle r unter der Hypothese H_0 durch ihren Erwartungswert

$$E(r) = nF\,(t^*|\lambda_0)$$

(4.145)

ersetzt, so erhält man aus (4.144) den Erwartungswert von $\mathbf{I}\,(\mathbf{H}_0 : \mathbf{H}_1)$:

$$E(\mathbf{I}) = nF\,(t^*|\lambda_0)\left(\ln\frac{\lambda_0}{\lambda_1} + \frac{\lambda_1}{\lambda_0} - 1\right).$$

(4.146)

Wird außerdem angenommen, daß die wahre Ausfallrate $\lambda = \lambda_0$ ist, kann der Erwartungswert der mittleren Information zugunsten von λ_0 in Abhängigkeit von t^*, n und λ_0/λ_1 dargestellt werden (Bilder 4.11, 4.12, 4.13). Man sieht, daß die mittlere Information über dem wahren Wert λ_0 mit wachsendem λ_0 zunimmt, bis sie einen von n und λ_0/λ_1 abhängenden Maximalwert erreicht. Der Maximalwert wird um so eher erreicht, je größer t^* ist. Es sei $\lambda_1 = a\lambda_0$ mit $a > 0$ und

$$K = n\,(a - \ln a - 1)\,;$$

(4.147)

dann läßt sich (4.146) folgendermaßen schreiben:

$$E(\mathbf{I}) = K\,(1 - e^{-\lambda_0 t^*}) = KF\,(t^*|\lambda_0).$$

(4.148)

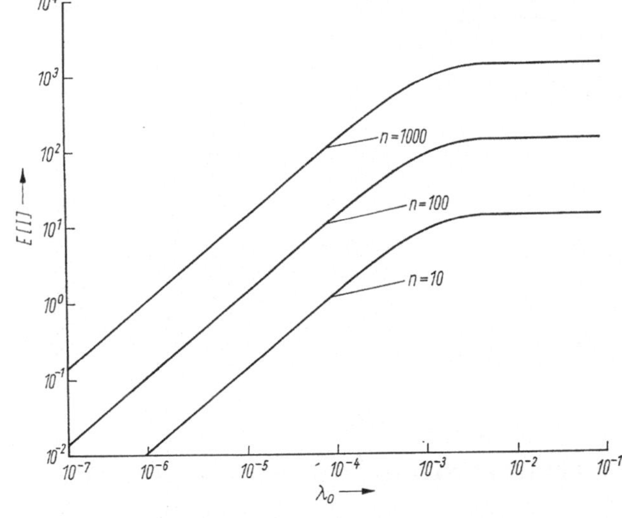

Bild 4.11
Mittlere Information
in Abhängigkeit
von n bei $t^* = 1000\,h$
und $\lambda_0/\lambda_1 = 10$

$E(\mathbf{I})$ nimmt bei $t^* = \infty$ das Maximum K an. So ist die relative mittlere Information in einer gestutzten Stichprobe einfach gleich der Ausfallwahrscheinlichkeit bis zum Zeitpunkt t^*:

$$E(\mathbf{I})_{\text{rel}} = 1 - e^{-\lambda_0 t^*},$$

(4.149)

ein Ergebnis, das eigentlich zu erwarten war. Es bedeutet aber beispielsweise, daß die 1000-h-Prüfung einer Stichprobe mit der wahren Ausfallrate $\lambda_0 = 10^{-6}\,h^{-1}$ weniger als $1^0/_{00}$ der maximalen mittleren Information enthält. So wird sichtbar, welche Bedeutung die zeitliche Stutzung von Stichproben in vielen praktischen Fällen hat, welches Gewicht damit die *Voraussetzung* bekommt, daß eine Exponentialverteilung bzw. eine konstante Ausfallrate vorliegt, und wie stark der Anfangsbereich der Ausfallverteilung für alle Aussagen verantwortlich ist. In vielen Fällen werden damit zeitliche Extrapolationen fragwürdig, und die Resultate einer Analyse dürfen nur auf einen der Prüfzeit angemessenen Zeitraum übertragen werden.

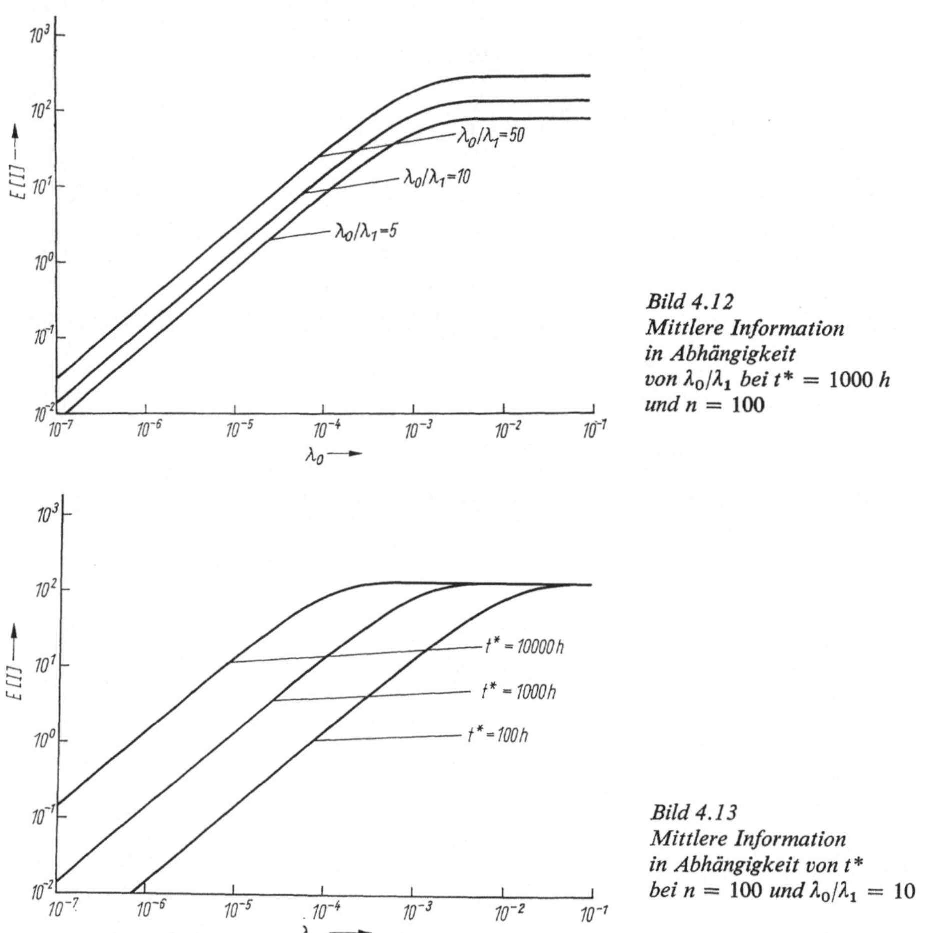

Bild 4.12
Mittlere Information
in Abhängigkeit
von λ_0/λ_1 bei $t^* = 1000\,h$
und $n = 100$

Bild 4.13
Mittlere Information
in Abhängigkeit von t^*
bei $n = 100$ und $\lambda_0/\lambda_1 = 10$

4.7.   Anpassungstests für die einparametrige Exponentialverteilung

Das Resultat jeder statistischen Auswertung wird entscheidend durch das vorausgesetzte Wahrscheinlichkeitsmodell beeinflußt. *Zelen* und *Dannemiller* [47] untersuchten z.B. die Änderung der Operationscharakteristiken von Lebensdauertests, die auf der Exponentialverteilung beruhen, wenn sie auf Weibull-Verteilungen angewandt werden. Es ergeben sich erhebliche Abweichungen, die in der Praxis Fehlentscheidungen mit großer

Häufigkeit hervorrufen können. Daher ist es wichtig, zu prüfen, ob sich die Beobachtungswerte mit dem vorausgesetzten Wahrscheinlichkeitsmodell vereinbaren lassen oder nicht.

In diesem Abschnitt werden Anpassungstests für die Hypothese „Die Beobachtungswerte folgen einer einparametrigen Exponentialverteilung" behandelt. Es stehen relativ viele Tests zur Prüfung dieser Hypothese zur Verfügung. Allein *Epstein* [48] beschreibt zwölf solcher Verfahren, und es gibt noch weitere. Sie unterscheiden sich durch ihre Eignung für den Einzelfall. Wichtig ist, daß sie Abweichungen von der Exponentialverteilung möglichst empfindlich anzeigen. Das hängt von dem Testkriterium, der Anzahl der Beobachtungswerte und dem Typ der alternativen Wahrscheinlichkeitsverteilung ab.

Hier werden drei Verfahren beschrieben: ein auf der summierten Lebensdauer beruhender Test (in [47] als Test Nr. 3 behandelt) mit näherungsweise normalverteiltem Testkriterium, ein mit der *F*-Verteilung zu prüfendes Kriterium nach [1] und der bekannte klassische Kolmogorov-Test, der nicht nur zur Prüfung einer Stichprobe auf Exponentialverteilung, sondern auch auf beliebige kontinuierliche, aber vollständig spezifizierte Wahrscheinlichkeitsverteilungen anwendbar ist.

Der auf der summierten Lebensdauer beruhende Test benutzt die Eigenschaften des Poissonschen Prozesses. Er reagiert gut auf alternative Verteilungstypen mit zu- oder abnehmender Ausfallrate und ist leicht durchzuführen. Das von *Gnedenko*, *Beljajew* und *Solowjew* [1] empfohlene Verfahren erwies sich in einer von *Fercho* und *Ringer* [49] durchgeführten Monte-Carlo-Studie von vier untersuchten Tests als am trennschärfsten. Auch dieser Test läßt sich einfach durchführen. Der Test von *Kolmogorov* dient zum Vergleich einer Stichprobe mit einer vollständig spezifizierten Exponentialverteilung, d.h., das Wahrscheinlichkeitsmodell ist durch einen hypothetischen Wert für den Parameter λ bzw. ϑ quantifiziert. Ersetzt man allerdings λ oder ϑ durch den aus der zu beurteilenden Stichprobe gewonnenen Schätzwert – ein in der Praxis nicht ungewöhnliches Verfahren –, so gelten die kritischen Werte des Kolmogorov-Tests nicht mehr.

4.7.1. Summe der summierten Lebensdauer als Testkriterium

Unserer Bezeichnungsweise entsprechend sei S_i wieder die beobachtete summierte Lebensdauer zum i-ten Ausfallzeitpunkt $t_{(i)}$. Die Stichprobenfunktion S_i wird in Experimenten mit sofortigem Ersatz ausgefallener Elemente nach der Formel

$$S_i = nt_{(i)}, \tag{4.150}$$

in Experimenten ohne Ersatz nach

$$S_i = \sum_{j=1}^{i} t_{(j)} + (n - i)\, t_{(i)} \tag{4.151}$$

berechnet.

Betrachten wir auf der „summierten Zeitskala" ein Intervall der Länge $[0, S^*]$, so besitzt die Zufallsgröße S nach [29] eine Rechteckverteilung (Gleichverteilung) über diesem Intervall. Die Verteilungsdichte hat die Gestalt

$$f(S) = \begin{cases} 0 & \text{für } S < 0 \\[2mm] \dfrac{1}{S^*} & \text{für } 0 \leq S \leq S^* \\[2mm] 0 & \text{für } S > S^* \end{cases} \tag{4.152}$$

mit dem Erwartungswert

$$E(S) = \frac{S^*}{2}$$ (4.153)

und der Varianz

$$\text{Var}\,(S) = \frac{(S^*)^2}{12}.$$ (4.154)

Nach dem zentralen Grenzwertsatz der Wahrscheinlichkeitsrechnung ist die Summe unabhängiger Zufallsgrößen, die ein und derselben Verteilungsfunktion folgen, bereits bei relativ kleiner Anzahl von Summanden eine näherungsweise normalverteilte Zufallsgröße. Folgen die Summanden S_i einer gemeinsamen Rechteckverteilung, so ist die Approximation durch eine Normalverteilung schon ab fünf Summanden praktisch ausreichend. Der Erwartungswert der näherungsweisen Normalverteilung für die Summe von m Summanden ist

$$\mu = \frac{mS^*}{2}$$ (4.155)

und die Varianz

$$\sigma^2 = \frac{m(S^*)^2}{12}.$$ (4.156)

Diese Eigenschaften werden zur Konstruktion eines Anpassungstests ausgenutzt.

Die Lebensdauerprüfung kann zu einem festen Zeitpunkt t^* oder nach einer festen Anzahl von Ausfällen r^* beendet werden. Diese beiden Fälle sind zu unterscheiden.

1. Die Prüfung wird zum festen Zeitpunkt t^* beendet. Die Anzahl der beobachteten Ausfälle r ist eine Zufallsgröße. Um eine hinreichend gute Approximation durch eine Normalverteilung zu gewährleisten, sei $r > 5$, möglichst $r > 10$. Die nach Gl.(4.150) oder (4.151) berechneten Größen S_i sind Realisierungen einer Zufallsgröße S mit einer Rechteckverteilung über dem Intervall $[0, S^*]$. Wird die Prüfung mit Ersatz der ausgefallenen Elemente durchgeführt, gilt

$$S^* = nt^*,$$ (4.157)

wobei S^* eine feste Grenze für S darstellt. Wird ohne Ersetzen ausgefallener Elemente geprüft, ist S* Realisierung einer Zufallsgröße; denn es gilt

$$S^* = \sum_{i=1}^{r} t_{(i)} + (n - r)\, t^*.$$ (4.158)

Der Anpassungstest beruht auf der Summe

$$V_r = \sum_{i=1}^{r} S_i,$$ (4.159)

die Realisierung einer Zufallsgröße V_r mit näherungsweise Normalverteilung ist.

2. Die Prüfung wird nach einer festen Anzahl von Ausfällen r^* beendet; der Beendigungszeitpunkt $t_{(r)}$ ist also Realisierung einer Zufallsgröße. Die $(r - 1)$ Ausfallzeitpunkte $t_{(1)} \leqq \ldots \leqq t_{(r-1)}$ haben eine zufällige Lage im Zeitintervall $[0, t_{(r)}]$. Ihnen

werden nach Gl.(4.150) bzw. (4.151) die Größen S_i zugeordnet, die einer Rechteckverteilung im Intervall [0, S*] folgen. Dabei ist sowohl

$$S^* = nt_{(r)} \tag{4.160}$$

als auch

$$S^* = \sum_{i=1}^{r} t_{(i)} + (n - r)\, t_{(r)} \tag{4.161}$$

selbst Realisierung einer Zufallsgröße, weil $t_{(r)}$ zufällig ist. Daher wird für den Anpassungstest nur die Summe über die ersten $r - 1$ Zufallsgrößen S_i betrachtet, d.h., er beruht auf dem Ausdruck

$$V_{r-1} = \sum_{i=1}^{r-1} S_i. \tag{4.162}$$

Wenn die Wahrscheinlichkeitsverteilung von t eine Exponentialverteilung ist oder, gleichbedeutend damit, die von S eine Rechteckverteilung über dem der jeweiligen Beendigungsregel entsprechenden Intervall, so folgen die Zufallsgrößen V_r bzw. V_{r-1} näherungsweise einer Normalverteilung mit dem durch (4.155) gegebenen Erwartungswert und der durch (4.156) gegebenen Varianz. Mit Hilfe der Normalverteilung werden die im Experiment gefundenen V_r bzw. V_{r-1} bewertet. Liegen sie außerhalb des unter der Nullhypothese zu erwartenden Bereichs, so besteht Grund zu der Annahme, daß die Ausfallverteilung keine konstante Ausfallrate hat. Liegt in Wahrheit eine Ausfallverteilung mit abnehmender Ausfallrate vor, so treten im unteren Bereich des Intervalls [0, S*] mehr Realisierungen S_i auf als bei konstanter Ausfallrate; die Summen (4.159) bzw. (4.162) werden klein. Umgekehrt treten bei Ausfallverteilungen mit zunehmender Ausfallrate anfangs wenige Ausfälle auf; die S_i häufen sich im oberen Bereich des Intervalls [0, S*]; die Summen (4.159) bzw. (4.162) werden groß.

Der Anpassungstest wird folgendermaßen durchgeführt: Man berechnet auf der Grundlage der experimentellen Resultate die Prüfgröße V_m, wobei $m = r$ oder $m = r - 1$ ist. Die zur Bewertung dieser Prüfgröße dienende Normalverteilung hat nach Gln.(4.155) und (4.156) den Erwartungswert $\mu = mS^*/2$ und die Standardabweichung $\sigma = S^* \sqrt{m/12}$. Mit x_γ sei das γ-Quantil der standardisierten Normalverteilung bezeichnet, d.h.

$$P\,(x \leqq x_\gamma) = \frac{1}{\sqrt{2\pi}} \int_{-\infty}^{x_\gamma} e^{-\mu^2/2} \, du = \gamma. \tag{4.163}$$

Wegen der Symmetrie der Normalverteilung gilt

$$x_\gamma = -x_{1-\gamma}. \tag{4.164}$$

Mit Hilfe der Normalverteilung lassen sich Grenzen für die Zufallsgröße V_m berechnen, die nur mit einer vorgegebenen Irrtumswahrscheinlichkeit α überschritten werden, wenn t einer Exponentialverteilung bzw. S einer Rechteckverteilung folgt. Solche Grenzen lassen sich zweiseitig oder einseitig bilden. Im allgemeinen wird man das zweiseitige Intervall

$$\mu - x_{1-\alpha/2}\sigma \leqq V_m \leqq \mu + x_{1-\alpha/2}\sigma \tag{4.165}$$

benutzen. Wenn t einer Exponentialverteilung folgt, ist die Prüfgröße V_m mit der Wahrscheinlichkeit $(1 - \alpha)$ innerhalb des durch Gl.(4.165) definierten Intervalls zu erwarten.

(Diese Wahrscheinlichkeit gilt eigentlich nur näherungsweise wegen der nur näherungsweise geltenden Normalverteilung.) Wird als Alternative zur Exponentialverteilung eine Verteilung mit zunehmender Ausfallrate vermutet, so ist ein einseitiger Test mit der (ungefähren) Irrtumswahrscheinlichkeit α zweckmäßig. Dazu wird das einseitige Intervall

$$V_m \leq \mu + x_{1-\alpha}\sigma \tag{4.166}$$

gebildet. Sofern V_m unterhalb der Grenze $\mu + x_{1-\alpha}\sigma$ liegt, besteht kein Grund, die Nullhypothese „t folgt einer einparametrigen Exponentialverteilung" zu verwerfen. Entsprechend wird für V_m ein nach unten begrenztes einseitiges Intervall benutzt, wenn als Alternative zur Exponentialverteilung eine Verteilung mit abnehmender Ausfallrate zu vermuten ist. Dann gilt mit der (ungefähren) Irrtumswahrscheinlichkeit α

$$\mu - x_{1-\alpha}\sigma \leq V_m, \tag{4.167}$$

wenn die Nullhypothese richtig ist.

Der Anpassungstest liefert eine Entscheidung über die mit den Beobachtungswerten verträgliche Wahrscheinlichkeitsverteilung. Ist die Nullhypothese „Exponentialverteilung" richtig, wird sie durch den Test mit der Wahrscheinlichkeit α verworfen. Das Risiko α ist vorgegeben und bekannt. Wird aber die Nullhypothese durch den Test angenommen, so bedeutet das nicht, daß in Wirklichkeit eine Exponentialverteilung vorliegt. Es kann sich um einen Wahrscheinlichkeitstyp handeln, der der Exponentialverteilung im betrachteten Zeitintervall zu ähnlich ist, um beim Testen unterschieden werden zu können.

Beispiel 4.13. Für die Beobachtungswerte aus Beispiel 4.1 soll die Hypothese „Die $t_{(i)}$ folgen einer einparametrigen Exponentialverteilung" geprüft werden. Der Test wurde mit $n = 50$ Elementen durchgeführt und beim fünfzehnten Ausfall beendet, der zum Zeitpunkt $t_{(15)} = 2312\,\text{h}$ beobachtet wurde. Weil der Test ohne Ersatz der ausgefallenen Elemente durchgeführt wurde, berechnen wir S^* nach Gl. (4.161)

$$S^* = \sum_{i=1}^{15} t_{(i)} + 35 \cdot t_{(15)} = 17654\,\text{h} + 35 \cdot 2312\,\text{h} = 98574\,\text{h}.$$

Als Testgröße wird V_{r-1} nach Gl. (4.162) benutzt; denn innerhalb des Zeitintervalls $[0, t_{(15)}]$ liegen insgesamt $(r-1)$ Ausfallzeitpunkte als Realisierungen der Zufallsgröße t vor. In (4.155) und (4.156) wird $m = r - 1 = 14$ gesetzt. Die Parameter der als Prüfverteilung dienenden Normalverteilung sind

$$\mu = \frac{14 \cdot 98574\,\text{h}}{2} = 690018\,\text{h}$$

$$\sigma = \sqrt{\frac{14}{12}} \cdot 98574\,\text{h} = 106472\,\text{h}.$$

Der Test soll in zweiseitiger Fragestellung mit der Irrtumswahrscheinlichkeit $\alpha = 0{,}05$ durchgeführt werden. Aus einer Tabelle der standardisierten Normalverteilung entnimmt man das Quantil $x_{0{,}975} = 2{,}241$. Mit Hilfe von (4.164) erhält man die Ungleichung (4.165):

$$690018 - 2{,}241 \cdot 106472 \leq V_{14} \leq 690018 + 2{,}241 \cdot 106472$$

$$451414 \leq V_{14} \leq 928622.$$

Mit Hilfe der Ausfalldaten im Beispiel 4.1 wird nun V_{14} berechnet:

i	$t_{(i)}$	$S_{(i)}$
1	125	6250
2	252	12473
3	319	15689
4	401	19543
5	470	22717
6	691	32662
7	965	44718
8	1377	62434
9	1462	66004
10	1498	67480
11	1674	74520
12	1902	83412
13	1907	83602
14	2299	98106
		689610

Tabelle 4.6. Die wichtigsten Formeln des Abschnitts 4.7.1.

Funktion	Beendigungsregel t^*		r^*	
	Mit Ersatz	Ohne Ersatz	Mit Ersatz	Ohne Ersatz
S^*	nt^*	$\sum_{i=1}^{r} t_{(i)} + (n-r)\,t^*$	$nt_{(r)}$	$\sum_{i=1}^{r} t_{(i)} + (n-r)\,t_{(r)}$
S_i	$nt_{(i)}$	$\sum_{j=1}^{i} t_{(j)} + (n-i)\,t_{(i)}$	$nt_{(i)}$	$\sum_{j=1}^{i} t_{(j)} + (n-i)\,t_{(i)}$
m	r	r	$r-1$	$r-1$
V_m	$\sum_{i=1}^{r} S_i$	$\sum_{i=1}^{r} S_i$	$\sum_{i=1}^{r-1} S_i$	$\sum_{i=1}^{r-1} S_i$
μ	$\dfrac{1}{2}\,mS^*$	$\dfrac{1}{2}\,mS^*$	$\dfrac{1}{2}\,mS^*$	$\dfrac{1}{2}\,mS^*$
σ^2	$\dfrac{1}{12}\,m\,(S^*)^2$	$\dfrac{1}{12}\,m\,(S^*)^2$	$\dfrac{1}{12}\,m\,(S^*)^2$	$\dfrac{1}{12}\,m\,(S^*)^2$

Der Wert $V_{(14)} = 689610$ liegt innerhalb des Bereichs, in dem dieser Wert schwanken darf, wenn die Hypothese, daß t einer Exponentialverteilung folgt, zutrifft. Die Beobachtungswerte widersprechen nicht dem vorausgesetzten Wahrscheinlichkeitsmodell.

4.7.2. Test mit Hilfe der *F*-Verteilung

Dieser Anpassungstest wird in [1] beschrieben. Er beruht auf der summierten Lebensdauer zwischen den Ausfällen. In Experimenten ohne Ersatz der ausgefallenen Elemente ist die summierte Lebensdauer zwischen dem i-ten und dem $(i-1)$-ten Ausfall durch die Formel

$$S_i = (n - i + 1)(t_{(i)} - t_{(i-1)}), \tag{4.168}$$

in Experimenten mit Ersatz durch

$$S_i = n(t_{(i)} - t_{(i-1)}) \tag{4.169}$$

definiert. Dabei gilt $t_{(0)} = 0$. Wenn die Ausfallzeiten einer Exponentialverteilung folgen, genügen Größen der Form $2\lambda S_i$ einer χ^2-Verteilung mit zwei Freiheitsgraden. Im Experiment mögen r Ausfälle beobachtet worden sein. Werden diese beliebig in zwei Gruppen unterteilt, so daß die ersten r_1 Ausfälle und die darauf folgenden r_2 Ausfälle unterschieden werden, $r_1 + r_2 = r$, $r_1 > 0$, $r_2 > 0$, dann kann ein Anpassungstest mit Hilfe der Zufallsgröße

$$\varphi(r_1, r_2) = \frac{r_2 \sum_{i=1}^{r_1} S_i}{r_1 \sum_{i=r_1+1}^{r_2} S_i} \tag{4.170}$$

durchgeführt werden. Wenn die Nullhypothese richtig ist und t einer Exponentialverteilung folgt, muß für $\varphi(r_1, r_2)$ die F-Verteilung mit $m_1 = 2r_1$ und $m_2 = 2r_2$ Freiheitsgraden gelten. (Die Summen der S_i folgen χ^2-Verteilungen mit $2r_1$ bzw. $2r_2$ Freiheitsgraden, und der Quotient zweier unabhängiger Zufallsgrößen mit χ^2-Verteilungen genügt dann einer F-Verteilung.) Für den Fall, daß eine·Lebensdauerverteilung mit zunehmender Ausfallrate vorliegt, wird die Ausfallhäufigkeit mit zunehmender Zeit wachsen und die Summe im Nenner von (4.170) relativ klein werden. Das bedeutet, daß die Prüfgröße $\varphi(r_1, r_2)$ größer wird, als man bei Exponentialverteilung von t erwarten kann. Überschreitung einer oberen Grenze (in Form des entsprechenden F-Quantils) durch die Prüfgröße $\varphi(r_1, r_2)$ deutet also auf eine zunehmende Ausfallrate hin. Umgekehrt wird, wenn statt der Exponentialverteilung für t eine Verteilungsfunktion mit abnehmender Ausfallrate vorliegt, die Ausfallhäufigkeit zu Beginn des Experiments groß sein, so daß die Zeit zwischen den Ausfällen zu klein ist und damit auch die Summe im Zähler von (4.170). Die Prüfgröße wird eine durch das entsprechende Quantil der F-Verteilung definierte untere Grenze unterschreiten, wenn sich die vorliegende Lebensdauerverteilung mit abnehmender Ausfallrate deutlich genug von der Exponentialverteilung unterscheidet. Unterschreitung einer unteren Grenze (des entsprechenden Quantils der F-Verteilung) deutet auf eine abnehmende Ausfallrate hin.

Je nachdem, welche Vermutungen man über die alternative Lebensdauerverteilung besitzt, kann der Anpassungstest einseitig oder zweiseitig mit einer vorgegebenen Irrtumswahrscheinlichkeit α durchgeführt werden. Wird mit $F_\gamma(m_1, m_2)$ das Quantil

$$P(F \leqq F_\gamma) = \gamma$$

der F-Verteilung mit m_1 und m_2 Freiheitsgraden bezeichnet, so ergeben sich folgende Entscheidungsregeln für den Anpassungstest:

1. Zweiseitige Fragestellung

Liegt die Prüfgröße $\varphi(r_1, r_2)$ im Intervall

$$F_{\alpha/2}(2r_1, 2r_2) \leqq \varphi(r_1, r_2) \leqq F_{1-\alpha/2}(2r_1, 2r_2), \tag{4.171}$$

so stehen die Beobachtungswerte mit einer Irrtumswahrscheinlichkeit α nicht im Widerspruch zur Nullhypothese, die besagt, daß eine Exponentialverteilung für t vorliegt.

Unterschreitet oder überschreitet die Prüfgröße die untere bzw. obere Grenze, so muß die Nullhypothese abgelehnt werden; die Beobachtungswerte lassen eine Lebensdauerverteilung mit abnehmender bzw. zunehmender Ausfallrate vermuten.

2. Einseitige Fragestellung

Liegt die Prüfgröße $\varphi\,(r_1, r_2)$ im Bereich

$$F_\alpha\,(2r_1, 2r_2) \leqq \varphi\,(r_1, r_2) \tag{4.172}$$

bzw.

$$\varphi\,(r_1, r_2) \leqq F_{1-\alpha}\,(2r_1, 2r_2), \tag{4.173}$$

so sind die Beobachtungswerte $t_{(i)}$ mit der Irrtumswahrscheinlichkeit α mit der Nullhypothese „Exponentialverteilung" verträglich. Andernfalls muß sie abgelehnt werden; denn die Beobachtungswerte deuten auf eine Wahrscheinlichkeitsverteilung mit ab- bzw. zunehmender Ausfallrate hin.

Bei diesem Test ist die Unterteilung der r Ausfälle in eine erste Gruppe mit r_1 und eine zweite mit r_2 Ausfällen willkürlich. Hier wird man, wenn möglich, Vermutungen über Frühausfälle bzw. Alterungsausfälle benutzen, um die Unterteilung vornehmen zu können. So könnte die erste Gruppe etwa aus den r_1 Ausfällen bestehen, von denen vermutet wird, daß sie Frühausfälle sind, und die restlichen Ausfälle könnten die zweite Gruppe mit r_2 Ausfällen bilden. Außerdem wird in der Praxis zur Bestimmung der unteren Quantile der F-Verteilung die Anwendung der Symmetriebeziehung

$$F_\gamma(m_1, m_2) = \frac{1}{F_{1-\gamma}\,(m_2, m_1)} \tag{4.174}$$

erforderlich, weil die Tabellen der F-Verteilung in der Regel nur die oberen Quantile enthalten.

Beispiel 4.14. Es werden die im Beispiel 4.13 benutzten Beobachtungswerte geprüft. Es sei $r_1 = 5$, $r_2 = 10$. Die Auswertung beruht auf den folgenden Daten, die in einem Experiment ohne Ersatz der ausgefallenen Elemente mit $n = 50$ ermittelt worden sind:

i	$t_{(i)}$	$t_{(i)} - t_{(i-1)}$	S_i	i	$t_{(i)}$	$t_{(i)} - t_{(i-1)}$	S_i
1	125	125	6250	6	691	221	9945
2	252	127	6223	7	965	274	12056
3	319	67	3216	8	1377	412	17716
4	401	82	3854	9	1462	85	3570
5	470	69	3174	10	1498	36	1476
			22717	11	1674	176	7040
				12	1902	228	8892
				13	1907	5	190
				14	2299	392	14504
				15	2312	13	468
							75857

Es ergibt sich die Prüfgröße

$$\varphi\,(5,10) = \frac{10 \cdot 22717}{5 \cdot 75857} = 0{,}6.$$

Der Test soll bei zweiseitiger Fragestellung mit der Irrtumswahrscheinlichkeit $\alpha = 0{,}05$ durchgeführt werden: Aus einer Tabelle der F-Verteilung erhält man $F_{0{,}975}(10{,}20)$ $= 2{,}77$. Für die untere Grenze wird der Wert $F_{0{,}025}(10{,}20)$ benötigt; aus der Tabelle entnimmt man $F_{0{,}975}(20{,}10) = 3{,}42$; daraus folgt nach (4.174) der Wert $F_{0{,}025}(10{,}20)$ $= 0{,}29$. Weil die Ungleichung (4.171) erfüllt ist, d.h. $0{,}29 \leq 0{,}6 \leq 2{,}77$ gilt, wird die Nullhypothese „Exponentialverteilung" angenommen.

4.7.3. Test von *Kolmogorov*

Dieser Test ist auf beliebige stetige Verteilungsfunktionen als Nullhypothese anwendbar, also nicht nur zur Prüfung von Beobachtungswerten auf Exponentialverteilung geeignet. Deshalb soll dieser Test zuerst in der allgemeinen Form und danach in der für die Prüfung auf Exponentialverteilung bevorzugten Form beschrieben werden.

Es sei $F(t\,|\,\Theta)$ die als Nullhypothese verwendete stetige Verteilungsfunktion mit bekanntem Parameter Θ. Die in einer Stichprobe vom Umfang n ermittelten Beobachtungswerte $t_{(1)}, t_{(2)}, \ldots, t_{(n)}$ seien nach der Größe geordnet, so daß $t_{(1)} < t_{(2)} < \ldots < t_{(n)}$ gilt. Durch die Beobachtungswerte wird die empirische Verteilungsfunktion

$$F_n(t_{(i)}) = \frac{i}{n} \tag{4.175}$$

für die Zufallsgröße t an n Stellen ermittelt. Der Test von *Kolmogorov* benutzt als Testgröße die maximale Differenz D_n zwischen der hypothetischen Verteilungsfunktion $F(t\,|\,\Theta)$ und der empirischen Verteilungsfunktion $F_n(t_{(i)})$. Weil $F_n(t_{(i)})$ nach (4.175) eine Treppenfunktion ist, die an den Stellen $t_{(i)}$ Sprünge von $(i-1)/n$ auf i/n besitzt, bestimmt man die maximale Differenz D_n durch den Ausdruck (zweiseitige Fragestellung)

$$D_n = \max_{i=1,\ldots,n} \left| F(t_{(i)}|\Theta) - \frac{i-1}{n}, \quad \frac{i}{n} - F(t_{(i)}|\Theta) \right|. \tag{4.176}$$

Die Testgröße D_n wird mit einem entsprechenden kritischen Wert $K_{n,\alpha}$ verglichen, der als Tabelle (z.B. in [34]) für $n = 1(1)100$ und $\alpha = 0{,}2;\ 0{,}1;\ 0{,}05;\ 0{,}02;\ 0{,}01$ vorliegt. Für $n > 100$ bedient man sich einer asymptotischen Beziehung, die ebenfalls in [34] tabelliert ist. Dieser Test läßt sich auch für eine einseitige Fragestellung anwenden. Dann werden in (4.176) nur die positiven oder negativen Differenzen ausgewertet, und bei der Auswahl des kritischen Wertes $K_{n,\alpha}$ wird die Irrtumswahrscheinlichkeit α in der üblichen Form einseitig definiert. Der Test von *Kolmogorov* kann grafisch durchgeführt werden. Ist bei gegebenem α die ermittelte maximale Differenz D_n kleiner als der kritische Wert $K_{n,\alpha}$, so wird die Nullhypothese angenommen, d.h., mit einer Irrtumswahrscheinlichkeit α lassen sich die Beobachtungswerte als aus einer Verteilung $F(t\,|\,\Theta)$ stammend ansehen.

Wird der *Test von Kolmogorov zur Prüfung von Ausfalldaten auf Exponentialverteilung* angewandt, so ist es praktisch, als Zufallsgröße die summierte Lebensdauer nach Gl.(4.150) bzw. (4.151) zu verwenden, für die unter der Nullhypothese „Exponentialverteilung von t" eine Rechteckverteilung nach Gl.(4.152) zutrifft. Die betrachtete Zufallsgröße ist also die summierte Lebensdauer S, die in dem Intervall $[0, S^*]$ an den Stellen $S_{(i)}$ beobachtet wird. Als Nullhypothese dient die Rechteckverteilung

$$F(S|S^*) = \frac{S}{S^*}, \qquad 0 \leq S \leq S^*. \tag{4.177}$$

Je nachdem, ob die Prüfung zu einem festen Zeitpunkt t^* oder nach einer festen Anzahl von Ausfällen r^* beendet wurde, liegen r oder $(r-1)$ zufällige Ausfallzeitpunkte im betrachteten Zeitintervall. Die zum Vergleich mit (4.177) verwendete empirische Verteilungsfunktion lautet in einem Test mit der Beendigungsregel t^*:

$$F_r(S_{(i)}) = \frac{i}{r}, \qquad i = 1, 2, \ldots, r, \tag{4.178}$$

in einem Test mit der Beendigungsregel r^* dagegen:

$$F_{r-1}(S_{(i)}) = \frac{i}{r-1}, \qquad i = 1, 2, \ldots, r-1. \tag{4.179}$$

Der Formel (4.176) entsprechend wird bei zweiseitiger Fragestellung als Testgröße die Beziehung

$$D_r = \max_{i=1,\ldots,r} \left| \frac{S_{(i)}}{S^*} - \frac{i-1}{r}, \quad \frac{S_{(i)}}{S^*} - \frac{i}{r} \right| \tag{4.180}$$

bzw.

$$D_{r-1} = \max_{i=1,\ldots,(r-1)} \left| \frac{S_{(i)}}{S^*} - \frac{i-1}{r-1}, \quad \frac{S_{(i)}}{S^*} - \frac{i}{r-1} \right| \tag{4.181}$$

verwendet, je nachdem, ob die Beendigungsregel t^* oder r^* angewandt wurde. Die Prüfgröße D_r bzw. D_{r-1} wird mit den entsprechenden kritischen Werten $K_{r,\alpha}$ bzw.

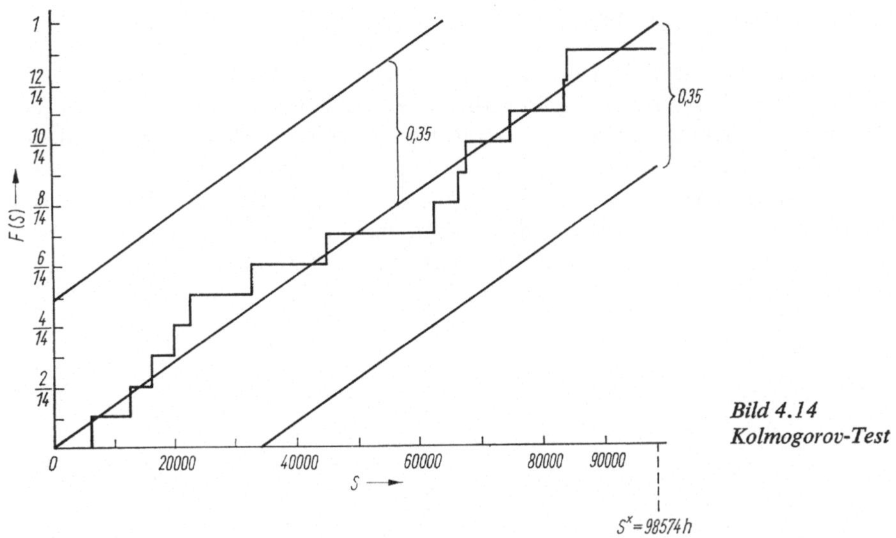

Bild 4.14
Kolmogorov-Test

$K_{r-1,\alpha}$ des Kolmogorov-Tests verglichen. Ist die Prüfgröße größer als der kritische Wert, so muß die Nullhypothese, die besagt, daß die Beobachtungswerte $t_{(i)}$ einer Exponentialverteilung folgen, verworfen werden. Andernfalls wird sie mit der Irrtumswahrscheinlichkeit α angenommen. Der Test kann grafisch durchgeführt werden, indem die Größen $F(S|S^*)$ und $F_r(S_{(i)})$ bzw. $F_{r-1}(S_{(i)})$ in einer $S - F(S)$-Ebene dargestellt werden. Dabei ist die theoretische Verteilungsfunktion $F(S|S^*)$ eine Gerade, die durch die Punkte $(0, 0)$ und $(S^*, 1)$ geht, und die empirische Verteilung eine Treppenkurve, die an den Stellen $S_{(i)}$ Sprünge der Höhe $1/r$ bzw. $1/(r-1)$ aufweist. Mit Hilfe der kritischen Werte $K_{r,\alpha}$ bzw. $K_{r-1,\alpha}$ lassen sich zwei Parallelen zur theoretischen Verteilung einzeichnen, die, werden sie von der empirischen Verteilung überschritten, zur Ablehnung der Nullhypothese führen.

Beispiel 4.15. Es werden die Beobachtungswerte des Beispiels 4.13 verwendet. Der Test wurde beim fünfzehnten Ausfall beendet, d.h., es gilt die Beendigungsregel r^*. Der Test muß daher nach Gl.(4.181) mit $r = 15$ durchgeführt werden. Es soll die zweiseitige Fragestellung mit $\alpha = 0{,}05$ angewandt werden. Dem Beispiel 4.13 entsprechend gilt $S^* = 98\,574$ h. Der Test wird grafisch durchgeführt. Dazu wird die summierte Lebensdauer S als Abszisse dargestellt; sie kann zwischen 0 und $S^* = 98\,574$ variieren. Als Ordinate wird $F(S)$ dargestellt; $F(S)$ kann alle Werte zwischen 0 und 1 annehmen. Weil $F_{r-1}(S_{(i)})$ eine Treppenfunktion mit Sprüngen der Höhe $1/14$ ist, ist es bequem, die Ordinate entsprechend in Einheiten von $1/14$ zu unterteilen (Bild 4.14). Die Treppenkurve erhalten wir aus den Beobachtungswerten $S_{(i)}$ im Beispiel 4.13, denen die Ordinatenwerte $i/14$ zugeordnet sind. Es gilt also

$$F_{14}(S_{(0)}) = 0 \quad \text{für} \quad 0 \leq S < 6250 \text{ h}$$

$$F_{14}(S_{(1)}) = \tfrac{1}{14} \quad \text{für} \quad 6250 \leq S < 12473 \text{ h}$$

$$F_{14}(S_{(2)}) = \tfrac{2}{14} \quad \text{für} \quad 12473 \leq S < 15689 \text{ h}$$

$$\cdot \;\; \cdot \;\; \cdot \;\; \cdot \;\; \cdot \;\; \cdot \;\; \cdot \;\; \cdot \;\; \cdot \;\; \cdot \;\; \cdot \;\; \cdot \;\; \cdot \;\; \cdot \;\; \cdot \;\; \cdot$$

$$F_{14}(S_{(13)}) = \tfrac{13}{14} \quad \text{für} \quad 83602 \leq S < 98106 \text{ h}$$

$$F_{14}(S_{(14)}) = 1 \quad \text{für} \quad 98106 \leq S < 98574 \text{ h}.$$

Die Treppenkurve ist im Bild 4.14 dargestellt. Aus einer Tabelle der kritischen Werte für den Kolmogorov-Test, etwa aus [34] Tabelle 19 A, erhält man die Grenze $K_{14;0{,}05} = 0{,}35$. Werden die beiden um diesen Betrag verschobenen und zu $F(S)$ parallelen Geraden in Bild 4.14 eingezeichnet, so liegt die empirische Verteilungsfunktion ganz innerhalb des abgegrenzten Bereichs. Es gilt also für alle $S_{(i)}$ die Beziehung $D_{14} < |0{,}35|$, und die Nullhypothese, die besagt, daß die $t_{(i)}$ einer Exponentialverteilung folgen, ist mit der Irrtumswahrscheinlichkeit $\alpha = 0{,}05$ anzunehmen.

5. Wahrscheinlichkeitsmodell Weibull-Verteilung

5.1. Grafische Datenanalyse

Die grafische Darstellung von Beobachtungswerten ist in der Praxis sehr nützlich und beliebt. Mit ihr lassen sich mehrere Ziele der statistischen Auswertung verbinden: Überprüfung des Wahrscheinlichkeitsmodells, Parameterschätzung und die Entdeckung von abweichenden Beobachtungswerten, die auf einfache Weise möglich ist. Da die Weibull-Verteilung im allgemeinen nicht die Eigenschaft „gebraucht so gut wie neu" widerspiegelt, werden Experimente normalerweise ohne Ersatz ausgefallener Elemente durchgeführt. Bei einigen reparierbaren Systemen wird jedoch mit der Weibull-Verteilung auch das Systemverhalten beschrieben. Dort lassen sich ebenfalls grafische Auswertetechniken anwenden, die aber nicht auf dem üblichen Wahrscheinlichkeitsnetz für die Weibull-Verteilung beruhen.

5.1.1. Wahrscheinlichkeitsnetz

Die zweiparametrige Weibull-Verteilung ist durch die Funktion

$$F(t) = 1 - \exp\left[-\left(\frac{t}{\eta}\right)^{a}\right], \qquad a > 0, \qquad \eta > 0, \qquad t \geqq 0, \tag{5.1}$$

definiert. Sie enthält zwei unbekannte Parameter, die mit Hilfe eines Wahrscheinlichkeitsnetzes durch grafische Darstellung der Beobachtungswerte geschätzt werden können. Die Verteilungsfunktion (5.1) läßt sich folgendermaßen in eine lineare Gleichung überführen:

$$\ln \ln \frac{1}{1 - F(t)} = a \ln t - a \ln \eta. \tag{5.2}$$

In dieser Form werden die Wertepaare $[t, F(t)]$ durch eine Gerade dargestellt, wenn das Wahrscheinlichkeitsmodell (5.1) zutrifft. Diese Gerade hängt nur von den Parametern der Weibull-Verteilung ab, so daß ihre spezielle Lage zur Parameterschätzung verwendet werden kann.

Das Wahrscheinlichkeitsnetz für die Weibull-Verteilung (Bild 5.1) beruht auf Gl. (5.2). Es ist ein Koordinatensystem, dessen Abszisse nach $\ln t$ geteilt ist und dessen Ordinate die Teilung $\ln \ln [1/(1 - F(t))]$ besitzt. Die Abszisse umfaßt einige Zehnerpotenzen von t (in der Regel drei). Da für $F(t) = 0$ der Wert $\ln \ln [1/(1 - F(t))] = -\infty$ und für $F(t) = 1$ der Wert $\ln \ln [1/(1 - F(t))] = +\infty$ wird, muß die Ordinate auf einen Bereich $0 < F(t) < 1$ begrenzt werden. Das handelsübliche Netz ermöglicht die Darstellung des Bereichs $0{,}0005 \leqq F(t) \leqq 0{,}998$. Bei der Auswertung großer Stichproben in zeitlich begrenzten Experimenten ist die Darstellbarkeit kleiner Werte von $F(t)$ besonders wichtig. Das Netz

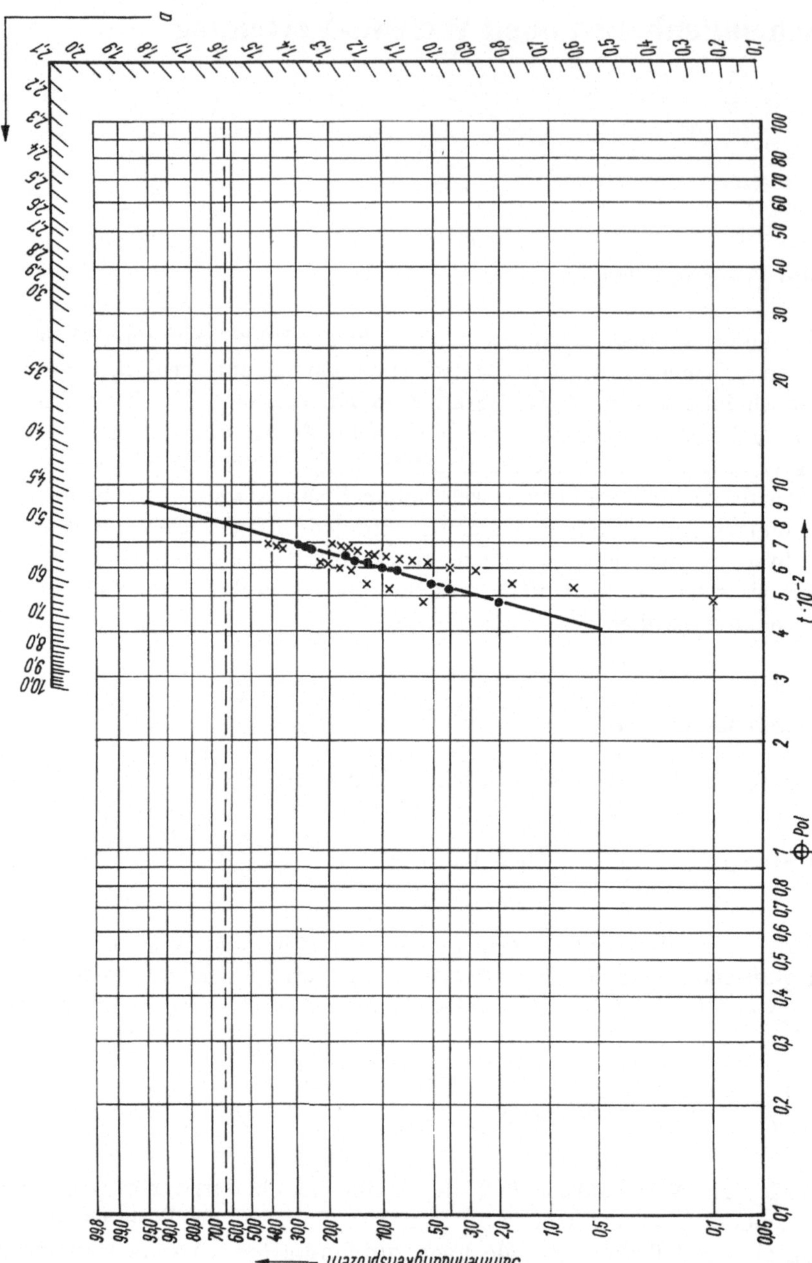

Bild 5.1. Beobachtungswerte und Vertrauensbereich im Wahrscheinlichkeitsnetz für die Weibull-Verteilung

läßt sich zu kleineren $F(t)$-Werten hin einfach erweitern, da für kleine z folgende Näherung gilt:

$$\ln \ln \frac{1}{1-z} \approx \ln z, \qquad z < 0{,}01. \tag{5.2}$$

Mit einer logarithmisch geteilten Skala kann also der Bereich der Ordinate nach unten hin beliebig erweitert werden.

Ein Experiment mit einer Stichprobe vom Umfang n ergibt im Beobachtungszeitraum $0 \leq t \leq t^*$ stets $r \leq n$ geordnete Beobachtungswerte $t_{(1)} \leq t_{(2)} \leq \ldots \leq t_{(r)}$. Das Experiment wird ohne Ersatz ausgefallener Elemente durchgeführt. Die Beendigungszeit t^* kann sowohl eine feste als auch die sich zufällig ergebende Zeit $t_{(r)}$ sein, wenn das Experiment zum Zeitpunkt des r-ten Ausfalls beendet wird. Den im Experiment ermittelten Beobachtungswerten $t_{(i)}$ werden Schätzwerte der empirischen Verteilungsfunktion $F(t_{(i)})$ zugeordnet. Dafür gibt es mehrere Möglichkeiten (vgl. Abschnitt 1.4. über Ranggrößen). Den beobachteten festen Werten $t_{(i)}$ werden mit Hilfe der Transformation (1.69) die Größen $F_n(t_{(i)}) = u_i$ zugeordnet. Sie besitzen eine von n und i abhängende Betaverteilung [Gl.(1.73)], deren Lage durch verschiedene Größen beschrieben werden kann: durch den Erwartungswert (1.74), den Modalwert (1.77) oder den Median (1.78). Leider gibt es keine allgemeinen Gründe, einer dieser Möglichkeiten den Vorzug einzuräumen [50]. Für große n und nicht zu nahe bei 1 oder n gelegene Werte von i unterscheiden sich die obengenannten „Mittelwerte" wenig. In der Praxis wird man dem einfachsten Verfahren den Vorzug geben. Das ist der Erwartungswert. Danach ordnet man den $t_{(i)}$ die Werte

$$F_n(t_{(i)}) = \frac{i}{n+1} \tag{5.4}$$

zu. Im Wahrscheinlichkeitsnetz werden die auf den beobachteten Daten beruhenden Werte $(t_{(i)}, 100\, i/(n+1))$ dargestellt.

Mit Hilfe dieser Darstellung läßt sich zunächst erkennen, ob die Daten durch das Modell (5.1) überhaupt beschrieben werden können. Das ist der Fall, wenn die eingezeichneten Punkte näherungsweise auf einer Geraden liegen.

In diesem Fall werden die Parameter η und a grafisch geschätzt. Dazu besitzt das Wahrscheinlichkeitsnetz zwei Hilfsmittel. Wird in (5.1) der Wert $t = \eta$ eingesetzt, so erhält man den Wert $F(\eta) = 1 - 1/e$. Gemäß der Transformation (5.2) entspricht das dem Nullpunkt der Ordinatenteilung, denn es gilt $\ln \ln [1/(1 - F(\eta))] = 0$. Man kann also η schätzen; indem man den Schnittpunkt der Ausgleichsgeraden mit der durch den Nullpunkt von $\ln \ln [1/(1 - F(t))]$ gehenden Horizontalen bestimmt und auf der Abszisse den entsprechenden Wert $t = \eta_g$ abliest. (Der Index g bei η oder a soll bedeuten, daß es sich um einen grafisch ermittelten Schätzwert handelt.) Im handelsüblichen Wahrscheinlichkeitsnetz ist die zu $F(t) = 1 - 1/e$ gehörende Horizontale gestrichelt eingezeichnet. Der Parameter a drückt den Anstieg der Ausgleichsgeraden aus. Um a schätzen zu können, ist das Wahrscheinlichkeitsnetz am rechten und rechten oberen Rand mit einer Hilfsskala versehen, zu der der sich unter der Abszisse befindende Pol gehört. Man schätzt a, indem man die Ausgleichsgerade parallel durch den Pol verschiebt und den Anstieg auf der Hilfsskala abliest. Im handelsüblichen Netz wird a mit k bezeichnet.

Beispiel 5.1. Ein Experiment mit $n = 50$ Elementen wurde bis zum Zeitpunkt $t^* = 700$ h durchgeführt. Es ergaben sich 15 Ausfälle. Die beobachteten Ausfallzeiten $t_{(i)}$ sind in der folgenden Tabelle enthalten. Sie werden mit den Ordinatenwerten $100\,i/(n+1)$ im Wahrscheinlichkeitsnetz dargestellt (Bild 5.1).

i	$t_{(i)}$	$\dfrac{i}{n+1}$
1	478	0,02
2	516	0,04
3	535	0,06
4	593	0,08
5	599	0,10
6	612	0,12
7	620	0,14
8	622	0,16
9	643	0,18
10	650	0,20
11	655	0,22
12	660	0,24
13	678	0,25
14	690	0,27
15	698	0,29

Mit Hilfe der Näherungsgeraden liest man die Schätzwerte $\eta_g = 800\,\text{h}$ und $a_g = 7{,}4$ ab.

Experimente, die eine große Anzahl von Beobachtungswerten $t_{(i)}$ ergeben, etwa $r > 50$, lassen sich durch die grafische Darstellung der Wertepaare $(t_{(i)}, F_n(t_{(i)})$ nur mühsam auswerten. In solchen Fällen empfiehlt sich die Klassierung der Beobachtungswerte $t_{(i)}$. Man bildet k Klassen $t_{j-1} < t \leqq t_j, j = 1, \ldots, k, t_0 = 0$, und ordnet die Beobachtungswerte $t_{(i)}$ in diese Klassen ein. Dann wird die Anzahl der Beobachtungswerte je Klasse h_j ermittelt. Die empirische Verteilungsfunktion hat die Gestalt

$$F_n(t_j) = \frac{1}{n+1} \sum_{l=1}^{j} h_l. \tag{5.5}$$

Sie wird jeweils der oberen Klassengrenze t_j zugeordnet. Im Wahrscheinlichkeitsnetz werden die Werte $(t_j, F_n(t_j)\,100)$ eingezeichnet. Wenn sie sich durch eine Gerade annähern lassen, darf man annehmen, daß das Wahrscheinlichkeitsmodell (5.1) gilt. Um diese Frage überprüfen zu können, darf die Anzahl der Klassen k nicht zu klein gewählt werden. Liegen die Beobachtungswerte annähernd auf einer Geraden, so wird die Schätzung der Parameter wie im vorher beschriebenen Fall vorgenommen.

In der Praxis treten Fälle auf, in denen sich die $t_{(i)}$ nicht genau ermitteln lassen, weil nur die Anzahl der Beobachtungswerte in festen t-Intervallen erfaßt wird. Auch in diesem Fall wird die empirische Verteilungsfunktion nach (5.5) ·gebildet und der jeweils oberen Intervallgrenze zugeordnet.

Beispiel 5.2. Das im Beispiel 5.1 beschriebene Experiment wird bis zum Zeitpunkt $t^* = 1000\,\text{h}$ weitergeführt. Es treten 33 Beobachtungswerte auf, die mit Hilfe einer Klassierung ausgewertet werden sollen. Diese Beobachtungswerte liegen wie folgt in den Klassen:

j	t_{j-1}	t_j	h_j	$\sum_{l=1} h_l$	$F_n(t_j)$
1	0	100	0	0	0
2	100	200	0	0	0
3	200	300	0	0	0
4	300	400	0	0	0
5	400	500	1	1	0,02
6	500	600	4	5	0,10
7	600	700	10	15	0,29
8	700	800	5	20	0,39
9	800	900	5	25	0,49
10	900	1000	8	33	0,65

Diese Werte sind im Bild 5.1 nicht eingezeichnet; denn sie unterscheiden sich kaum von den nichtklassierten. Durch die längere Beobachtungsdauer ist der Verlauf der Ausgleichsgeraden weniger steil. Hätte man den Versuch nach 700 h beendet, würden die Geraden von Beispiel 5.1 und Beispiel 5.2 nahezu übereinstimmen. Die Schätzwerte im Fall $t^* = 1000$ h sind $\eta_g = 1000$ h, $a_g = 5$.

Bei der grafischen Auswertung von Beobachtungswerten mit Hilfe des Wahrscheinlichkeitsnetzes erhält man für die Schätzung der Parameter keine Vertrauensgrenzen. Es ist aber möglich, ein Vertrauensintervall um die empirische Verteilungsfunktion mit Hilfe der Quantile der Betaverteilung zu bilden. Für festes $t_{(i)}$ kann man, wie im Abschnitt 1.4. dargestellt ist, die empirische Verteilungsfunktion $F_n(t_{(i)}) = u_i$ als Betavariable auffassen. Mit Hilfe der entsprechenden Quantile aus Tabelle 1 und 3 im Anhang lassen sich so Vertrauensbereiche um die Beobachtungswerte $F_n(t_{(i)}) = i/(n + 1)$ bilden. Man erhält sie in der Form von r einzelnen Intervallen. Diese werden durch eine Ausgleichskurve verbunden und ergeben ein Band um die empirische Verteilungsfunktion, das als näherungsweiser Vertrauensbereich verstanden werden kann.

Beispiel 5.3. Zu den 15 Beobachtungswerten von Beispiel 5.1 mit $n = 50$ und $t^* = 700$ h werden die Vertrauensgrenzen mit Hilfe der 0,05- und 0,95-Quantile (Tabelle 1 und 3 des Anhangs) ermittelt. Wir erhalten folgende Werte:

i	$t_{(i)}$	$F_n(t_{(i)})$	$u_{i,0,05}$	$u_{i,0,95}$
1	478	0,02	0,001	0,058
2	516	0,04	0,007	0,091
3	535	0,06	0,017	0,121
4	593	0,08	0,028	0,148
5	599	0,10	0,040	0,174
6	612	0,12	0,054	0,199
7	620	0,14	0,068	0,223
8	622	0,16	0,082	0,247
9	643	0,18	0,097	0,270
10	650	0,20	0,113	0,293
11	655	0,22	0,129	0,316
12	660	0,24	0,145	0,338
13	678	0,25	0,161	0,360
14	690	0,27	0,178	0,381
15	698	0,29	0,195	0,403

Dieser Vertrauensbereich ist im Bild 5.1 dargestellt. Die empirische Verteilungsfunktion bei einer Beobachtungsdauer von $t^* = 1000\,\text{h}$ liegt ebenfalls ganz in diesem Bereich.

Die dreiparametrige Form der Weibull-Verteilung

$$F(t) = 1 - \exp\left[-\left(\frac{(t - t_0)}{\eta}\right)^{a}\right], \qquad a > 0, \qquad \eta > t_0, \qquad 0 \leq t_0 < t < \infty,$$

$$(5.6)$$

die zusätzlich den Parameter $t_0 \neq 0$ enthält, läßt sich im Wahrscheinlichkeitsnetz nicht als Gerade darstellen. Man erhält eine Kurve, die sich für $F(t) \to 0$ dem Wert $t = t_0$ nähert und (von unten gesehen) konkav ist. Man kann den Parameter t_0 durch Probieren mit Hilfe des Wahrscheinlichkeitsnetzes schätzen. Dazu nimmt man zunächst einen Wert $t_0 = t_{0,1}$ so an, daß sich die die Beobachtungswerte verbindende Linie diesem Wert asymptotisch zu nähern scheint. Dann korrigiert man die Beobachtungswerte durch Bilden der Differenzen $t_{(i),1} = t_{(i)} - t_{0,1}$. Nun werden die Wertepaare $(t_{(i),1}, 100\,i/(n + 1))$ im Wahrscheinlichkeitsnetz dargestellt. Ist die neue Ausgleichskurve linear, so kann $t_{0,1}$ als Schätzwert für t_0 dienen. Ist die Ausgleichskurve noch immer konkav, so ist $t_{0,1}$ zu klein, d.h., es muß $t_0 > t_{0,1}$ gelten. Man verwendet in diesem Fall den ersten Beobachtungswert $t_{(i)} = t_{0,2}$ als neuen Schätzwert für t_0 und stellt die Wertepaare $(t_{(i),2}, 100\,i/(n + 1)$ dar. Die neue Ausgleichskurve ist häufig konvex. In diesem Fall oder falls nach dem ersten Schritt schon eine konvexe Ausgleichskurve entstanden ist, wurde t_0 zu groß angenommen. Man verringert den Wert und wiederholt das Verfahren, bis eine annähernd lineare Ausgleichskurve entsteht. Mit dieser lassen sich dann η und a wie im zweiparametrigen Fall schätzen. Erhält man auch bei mehrfacher Anwendung dieses Verfahrens keinen linearen Verlauf der Ausgleichskurve, so deutet das darauf hin, daß keine dreiparametrige Weibull-Verteilung vorliegt.

5.1.2. Grafische Auswertung für reparierbare Erzeugnisse

Der zweiparametrige Weibull-Prozeß besitzt die zeitabhängige Ausfallrate

$$h(t) = \frac{a}{\eta^{a}}\, t^{a-1}. \tag{5.7}$$

Sie liegt der grafischen Auswertung reparierbarer Systeme zugrunde. Werden n solche Systeme bis zum Zeitpunkt t^* betrieben, wobei die Reparaturdauer eliminiert sein soll, so ist der Erwartungswert der bis zu diesem Zeitpunkt insgesamt aufgetretenen Ausfälle durch die Beziehung

$$E(r) = n \int_{0}^{t^*} \frac{a}{\eta^{a}}\, t^{a-1}\, \mathrm{d}t \tag{5.8}$$

gegeben. Durch Integration folgt aus (5.8) der einfache Ausdruck

$$E(r) = \frac{n(t^*)^{a}}{\eta^{a}}. \tag{5.9}$$

Die Ausfälle sind voneinander unabhängig; also läßt sich (5.9) für jeden beliebigen Zeitpunkt t^* aufschreiben. Durch eine logarithmische Transformation von (5.9)

$$\log E(r) = \log n + a \log t^* - a \log \eta \tag{5.10}$$

und die Umformung

$$\log t^* = \log \eta + \frac{1}{a} \log \frac{E(r)}{n} \tag{5.11}$$

ergibt sich eine Geradengleichung. Diese dient als Grundlage für die grafische Auswertung der Ausfalldaten.

Es sei $t_{(i)}$ der i-te Ausfallzeitpunkt in der Stichprobe vom Umfang n. Für die grafische Auswertung werden in (5.11) statt t^* die Ausfallzeitpunkte $t_{(i)}$ und statt $E(r)$ die Ausfallnummern i eingesetzt. Damit folgt aus (5.11) die Beziehung

$$\log t_{(i)} = \log \eta + \frac{1}{a} \log \frac{i}{n}. \tag{5.12}$$

Wenn das wahre Ausfallverhalten durch (5.7) beschrieben werden kann, müssen die durch (5.12) definierten Punkte in einem doppelt logarithmischen Netz näherungsweise auf einer Geraden mit dem Anstieg $1/a$ liegen.

Die grafische Auswertung wird folgendermaßen durchgeführt: In einem doppelt logarithmischen Netz wird auf der Abszisse die Größe i/n, auf der Ordinate die Zeit t dargestellt. Die beobachteten Ausfallzeitpunkte werden als Punkte $(i/n, t_{(i)})$ eingezeichnet. Sie müssen, wenn Gl.(5.7) gilt, näherungsweise auf einer Geraden liegen. Ist das der Fall, so wird der Parameter a durch den Anstieg der Geraden, der gleich $1/a$ ist, geschätzt. Der Schnittpunkt der Näherungsgeraden mit der Senkrechten auf die Abszisse beim Wert $i/n = 1$ ergibt den Schätzwert für η.

Wie im Fall der grafischen Auswertung von Experimenten ohne Ersetzen bzw. Reparatur ausgefallener Stichprobenelemente lassen sich keine Vertrauensgrenzen für die Schätzwerte der Parameter berechnen. Aber mit Hilfe der Quantile der Poisson-Verteilung lassen sich Vertrauensintervalle für die Ausfallhäufigkeit bis zu einem beliebigen Zeitpunkt $t_{(i)}$ gewinnen und grafisch darstellen. Man erhält einen bandförmigen Bereich um die Näherungsgerade (5.12), wenn man die oberen und unteren Quantile der Poisson-Verteilung durch eine glatte Näherungskurve verbindet. Dieses Band ist ein Hinweis auf die Genauigkeit der angewandten Methode im speziellen Fall.

Der Ausgangspunkt für diese Betrachtung ist Gl.(5.8), die den Erwartungswert der Ausfallzahl r zum Zeitpunkt t^* angibt. Bei festen Werten von a, η, t^* und n ist r eine Zufallsgröße mit einer Poisson-Verteilung, die durch den Parameter

$$\lambda = E(r) \tag{5.13}$$

gekennzeichnet ist. Nach der Beobachtung des i-ten Ausfalls zum Zeitpunkt $t_{(i)}$ nimmt man daher $\lambda_i = i$ als gegeben an und ermittelt aus einer Tabelle der aufsummierten Poisson-Verteilung die Quantile u_i, $u_{i,\gamma}$ und $u_{i,1-\gamma}$ für vorgegebene Werte von γ (z.B. $\gamma = 0{,}05$). Diese lassen sich, weil i eine ganze Zahl ist, nur in der Form

$$P(u_i < u_{i,\gamma}) \leqq \gamma$$

$$P(u_i < u_{i,1-\gamma}) \geqq 1 - \gamma \tag{5.14}$$

bestimmen. Im doppelt logarithmischen Netz werden diese Quantile über den Abszissenwerten $u_{i,\gamma}/n$ bzw. $u_{i,1-\gamma}/n$ mit den Ordinaten $t_{(i)}$ dargestellt und jeweils durch eine Näherungskurve verbunden.

Beispiel 5.4. Es wurden $n = 10$ Geräte bis zum Zeitpunkt $t^* = 10000\,\text{h}$ geprüft. Ausfälle wurden sofort repariert, und die Reparaturdauer ist im Zeitintervall $t^* = 10000\,\text{h}$

den Zeitpunkten $t_{(i)}$ auf:

i	$t_{(i)}$	$u_{i,0,05}$	$u_{i,0,95}$
1	120	0	3
2	310	0	5
3	995	0	6
4	2050	0	8
5	2100	1	9
6	2950	1	10
7	6250	2	12
8	7100	3	13
9	7500	3	14
10	9010	4	15

Die Beobachtungswerte sind im Bild 5.2 dargestellt. Die Ausgleichsgerade hat den Anstieg $1/a = 2$; daraus folgt der Schätzwert $a_g = 0{,}5$. Der Schnittpunkt der Senkrechten auf $i/n = 1$ mit der Näherungsgeraden ergibt $\eta_g = 10000$ h. Die oberen und

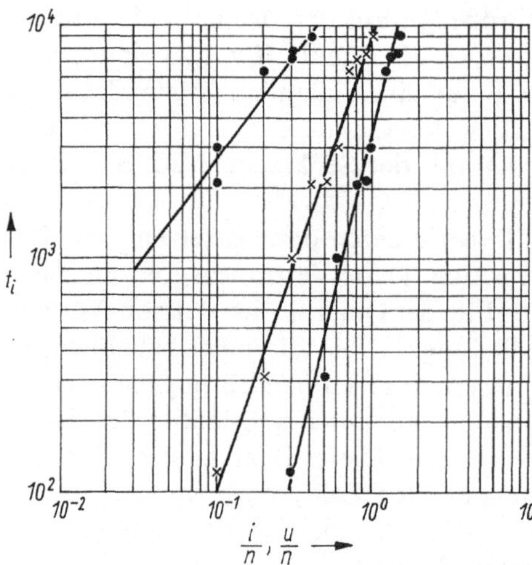

Bild 5.2
Beobachtungswerte im Beispiel 5.4

unteren Quantile der Poisson-Verteilung mit $\gamma = 0{,}05$ sind ebenfalls eingezeichnet und durch eine Ausgleichsgerade verbunden. Dieser bandförmige Vertrauensbereich ist ziemlich ausgedehnt, die experimentelle Aussage also noch ungenau. Eine Verbesserung brächte die Weiterführung des Experiments oder eine Wiederholung mit größerem n.

5.2.   Maximum-Likelihood-Schätzung

Bei der Maximum-Likelihood-Schätzung der Parameter einer Weibull-Verteilung muß ein kompliziertes nichtlineares Gleichungssystem gelöst werden; sie kann deshalb nur mit den entsprechenden rechentechnischen Möglichkeiten angewandt werden. Sind diese nicht vorhanden, sollte man die im Abschnitt 5.3. beschriebenen linearen Schätzverfahren benutzen. Wenn aber die Schätzung mit Hilfe eines entsprechenden Computers erfolgt, ist die Maximum-Likelihood-Schätzung bequemer; denn die linearen Schätz-verfahren würden das Speichern umfangreicher Tabellen erfordern. Vom theoretischen Standpunkt her sind beide Verfahren annähernd gleich wirksam [20].

5.2.1. Experimente an nicht reparierbaren Elementen

Die Experimente werden ohne Ersatz ausgefallener Elemente durchgeführt. Sie sollen nach einer Zeit t^* beendet werden, so daß von den n geprüften Elementen nur $r \leqq n$ Beobachtungswerte in der Form $t_{(1)} \leqq t_{(2)} \leqq \cdots \leqq t_{(r)}$ vorliegen. Für die Herleitung der Maximum-Likelihood-Schätzung wird von Gl.(3.26) ausgegangen. Über dieses Schätzverfahren sind grundlegende Publikationen in den sechziger Jahren erschienen, u. a. [51] [52] [53].

Der allgemeinste Fall ist die dreiparametrige Weibull-Verteilung

$$F(t) = 1 - \exp\left[-\left(\frac{t - t_0}{\eta}\right)^a\right], \qquad \eta > 0, \qquad a > 0, \qquad t_0 \geqq 0, \qquad t > t_0, \tag{5.15}$$

mit der Verteilungsdichte

$$f(t) = \frac{a}{\eta^a}(t - t_0)^{a-1} \exp\left[-\left(\frac{t - t_0}{\eta}\right)^a\right]. \tag{5.16}$$

Die nach Gl.(3.26) gebildete Likelihood-Funktion hat nach logarithmischer Transformation die Form

$$\ln L = \ln n! - \ln(n - r)! + r \ln a - ra \ln \eta + (a - 1) \sum_{i=1}^{r} \ln(t_{(i)} - t_0)$$

$$- \frac{1}{\eta^a} \sum_{i=1}^{r} (t_{(i)} - t_0)^a - \frac{(n - r)}{\eta^a}(t^* - t_0)^a. \tag{5.17}$$

Diese Gleichung ist eine komplizierte Funktion der Parameter η, a, t_0. Sie muß über dem Gebiet $\eta > 0$, $a > 0$, $t_0 \geqq 0$ betrachtet werden. Nur wenn diese Funktion ein absolutes Maximum hat, das in diesem Gebiet liegt, existiert ein Maximum-Likelihood-Schätzwert für die Parameter, und das System von nichtlinearen Gleichungen

$$\frac{\partial \ln L}{\partial \eta} = \frac{a}{\eta^{a+1}}\left[\sum_{i=1}^{r}(t_{(i)} - t_0)^a + (n - r)(t^* - t_0)^a\right] - \frac{ar}{\eta} = 0 \tag{5.18}$$

$$\frac{\partial \ln L}{\partial a} = \frac{r}{a} + \sum_{i=1}^{r} \ln \frac{t_{(i)} - t_0}{\eta} - \sum_{i=1}^{r}\left(\frac{t_{(i)} - t_0}{\eta}\right)^a \ln \frac{t_{(i)} - t_0}{\eta}$$

$$- (n - r)\left(\frac{t^* - t_0}{\eta}\right)^a \ln \frac{t^* - t_0}{\eta} = 0 \tag{5.19}$$

$$\frac{\partial \ln L}{\partial t_0} = \frac{a}{\eta^a}\left[\sum_{i=1}^{r}(t_{(i)} - t_0)^{a-1} + (n - r)(t^* - t_0)^{a-1}\right]$$

$$- (a - 1) \sum_{i=1}^{r} \frac{1}{t_{(i)} - t_0} = 0 \tag{5.20}$$

läßt sich eindeutig lösen sowie in der gewohnten Weise benutzen. Nach *Rockette, Antle* und *Klimko* [54] ist die Funktion (5.17) im allgemeinen Fall nicht beschränkt und hat im Gebiet $\eta > 0$, $a > 0$, $t_0 \geq 0$ höchstens zwei Maxima. Die Eigenschaften von Gl. (5.17) hängen vom wahren Parameter a ab.

Falls $a \geq 1$ ist und die Gln. (5.18) bis (5.20) keine Lösung haben, hat die Likelihood-Gleichung (5.17) ein relatives Maximum an der Ecke $\hat{t}_0 = t_{(1)}$, $\hat{a} = 1$ und $\hat{\eta} = 1/r$

$$\times \left[\sum_{i=1}^{r} (t_{(i)} - t_{(1)}) + (n - r)(t_{(r)} - t_{(1)}) \right],$$ wobei $t_{(1)}$ der kleinste Beobachtungswert ist.

In diesem Fall kann noch ein lokales Maximum im Inneren des Gebiets $\eta > 0$, $a \geq 1$, $t_0 \geq 0$ liegen, das den Wert von $\ln L$ an der Stelle $t_0 = t_{(1)}$, $a = 1$, $\eta = 1/r \left[\sum_{i=1}^{r} (t_{(i)} \right.$ $\left. - t_{(1)}) + (n - r)(t_{(r)} - t_{(1)}) \right]$ überschreitet. Deshalb ist es bei der praktischen Auswertung der Likelihood-Gleichung (5.17) notwendig, Überlegungen anzustellen, von welcher Gestalt die Funktion (5.17) ist.

Falls $0 < a \leq 1$ ist, gilt $\partial \ln L / \partial t_0 > 0$. Die Funktion $\ln L$ ist mit t_0 monoton wachsend und hat ihr Maximum beim größtmöglichen Wert von t_0. Das ist der kleinste Beobachtungswert $t_{(1)}$, den das Experiment ergibt. Analog zu dem Fall der zweiparametrigen Exponentialverteilung erhält man die Maximum-Likelihood-Schätzung für t_0 durch den Ausdruck [55]

$$\hat{t}_0 = t_{(1)}. \tag{5.21}$$

Das verbliebene Paar von Bestimmungsgleichungen (5.18) und (5.19) läßt sich aber nicht lösen, wenn man nur Gl. (5.21) einsetzt. Der Schätzwert von t_0 muß modifiziert werden, damit in (5.19) keine unbeschränkten Glieder auftreten können. *Dubey* [56] schlägt die Verwendung des Schätzwerts

$$t_0' = t_{(1)} - \eta \Gamma \left(1 + \frac{1}{a} \right) \frac{1}{n^a}. \tag{5.22}$$

vor, der für den Fall $r = n$ hergeleitet ist, die Eigenschaft der Erwartungstreue besitzt und die quadratische Verlustfunktion minimiert. Diese Schätzung entspricht im Fall der Exponentialverteilung ($a = 1$) der durch Gl. (4.45) gegebenen Beziehung. Eine andere Möglichkeit zur Lösung von (5.18) und (5.19) ist der pragmatische Weg, der darin besteht, einfach alle Beobachtungswerte $t_{(i)} = t_{(1)}$ wegzulassen, d.h., die Stichprobe um die kleinsten Ausfallzeiten zu reduzieren. Dadurch können die Ausdrücke $(t_{(i)} - t_0)$ nicht mehr Null werden, und das Gleichungssystem läßt sich lösen.

Die Lösung des Gleichungssystems (5.18) bis (5.20) erfordert in jedem Fall die Anwendung numerischer Methoden und eine gute Anfangsnäherung. Letztere läßt sich z.B. durch eine grafische Auswertung gewinnen. Das verwendete Iterationsverfahren sollte möglichst schnell konvergieren und die Nebenbedingungen $0 \leq t_0 \leq t_{(1)}$, $a > 0$, $\eta > 0$ stets einhalten. Ein entsprechendes Verfahren (mit Fortran-IV-Programm) beschreibt *Wingo* [57] [58].

Die zweiparametrige Weibull-Verteilung

$$F(t) = 1 - \exp \left[-\left(\frac{t}{\eta} \right)^a \right], \qquad \eta > 0, \qquad a > 0, \tag{5.23}$$

wird in der Praxis viel häufiger verwendet als die dreiparametrige Form. Die Likelihood-Funktion hat die Form von (5.17) mit $t_0 = 0$. Durch Ableitung von $\ln L$ nach den

Parametern η und a erhält man folgendes Gleichungssystem zur Bestimmung der Schätzwerte $\hat{\eta}$ und $\hat{a}$:

$$\hat{\eta} = \left\{ \frac{1}{r} \left[\sum_{i=1}^{r} t_{(i)}^{\hat{a}} + (n-r)(t^*)^{\hat{a}} \right] \right\}^{1/\hat{a}} \tag{5.24}$$

$$\frac{r}{\hat{a}} + \sum_{i=1}^{r} \ln \frac{t_{(i)}}{\hat{\eta}} - \sum_{i=1}^{r} \left(\frac{t_{(i)}}{\hat{\eta}} \right)^{\hat{a}} \ln \frac{t_{(i)}}{\hat{\eta}} - (n-r) \left(\frac{t^*}{\hat{\eta}} \right)^{\hat{a}} \ln \frac{t^*}{\hat{\eta}} = 0. \tag{5.25}$$

Es hat stets eine eindeutige Lösung, die den Maximum-Likelihood-Schätzwert liefert. Man erhält sie auf numerischem Wege und benötigt dazu eine Anfangslösung und ein geeignetes Iterationsverfahren. Erstere läßt sich auf grafischem Wege gewinnen. Als geeignetes Iterationsverfahren gilt die Newton-Raphson-Methode oder auch das von *Bittner* [59] beschriebene Verfahren.

Die Berechnung von Vertrauensintervallen für die Maximum-Likelihood-Schätzung ist kompliziert. Für große Stichproben nutzt man die asymptotischen Eigenschaften der Maximum-Likelihood-Schätzung aus; für kleinere Stichproben ist die Gewinnung der Vertrauensgrenzen nur mit Hilfe der Simulationstechnik möglich. Ist n hinreichend groß, so folgen die nach der Likelihood-Methode gewonnenen Schätzwerte einer Normalverteilung, deren Erwartungswert mit dem wahren Parameter übereinstimmt und deren Varianz-Kovarianz-Matrix mit Hilfe des Erwartungswerts der zweiten Ableitungen der Likelihood-Funktion gebildet wird. Die Varianz-Kovarianz-Matrix berechneten *Harter* und *Moore* [60] für die dreiparametrige Weibull-Verteilung bei vollständigen und unvollständigen Stichproben; für die zweiparametrige Weibull-Verteilung wurde sie von *Cohen* [51] ebenfalls für vollständige und gestutzte Stichproben berechnet.

Für kleinere Stichproben kann wegen der Asymmetrie der Likelihood-Funktion die Berechnung von Vertrauensgrenzen nach der asymptotischen Theorie zu groben Fehlschlüssen führen. Für die zweiparametrige Weibull-Verteilung wurden die exakten Vertrauensgrenzen hauptsächlich von *Antle* und *Bain* [61], *Thoman*, *Bain* und *Antle* [62] sowie *Billmann*, *Antle* und *Bain* [63] untersucht. Es wird bewiesen, daß die Verteilungsfunktionen des Quotienten $\hat{a}/a$ und der Größe $\hat{a} \ln \hat{\eta}/\eta$ vom wahren Wert a und η unabhängig sind. Sie sind Funktionen von n und r. (Eine Arbeit zu dieser Frage publizierte auch *McCool* [64].) Mit Hilfe einer Monte-Carlo-Studie werden in [63] normierte Vertrauensgrenzen für $\hat{a}$ und $\hat{\eta}$ berechnet, und zwar für $n = 40, 60, 80, 100, 120$ in den Fällen $r/n = 1; 0{,}75; 0{,}5$. Zum Vergleich werden die für $n = \infty$ geltenden asymptotischen Werte aus [60] angegeben. Es zeigen sich in manchen Fällen sogar noch für $n = 120$ erhebliche Unterschiede zwischen den exakten und den asymptotischen Grenzen. Es ist also Vorsicht bei der Anwendung der asymptotischen Theorie angebracht.

Die Maximum-Likelihood-Schätzung setzt den Einsatz entsprechender Rechentechnik voraus. Mit diesem Hilfsmittel läßt sich auch eine direkte Auswertung der relativen Likelihood-Funktion, die im Abschnitt 4.2. für die Exponentialverteilung beschrieben ist, durchführen. Die relative Likelihood-Funktion wird analog zu (4.67) gebildet. Für die zweiparametrige Weibull-Verteilung hat sie folgende Form [22] [65]:

$$L'(\eta, a) = \frac{L(\eta, a)}{L(\hat{\eta}, \hat{a})} = \left(\frac{a}{\hat{a}} \right)^{r} \left(\frac{\hat{\eta}^{\hat{a}}}{\eta^{a}} \right)^{r} \exp \left\{ -(n-r) \left[\left(\frac{t^*}{\eta} \right)^{a} \right. \right.$$

$$\left. \left. - \left(\frac{t^*}{\hat{\eta}} \right)^{\hat{a}} \right] \right\} \prod_{i=1}^{r} t_{(i)}^{a-\hat{a}} \exp \left\{ - \left[\left(\frac{t_{(i)}}{\eta} \right)^{a} - \left(\frac{t_{(i)}}{\hat{\eta}} \right)^{\hat{a}} \right] \right\}. \tag{5.26}$$

Diese Funktion wird an der Stelle $\eta = \hat{\eta}$, $a = \hat{a}$ gleich 1; an allen anderen Stellen des Parameterraums $\eta > 0$, $a > 0$ ist $0 \leq L'(\eta, a) < 1$. Mit Hilfe von Iterationsverfahren kann man die Kurven $L'(\eta, a) = K$ berechnen, wenn K eine vorgegebene Konstante $0 < K < 1$ ist. Man erhält auf diesem Wege das Gebiet im Parameterraum, innerhalb dessen die relative Likelihood-Funktion Werte $> K$ annimmt. Dieses Gebiet ist durch das experimentelle Resultat bestimmt und zeigt, welche Parameterwerte plausibel sind. Die Form des Gebiets spiegelt auch die Asymmetrie der Likelihood-Funktion wider; wenn der Schätzwert $\hat{\eta}$, $\hat{a}$ eingezeichnet ist, wird das besonders deutlich. Bild 5.3 zeigt das Gebiet $L'(\eta, a) \geq K$ für $K = 0{,}2$ und $K = 0{,}8$ nach einem Experiment an $n = 50$ Elementen, das bis zum Zeitpunkt $t^* = 3500$ h durchgeführt wurde und bei dem $r = 24$ Ausfälle beobachtet werden konnten. Als Maximum-Likelihood-Schätzwert ergab sich $\hat{a} = 0{,}4$, $\hat{\eta} = 12\,000$ h. Das Gebiet, in dem $L'(\eta, a) > K$ ist, nimmt in verschiedenen Experimenten unterschiedliche Formen an. Das wird durch Bild 5.4 illustriert, in dem das Gebiet $L'(\eta, a) \geq 0{,}8$ für ein Experiment dargestellt ist, das nach 1000 h ausgewertet wurde ($n = 50$, $r = 7$), dann aber bis zum Zeitpunkt $t^* = 10\,000$ h weitergeführt wurde, wobei die Anzahl der Ausfälle auf $r = 35$ wuchs. Die Schätzwerte waren nach 1000 h $\hat{a} = 1{,}5$, $\hat{\eta} = 3500$ h und nach 10 000 h $\hat{a} = 1{,}1$, $\hat{\eta} = 7700$ h.

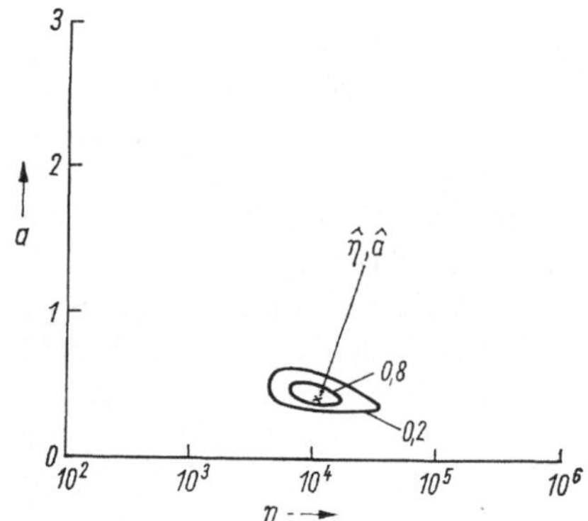

Bild 5.3. *Relative Likelihood-Funktion für η und a mit $K = 0{,}2$ und $K = 0{,}8$*

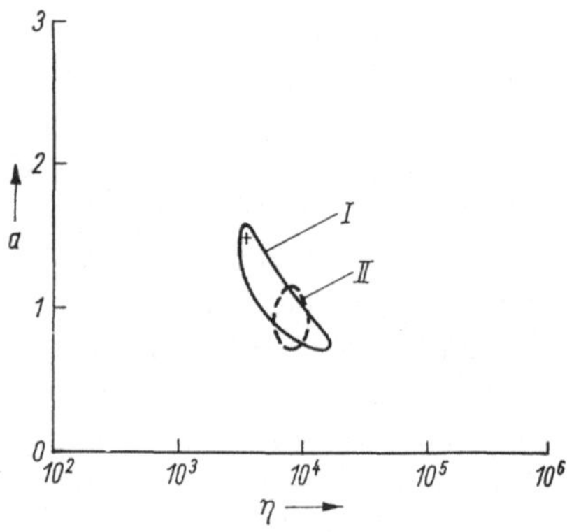

Bild 5.4. *Relative Likelihood-Funktion nach 1000 h (I) und nach 10 000 h (II) mit $K = 0{,}8$*

Zusammenfassend ist zur Likelihood-Methode für die Schätzung der Parameter der Weibull-Verteilung folgendes zu sagen:

1. Die Maximum-Likelihood-Schätzung läßt sich nur mit Hilfe von Iterationsverfahren und einem entsprechenden Computer durchführen.
2. Im dreiparametrigen Modell können die Bestimmungsgleichungen zwei Lösungen besitzen. Man muß im Fall $a < 1$ berücksichtigen, daß das absolute Maximum auf dem Rande des Definitionsgebiets liegt.
3. Das zweiparametrige Modell liefert stets nur eine Lösung des nichtlinearen Gleichungssystems.
4. Die Verwendung asymptotischer Vertrauensgrenzen ist nur für sehr große n und r zu empfehlen. Im zweiparametrigen Fall lassen sich mit Hilfe von Simulationsverfahren die Vertrauensgrenzen für kleinere n und unvollständige Stichproben berechnen, z.B. wie in [63].

5. Die Berechnung der relativen Likelihood-Funktion bringt beim zweiparametrigen Modell einen anschaulichen Einblick in das experimentelle Resultat. Dabei ist die Anwendung numerischer Methoden mit rasch konvergierenden Iterationsverfahren erforderlich.

5.2.2. Experimente an reparierbaren Systemen

Wird für das Ausfallgesetz reparierbarer Erzeugnisse die zeitabhängige Ausfallrate (5.7) vorausgesetzt, so folgt die Zeit bis zum ersten Ausfall einer zweiparametrigen Weibull-Verteilung

$$F(t_{(1)}) = 1 - \exp\left[-\left(\frac{t_{(1)}}{\eta}\right)^a\right], \qquad 0 \leqq t_{(1)} < \infty. \tag{5.27}$$

Die Wahrscheinlichkeitsverteilung des i-ten Ausfalls unter der Bedingung, daß die vorhergehenden $(i-1)$ Ausfälle zu den Zeitpunkten $t_{(1)}, t_{(2)}, \ldots, t_{(i-1)}$ stattfanden $(t_{(0)} = 0)$, hat die Form

$$F(t_{(i)}|t_{(1)}, \ldots, t_{(i-1)}) = 1 - \exp\left[-\left(\frac{t_{(i)}}{\eta}\right)^a + \left(\frac{t_{(i-1)}}{\eta}\right)^a\right]. \tag{5.28}$$

Bildet man auf dieser Grundlage die gemeinsame Wahrscheinlichkeitsdichte der ersten r Ausfälle eines Systems und faßt diese als Funktion der Parameter a und η auf (Likelihood-Funktion), so erhält man

$$f(t_{(i)}|t_{(1)}, \ldots, t_{(i-1)}) = \frac{at_{(i)}^{a-1}}{\eta^a} \exp\left[-\left(\frac{t_{(i)}}{\eta}\right)^a + \left(\frac{t_{(i-1)}}{\eta}\right)^a\right] \tag{5.29}$$

$$f(t_{(1)}, \ldots, t_{(r)}) = \frac{a^r}{\eta^{ar}} \prod_{i=1}^{r} t_{(i)}^{a-1} \exp\left[-\left(\frac{t_{(r)}}{\eta}\right)^a\right] \tag{5.30}$$

$$L(\eta, a) = f(t_{(1)}, \ldots, t_{(r)}). \tag{5.31}$$

Die Likelihood-Funktion wird logarithmiert

$$\ln L(\eta, a) = r \ln a - ar \ln \eta + (a-1) \sum_{i=1}^{r} \ln t_{(i)} - \left(\frac{t_{(r)}}{\eta}\right)^a. \tag{5.32}$$

Durch Differenzieren nach den Parametern und Nullsetzen folgen die Bestimmungsgleichungen für die Maximum-Likelihood-Schätzung

$$\hat{a} = r \sum_{i=1}^{r-1} \ln \frac{t_{(r)}}{t_{(i)}} \tag{5.33}$$

$$\hat{\eta} = t_{(r)} r^{-1/\hat{a}}. \tag{5.34}$$

Diese gelten für einen Weibull-Prozeß, der an einem einzelnen reparierbaren System beobachtet wird ($n = 1$) und bei dem das Experiment nach dem r-ten Ausfall beendet wird. Für diesen Fall gibt *Finkelstein* [66] Vertrauensgrenzen an, die mit Hilfe der Monte-Carlo-Technik bestimmt worden sind und auf der Verteilung von $(\hat{\eta}/\eta)^a$ beruhen. Wenn die entsprechenden rechentechnischen Möglichkeiten vorhanden sind, kann auch in diesem Fall die relative Likelihood-Funktion ausgewertet werden. Analog zu (5.26) bildet man mit Hilfe von (5.31) den Ausdruck

$$L'(\eta, a) = \left(\frac{a}{\hat{a}}\right)^r \left(\frac{\hat{\eta}^{\hat{a}}}{\eta^a}\right)^r \prod_{i=1}^{r} t_{(i)}^{a-\hat{a}} \exp\left\{-\left[\left(\frac{t_{(r)}}{\eta}\right)^a - \left(\frac{t_{(r)}}{\hat{\eta}}\right)^{\hat{a}}\right]\right\}, \tag{5.35}$$

der an der Stelle $a = \hat{a}$, $\eta = \hat{\eta}$ sein Maximum hat. Es gilt $0 \leq L'(\eta, a) \leq 1$, und man kann in der η-a-Ebene die Kurven $L'(\eta, a) = K$ darstellen. Man erhält ähnliche Bilder, wie sie für den Fall eines Experiments an n Elementen ohne Ersatz als Bild 5.3 oder 5.4 gezeigt werden.

5.3. Lineare Schätzverfahren

Die dem Wahrscheinlichkeitsnetz zugrunde liegende Darstellung der zweiparametrigen Weibull-Verteilung

$$\ln \ln \frac{1}{1 - F(t)} = a \ln t - a \ln \eta \tag{5.36}$$

ist die Grundlage linearer Schätzverfahren. Die Gerade (5.36) wird mit geeigneten Berechnungsverfahren an die Beobachtungswerte angepaßt, statt wie im grafischen Fall nach dem Augenschein. In der Literatur findet man verschiedene lineare Schätzverfahren, die sich durch die Eigenschaften der Schätzwerte und durch ihre Eignung für die praktische Anwendung unterscheiden. In den meisten Fällen sind Hilfstabellen erforderlich. Einige dieser Schätzverfahren sollen hier behandelt werden: die Anpassung der Ausgleichsgeraden nach der Methode der kleinsten Quadrate und die damit verwandte *beste lineare erwartungstreue Schätzung* von η und a, die *beste lineare* (nicht erwartungstreue) *invariante* Schätzung und die für die Anwendung geeignete *asymptotisch effiziente Schätzung* für die Überlebenswahrscheinlichkeit $R(t')$ zu einem festen Zeitpunkt, einschließlich der unteren Vertrauensgrenze.

5.3.1. Methode der kleinsten Quadrate und beste lineare erwartungstreue Schätzung

Für die Anpassung der Ausgleichsgeraden (5.36) an die Beobachtungswerte erscheint zunächst die Methode der kleinsten Quadrate [67] als geeignet. Sie wird sich in unserem Fall zwar nicht als optimal erweisen, zeigt aber am anschaulichsten den Gedanken der linearen Parameterschätzung. Setzt man in (5.36)

$$x = a \ln t - a \ln \eta, \qquad -\infty < x < +\infty, \tag{5.37}$$

so hat die Zufallsgröße x die Wahrscheinlichkeitsverteilung

$$F(x) = 1 - \exp\left[-e^x\right]. \tag{5.38}$$

Gl.(5.38) ist die asymptotische Extremwertverteilung für kleinste Werte vom Typ I, Gl.(1.99), in standardisierter Darstellung. Durch die Transformation $y = \ln t$, $A = \ln \eta$, $B = 1/a$ geht (5.37) in die lineare Regressionsgleichung

$$y = A + Bx, \qquad -\infty < y < +\infty, \qquad -\infty < x < +\infty, \tag{5.39}$$

über. Das Experiment, das an n Elementen bis zum r-ten Ausfall ($r \geq 2$) durchgeführt wird, liefert die Daten $t_{(1)} \leq t_{(2)} \leq \ldots \leq t_{(r)}$, also auch $y_{(1)} \leq y_{(2)} \leq \ldots \leq y_{(r)}$. Den Ranggrößen $y_{(i)}$ sind durch Gl.(5.37) die Ranggrößen $x_{(i)}$ mit der standardisierten Ausgangsverteilung (5.38) zugeordnet, deren Verteilungsdichte für das gegebene Wertepaar n und i nach Gl.(1.62) berechnet werden könnte. In die Regressionsgleichung (5.39) werden für die $x_{(i)}$ ihre Erwartungswerte $E_n(x_{(i)})$ eingesetzt, die durch Gl.(1.66) gegeben und für $n = 1(1)20$ und $0 < i \leq n$ in [68] und für $n = 1(1)10(5)60(10)100$ in [69] tabelliert sind.

Mit dem üblichen Ansatz der Methode der kleinsten Quadrate

$$\sum_{i=1} (y_{(i)} - y)^2 = \text{Min!} \tag{5.40}$$

ergibt sich folgendes Schätzverfahren für die Parameter A und B

$$\check{B} = \frac{\sum\limits_{i=1}^{r} (x_{(i)} - \bar{x})(y_{(i)} - \bar{y})}{\sum\limits_{i=1}^{r} (x_{(i)} - \bar{x})^2} \tag{5.41}$$

$$\check{A} = \bar{y} - \check{B}\bar{x}, \tag{5.42}$$

wobei $\bar{x}$ und $\bar{y}$ die arithmetischen Mittelwerte der $x_{(i)}$ und $y_{(i)}$ bedeuten. Mit Hilfe von $\check{A}$ und $\check{B}$ erhält man die Schätzwerte

$$\check{\eta} = e^{\check{A}} \tag{5.43}$$

$$\check{a} = \check{B}^{-1}. \tag{5.44}$$

Die Schätzwerte $\check{A}$ und $\check{B}$ sind erwartungstreu, haben aber nicht die kleinstmögliche Streuung [vgl. (3.11) und (3.15)]. Das angewandte Verfahren ist also *nicht* das *beste lineare erwartungstreue Schätzverfahren*.

Die Methode der kleinsten Quadrate als Grundlage des Schätzverfahrens liefert nur dann die beste lineare erwartungstreue Schätzung, wenn folgende Bedingung erfüllt ist:

$$\text{Var}(y_{(i)}) = \sigma^2 \tag{5.45}$$

$$\text{Cov}(y_{(i)}\, y_{(j)}) = 0 \quad \text{für} \quad i \neq j.$$

Das ist im betrachteten Fall nicht so; denn die $y_{(i)}$ sind Ranggrößen. Für sie gilt

$$\text{Var}(y_{(i)}) = B^2 \sigma_{ii}$$

$$\text{Cov}(y_{(i)}\, y_{(j)}) = B^2 \sigma_{ij} \neq 0, \tag{5.46}$$

wobei die $\sigma_{ij}\,(i = 1, \ldots, n, j = 1, \ldots, n)$ die Elemente der Kovarianzmatrix der Ranggrößen $x_{(i)}$ und $x_{(j)}$ bedeuten. Sie lassen sich nach (1.67) und (1.68) berechnen. Werden mit ω_{ij} die Elemente der zu (σ_{ij}) inversen Matrix bezeichnet, so erhält man die *beste lineare und erwartungstreue Schätzung* in folgender Form:

$$B^* = \frac{\sum\limits_{i=1}^{r} \sum\limits_{j=1}^{r} (y_{(i)} - \bar{y})(x_{(i)} - \bar{x})\,\omega_{ij}}{\sum\limits_{i=1}^{r} \sum\limits_{j=1}^{r} (x_{(i)} - \bar{x})(x_{(j)} - \bar{x})\,\omega_{ij}} \tag{5.47}$$

$$A^* = \bar{y} - B^*\bar{x} \tag{5.48}$$

$$\bar{x} = \frac{\sum\limits_{i=1}^{r} \sum\limits_{j=1}^{r} x_{(i)}\,\omega_{ij}}{\sum\limits_{i=1}^{r} \sum\limits_{j=1}^{r} \omega_{ij}} \tag{5.49}$$

$$\bar{y} = \frac{\sum\limits_{i=1}^{r} \sum\limits_{j=1}^{r} y_{(i)}\,\omega_{ij}}{\sum\limits_{i=1}^{r} \sum\limits_{j=1}^{r} \omega_{ij}}. \tag{5.50}$$

Die praktische Anwendung dieser Methode setzt voraus, daß für das in Frage kommende Wertepaar n und r ($r \geq 2$) die Gewichte ω_{ij} vorhanden sind, d.h., die Kovarianzmatrix der Ranggrößen $x_{(i)}$ muß berechnet und invertiert werden. Bisher wurden solche Berechnungen nur für kleine n durchgeführt, so für $n \leq 6$ von *Lieblein* und *Zelen* [70] und für $n \leq 20$ von *White* [71]. Die praktische Durchführung der Schätzungen (5.47) und (5.48) wird so vereinfacht, daß gilt

$$A^* = \sum_{i=1}^{r} a_{n,r,i} y_{(i)} \tag{5.51}$$

$$B^* = \sum_{i=1}^{r} c_{n,r,i} y_{(i)}, \tag{5.52}$$

wobei die Faktoren $a_{n,r,i}$ und $c_{n,r,i}$ mit Hilfe der ω_{ij} berechnet werden. Diese Faktoren müssen folgende Bedingungen erfüllen, wenn A^* und B^* die beste lineare erwartungstreue Schätzung sein soll:

$$\sum_{i=1}^{r} a_{n,r,i} = 1$$
$$\tag{5.53}$$
$$\sum_{i=1}^{r} c_{n,r,i} = 0$$

$$\sum_{i=1}^{r} a_{n,r,i} E_n(x_{(i)}) = 0$$
$$\tag{5.54}$$
$$\sum_{i=1}^{r} c_{n,r,i} E_n(x_{(i)}) = 1.$$

Die Berechnung der $a_{n,r,i}$ und $c_{n,r,i}$ auf der Grundlage der Momente bis zur zweiten Ordnung der Verteilung der Ranggrößen ist recht aufwendig. Deshalb wird die beste lineare erwartungstreue Schätzung kaum angewandt, zumal z.B. der Verzicht auf Erwartungstreue zu Schätzverfahren mit geringerer mittlerer quadratischer Abweichung führt. Sie werden im nächsten Abschnitt behandelt.

Zum Vergleich der Schätzwerte $\check{B}$ und B^* sollen folgende Zahlen dienen, die *Kimball* [50] für die Schätzung von B mit $n = r = 6$ berechnete: Die Varianz der nach (5.41) berechneten Schätzwerte $\check{B}$ ist gleich $0{,}1686 \, B^2$; bei Anwendung der besten linearen erwartungstreuen Schätzung B^* nach Gl. (5.47) wäre sie gleich $0{,}1320 \, B^2$.

5.3.2. Beste lineare invariante Schätzung

Dieses Schätzverfahren beruht auf Arbeiten von *Mann* [24] [72] [73]. Es ist für kleine Stichprobenumfänge ($n \leq 15$) und kleine Ausfallzahlen ($2 \leq r \leq n$) günstig und unter der Abkürzung BLIE bekannt (Best Linear Invariant Estimation, es wurde im Abschnitt 3.2.3. kurz erwähnt). Wird bei der Konstruktion eines linearen Schätzverfahrens die Forderung nach Erwartungstreue [Gl. (3.11)] der Schätzwerte fallengelassen und nur Unabhängigkeit des mittleren quadratischen Fehlers der Schätzwerte von η gefordert, so erhält man ein *risikoinvariantes Schätzverfahren*. Dieses führt zu Schätzwerten mit einem kleineren mittleren quadratischen Fehler als das beste lineare erwartungstreue Schätzverfahren. Die Schätzung erfolgt mit Hilfe von Faktoren in einer zu (5.51) und (5.52) analogen Form. Die Schätzwerte für $A = \ln \eta$ und $B = 1/a$ erhält man nach den Formeln

$$\tilde{A} = \sum_{i=1}^{r} A_{n,r,i} y_{(i)} \tag{5.55}$$

$$\tilde{B} = \sum_{i=1}^{r} C_{n,r,i} y_{(i)}, \tag{5.56}$$

wobei die $y_{(i)} = \ln t_{(i)}$ die in der n-Elemente-Stichprobe beobachteten logarithmierten Ausfallzeiten sind. Die Faktoren $A_{n,r,i}$ und $C_{n,r,i}$ wurden für $2 \leq n \leq 15$ und $2 \leq r \leq n$ in [72] publiziert. In [20] befindet sich ebenfalls ein Auszug aus diesen Tabellen. Die Berechnung der Gewichte $A_{n,r,i}$ und $C_{n,r,i}$ beruht auf der invertierten Kovarianzmatrix der Ranggrößen. Die Gewichte müssen die zu (5.53) analogen Bedingungen erfüllen:

$$\sum_{i=1}^{r} A_{n,r,i} = 1, \qquad \sum_{i=1}^{r} C_{n,r,i} = 0. \tag{5.57}$$

Tabelle 5 im Anhang enthält einige dieser Gewichte. Der mittlere quadratische Fehler (3.10) bezogen auf B^2 dient zur Beurteilung der Güte dieser Schätzungen. In [72] und [20] sind die Zahlenwerte für $E(\tilde{A} - A)^2$, $E(\tilde{B} - B)^2$ und $E(\tilde{A} - A)(\tilde{B} - B)$ zu allen berechneten Wertepaaren n und r angegeben. Die besten linearen invarianten Schätzungen haben diesbezüglich recht günstige Eigenschaften. Am Ende des Abschnitts 5.3.1. wurde der von *Kimball* [50] berechnete Fall der Varianz der Schätzwerte $\check{B}$ und B^* für $n = r = 6$ zitiert. Es ergab sich $\mathrm{Var}(\check{B}) = 0{,}1686\, B^2$, $\mathrm{Var}(B^*) = 0{,}1320\, B^2$. Damit läßt sich der mittlere quadratische Fehler der nicht erwartungstreuen Schätzung $\tilde{B}$ vergleichen; es ergibt sich $E(\tilde{B} - B)^2 = 0{,}1166\, B^2$, also ein noch kleinerer Wert. Der mittlere quadratische Fehler nimmt natürlich mit wachsender Differenz $(n - r)$ zu. Das zeigt Bild 5.5, das für $n = 5,\ 10,\ 15$ und $2 \leq r \leq n$ die in [72] angegebenen Werte von $E(\tilde{A} - A)^2$ und $E(\tilde{B} - B)^2$ dargestellt. In [20] wird für $n = 10$ und $n = 20$ sowie $2 \leq r \leq n$ ein

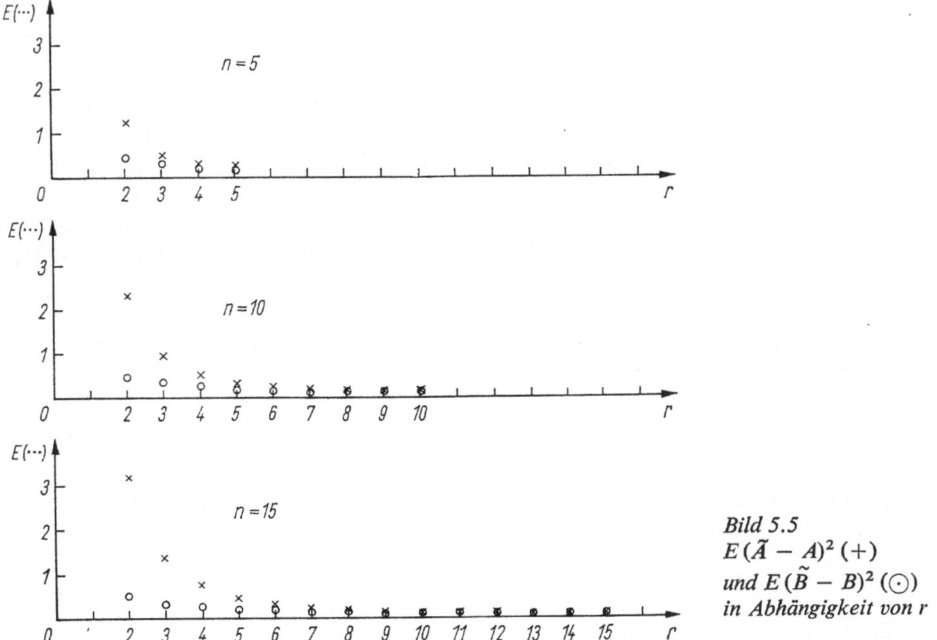

Bild 5.5
$E(\tilde{A} - A)^2\ (+)$
und $E(\tilde{B} - B)^2\ (\odot)$
in Abhängigkeit von r

Vergleich des mittleren quadratischen Fehlers von $\tilde{A}$ und $\tilde{B}$ mit den von *Harter* und *Moore* [53] angegebenen Werten für die Maximum Likelihood-Schätzung (Resultate einer Simulationsstudie) angestellt. Beide Methoden unterscheiden sich danach nur sehr wenig voneinander.

Beispiel 5.5. Ein Experiment mit $n = 5$ Elementen und $r = 3$ Ausfällen ergab die Ausfallzeitpunkte $t_{(1)} = 250$ h, $t_{(2)} = 370$ h und $t_{(3)} = 400$ h. Die Parameterschätzung wird mit den in Tabelle 5 im Anhang angegebenen Gewichten $A_{n,r,i}$ und $C_{n,r,i}$ durchgeführt:

i	$t_{(i)}$	$y_{(i)}$	$A_{n,r,i}$	$C_{n,r,i}$
1	250	5,52	$-0,137958$	$-0,306562$
2	370	5,91	$-0,025510$	$-0,257087$
3	400	5,99	$1,163468$	$0,563650$

$$\tilde{A} = \sum_{i=1}^{3} A_{n,r,i}y_{(i)} = 6{,}06, \qquad \tilde{\eta} = e^{\tilde{A}} = 428 \text{ h}$$

$$\tilde{B} = \sum_{i=1}^{3} C_{n,r,i}y_{(i)} = 0{,}16, \qquad \tilde{a} = \frac{1}{\tilde{B}} = 6.$$

5.3.3. Asymptotisch effiziente Schätzungen

Für größere Stichprobenumfänge werden die bisher beschriebenen linearen Schätzverfahren unbequem, und ihre allgemeine Anwendung würde entsprechende Tabellen für jedes beliebige Wertepaar n und r erfordern. Ein asymptotisch effizientes Schätzverfahren, das auch für kleine Stichproben günstige Eigenschaften hat, wurde durch Arbeiten von *Johns* und *Liebermann* [74], *Chernoff*, *Gastwirth* und *Johns* [75] sowie *D'Agostino* [76] entwickelt. Es gestattet die Berechnung einer unteren Vertrauensgrenze für die Zuverlässigkeit $R(t)$ zu einem festen Zeitpunkt t' [74].

Betrachten wir zunächst die Punktschätzung von A und B, den Parametern der linearen Regressionsgleichung (5.39), die durch die Transformation $A = \ln \eta$ und $B = 1/a$ mit den Parametern der Weibull-Verteilung verknüpft sind. Wir werden dabei das von *D'Agostino* [76] entwickelte Verfahren anwenden, bei dem nur eine Hilfstabelle für vier Funktionen benötigt wird. Die Schätzwerte werden durch die Symbole $\bar{A}$ und $\bar{B}$ von den wahren Parametern A und B unterschieden. Diese Schätzungen sind asymptotisch effizient, d.h., für $n \to \infty$ haben die Schätzwerte die kleinstmögliche Varianz. Wie bei den bisher behandelten linearen Schätzmethoden erfolgt die Schätzung mit Hilfe von Koeffizienten $a_{n,i,p}$ und $b_{n,i,p}$, die von n, $i = 1, \ldots, r$ und dem Stutzungsgrad $p = r/n$ der Stichprobe abhängen:

$$\bar{A} = \sum_{i=1}^{r} a_{n,i,p}y_{(i)} \tag{5.58}$$

$$\bar{B} = \sum_{i=1}^{r} b_{n,i,p}y_{(i)}. \tag{5.59}$$

Die Koeffizienten müssen die zu Gl. (5.53) bzw. (5.57) äquivalente Bedingung

$$\sum_{i=1}^{r} a_{n,i,p} = 1$$

$$\sum_{i=1}^{r} b_{n,i,p} = 0 \tag{5.60}$$

erfüllen, um gegenüber einer Translation invariant zu sein. Außerdem sollen sie für $i = 1, \ldots, r - 1$ folgende Darstellung erlauben:

$$a_{n,i,p} = \frac{1}{n} A_p \left(\frac{i}{n+1} \right)$$

$$b_{n,i,p} = \frac{1}{n} B_p \left(\frac{i}{n+1} \right). \tag{5.61}$$

Für $i = r$ gelte

$$a_{n,r,p} = 1 - \frac{1}{n} \sum_{i=1}^{r-1} A_p \left(\frac{i}{n+1} \right)$$

$$b_{n,r,p} = - \frac{1}{n} \sum_{i=1}^{r-1} B_p \left(\frac{i}{n+1} \right). \tag{5.62}$$

Die Funktionen $A_p [i/(n+1)]$ und $B_p [i/(n+1)]$ werden nun so definiert, daß $\bar{A}$ und $\bar{B}$ asymptotisch normalverteilte und asymptotisch effiziente Schätzungen für A und B sind. Nach [74] und [76] haben sie folgende Gestalt:

$$A_p(u) = H_1(p) \ln \frac{1}{1-u} - H_3(p) \ln \frac{1}{1-u} \left(1 + \ln \ln \frac{1}{1-u} \right) + H_3(p)$$

$$B_p(u) = H_2(p) \ln \frac{1}{1-u} \left(1 + \ln \ln \frac{1}{1-u} \right) - H_2(p) - H_3(p) \ln \frac{1}{1-u}. \tag{5.63}$$

Die Größen $H_1(p)$, $H_2(p)$ und $H_3(p)$ sind mit der unvollständigen Polygammafunktion verwandt. Sie sind in [76] für $p = 0{,}005\ (0{,}005)1$ tabelliert.

D'Agostino [76] empfiehlt jedoch eine einfachere Form dieser Schätzung; statt (5.58) und (5.59) werden folgende Ausdrücke benutzt:

$$\bar{A} = \frac{1}{n} \left[H_1(p) L_1(p) - H_3(p) L_2(p) \right] \tag{5.64}$$

$$\bar{B} = \frac{1}{n} \left[H_2(p) L_2(p) - H_3(p) L_1(p) \right], \tag{5.65}$$

wobei

$$L_1(p) = \sum_{i=1}^{r-1} W_{i,n} y_{(i)} + W_{r,n,p} y_{(r)} \tag{5.66}$$

mit

$$W_{i,n} = \ln \frac{n+1}{n+1-i} \tag{5.67}$$

sowie

$$W_{r,n,p} = r - \sum_{i=1}^{r-1} W_{i,n} \tag{5.68}$$

und die weitere Hilfsgröße durch die Formel

$$L_2(p) = \sum_{i=1}^{r-1} V_{i,n} y_{(i)} + V_{r,n,p} y_{(r)} \tag{5.69}$$

mit

$$V_{i,n} = \ln \frac{n+1}{n+1-i} \left[1 + \ln \ln \frac{n+1}{n+1-i} \right] - 1$$

$$= W_{i,n} \left[1 + \ln W_{i,n} \right] - 1 \qquad (5.70)$$

sowie

$$V_{r,n,p} = nH_4(p) - \sum_{i=1}^{r-1} V_{i,n} \qquad (5.71)$$

definiert sind. Die neue Hilfsgröße $H_4(p)$ ist wie folgt mit den Funktionen $H_1(p)$, $H_2(p)$ und $H_3(p)$ verknüpft:

$$H_4(p) = \frac{H_3(p)}{H_1(p)\,H_2(p) - [H_3(p)]^2}. \qquad (5.72)$$

In [76] ist auch $H_4(p)$ tabelliert. Ein Auszug aus dieser Tabelle befindet sich als Tabelle 6 im Anhang.

Dieses Schätzverfahren, obwohl für den asymptotischen Fall $n \to \infty$ konstruiert, zeigt auch für kleine Stichproben günstige Eigenschaften. In [76] wird u.a. der mittlere quadratische Fehler von $\tilde{A}$ und $\tilde{B}$ mit dem der besten linearen invarianten Schätzung $\tilde{A}$ und $\tilde{B}$ verglichen, wenn $n = 3(1)10$ und $2 \leqq r \leqq n$ ist. Der Unterschied ist gering. Er dürfte für Stichproben mit $n \geqq 10$ praktisch bedeutungslos sein.

Beispiel 5.6. Der besseren Anschaulichkeit wegen wird das im Beispiel 5.5 behandelte Experiment ausgewertet, obwohl die angewandte Methode eigentlich für größere Stichproben benutzt werden sollte. Im Beispiel 5.5 war $n = 5$ und $r = 3$. Zu den Ausfallzeiten berechnet man

i	$t_{(i)}$	$y_{(i)}$	$W_{i,5}$	$V_{i,5}$	$W_{3,5;0,6}$	$V_{3,5;0,6}$
1	250	5,52	0,1823	$-1,1280$		
2	370	5,91	0,4055	$-0,9606$		
3	400	5,99			2,4122	1,1126

Für das angewandte Stutzungsverhältnis $p = 3/5 = 0,6$ liest man aus Tabelle 6 die folgenden Werte ab: $H_1 = 1,8120$, $H_2 = 1,3728$, $H_3 = -0,4466$, $H_4 = -0,1952$. Durch Gln. (5.66) und (5.69) ergibt sich $L_1 = 17,8519$, $L_2 = -5,2392$. Aus Gln. (5.64) und (5.65) erhält man die Schätzwerte $\tilde{A} = 6,00$, $\tilde{B} = 0,16$. Sie stimmen recht gut mit den Werten im Beispiel 5.5 überein und führen zu folgenden Schätzwerten für die Weibull-Parameter: $\bar{\eta} = 403$ h, $\bar{a} = 6$.

5.3.4. Untere Vertrauensgrenze für die Zuverlässigkeit zu einem festen Zeitpunkt t'

Das im Abschnitt 5.3.3. beschriebene lineare Schätzverfahren ist die Basis des von *Johns* und *Liebermann* [74] beschrittenen Weges, eine untere Vertrauensgrenze für die Zuverlässigkeit zu einem festen Zeitpunkt t' zu berechnen. Der linearen Schätzung liegt die Weibull-Verteilung in logarithmischer Form zugrunde

$$F(t) = 1 - \exp\left[-e^{(\ln t - \ln \eta)\,a}\right], \qquad (5.73)$$

deren Parameter durch $A = \ln \eta$ und $B = 1/a$ bezeichnet sind. Die Zuverlässigkeit $R(t) = 1 - F(t)$ soll zu einem festen Zeitpunkt $t' > 0$ geschätzt werden. Um Gl.(5.73) in geeigneter Weise zu reparametrisieren, wird die Zufallsgröße t normiert, d.h. gleich t/t' gesetzt. Außerdem sei $\mu = \ln \eta - \ln t'$. So entsteht aus (5.73) die Verteilungsfunktion

$$F(t) = 1 - \exp\left[-e^{(\ln t - \mu)\,a}\right], \tag{5.74}$$

deren Parameter durch Gln.(5.58) und (5.59) bzw. (5.64) und (5.65) geschätzt werden können, wenn $A = \mu$ und $B = 1/a$ gesetzt ist. In Übereinstimmung mit der Bezeichnungsweise bei *Johns* und *Liebermann* [74] sei

$$Z_a = \sum_{i=1}^{r} a_{n,\,i,\,p} y_{(i)} \tag{5.75}$$

$$Z_b = \sum_{i=1}^{r} b_{n,\,i,\,p} y_{(i)}, \tag{5.76}$$

wobei die Koeffizienten $a_{n,\,i,\,p}$ und $b_{n,\,i,\,p}$ mit denen aus Gln.(5.58) und (5.59) übereinstimmen und $y_{(i)} = \ln t_{(i)} - \ln t'$ bedeutet. Der Schätzwert für die Zuverlässigkeit zum Zeitpunkt t' ist somit gleich

$$R(t') = \exp\left[-e^{-Z_a/Z_b}\right]. \tag{5.77}$$

Zur Herleitung einer unteren Vertrauensgrenze für $R(t')$ wird der Umstand ausgenutzt, daß μ ein Lageparameter und $1/a$ ein Maßstabsparameter ist. Setzt man $\sigma = 1/a$ und

$$V_a = \frac{1}{\sigma}(Z_a - \mu) \tag{5.78}$$

$$V_b = \frac{1}{\sigma} Z_b, \tag{5.79}$$

so ist die gemeinsame Verteilungsfunktion von V_a und V_b parameterfrei. Die untere Vertrauensgrenze L_α^* für $R(t')$ gilt für das Vertrauensniveau $(1 - \alpha)$:

$$P(L_\alpha^* > R(t')) = \alpha. \tag{5.80}$$

Johns und *Liebermann* [74] führen eine Funktion $L(t)$ ein, die folgendermaßen definiert ist:

$$P(L(t) < tV_b - V_a) = 1 - \alpha. \tag{5.81}$$

Sie zeigen, daß $L(Z_a/Z_b)$ eine untere Vertrauensgrenze für μ/σ auf dem Vertrauensniveau $(1 - \alpha)$ bedeutet, und zwar ganz allgemein. Für die Weibull-Verteilung gilt dann

$$L_\alpha^*\left(\frac{Z_a}{Z_b}\right) = \exp\left[-e^{-L\,(Z_a/Z_b)}\right]. \tag{5.82}$$

Mit Hilfe der asymptotischen Eigenschaften der Schätzungen Z_a und Z_b (effiziente Schätzungen für μ und σ mit Normalverteilung) wurden Tabellen der Werte von $L_\alpha^*(Z_a/Z_b)$ berechnet und in [74] publiziert. Sie enthalten $L_\alpha^*(Z_a/Z_b)$ für $Z_a/Z_b = 0\ (0{,}1)\ 5$, $n = 10$, 15, 20, 30, 50, 100, einige Stutzungsverhältnisse $p = r/n$ und $\gamma = 1 - \alpha = 0{,}5,\ 0{,}75,$ $0{,}90,\ 0{,}95,\ 0{,}99$. Einige Tabellenwerte sind in den Bildern 5.6 und 5.7 grafisch dargestellt.

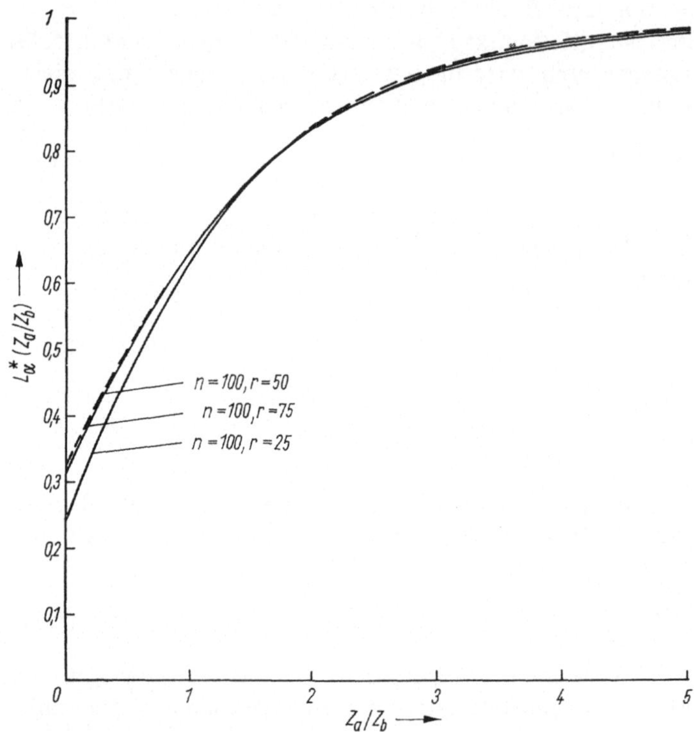

Bild 5.6. $L_\alpha^*(Z_a/Z_b)$ für $\alpha = 0,1$, $n = 100$ und $r = 25, 50, 75$

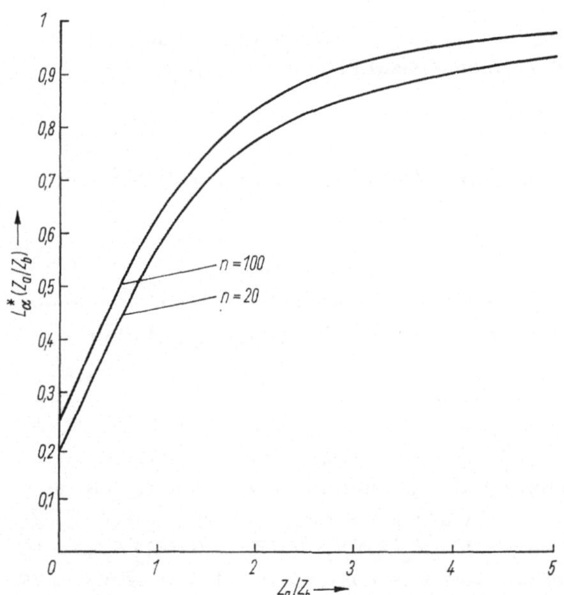

Bild 5.7. $L_\alpha^*(Z_a/Z_b)$ für $\alpha = 0,1$, $p = 0,25$ und $n = 20, 100$

Beispiel 5.7. Es soll die untere Vertrauensgrenze $L^*_{0,1}$ für $R(t')$ für $t' = 1000$ h bestimmt werden. Dazu wurde ein Experiment mit $n = 20$ Elementen durchgeführt und nach $r = 5$ Ausfällen beendet. (Eigentlich ist dieses Experiment für diese Methode zu klein.) Die beobachteten Ausfallzeiten $t_{(i)}$ sind in der folgenden Tabelle enthalten:

i	$t_{(i)}$	$y_{(i)} = \ln \dfrac{t_{(i)}}{t'}$	$W_{i,n}$	$W_{r,n,p}$	$V_{i,n}$	$V_{r,n,p}$
1	875	$-0{,}1335$	0,0488		$-1{,}0986$	
2	1117	0,1106	0,1001		$-1{,}1303$	
3	1450	0,3716	0,1542		$-1{,}1341$	
4	1525	0,4220	0,2113		$-1{,}1172$	
5	1830	0,6043		4,4856		$-2{,}1138$

Aus Tabelle 6 erhält man folgende Werte:

$H_1 (0{,}25) = 10{,}4979$

$H_2 (0{,}25) = 3{,}7356$

$H_3 (0{,}25) = -4{,}9268$

$H_4 (0{,}25) = -0{,}3297.$

Nach Gl. (5.66) und (5.67) ergibt sich

$L_1 (0{,}25) = 2{,}8617$

$L_2 (0{,}25) = -2{,}1486.$

Schließlich erhält man aus Gln. (5.75) und (5.76) die Schätzwerte

$Z_a = 0{,}9728$

$Z_b = 0{,}3036.$

Daraus lassen sich auch die Schätzwerte für die Parameter der nicht reparametrisierten Weibull-Verteilung bestimmen:

$$\bar{\eta} = t' \, e^{Z_a} = 2645 \text{ h}$$

$$\bar{a} = \frac{1}{Z_b} = 3{,}3.$$

Den Schätzwert für die Zuverlässigkeit zum Zeitpunkt $t' = 1000$ h erhält man folgendermaßen:

$$\bar{R} (1000) = \exp\left\{ -\exp\left[-\frac{Z_a}{Z_b} \right] \right\} = 0{,}96.$$

Zur Bestimmung der unteren Vertrauensgrenze wird die entsprechende Tabelle aus [74] benutzt. Dort findet man für den Quotienten $Z_a/Z_b = 3{,}2$ bei den Werten $n = 20$, $r = 5$, $\alpha = 0{,}1$ die Grenze $L^*_{0,1} (3{,}2) = 0{,}87$. Auf der Grundlage der Stichprobe läßt sich mit der Irrtumswahrscheinlichkeit $\alpha = 0{,}1$ folgern, daß die Zuverlässigkeit zum Zeitpunkt $t' = 1000$ h mindestens den Wert $R = 0{,}87$ hat.

5.4. Tests für die Parameter der Weibull-Verteilung

5.4.1. Prüfung einfacher Hypothesen über die Parameter

Die Weibull-Verteilung enthält im allgemeinen Fall drei Parameter: den Maßstabsparameter η, den Formparameter a und einen Lageparameter t_0. Wird die zweiparametrige Form der Weibull-Verteilung angewandt, gilt $t_0 = 0$. Für die Parameter lassen sich unterschiedliche einfache Hypothesen formulieren, je nachdem, welche Parameter getestet werden sollen und welche als bekannt angesehen werden können. Folgende einfache Hypothesen (Abschnitt 3.3.) können formuliert werden:

Hypothese	Bekannte Parameter
$\eta = \eta_0,\quad a = a_0,\quad t_0 = \tau_0$	keine
$\eta = \eta_0,\quad a = a_0$	t_0
$\eta = \eta_0,\quad t_0 = \tau_0$	a
$a = a_0,\quad t_0 = \tau_0$	η
$\eta = \eta_0$	$a,\quad t_0$
$a = a_0$	$\eta,\quad t_0$
$t_0 = \tau_0$	$\eta,\quad a$

Die Hypothesen werden mit Hilfe geeigneter Stichprobenfunktionen getestet. Unter der Voraussetzung, daß die zu testende Hypothese gilt, wird die Wahrscheinlichkeitsverteilung der Stichprobenfunktion berechnet und ein der Annahmewahrscheinlichkeit $1 - \alpha$ entsprechender Annahmebereich gebildet. Das ermittelte Stichprobenergebnis wird dann in der üblichen Weise mit diesem Annahmebereich verglichen.

Das kann auch für eine zweite Hypothese geschehen. Allerdings tritt beim Testen mehrerer Parameter meistens der Fall ein, daß sich die Annahmebereiche beider Hypothesen teilweise überdecken. Die zweite Hypothese ist keine „alternative" Hypothese im wahren Sinne des Wortes. Wir haben es mit mehreren Parametern zu tun, verwenden aber nur eine Stichprobenfunktion und können deshalb Tests zu einer vorgegebenen Operationscharakteristik nur in Ausnahmefällen konstruieren.

Im folgenden werden zwei Stichprobenfunktionen behandelt, die zum Testen der in der Praxis am häufigsten vorkommenden Hypothesen dienen können. Nach *Dubey* [77] lassen sich noch weitere Stichprobenfunktionen zum Testen einiger Parameter bei unbekannten restlichen Parametern bilden. Auf diese wird hier nicht eingegangen.

5.4.1.1. Stichprobenfunktion mit χ^2-Verteilung

In Analogie zur summierten Lebensdauer exponentialverteilter Zufallsgrößen wird für feste Werte $\eta > 0$, $a > 0$, $t_0 \geq 0$ eine auf der nach $(t - t_0)^a$ transformierten Zeitskala definierte verallgemeinerte summierte Lebensdauer betrachtet. Diese Stichprobenfunktion ist eine Zufallsgröße und soll, wie im Fall der Exponentialverteilung, mit S_r bezeichnet werden. Für $a = 1$ erhält man die summierte Lebensdauer bei Exponentialverteilung als Spezialfall. In Experimenten an n Elementen, die ohne Ersetzen ausgefallener Elemente bis zum r-ten Ausfall durchgeführt werden, ergeben sich die Ausfallzeiten $t_{(1)} \leq t_{(2)} \leq \ldots \leq t_{(r)}$, $r \leq n$. Daraus berechnet man die verallgemeinerte summierte Lebensdauer im Experiment

$$S_r = \sum_{i=1}^{r} (t_{(i)} - t_0)^a + (n - r)(t_{(r)} - t_0)^a. \tag{5.83}$$

Werden im Experiment die ausgefallenen Erzeugnisse sofort repariert (keine Erneuerung), gilt

$$S_r = n\,(t_{(r)} - t_0)^a. \tag{5.84}$$

Es läßt sich zeigen, daß die Zufallsgröße

$$T = \frac{2S_r}{\eta^a} \tag{5.85}$$

einer χ^2-Verteilung mit $2r$ Freiheitsgraden genügt, wenn t einer Weibull-Verteilung bzw. einem Weibull-Prozeß mit den Parametern η, a, t_0 folgt. Für die genannten einfachen Hypothesen können zu vorgegebenen Annahmewahrscheinlichkeiten $(1 - \alpha)$ gehörende Annahmebereiche für T bzw. S_r mit Hilfe der Quantile der χ^2-Verteilung gebildet werden.

Für die Hypothese $H_0 : \eta = \eta_0$, $a = a_0$, $t_0 = \tau_0$ (allgemeinste der obengenannten Hypothesen) wird die verallgemeinerte summierte Lebensdauer S_{H_0} nach Gl. (5.83) oder (5.84) berechnet. Mit Hilfe der χ^2-Verteilung und Gl. (5.85) ergeben sich als Grenzen des Annahmebereichs für H_0 die einseitige untere Grenze

$$S_{\alpha,\,H_0} = \frac{\chi_\alpha^2\,(2r)\,\eta_0^{a_0}}{2}, \tag{5.86}$$

die einseitige obere Grenze

$$S_{1-\alpha,\,H_0} = \frac{\chi_{1-\alpha}^2\,(2r)\,\eta_0^{a_0}}{2} \tag{5.87}$$

oder die entsprechenden zweiseitigen Grenzen $S_{\alpha/2,\,H_0}$ bzw. $S_{1-\alpha/2,\,H_0}$. Für $a_0 = 1$ und $t_0 = 0$ ist Gl. (5.86) mit der Beziehung (4.90) für die Exponentialverteilung identisch, und Gl. (5.87) entspricht Gl. (4.91), wenn statt H_0 die alternative Hypothese H_1 eingesetzt wird. Der Wert S_{H_0} wird mit den Grenzen $S_{\alpha,\,H_0}$ und $S_{1-\alpha,\,H_0}$ oder $S_{\alpha/2,\,H_0}$ und $S_{1-\alpha/2,\,H_0}$ verglichen, je nachdem, welche Fragestellung dem Test zugrunde liegt. Die Hypothese H_0 wird mit der Irrtumswahrscheinlichkeit α verworfen, wenn gilt:

$$S_{H_0} < S_{\alpha,\,H_0}, \qquad S_{H_0} > S_{1-\alpha,\,H_0}, \qquad S_{H_0} < S_{\alpha/2,\,H_0} \quad \text{oder} \quad S_{H_0} > S_{1-\alpha/2,\,H_0}.$$

Wird eine zweite Hypothese $H_1 : \eta = \eta_1$, $a = a_1$, $t_0 = \tau_1$ aufgestellt, so läßt sich für diese analog zu (5.83) oder (5.84) die verallgemeinerte summierte Lebensdauer S_{H_1} berechnen. Zu einer Annahmewahrscheinlichkeit $1 - \beta$ lassen sich, je nach Fragestellung, analog zu (5.86) und (5.87) auch die Grenzen $S_{\beta,\,H_1}$, $S_{1-\beta,\,H_1}$ oder $S_{\beta/2,\,H_1}$ und $S_{1-\beta/2,\,H_1}$ berechnen, mit denen S_{H_1} verglichen wird. Allerdings tritt hierbei häufig der Fall auf, daß auf der Basis des Datenmaterials beide Hypothesen nicht auszuschließen sind. Dann wird mehr Beobachtungsmaterial benötigt. Nur falls $a = a_0 = a_1$ und $\tau_0 = \tau_1 = 0$ ist, kann ein Test mit alternativer Hypothese, wie im Fall der Exponentialverteilung, durch die zu (4.92) analoge Beziehung

$$\frac{\chi_{1-\beta}^2\,(2r)}{\chi_\alpha^2\,(2r)} \lesseqgtr \left(\frac{\eta_0}{\eta_1}\right)^a \tag{5.88}$$

gefunden werden. Dieser Fall wird im Abschnitt 5.4.2. behandelt.

Beispiel 5.8. Es sei die Hypothese $H_0 : \eta_0 = 10000$ h, $a_0 = 1$ mit $t_0 = 0$ und $\alpha = 0,1$ bei zweiseitiger Fragestellung zu testen. Außerdem soll eine zweite Hypothese $H_1 : \eta_1 = 10000$ h, $a_1 = \frac{1}{2}$ mit $t_0 = 0$ und $\beta = 0,1$ ebenfalls bei zweiseitiger Fragestellung beurteilt werden. Das Datenmaterial stammt aus dem Bild 5.4 zugrunde liegenden Experiment, das ohne Ersatz ausgefallener Elemente mit $n = 50$ bis zum siebenten Ausfall durchgeführt wurde (im Bild 5.4 bis $t^* = 1000$ h). Die Ausfallzeitpunkte sind $t_{(1)} = 125$ h, $t_{(2)} = 252$ h, $t_{(3)} = 319$ h, $t_{(4)} = 401$ h, $t_{(5)} = 470$ h, $t_{(6)} = 691$ h, $t_{(7)} = 965$ h. Aus Gl. (5.83) erhält man unter der Hypothese H_0 den Wert $S_{H_0} = 44\,718$, unter H_1 den Wert $S_{H_1} = 383{,}6$. Aus einer Tabelle der χ^2-Verteilung entnimmt man die Werte $\chi^2_{0,05}(14) = 6{,}57$ und $\chi^2_{0,95}(14) = 23{,}7$. Damit ergeben sich die Grenzen

$$S_{0,05,H_0} = 32\,850 \quad \text{und} \quad S_{0,95,H_0} = 118\,500 \quad \text{für} \quad S_{H_0}$$

$$S_{0,05,H_1} = 328{,}5 \quad \text{und} \quad S_{0,95,H_1} = 1185 \quad \text{für} \quad S_{H_1}.$$

Da sowohl S_{H_0} als auch S_{H_1} innerhalb des jeweiligen Annahmebereichs liegen, können auf der Basis dieses Datenmaterials die beiden Hypothesen nicht verworfen werden. Das Resultat war nach Bild 5.4 zu erwarten, wenn man die Kurve I betrachtet (gilt für unseren Fall), die ja bei einem ziemlich hohen Wert der relativen Likelihood-Funktion ($K = 0{,}8$) eingezeichnet ist.

5.4.1.2. Test bei unbekanntem η

Es sollen einfache Hypothesen der Form $H_0: a = a_0$, $t_0 = \tau_0$ bei *unbekanntem* Wert von η getestet werden. Ist a oder t_0 bekannt, reduziert sich die Hypothese auf $H_0: t_0 = \tau_0$ oder $H_0: a = a_0$. Für diesen Test läßt sich die Stichprobenfunktion

$$U = \frac{(r-1)\,S_1}{S_r - S_1} \tag{5.89}$$

verwenden, wobei S_1 bzw. S_r die durch Gl. (5.83) oder (5.84) definierte verallgemeinerte summierte Lebensdauer bis zum ersten bzw. r-ten Ausfall bedeutet. Es läßt sich zeigen, daß die Zufallsgröße U einer F-Verteilung mit $m_1 = 2$ und $m_2 = 2\,(r-1)$ Freiheitsgraden folgt, wenn die Hypothese H_0 zutrifft.

In einem Experiment an n Elementen, das ohne Ersetzen der ausgefallenen Elemente bis zum r-ten Ausfall durchgeführt wird, berechnet man nach Gl. (5.83) die Größen

$$S_1 = n\,(t_{(1)} - \tau_0)^{a_0}$$
$$S_r = \sum_{i=1}^{r} (t_{(i)} - \tau_0)^{a_0} + (n - r)\,(t_{(r)} - \tau_0)^{a_0}, \tag{5.90}$$

in einem Experiment mit Reparatur der ausgefallenen Elemente entsprechend

$$S_1 = n\,(t_{(1)} - \tau_0)^{a_0}$$
$$S_r = n\,(t_{(r)} - \tau_0)^{a_0}. \tag{5.91}$$

Daraus wird nach Gl. (5.89) der Wert U der Stichprobenfunktion U im Experiment berechnet. Zur vorgegebenen Annahmewahrscheinlichkeit $1 - \alpha$ werden, je nach der Fragestellung, die entsprechenden Quantile der F-Verteilung einer Tabelle entnommen. Die Hypothese H_0 wird mit der Irrtumswahrscheinlichkeit α verworfen, wenn bei einseitiger Fragestellung folgendes Resultat des Experiments vorliegt: $U < F_\alpha\,(2,2\,(r-1))$ oder $U > F_{1-\alpha}\,(2,2\,(r-1))$. Bei zweiseitiger Fragestellung wird entsprechend verfahren. [In der Anwendung dieses Tests wird man die unteren Quantile der F-Verteilung mit Hilfe der Beziehung (4.174) aus den oberen Quantilen berechnen müssen.]

Beispiel 5.9. Es werden die Beobachtungswerte aus Beispiel 5.8 verwendet. Bei $t_0 = 0$ und unbekanntem η sollen die beiden Hypothesen $H_0: a_0 = 1$ und $H_1: a_1 = \frac{1}{2}$ getestet werden. Der Test soll mit zweiseitiger Fragestellung und $\alpha = 0,1$ bzw. $\beta = 0,1$ durchgeführt werden. Aus einer Tabelle erhält man die Quantile der F-Verteilung

$$F_{0,05}(2,12) = \frac{1}{F_{0,95}(12,2)} = 0,05 \quad \text{und} \quad F_{0,95}(2,12) = 3,89.$$

Man erhält unter den Hypothesen H_0 bzw. H_1 die Werte

$$S_{1,H_0} = 6250\,\text{h}, \qquad S_{1,H_1} = 559,02\,\text{h}$$

$$S_{7,H_0} = 44718\,\text{h}, \qquad S_{7,H_1} = 383,60\,\text{h}.$$

Damit wird $U_{H_0} = 0,97$ und $U_{H_1} = 19,12$. Die Hypothese H_0 ist anzunehmen, die Hypothese H_1 dagegen mit der Irrtumswahrscheinlichkeit β zu verwerfen. Mit diesem Test erhält man gegenüber Beispiel 5.8 eine Unterscheidbarkeit der beiden Hypothesen im betrachteten Fall. Das läßt sich dadurch erklären, daß im Beispiel 5.8 *zwei* Parameter (η_0 und a_0) zu testen waren, im Beispiel 5.9 handelt es sich nur um *einen* Parameter; dafür braucht man im allgemeinen weniger Stichprobeninformation.

5.4.2. Annahmeprüfpläne für den Maßstabsparameter η bei bekanntem Formparameter a ($t_0 = 0$)

Für die routinemäßige Zuverlässigkeitsprüfung werden häufig Tests über den Parameter η bei bekanntem (oder als bekannt angenommenem) Wert von a angewandt. Die Gesamtheit, aus der die Stichprobe entnommen wird, soll mit zwei hypothetischen Gesamtheiten verglichen werden, die wie folgt definiert sind:

$$F_0(t) = 1 - \exp\left[-\left(\frac{t}{\eta_0}\right)^a\right], \qquad t \geqq 0, \qquad a > 0, \qquad \eta_0 > 0 \qquad (5.92)$$

$$F_1(t) = 1 - \exp\left[-\left(\frac{t}{\eta_1}\right)^a\right], \qquad t \geqq 0, \qquad a > 0, \qquad \eta_1 > 0, \qquad (5.93)$$

wobei $\eta_0 > \eta_1$ ist. Das Modell (5.92) drückt also die höhere Zuverlässigkeit aus. Die Trennschärfe des Tests wird vorgegeben, indem zwei Punkte der Operationscharakteristik (Abschnitt 3.3.) festgelegt werden: $P_0(\eta_0) = 1 - \alpha$, $P_0(\eta_1) = \beta$. Als Testkriterium wird eine geeignete Funktion der Beobachtungswerte verwendet.

Die zu prüfende Nullhypothese lautet $H_0: \eta = \eta_0$. Sie ist unter den im Abschnitt 5.4.1. beschriebenen Hypothesen. Je nachdem, in welcher Form das Experiment durchgeführt wird (mit Beendigung nach r^* Ausfällen oder nach Ablauf der Zeit t^*), wird der Test mit Hilfe der verallgemeinerten summierten Lebensdauer (5.83) bzw. (5.84) oder mit der beobachteten Anzahl von Ausfällen entschieden. Die Methode zur Herleitung eines entsprechenden Testverfahrens ist der im Fall der Exponentialverteilung analog, nur daß nun eine transformierte Zufallsgröße t^a verwendet wird. Eine ausführliche Behandlung aller Prüfpläne, die wie im Abschnitt 4.4. mehrere Fälle umfassen würde, erübrigt sich daher. Dennoch sollen die verschiedenen Typen von Experimenten und die dazugehörenden Prüfgrößen kurz erwähnt werden.

Wird der *Test nach einer festen Anzahl von Ausfällen r^* beendet*, so wird als Testgröße die verallgemeinerte summierte Lebensdauer nach Gl.(5.83) oder (5.84) benutzt, wobei

$t_0 = 0$ ist. Das Annahmeprüfverfahren beruht auf der χ^2-Verteilung, weil die Größe $T = 2S_r/\eta^a$ einer χ^2-Verteilung mit $2r$-Freiheitsgraden folgt. Das Testverfahren wird dann den Formeln von Abschnitt 4.4.1. entsprechend konstruiert, indem für ϑ die Größe η^a eingesetzt wird.

Für die vorgegebenen Werte η_0, η_1, α und β muß zunächst r^* bestimmt werden. Dazu dient die zu (4.92) analoge Ungleichung (5.88). Sie gewährleistet, daß die (4.89) entsprechende Beziehung

$$S_{1-\beta,\eta_1} \leqq S_{\alpha,\eta_0} \tag{5.94}$$

eingehalten wird, wobei gilt

$$S_{\alpha,\eta_0} = \frac{\chi_\alpha^2(2r)\,\eta_0^a}{2} \tag{5.95}$$

$$S_{1-\beta,\eta_1} = \frac{\chi_{1-\beta}^2(2r)\,\eta_1^a}{2}. \tag{5.96}$$

Als Testkriterium dient die im Experiment ermittelte verallgemeinerte summierte Lebensdauer S_r, die in Experimenten ohne Ersatz nach der Beziehung

$$S_r = \sum_{i=1}^r t_{(i)}^a + (n-r)\,t_{(r)}^a, \tag{5.97}$$

in Experimenten mit Reparaturen nach

$$S_r = n t_{(r)}^a \tag{5.98}$$

bestimmt wird. Die Operationscharakteristik des Tests erhält man analog zu (4.96) durch die Beziehung

$$P_0(\eta) = P\left[\chi^2(2r) \geqq \chi_{1-\beta}^2(2r)\left(\frac{\eta_1}{\eta}\right)^a\right], \tag{5.99}$$

wenn als Annahmekriterium die Grenze $S_{1-\beta,\eta_1}$ benutzt wird.

Wird der *Test nach einer festen Zeit t^* beendet,* so gelten auch die im Abschnitt 4.4.2. angegebenen Beziehungen nach der Transformation t^a und der Substitution von η^a für ϑ. Ein solcher Test wird entweder zum Zeitpunkt t^* mit der Annahme der Hypothese $\mathbf{H}_0 : \eta = \eta_0$ beendet oder, wenn vorher r^* Ausfälle vorliegen, mit der Ablehnung der Hypothese $\mathbf{H}_0 : \eta = \eta_0$. Für vorgegebene Werte von η_0, η_1, α und β wird r^* mit Hilfe von (5.88) bestimmt.

Die Wahrscheinlichkeit dafür, daß ein Element bis zum Zeitpunkt t^* ausfällt, erhält man in einem Experiment ohne Ersatz ausgefallener Elemente nach der Weibull-Verteilung durch die zu (4.97) analoge Beziehung

$$p_\eta = 1 - \exp\left[-\left(\frac{t^*}{\eta}\right)^a\right]. \tag{5.100}$$

Daraus folgt die Wahrscheinlichkeit dafür, genau r Ausfälle zu erhalten:

$$P(r) = \binom{n}{r} p_\eta^r (1 - p_\eta)^{n-r}, \qquad r = 0, 1, \ldots, n. \tag{5.101}$$

Den Stichprobenumfang n bestimmt man analog zu Gln. (4.102) und (4.103) durch die Beziehung

$$P_0(\eta_0) = \sum_{r=0}^{r-1} \binom{n}{r} p_{\eta_0}^r (1 - p_{\eta_0})^{n-r} \geqq 1 - \alpha \qquad (5.102)$$

$$P_0(\eta_1) = \sum_{r=0}^{r-1} \binom{n}{r} p_{\eta_1}^r (1 - p_{\eta_1})^{n-r} \leqq \beta. \qquad (5.103)$$

Um diese Berechnungen durchführen zu können, benutzt man Tabellen der Binomialverteilung oder modifiziert die in [35] gegebenen Hilfstabellen entsprechend. Die Operationscharakteristik wird mit Hilfe von Gl. (5.99) berechnet.

In Experimenten mit Reparatur der ausgefallenen Elemente ergibt sich die Wahrscheinlichkeit dafür, bis zum Zeitpunkt t^* genau r Ausfälle zu beobachten, aus der zu Gl. (4.104) analogen Beziehung

$$P(r) = \frac{1}{r!} e^{-n(t^*/\eta)^a} n^r \left(\frac{t^*}{\eta}\right)^{ar}, \qquad r = 0, 1, \ldots \qquad (5.104)$$

Den erforderlichen Stichprobenumfang n bestimmt man analog zu Gl. (4.105) als größte ganze Zahl, für die folgende Beziehung gilt:

$$n \geqq \frac{\eta_1^a}{2t^{*a}} \chi_{1-\beta}^2 (2r^*). \qquad (5.105)$$

Für gegebene Werte n und t^* lassen sich die Werte der Operationscharakteristik an den Stellen $\eta = \eta_0$ und $\eta = \eta_1$ mit Hilfe der Wahrscheinlichkeiten $P(r < r^*|\eta_0)$ bzw. $P(r < r^*|\eta_1)$ berechnen. Danach gilt

$$P_0(\eta_0) = \sum_{r=0}^{r^*-1} \frac{1}{r!} e^{-n(t^*/\eta_0)^a} n^r \left(\frac{t^*}{\eta_0}\right)^a \geqq 1 - \alpha \qquad (5.106)$$

$$P_0(\eta_1) = \sum_{r=0}^{r^*-1} \frac{1}{r!} e^{-n(t^*/\eta_1)^a} n^r \left(\frac{t^*}{\eta_1}\right)^a \leqq \beta. \qquad (5.107)$$

Als Operationscharakteristik wird (5.99) verwendet, wenn das Annahmekriterium wegen (5.105) der Grenze $S_{1-\beta, \eta_1}$ äquivalent ist.

Die in diesem Abschnitt behandelten Prüfpläne setzen voraus, daß der Parameter a bekannt ist. Eine solche Voraussetzung ist sehr einschneidend. Ist der wahre Parameter a vom vorausgesetzten Wert verschieden, so prüft man mit einer anderen Operationscharakteristik als vereinbart. Das zeigte sich in der Untersuchung von *Zelen* und *Dannemiller* [47] sehr deutlich, die die Änderung der Operationscharakteristik von Prüfplänen für die Exponentialverteilung ($a = 1$) berechneten, wenn in Wahrheit $a \neq 1$ ist.

Beispiel 5.10. Ein Experiment ohne Ersetzen ausgefallener Elemente wird durchgeführt. Für die Ausfallraten wird eine Weibull-Verteilung mit dem Parameter $a = \frac{1}{2}$ vorausgesetzt. Die Hypothese $\mathbf{H}_0 : \eta_0 = 10000$ h soll gegen die alternative Hypothese $\mathbf{H}_1 : \eta_1 = 2500$ h getestet werden. Dabei wird $\alpha = \beta \leq 0,1$ gefordert. Mit Hilfe einer χ^2-Tabelle wird aus der Ungleichung (5.88) zuerst der Wert r^* ermittelt. Man findet

$$\frac{\chi_{0,9}^2(30)}{\chi_{0,1}^2(30)} = 1,96 < \left(\frac{\eta_0}{\eta_1}\right)^a = 2,$$

also ist $r^* = 15$. Aus Gl.(5.96) erhält man die obere Grenze für S_{r*}, die zur Ablehnung der Hypothese H_0 führt:

$$S_{0,9,\eta_1} = 1007,5.$$

Nach Gl.(5.99) werden noch einige Werte der Operationscharakteristik berechnet, wobei die Quantile $\chi^2_\gamma(30)$ benutzt werden und für $P_0(\eta) = 1 - \gamma$ der Wert η aus der Beziehung

$$\eta = \left[\frac{\chi^2_{1-\beta}(2r)\,\eta_1^a}{\chi^2_\gamma(2r)} \right]^{1/a}$$

bestimmt wird. Man erhält:

γ	$\chi^2_\gamma(30)$	$P_0(\eta)$	η
0,05	18,5	0,95	11 863
0,1	20,6	0,9	9 568
0,3	25,5	0,7	6 244
0,5	29,3	0,5	4 729
0,7	33,5	0,3	3 618
0,9	40,3	0,1	2 500
0,95	43,8	0,05	2 116

Von Interesse ist schließlich noch, wie groß ungefähr der Stichprobenumfang n sein müßte, damit der Test nach etwa 1000 h beendet wird, d.h., damit $t_{15} \cong 1000$ h ist. Dazu kann die für die Exponentialverteilung geltende Beziehung (4.12) oder (4.13) ausgenutzt werden. In dem betrachteten Fall folgt aus (4.13)

$$E\left(t^a_{(15)}\,\big|\,n\right) \cong \eta^a \ln \frac{n}{n-r}.$$

Für η wird η_0 eingesetzt (für $\eta < \eta_0$ wäre der Test eher beendet). Setzt man $n = 55$, so folgt $E\left(t^{1/2}_{(15)}\,\big|\,55\right) \cong 31,8$, und damit wird $t_{(15)}$ in diesem Fall ungefähr 1000 h betragen.

6. Wahrscheinlichkeitsmodell Gammaverteilung

6.1. Grafische Datenanalyse

In der Praxis ist die Anwendung von Wahrscheinlichkeitsnetzen außerordentlich beliebt und verbreitet. Bekannt sind Wahrscheinlichkeitsnetze für Normalverteilung, logarithmische Normalverteilung und Weibull-Verteilung. Die Grundlage dieser Netze ist eine Transformation, die es ermöglicht, eine lineare Beziehung zwischen den geordneten Beobachtungswerten und der empirischen Verteilungsfunktion herzustellen. Für die Gammaverteilung ist das in dieser Form nicht möglich. Man kann aber mit Hilfe einer Tabelle der Quantile der Gammaverteilung bei *festem Formparameter b* ebenfalls ein grafisches Verfahren anwenden.

Gemäß Gl. (2.43) hat die dreiparametrige Gammaverteilung die Verteilungsdichte

$$f(t) = \frac{\eta^b}{\Gamma(b)} (t - t_0)^{b-1} e^{-\eta(t-t_0)} \quad \text{für} \quad t \geqq t_0, \tag{6.1}$$

wobei $b > 0$ der Formparameter, $\eta > 0$ ein Maßstabsparameter und $t_0 \geqq 0$ ein Lageparameter (kleinstmöglicher Wert) ist. Die Verteilungsfunktion folgt aus (6.1) durch Integration

$$F(t) = \int_{t_0}^{t} f(u) \, du. \tag{6.2}$$

$F(t)$ läßt sich durch einen analytischen Ausdruck nicht geschlossen darstellen. Die Werte von $F(t)$ müssen numerisch berechnet werden. Durch folgende Transformation der Zufallsgröße t

$$x = \eta (t - t_0) \tag{6.3}$$

läßt sich die Gammaverteilung normieren. Die Verteilungsfunktion

$$F(x) = \frac{1}{\Gamma(b)} \int_0^x u^{b-1} e^{-u} \, du \tag{6.4}$$

hängt dann nur noch vom Formparameter b ab.

Das grafische Auswertungsverfahren für Daten mit einer Gammaverteilung beruht auf folgendem Gedanken: Zu den in einer Stichprobe vom Umfang n gewonnenen $r \leqq n$ Beobachtungswerten $t_{(1)} \leqq t_{(2)} \leqq \ldots \leqq t_{(r)}$ wird die empirische Verteilungsfunktion bestimmt. Das kann, wie bereits im Zusammenhang mit Ranggrößen und Betavariablen beschrieben wurde [Gln. (1.74), (1.77), (1.78)], mit Hilfe verschiedener Methoden geschehen. Beim Weibull-Wahrscheinlichkeitsnetz wurde der Ausdruck

$$F_n(t_{(i)}) = \frac{i}{n+1}, \qquad i = 1, 2, \ldots, n, \tag{6.5}$$

verwendet. *Wilk, Gnanadesikan* und *Huyett* [13], die die Quantile der Gammaverteilung berechneten (Tabelle 4 im Anhang), benutzten als empirische Verteilungsfunktion die Größe

$$F_n(t_{(i)}) = \frac{i - \frac{1}{2}}{n}, \qquad i = 1, \ldots, n. \tag{6.6}$$

Da es keine allgemeingültigen Vorzüge dieser oder jener Methode gibt und der Unterschied in der Praxis gering ist, bleibt es dem Anwender überlassen, welcher Ausdruck als empirische Verteilungsfunktion verwendet wird. Mit Hilfe von Gl.(6.4) kann das zu (6.5) bzw. (6.6) gehörende „theoretische" Quantil $x_{(i)}$ bestimmt werden, wenn b bekannt ist. Durch Gl.(6.3) ergibt sich die Geradengleichung

$$t = t_0 + \frac{1}{\eta}\, x. \tag{6.7}$$

Stellt man in einem linear geteilten Koordinatensystem auf der Abszisse die Werte $x_{(i)}$ und auf der Ordinate die beobachteten $t_{(i)}$ dar, so werden die Punkte um eine Gerade mit dem Anstieg $1/\eta$ streuen, die an der Stelle $t = t_0$ einen Schnittpunkt mit der Ordinate hat, wenn die Zufallsgröße t der vorausgesetzten Gammaverteilung folgt. Auf dieser Basis ist eine grafische Schätzung von η und t_0 möglich. Man erkennt dabei außerdem, ob die Beobachtungswerte mit dem angenommenen Wahrscheinlichkeitsmodell verträglich sind oder nicht. Werden Beobachtungswerte, die aus einer Gesamtheit mit $b = b_1$, $b_1 \neq b_0$, stammen, in einem Netz dargestellt, das für den Formparameter $b = b_0$ gilt, so streuen sie um eine gekrümmte Kurve. Ist $b_0 < b_1$, so ist die Kurve bezüglich der x-Achse konvex; ist $b_0 > b_1$, so ergibt sich ein konkaver Kurvenverlauf.

Beispiel 6.1. Ein Lebensdauertest mit $n = 20$ Elementen, der bis zum Zeitpunkt $t^* = 1000$ h durchgeführt wurde, ergab folgende Ausfälle $t_{(i)}$:

i	$t_{(i)}$	$F_{20}(t_{(i)})$	$x_{(i)}$
1	722	0,025	1,6235
2	808	0,075	2,2229
3	809	0,125	2,6088
4	815	0,175	2,9373
5	852	0,225	3,2291
6	879	0,275	3,5011
7	891	0,325	3,7621
8	892	0,375	4,0192
9	903	0,425	4,2785
10	919	0,475	4,5401
11	963	0,525	4,8123
12	971	0,575	5,0952

Die empirische Verteilungsfunktion $F_{20}(t_{(i)})$ wurde nach Gl.(6.6) ermittelt. Da anzunehmen war, daß die Beobachtungswerte einer Gammaverteilung mit dem Formparameter $b = 5$ folgen, wurden die Werte $x_{(i)}$ für $F(x_{(i)}) = F_{20}(t_{(i)})$ aus Tabelle 4 im Anhang für $b = 5$ entnommen (mit linearer Interpolation). Die Wertepaare $(x_{(i)}, t_{(i)})$ sind im Bild 6.1 dargestellt. Die Werte liegen näherungsweise auf einer Geraden mit dem Anstieg $1/\eta = 65$ und dem Schnittpunkt mit der Ordinate bei $t_0 = 636$ h. Anzumerken bleibt, daß zwölf Beobachtungswerte für eine grafische Auswertung eigentlich zuwenig sind, so daß sich über das vorausgesetzte Wahrscheinlichkeitsmodell nur sehr ungenau urteilen läßt.

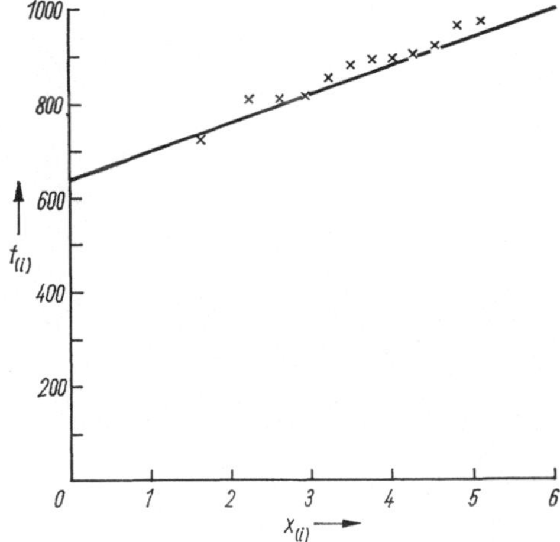

Bild 6.1
Beobachtungswerte aus dem Beispiel 6.1
im Wahrscheinlichkeitsnetz mit b = 5

6.2. Maximum-Likelihood-Schätzung

Die Maximum-Likelihood-Schätzung der Parameter der Gammaverteilung für unvollständige Stichproben beruht auf Gl.(3.26). Sie läßt sich nur mit Iterationsverfahren durchführen, wie auch für die Weibull-Verteilung. Für die dreiparametrige Gammaverteilung und eine bis zum r-ten Ausfall beobachtete Stichprobe wurde die Maximum-Likelihood-Schätzung von *Harter* und *Moore* [52] behandelt. Den Fall einer zweiparametrigen Gammaverteilung (t_0 ist bekannt) beschreiben für eine bis zum letzten Ausfall beobachtete Stichprobe ($r = n$) *Greenwood* und *Durand* [78], für den Fall $r < n$ *Wilk, Gnanadesikan* und *Huyett* [79].

Die *dreiparametrige Gammaverteilung* ist durch Gl.(6.1) gegeben. Auf der Grundlage von (3.26) erhält man daraus die logarithmische Likelihood-Funktion

$$\ln L = \ln n! - \ln (n - r)! + (b - 1) \sum_{i=1}^{r} \ln [\eta (t_{(i)} - t_0)]$$

$$+ r [\ln \eta - \ln \Gamma(b)] - \sum_{i=1}^{r} \eta (t_{(i)} - t_0) + (n - r) \ln [1 - F(t_{(r)})], \quad (6.8)$$

wobei die $t_{(i)}$ wie gewöhnlich die geordneten Ausfallzeitpunkte $t_{(1)} \leqq t_{(2)} \leqq \ldots \leqq t_{(r)}$ bedeuten. Das Experiment wurde beim r-ten Ausfall beendet. Wie bei der Weibull-Verteilung liegt auch bei der Gammaverteilung mit einem Formparameter $b \leqq 1$ das Maximum der Verteilungsdichte an der Stelle $t = t_0$. Dadurch hat die Likelihood-Funktion für $b \leqq 1$ ihr Maximum auf dem Rande des Definitionsgebiets an der Stelle $t_0 = t_{(1)}$. Das ist bei der Schätzung zu beachten. Außerdem sind gewisse Regularitätsvoraussetzungen nur erfüllt, wenn entweder $b > 2$ gilt oder t_0 bekannt ist [60].

Die Bestimmungsgleichungen für die Parameter b, η und t_0 erhält man formal durch Differenzieren der logarithmischen Likelihood-Funktion mit anschließendem Nullsetzen.

Zur Vereinfachung kann die Verteilungsfunktion $F(t)$ mit Hilfe der Transformation (6.3) von den Parametern η und t_0 unabhängig gemacht und mit Hilfe der unvollständigen Gammafunktion

$$\Gamma(x, b) = \int_0^x x^{b-1}\, \mathrm{e}^{-x}\, \mathrm{d}x \tag{6.9}$$

folgendermaßen ausgedrückt werden:

$$F(x) = \frac{\Gamma(x, b)}{\Gamma(b)}. \tag{6.10}$$

Durch Differenzieren nach den Parametern erhält man

$$\frac{\partial \ln L}{\partial \eta} = \frac{rb}{\eta} - \sum_{i=1}^{r} (t_{(i)} - t_0) - (n - r)\,\frac{\eta^b\,(t_{(r)} - t_0)^b\, \mathrm{e}^{-\eta\,(t_{(r)} - t_0)}}{\Gamma(b) - \Gamma(x_{(r)}, b)} \tag{6.11}$$

$$\frac{\partial \ln L}{\partial b} = r \ln \eta + \sum_{i=1}^{r} \ln (t_{(i)} - t_0) - \frac{n\Gamma'(b)}{\Gamma(b)}$$

$$+ (n - r)\,\frac{\Gamma'(b) - \Gamma'(x_{(r)}, b)}{\Gamma(b) - \Gamma(x_{(r)}, b)} \tag{6.12}$$

$$\frac{\partial \ln L}{\partial t_0} = (1 - b) \sum_{i=1}^{r} \frac{1}{t_{(i)} - t_0} + r\eta + (n - r)\,\frac{\eta^b\,(t_{(r)} - t_0)^{b-1}\, \mathrm{e}^{-\eta\,(t_{(r)} - t_0)}}{\Gamma(b) - \Gamma(x_{(r)}, b)}, \tag{6.13}$$

wobei $\Gamma'(b)$ bzw. $\Gamma'(x, b)$ die Ableitung der Gammafunktion bzw. der unvollständigen Gammafunktion nach dem Parameter b bedeutet. Dabei ist

$$\frac{\Gamma'(b)}{\Gamma(b)} = \frac{\mathrm{d} \ln \Gamma(b)}{\mathrm{d}b} = \psi(b) \tag{6.14}$$

die Digammafunktion. Sie wird gewöhnlich durch die Gaußsche Formel

$$\frac{\Gamma'(b)}{\Gamma(b)} = -C + \int_0^1 \frac{1 - u^{b-1}}{1 - u}\, \mathrm{d}u \tag{6.15}$$

dargestellt, wobei $C = 0{,}5772157\ldots$ die Eulersche Konstante bedeutet. Sie kann durch folgende Approximation berechnet werden, wenn $b = [b] + b_\alpha$ gesetzt wird, wobei $[b]$ den ganzzahligen Anteil von b und b_α den Anteil <1 bedeuten:

$$\frac{\Gamma'(b)}{\Gamma(b)} \cong \begin{cases} \dfrac{1}{2} \ln [(10 + b_\alpha)(11 + b_\alpha)] + \dfrac{1}{6\,(10 + b_\alpha)(11 + b_\alpha)} \\[2mm] \quad - \left[\dfrac{1}{b} + \dfrac{1}{b + 1} + \cdots + \dfrac{1}{10 + b_\alpha}\right] \quad \text{für} \quad 0 < b < 11 \\[4mm] \dfrac{1}{2} \ln [b\,(b - 1)] + \dfrac{1}{6b\,(b - 1)} \quad \text{für} \quad b \geqq 11. \end{cases} \tag{6.16}$$

Der Fehler bei Anwendung dieser Approximation ist kleiner als $8 \cdot 10^{-6}$ im Bereich der in Frage kommenden Werte von b.

Die Bestimmungsgleichungen für die Maximum-Likelihood-Schätzwerte $\hat{\eta}$, $\hat{b}$ und $\hat{t}_0$ erhält man durch Nullsetzen von Gln. (6.11) bis (6.13). Sie lassen sich jedoch nicht nach den Parametern auflösen. Daher muß die Berechnung der Schätzwerte wie bei der Weibull-Verteilung iterativ, von einer Anfangslösung ausgehend, erfolgen. Die Reihenfolge ist η, b, t_0. Kann einer dieser Parameter als bekannt vorausgesetzt werden, so wird die Reihenfolge nicht geändert. Bei der Schätzung von t_0 kann es vorkommen, daß im zulässigen Bereich $0 \leq \hat{t}_0 \leq t_{(1)}$ keine Lösung von Gl. (6.13) existiert. Dann ist $\hat{t}_0 = t_{(1)}$ zu setzen und $t_{(1)}$ als Stichprobenergebnis aus den Summen in Gln. (6.11) und (6.12) herauszunehmen. Die Stichprobe wird von unten zensiert, und man rechnet mit $(r - 1)$ Ausfällen weiter.

Ist $t_0 = 0$ (oder der Wert von t_0 bekannt, so daß man zur transformierten Zufallsgröße $z = t - t_0$ übergehen kann) und wird die gesamte Stichprobe ausgewertet ($r = n$), so vereinfacht sich die Maximum-Likelihood-Schätzung erheblich. Dieser Fall wird von *Greenwood* und *Durand* [78] beschrieben. Die Likelihood-Funktion lautet dann:

$$\ln L = (b - 1) \sum_{i=1}^{n} \ln t_{(i)} + nb \ln \eta - n \ln \Gamma(b) - \eta \sum_{i=1}^{n} t_{(i)}. \tag{6.17}$$

Durch Ableiten nach den Parametern und Nullsetzen erhält man die Bestimmungsgleichungen für die Schätzwerte $\hat{\eta}$ und $\hat{b}$:

$$\hat{\eta} = \frac{nb}{\sum_{i=1}^{n} t_{(i)}} \tag{6.18}$$

$$\ln \hat{b} - \ln \frac{1}{n} \sum_{i=1}^{n} t_{(i)} + \frac{1}{n} \sum_{i=1}^{n} \ln t_{(i)} - \frac{\Gamma'(\hat{b})}{\Gamma(\hat{b})} = 0. \tag{6.19}$$

Wird das arithmetische Mittel der Beobachtungswerte mit

$$\bar{t} = \frac{1}{n} \sum_{i=1}^{n} t_{(i)} \tag{6.20}$$

und das logarithmierte geometrische Mittel mit

$$\overline{\ln t} = \frac{1}{n} \sum_{i=1}^{n} \ln t_{(i)} \tag{6.21}$$

bezeichnet, so lassen sich aus (6.18) und (6.19) Gleichungen in folgender Form gewinnen:

$$\ln \hat{b} - \frac{\Gamma'(\hat{b})}{\Gamma(\hat{b})} = \ln \bar{t} - \overline{\ln t} \tag{6.22}$$

$$\hat{b} = \hat{\eta} \bar{t}. \tag{6.23}$$

Gl. (6.23) entspricht Gl. (2.40), nur daß sie statt der wahren Parameterwerte die Maximum-Likelihood-Schätzwerte enthält und $E(t)$ durch den Mittelwert $\bar{t}$ ersetzt ist. Die linke Seite von Gl. (6.22) wurde von verschiedenen Autoren tabelliert, so von *Chapman* [80], *Masuyama* und *Kuroiwa* [81] sowie *Greenwood* und *Durand* [78]. Für große Werte von $\hat{b}$ empfiehlt *Linhart* [82] für die linke Seite von Gl. (6.22) die Approximation

$$\ln \hat{b} - \frac{\Gamma'(\hat{b})}{\Gamma(\hat{b})} = \frac{1}{2\hat{b} - \frac{1}{3}}. \tag{6.24}$$

Diese Approximation kann etwa ab $\hat{b} = 3$ angewandt werden. Dann vereinfacht sich die Schätzung von b sehr; man erhält statt (6.22) die Formel

$$\hat{b} = \frac{1}{2}\left[\frac{1}{\ln\bar{t} - \overline{\ln t}} + \frac{1}{3}\right]. \tag{6.25}$$

Die Bedingung $\hat{b} \geqq 3$ entspricht der Größe $\ln\bar{t} - \overline{\ln t} \leqq 0{,}1765$. Wenn diese Ungleichung gilt, kann also (6.25) ohne allzu großen Fehler angewandt werden.

Beispiel 6.2. Eine Untersuchung von $n = 10$ Elementen ergab die in der folgenden Tabelle angegebenen Ausfallzeitpunkte. Die Schätzung von b und η erfolgte nach Gl. (6.22), (6.23) und (6.25). Es war $t_0 = 0$ vorausgesetzt.

i	$t_{(i)}$	$\ln t_{(i)}$
1	176	5,171
2	209	5,342
3	233	5,451
4	234	5,455
5	320	5,768
6	401	5,994
7	409	6,014
8	544	6,299
9	623	6,435
10	975	6,882
	4124	58,811

Daraus folgen

$\bar{t} = 412{,}4$, $\ln\bar{t} = 6{,}0220$, $\overline{\ln t} = 5{,}8811$, $\ln\bar{t} - \overline{\ln t} = 0{,}1409$, $\hat{b} = 3{,}7$, $\hat{\eta} = 9 \cdot 10^{-3}\,\mathrm{h}^{-1}$.

Für den *zweiparametrigen Fall* mit $t_0 = 0$ (oder bekanntem t_0) und $r \leqq n$ wird die Maximum-Likelihood-Schätzung von *Wilk, Gnanadesikan* und *Huyett* [79] beschrieben. Sie publizierten auch dafür erforderliche Hilfstabellen. In (6.8) wird $t_0 = 0$ gesetzt, und folgende Größen werden eingeführt:

$$\zeta = \eta t_{(r)} \tag{6.26}$$

$$P = \frac{1}{t_{(r)}}\left[\prod_{i=1}^{r} t_{(i)}\right]^{1/r} \tag{6.27}$$

$$Q = \frac{1}{r t_{(r)}}\sum_{i=1}^{r} t_{(i)}. \tag{6.28}$$

Dann läßt sich (6.8) folgendermaßen schreiben:

$$\ln L = \ln n! - \ln(n - r)! + nb\ln\zeta - n\ln\Gamma(b) - r\ln t_{(r)}$$
$$+ r(b - 1)\ln P - r\zeta Q + (n - r)\ln\int_1^\infty u^{b-1}\,e^{-\zeta u}\,du. \tag{6.29}$$

Durch Differenzieren und Nullsetzen erhält man die Bestimmungsgleichungen für die

Parameter

$$\ln P = \frac{n}{r}\frac{\Gamma'(\hat{b})}{\Gamma(\hat{b})} - \frac{n}{r}\ln\hat{\zeta} - \left(\frac{n}{r} - 1\right)\frac{J'(\hat{b},\hat{\zeta})}{J(\hat{b},\hat{\zeta})} \tag{6.30}$$

$$Q = \frac{\hat{b}}{\hat{\zeta}} - \frac{1}{\hat{\zeta}}\left(\frac{n}{r} - 1\right)\frac{e^{-\hat{\zeta}}}{J(\hat{b},\hat{\zeta})}, \tag{6.31}$$

wobei folgende Abkürzungen gebraucht wurden:

$$J(\hat{b},\hat{\zeta}) = \int_1^\infty u^{\hat{b}-1}\,e^{-\hat{\zeta}u}\,du \tag{6.32}$$

$$J'(\hat{b},\hat{\zeta}) = \frac{\partial J(\hat{b},\hat{\zeta})}{\partial\hat{b}} = \int_1^\infty u^{\hat{b}-1}\ln u\,e^{-\hat{\zeta}u}\,du. \tag{6.33}$$

Für eine Reihe von Werten für n/r, P und Q sind in [79] die Werte von $\hat{b}$ und $\hat{\mu} = \hat{b}/\hat{\zeta}$ tabelliert.

Die nach der Maximum-Likelihood-Methode gewonnenen Schätzwerte sind nicht erwartungstreu, jedoch asymptotisch erwartungstreu. Sie haben also für die praktisch interessanten Fälle stets einen systematischen Fehler. Für $t_0 = 0$ und $r = n$ wurde der systematische Fehler von *Choi* und *Wette* [83] untersucht, indem für $n = 40, 120, 200$ jeweils Zufallszahlen mit Gammaverteilung der Parameter $b = 1, 2, 3, 5, 7$ und $\eta = 1$ erzeugt und ausgewertet wurden. In jeweils 100 solchen Simulationen erhielten sie folgendes Ergebnis: Der mittlere Schätzwert liegt stets über dem wahren Wert (das gilt für b und η), und der mittlere systematische Fehler nimmt mit wachsendem Stichprobenumfang ab. *Mann, Schafer* und *Singpurwalla* [20] verweisen auf eine damals noch nicht publizierte Arbeit von *Lilliefors* (1971), in der eine Formel zur Korrektur der Schätzungen nach (6.22) und (6.23) angegeben ist. Danach erhält man einen näherungsweise erwartungstreuen Schätzwert für b durch die Korrektur

$$b' = \hat{b}\left[1 + \frac{3}{n}\right]^{-1}. \tag{6.34}$$

Auch der Schätzwert für η wird durch Einsetzen von b' statt $\hat{b}$ in (6.23) näherungsweise erwartungstreu. Wendet man diese Korrektur auf die Schätzwerte an, die *Choi* und *Wette* [83] in ihrer Simulationsstudie berechneten, so erhält man im Mittel wesentlich bessere Werte. Im Fall der dreiparametrigen Gammaverteilung und für gestutzte Stichproben ($r < n$) sind ähnliche Ergebnisse nicht bekannt.

Ein weitgehend offenes Problem ist die Berechnung von Vertrauensbereichen für die Parameter der Gammaverteilung. Ist $t_0 = 0$ (oder bekannt) und $r = n$, so läßt sich für die auf der rechten Seite von Gl. (6.22) stehende Zufallsgröße

$$y = \ln\bar{t} - \overline{\ln t} \tag{6.35}$$

nach *Bartlett* [84] zeigen, daß sie näherungsweise folgender Verteilungsfunktion genügt:

$$y \approx \frac{1}{2nb}\left[1 + \frac{1 + 1/n}{6b}\right]\chi^2(n-1). \tag{6.36}$$

Mit dieser Formel lassen sich nach einigen Umstellungen Vertrauensbereiche für b berechnen. *Linhart* [82] untersuchte die Güte dieser Näherung und fand sie für $b \geq 2$ und beliebige n für die 0,99-, 0,95-, 0,05- und 0,01-Quantile der Verteilungsfunktion von y

ausreichend. Sie ist also für größere Werte von b ($b \geq 2$) praktisch anwendbar. *Linhart* [82] konstruierte auf dieser Grundlage Vertrauensbereiche für den Variationskoeffizienten (2.42) der zweiparametrigen Gammaverteilung und publizierte dazu erforderliche Hilfstabellen.

Beispiel 6.3. Die im Beispiel 6.2 verwendeten Werte sind Zufallszahlen mit einer Gammaverteilung mit den Parametern $b = 4$ und $\eta = 10^{-2}\,\mathrm{h}^{-1}$. Aus den $n = 10$ Beobachtungswerten ergab sich der Wert $y = 0{,}1409$. Es soll die untere und obere Vertrauensgrenze für b mit $\alpha = 0{,}05$ berechnet werden. Dazu wird Gl. (6.36) benutzt. Durch Umstellung erhält man folgenden Ausdruck für die Vertrauensgrenzen von b:

$$b_\alpha = q_\alpha + q_\alpha \sqrt{1 + \frac{4\,(n+1)\,y}{3\chi_\alpha^2\,(n-1)}}\,,$$

wobei

$$q_\alpha = \frac{\chi_\alpha^2\,(n-1)}{4ny}$$

bedeutet. In einer Tabelle der χ^2-Verteilung findet man folgende Quantile: $\chi_{0,05}^2(9) = 3{,}33$, $\chi_{0,95}^2(9) = 16{,}9$. Die Vertrauensgrenzen für b sind somit gleich

$$b_{0,05} = 1{,}34$$

$$b_{0,95} = 6{,}18.$$

Der in diesem Fall bekannte wahre Wert ($b = 4$) liegt innerhalb dieser Grenzen.

Für den Maßstabsparameter η findet man im Fall $r = n$, $t_0 = 0$ (oder bekannt) und bei bekanntem b näherungsweise geltende Vertrauensbereiche bei *Šor* und *Kuz'min* [85]. Sie beruhen auf der Annahme, daß das arithmetische Mittel $\bar{t}$ einer Normalverteilung folgt. Diese Voraussetzung gilt für hinreichend große n und b (etwa $n > 20$ und $b > 2$). Für $n \leq 10$ und/oder $b \leq 1$ ist Vorsicht geboten. Nach Gl. (6.23) erhält man die Schätzung

$$\hat{\eta} = \frac{b}{\bar{t}}. \tag{6.37}$$

Die Varianz der zweiparametrigen Gammaverteilung ist nach Gl. (2.41) gleich

$$\mathrm{Var}\,(t) = \frac{b}{\eta^2}. \tag{6.38}$$

Für normalverteilte Zufallsgrößen t ist die Varianz des arithmetischen Mittels $\bar{t}$ gleich

$$\mathrm{Var}\,(\bar{t}) = \frac{\mathrm{Var}\,(t)}{n}. \tag{6.39}$$

Damit ergibt sich aus (6.38) und (6.39) der Näherungsausdruck für die Varianz von $\bar{t}$ bei Gammaverteilung von t

$$\mathrm{Var}\,(\bar{t}) \approx \frac{\eta^2}{nb}. \tag{6.40}$$

Mit Hilfe der Quantile z_α bzw. $z_{1-\alpha}$ der standardisierten Normalverteilung erhält man näherungsweise geltende Vertrauensgrenzen für η nach den Formeln

$$\eta_\alpha = \frac{\hat{\eta}}{1 + \dfrac{z_\alpha}{\sqrt{bn}}} \tag{6.41}$$

$$\eta_{1-\alpha} = \frac{\hat{\eta}}{1 + \dfrac{z_{1-\alpha}}{\sqrt{bn}}}. \tag{6.42}$$

Das zweiseitige Vertrauensintervall wird entsprechend berechnet.

Beispiel 6.4. Die Werte von Beispiel 6.2 sind Zufallszahlen einer Gammaverteilung mit den Parametern $b = 4$, $\eta = 10^{-2}\,\mathrm{h}^{-1}$. Wird b als bekannt vorausgesetzt, erhält man den Schätzwert $\hat{\eta}$ nach Gl. (6.37). Im Beispiel ist $n = 10$, und es ergab sich $\bar{t} = 412{,}4\,\mathrm{h}$. Für $b = 4$ folgt daraus $\hat{\eta} = 9{,}7 \cdot 10^{-3}\,\mathrm{h}^{-1}$. Es soll das zweiseitige Vertrauensintervall für η auf dem Vertrauensniveau $1 - \alpha = 0{,}9$ berechnet werden. Aus einer Tabelle der standardisierten Normalverteilung erhält man $z_{0,05} = -1{,}96$, $z_{0,95} = 1{,}96$. Durch Einsetzen in (6.41) und (6.42) mit $\alpha/2$ statt α ergibt sich $\eta_{0,05} = 7{,}4 \cdot 10^{-3}\,\mathrm{h}^{-1}$, $\eta_{0,95} = 1{,}4 \cdot 10^{-2}\,\mathrm{h}^{-1}$. In diesem Fall ist der wahre Wert $\eta = 10^{-2}\,\mathrm{h}^{-1}$ bekannt und liegt tatsächlich innerhalb des Vertrauensintervalls.

Ist $t_0 = 0$ (oder bekannt) und $r < n$, so lassen sich die *Vertrauensbereiche für b* mit Hilfe einer von *Wyckoff* und *Engelhardt* [86] beschriebenen Näherung bestimmen. Allerdings sind dazu Hilfstabellen erforderlich, die nur mit Hilfe von Simulationen gewonnen werden können. Ausgangspunkt für die Herleitung dieser Vertrauensbereiche ist eine zu (6.35) analoge Stichprobenfunktion. Wird das arithmetische Mittel der r Beobachtungswerte $t_{(1)} \leqq t_{(2)} \leqq \ldots \leqq t_{(r)}$ einer bis zum r-ten Ausfall beobachteten Stichprobe berechnet zu

$$\bar{t}_r = \frac{1}{n}\left[\sum_{i=1}^{r} t_{(i)} - (n - r)\,t_{(r)}\right] \tag{6.43}$$

und das logarithmierte geometrische Mittel analog zu

$$\overline{\ln t_r} = \frac{1}{n}\left[\sum_{i=1}^{r} \ln t_{(i)} + (n - r)\ln t_{(r)}\right], \tag{6.44}$$

so kann nach Gl. (6.35) die Stichprobenfunktion

$$y_r = \ln \bar{t}_r - \overline{\ln t_r} \tag{6.45}$$

gebildet werden. Die Verteilungsfunktion der Zufallsgröße

$$W = 2nby_r \tag{6.46}$$

läßt sich nicht allgemein angeben. Sie wird durch die Verteilungsfunktion einer der χ^2-Verteilung proportionalen Größe

$$V = \frac{1}{c}\,\chi^2(\nu) \tag{6.47}$$

angenähert. Dabei sollen c und die Anzahl der Freiheitsgrade ν der χ^2-Verteilung so sein, daß Erwartungswert und Varianz der Zufallsgrößen W und V übereinstimmen. Aus den

Eigenschaften der χ^2-Verteilung folgt

$$E(V) = \frac{v}{c} \tag{6.48}$$

$$\mathrm{Var}\,(V) = \frac{2v}{c^2}, \tag{6.49}$$

woraus sich zur Bestimmung von c und v folgende Relation herleiten läßt:

$$c\,(b; n, r) = \frac{2E\,(W)}{\mathrm{Var}\,(W)} \tag{6.50}$$

$$v\,(b; n, r) = \frac{2\,[E(W)]^2}{\mathrm{Var}\,(W)}. \tag{6.51}$$

Die Approximation von W durch die χ^2-Verteilung hat also folgende Gestalt:

$$cW \sim \chi^2(v). \tag{6.52}$$

Zur Bestimmung von c und v ist wegen (6.50) und (6.51) die Kenntnis von $E(W)$ und $\mathrm{Var}\,(W)$ erforderlich. Eine exakte Berechnung gelingt nur für $n = r$ oder $b = 1$ (Exponentialverteilung) [87]. Im asymptotischen Fall $n \to \infty$ mit $r/n = p$ lassen sich $E(W)$ und $\mathrm{Var}\,(W)$ ebenfalls berechnen. In allen anderen Fällen sind Simulationen erforderlich. In [86] sind für einige Fälle ($n = 10, 20, \infty$ und $r/n = 0,3;\ 0,5;\ 0,7;\ 0,9$) die Größen c $(b; n, r)$ und $v\,(b; n, r)/(n - 1)$ für $b = \frac{1}{2}, 1, \frac{3}{2}, 2, 5, 10$ angegeben, die auf einer umfangreichen Simulationsstudie beruhen.

6.3. Momentenschätzung

Eine altbekannte Methode der Parameterschätzung ist die Momentenmethode. Die Parameter der Gammaverteilung werden häufig mit ihr ermittelt, obwohl sie nicht effizient ist und über ihre theoretischen Eigenschaften bei kleinen und mittleren Stichprobenumfängen wenig gesagt werden kann.

Für die dreiparametrige Gammaverteilung gelten nach (2.44), (2.41) und (2.45) folgende Relationen zwischen den Momenten und den Parametern:

$$E(t) = t_0 + \frac{b}{\eta}$$

$$\mathrm{Var}\,(t) = \frac{b}{\eta^2}$$

$$S_3 = \frac{2}{\sqrt{b}}.$$

Ersetzt man die Momente durch die in einer Stichprobe vom Umfang n (nicht gestutzt) gewonnenen Stichprobenfunktionen Mittelwert, Streuung und Schiefe, so lassen sich einfache Schätzungen der Parameter gewinnen. Entsprechendes gilt für die zweiparametrige Gammaverteilung. Für gestutzte Stichproben wurde die Momentenschätzung von *Cohen* [88] untersucht. In diesem Fall müssen die ersten vier Stichprobenmomente berücksichtigt werden. Die Methode ist dennoch unbequem und die Maximum-Likelihood-Schätzung vorzuziehen.

6.4.   Tests für die Parameter der Gammaverteilung

Für die Praxis sind in erster Linie Tests für die Parameter der zweiparametrigen Gammaverteilung ($t_0 = 0$ bzw. bekannt) wichtig. Speziell handelt es sich um Tests über den Maßstabsparameter η bei bekanntem Formparameter b, die den Charakter von Annahmeprüfplänen haben, und um Tests über den Formparameter b, die vom Maßstabsparameter η unabhängig sind und somit als Anpassungstests für eine spezielle Gammaverteilung dienen können. Allgemeine Hypothesen, für die sich wegen der analytischen Besonderheiten der Gammaverteilung ohnehin nur recht allgemeine Ansätze gewinnen lassen, sind in der Praxis nicht von so großem Interesse.

Einen statistischen Annahmeprüfplan in der Form eines Lebensdauertests beschreiben *Gupta* und *Groll* [89]. Die Nullhypothese des Tests wird mit Hilfe der mittleren Lebensdauer $E(t) = b/\eta$ formuliert, was, weil b als bekannt vorausgesetzt ist, der Nullhypothese $H_0: \eta = \eta_0$ entspricht. Das Experiment wird mit n Elementen ohne Ersetzen der ausgefallenen Elemente bis zum Abbruchzeitpunkt $t = t^*$ durchgeführt. Als Testkriterium dient die Anzahl der beobachteten Ausfälle r. Die Wahrscheinlichkeit dafür, daß ein Element bis zum Zeitpunkt t^* ausfällt, hängt somit nur vom wahren Wert η ab und ist durch die Gammaverteilung

$$F(t^*) = \frac{\eta^b}{\Gamma(b)} \int_0^{t^*} t^{b-1}\, e^{-\eta t}\, dt > 0 \quad \text{für} \quad t^* > 0 \tag{6.53}$$

gegeben. Wird $F(t^*) = p_\eta$ gesetzt, so läßt sich der Test auf den Fall zurückführen, der im Abschnitt 4.4.2.1. für die Exponentialverteilung beschrieben ist. So folgt die in einer Stichprobe vom Umfang n auftretende Anzahl von Ausfällen r der Beziehung (4.98), wobei p_ϑ durch p_η ersetzt ist. In [89] sind für $b = 1/2, 2, 3, 4, 5$ und ausgewählte Werte von η_0 beim Herstellerrisiko $\alpha = 0{,}25;\ 0{,}1;\ 0{,}05;\ 0{,}01$ und vorgegebenen Annahmezahlen r^* die erforderlichen Stichprobenumfänge n angegeben. Die Berechnung von Annahmeprüfplänen für den Maßstabsparameter der Gammaverteilung bei vorgegebener Operationscharakteristik ist auf der Grundlage von Gln.(4.102) und (4.103) möglich, wenn wieder p_{ϑ_0} und p_{ϑ_1} durch die entsprechenden Werte p_{η_0} und p_{η_1} ersetzt werden (η_1 ist der zum Abnehmerrisiko β gehörende Wert von η) und Tabellen der Binomialverteilung in der erforderlichen Genauigkeit vorhanden sind.

Für den Formparameter b lassen sich Tests auf der Grundlage des von *Wyckoff* und *Engelhardt* [86] publizierten Konzepts konstruieren. Sie sind im Fall unvollständiger Stichproben ($r < n$) anwendbar, setzen aber die Kenntnis der Hilfsgrößen c und v, die durch Gl.(6.50) und (6.51) definiert sind, voraus. Ist $n = r$ und $b_0 > 2$, so ergibt sich eine Testmöglichkeit aus (6.36). Mit Hilfe der entsprechenden χ^2-Quantile wird für die Hypothese $H_0: b = b_0$ ein Annahmebereich für die Stichprobenfunktion y konstruiert. Der beobachtete Wert wird mit diesem Annahmebereich verglichen. Liegt er außerhalb der Grenzen, wird die Nullhypothese mit der Irrtumswahrscheinlichkeit α abgelehnt; andernfalls ist sie anzunehmen. Soll die Nullhypothese $H_0: b_0 = 1$ geprüft werden, so sind die im Abschnitt 4.7. behandelten Anpassungstests für die Exponentialverteilung anwendbar, sofern sie nicht (das ist beim Test von *Kolmogorov* der Fall) die Kenntnis von η erfordern.

7. Wahrscheinlichkeitsmodell logarithmische Normalverteilung

7.1. Grafische Datenanalyse

Für die zweiparametrige logarithmische Normalverteilung ist die Anwendung von Wahrscheinlichkeitsnetzen ein beliebtes Mittel der Datenanalyse. Damit kann man sowohl die Gültigkeit des angenommenen Wahrscheinlichkeitsmodells beurteilen als auch die Parameter μ und σ der Verteilungsfunktion schätzen. Das Wahrscheinlichkeitsnetz ist auch im Fall der dreiparametrigen logarithmischen Normalverteilung anwendbar, wenn man den Parameter t_0 durch Probieren (wie im Fall der dreiparametrigen Weibull-Verteilung) schätzt. Danach kann mit den transformierten Werten $(t - t_0)$ wie im Fall der zweiparametrigen Verteilungsfunktion verfahren werden.

Die Dichte der *zweiparametrigen logarithmischen Normalverteilung* ist nach Gl. (2.47) durch die Beziehung

$$f(t) = \frac{1}{t\sigma\sqrt{2\pi}} \exp\left\{-\frac{1}{2}\left(\frac{\ln t - \mu}{\sigma}\right)^2\right\}, \quad t \geqq 0, \quad \sigma > 0, \tag{7.1}$$

gegeben. Die Transformation

$$x = \ln t \tag{7.2}$$

ergibt für x eine Normalverteilung mit dem Erwartungswert μ und der Varianz σ^2. Durch die Normierung

$$z = \frac{x - \mu}{\sigma} \tag{7.3}$$

erhält man eine Zufallsgröße mit standardisierter Normalverteilung (Erwartungswert 0, Varianz 1). Bedeutet z_γ das γ-Quantil der standardisierten Normalverteilung, so gilt wegen (7.2) und (7.3) für ein Quantil t_γ die Beziehung

$$t_\gamma = e^{\mu + z_\gamma \sigma}. \tag{7.4}$$

Diese ist die Basis für die Anwendung des Wahrscheinlichkeitsnetzes für die zweiparametrige logarithmische Normalverteilung.

Das Wahrscheinlichkeitsnetz hat eine nach dem dekadischen Logarithmus geteilte Abszisse und eine der Normalverteilung gemäß geteilte Ordinate. Dadurch ergibt sich die Möglichkeit, die Verteilungsfunktion

$$F(t) = \int_0^t f(u)\, du \tag{7.5}$$

als Gerade darzustellen, deren Lage und Anstieg durch μ und σ bestimmt sind. Die Grundlage dafür bildet Gl. (7.4), wobei eigentlich wegen der Verwendung des dekadischen Logarithmus statt (7.4) die Beziehung

$$t_\gamma = 10^{\mu + z_\gamma \sigma} \tag{7.6}$$

verwendet wird. Das ändert am Prinzip nichts, wenn zur Parameterschätzung ebenfalls der dekadische Logarithmus angewandt wird.

Weil die Größen z_γ Quantile der standardisierten Normalverteilung sind, gilt für $\gamma = 0,5$ wegen der Symmetrie dieser Verteilung $z_{0,5} = 0$; also ist $t_{0,5} = 10^\mu$. Daraus folgt die Möglichkeit, den Schätzwert für den Parameter μ im Wahrscheinlichkeitsnetz einfach als jenen Abszissenwert abzulesen, der auf der Geraden zu $F(t) = 0,5$ gehört. Der Parameter σ läßt sich mit Hilfe der Geraden im Wahrscheinlichkeitsnetz am bequemsten bestimmen, wenn dazu die Quantile z_γ verwendet werden, die den Wert $z_\gamma = +1$ oder $z_\gamma = -1$ haben. Zu ihnen gehören, wie man leicht aus einer Tabelle der standardisierten Normalverteilung entnehmen kann, die Werte $\gamma = 0,84$ oder $\gamma = 0,16$. Eine Schätzung für σ erhält man durch Umstellen von Gl. (7.6) in der Form

$$\sigma = \log \frac{t_{0,84}}{t_{0,5}} \quad \text{oder} \quad \sigma = \log \frac{t_{0,5}}{t_{0,16}}. \tag{7.7}$$

Um σ zu schätzen, muß mit Hilfe der Ausgleichsgeraden lediglich das Wertepaar $(t_{0,84}, t_{0,5})$ oder $(t_{0,5}, t_{0,16})$ bestimmt und in Gl. (7.7) eingesetzt werden.

Die Anwendung des Wahrscheinlichkeitsnetzes beruht auf der Darstellung der Beobachtungswerte $t_{(1)} \leqq t_{(2)} \leqq \ldots \leqq t_{(r)}$, $r \leqq n$, und der zugehörigen Schätzwerte $F_n(t_{(i)})$. Letztere lassen sich durch verschiedene, mit der Betaverteilung verbundene Größen definieren (Abschnitte 1.4. und 5.1.). Nach *Kimball* [50] ist für Zufallsgrößen mit logarithmischer Normalverteilung die Größe

$$F_n(t_{(i)}) = \frac{i - \frac{3}{8}}{n + \frac{1}{4}} \tag{7.8}$$

geeignet. Sie soll angewandt werden.

Das Wahrscheinlichkeitsnetz für die logarithmische Normalverteilung hat eine Ordinatenteilung in Prozent; daher entspricht $100\, F_n(t_{(i)})$ dem „Summenhäufigkeitsprozent" des Netzes. Alle Wertepaare $(t_{(i)}, F_n(t_{(i)})\, 100)$ werden im Wahrscheinlichkeitsnetz eingezeichnet und durch eine Ausgleichsgerade angenähert. (Falls diese Annäherung nicht gelingt, sollte ein anderes Wahrscheinlichkeitsmodell in Erwägung gezogen oder geprüft werden, ob die Stichprobe verfälscht ist.) Auf der Näherungsgeraden wird der Wert $t_{0,5}$ bestimmt und als Schätzung für μ benutzt. Durch Ablesen von $t_{0,16}$ oder $t_{0,84}$ berechnet man

$$\sigma_{\mathrm{g}} = \log \frac{t_{0,84}}{t_{0,5}} \quad \text{oder} \quad \sigma_{\mathrm{g}} = \log \frac{t_{0,5}}{t_{0,16}} \tag{7.9}$$

als Schätzwert für σ.

Ist die Anzahl der Beobachtungswerte groß, empfiehlt es sich, eine Klasseneinteilung vorzunehmen. Wie im Abschnitt 5.1. für die Weibull-Verteilung beschrieben, wird die empirische Verteilungsfunktion nach Gl. (5.5) berechnet, der jeweils oberen Klassengrenze t_j zugeordnet und im Wahrscheinlichkeitsnetz entsprechend eingezeichnet.

Beispiel 7.1. Ein Lebensdauertest mit $n = 24$ Elementen ergab folgende Ausfalldaten:

i	$t_{(i)}$ in h	$F_n(t_{(i)}) \cdot 100$
1	140	3,6
2	200	7,7
3	280	11,9
4	290	16,0
5	430	20,1
6	470	24,2
7	520	28,3
8	580	32,5
9	610	36,6
10	700	40,7
11	740	44,8
12	800	49,0
13	850	53,1
14	890	57,2
15	980	61,3

Diese sind im Netz der logarithmischen Normalverteilung dargestellt (Bild 7.1). Nach Augenschein wurde eine Ausgleichsgerade eingezeichnet. Auf ihr kann bei $F(t) \cdot 100 = 50\%$ der Wert $\mu_g = 800$ h abgelesen werden. Die Gerade geht bei $F(t) \cdot 100 = 16\%$ durch den Wert $t_{0,16} = 300$ h. Daraus erhält man die Schätzung von

$$\sigma_{\mathrm{g}} = \log \frac{800}{300} = 0{,}4 \,.$$

Die Verteilungsdichte der *dreiparametrigen logarithmischen Normalverteilung* ist durch Gl.(2.48) gegeben:

$$f(t) = \frac{1}{(t - t_0)\,\sigma\,\sqrt{2\pi}} \, \exp\left\{ -\frac{1}{2} \left(\frac{\ln(t - t_0) - \mu}{\sigma} \right)^2 \right\},$$

$$t \geqq t_0 > 0, \quad \sigma > 0; \tag{7.10}$$

sie enthält den Parameter t_0, der die Bedeutung des kleinstmöglichen Wertes von t besitzt. Stellt man Beobachtungswerte, die dieser Verteilungsfunktion mit $t_0 > 0$ folgen, in einem Wahrscheinlichkeitsnetz für die logarithmische Normalverteilung dar, so erhält man einen Kurvenverlauf, der nicht durch eine Gerade angenähert werden kann. Die Ausgleichskurve ist (von unten gesehen) konkav und nähert sich mit $F(t) \to 0$ dem Wert $t = t_0$. Dieser läßt sich durch Probieren schätzen, wenn man wie im Abschnitt 5.1. für die dreiparametrige Weibull-Verteilung beschrieben verfährt. Das gelingt aber nur, wenn die Beobachtungswerte der Verteilungsdichte (7.10) folgen. Allerdings ist dieses Schätzverfahren in vielen Fällen zu ungenau und kann nur als Orientierung dienen.

Grafische Verfahren zur Parameterschätzung besitzen nicht die Möglichkeit, Vertrauensgrenzen zu bestimmen. Man kann lediglich mit Hilfe von Betaquantilen Vertrauensintervalle um die empirische Verteilungsfunktion bilden, wie schon im Abschnitt 5.1. für die Weibull-Verteilung beschrieben wurde.

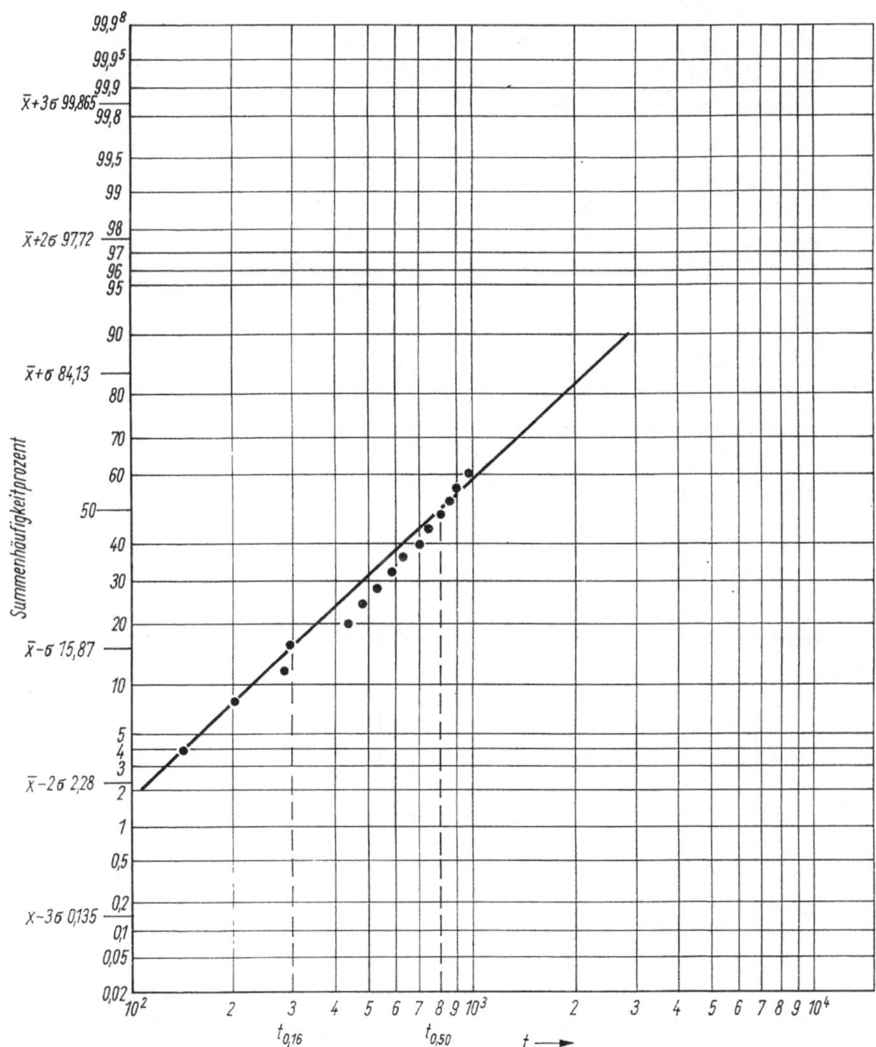

Bild 7.1. *Beobachtungswerte aus dem Beispiel 7.1 im Wahrscheinlichkeitsnetz für die logarithmische Normalverteilung*

7.2. Maximum-Likelihood-Schätzung

Die Likelihood-Funktion für Stichproben, deren Beobachtung zum Zeitpunkt des r-ten Ausfalls abgebrochen wird, wird nach Gl. (3.26) gebildet. Sie führt für die dreiparametrige logarithmische Normalverteilung zu einem nur mit Näherungsmethoden lösbaren Gleichungssystem. Das Schätzverfahren wurde von *Harter* und *Moore* [90] hergeleitet. *Hill* [91] zeigte, daß in diesem Fall die Likelihood-Funktion immer ein Maximum am Rande des Definitionsgebiets aufweist, das keine praktische Bedeutung für die Parameterschätzung hat. Die Likelihood-Funktion wird an dieser Stelle unendlich. Bei der Berechnung der Schätzwerte ist daher immer durch geeignete Maßnahmen auszuschließen, daß sich die numerischen Werte diesem Maximum, d.h. dem Wert $t_0 = t_{(1)}$, nähern.

Wird eine aus n Elementen bestehende Stichprobe bis zum r-ten Ausfall beobachtet, d.h. die Beobachtung zum Zeitpunkt $t_{(r)}$ beendet und gilt die dreiparametrige logarithmische Normalverteilung mit der Verteilungsdichte (7.10) als Wahrscheinlichkeitsmodell, so lautet die Likelihood-Funktion nach Gl. (3.26):

$$L = \frac{n!}{(n-r)!} \prod_{i=1}^{r} \frac{1}{(t_{(i)} - t_0)\,\sigma\,\sqrt{2\pi}} \exp\left[-\frac{(\ln(t_{(i)} - t_0) - \mu)^2}{2\sigma^2} \right]$$

$$\times \left[1 - F(t_{(r)}) \right]^{n-r}. \tag{7.11}$$

Es wird folgende Abkürzung eingeführt:

$$z_{(i)} = \frac{\ln(t_{(i)} - t_0) - \mu}{\sigma} \tag{7.12}$$

und die Likelihood-Funktion logarithmiert:

$$\ln L = \ln n! - \ln(n-r)! - \frac{r}{2}\ln 2\pi - r\ln\sigma - \ln\sum_{i=1}^{r}(t_{(i)} - t_0)$$

$$-\frac{1}{2}z_{(i)}^2 + (n-r)\ln\left[1 - F(t_{(r)})\right]. \tag{7.13}$$

Differenziert man (7.13) nach den Parametern μ, σ und t_0, so erhält man folgendes Gleichungssystem:

$$\frac{\partial \ln L}{\partial \mu} = \frac{1}{\sigma}\left[\sum_{i=1}^{r} z_{(i)} + (n-r)\frac{f(z_{(r)})}{1 - F(z_{(r)})} \right]$$

$$\frac{\partial \ln L}{\partial \sigma} = \frac{1}{\sigma}\left[-r + \sum_{i=1}^{r} z_{(i)}^2 + (n-r)\frac{z_{(r)}\,f(z_{(r)})}{1 - F(z_{(r)})} \right]$$

$$\frac{\partial \ln L}{\partial t_0} = \sum_{i=1}^{r}(t_{(i)} - t_0)^{-1} \tag{7.14}$$

$$+ \frac{1}{\sigma}\left\{ \sum_{i=1}^{r} \frac{z_{(i)}}{t_{(i)} - t_0} + (n-r)\frac{f(z_{(r)})}{(t_{(r)} - t_0)\left[1 - F(z_{(r)})\right]} \right\}.$$

Die Schätzwerte $\hat{\mu}$, $\hat{\sigma}$ und $\hat{t}_0$ folgen daraus durch Nullsetzen der Gleichungen und Auflösen (numerisch) nach den Parametern. Die Berechnung der Parameter muß, wie bei der Weibull- und der Gammaverteilung, iterativ erfolgen. Ausgehend von einer Anfangsnäherung ist in der Reihenfolge $\hat{\mu}$, $\hat{\sigma}$, $\hat{t}_0$ zu verfahren. Nach [91] kann sich bei der iterativen Bestimmung des Maximums von L mit $t_0 \to t_{(1)}$ die Lösung dem unerwünschten Wert $(t_0, \hat{\mu}(t_0), \hat{\sigma}(t_0))$ nähern, an dem die Likelihood-Funktion stets unendlich ist. Daher muß das Programm die Nebenbedingung $\hat{t}_0 < t_{(1)}$ in geeigneter Form enthalten.

Die Eigenschaften der Maximum-Likelihood-Schätzung im dreiparametrigen Fall auf der Basis unvollständiger Stichproben wurden von *Harter* und *Moore* [90] untersucht. Sie berechneten die asymptotischen Varianzen und Kovarianzen der Schätzwerte und beurteilten den Einfluß des Stichprobenumfangs und des Verhältnisses r/n für bestimmte Werte von μ, σ und t_0 durch die Resultate einer Simulationsstudie.

Wird eine vollständige Stichprobe ($r = n$) aus einer dreiparametrigen logarithmischen Normalverteilung ausgewertet, so vereinfacht sich (7.14) etwas. Man kann die Bestimmungsgleichungen für $\hat{\mu}$ und $\hat{\sigma}$ direkt angeben; allerdings läßt sich $\hat{t}_0$ auch in diesem

Fall nur numerisch bestimmen. Aus (7.14) folgt für $r = n$ nach Nullsetzen

$$\hat{\mu} = \frac{1}{n} \sum_{i=1}^{n} \ln(t_{(i)} - \hat{t}_0) \tag{7.15}$$

$$\hat{\sigma} = \left\{ \frac{1}{n} \sum_{i=1}^{n} [\ln(t_{(i)} - \hat{t}_0) - \hat{\mu}]^2 \right\}^{1/2} \tag{7.16}$$

$$\sum_{i=1}^{n} \frac{1}{t_{(i)} - \hat{t}_0} \left\{ n \sum_{i=1}^{n} \ln(t_{(i)} - \hat{t}_0) - n \sum_{i=1}^{n} [\ln(t_{(i)} - \hat{t}_0)]^2 \right.$$
$$\left. + \left[\sum_{i=1}^{n} \ln(t_{(i)} - \hat{t}_0) \right]^2 \right\} - n^2 \sum_{i=1}^{n} \frac{\ln(t_{(i)} - \hat{t}_0)}{t_{(i)} - \hat{t}_0} = 0. \tag{7.17}$$

Gl. (7.17) hängt nur von t_0 ab. Bezeichnet man diese Funktion als $H(t_0)$, d.h.

$$H(t_0) = \sum_{i=1}^{n} \frac{1}{t_{(i)} - t_0} \left\{ n \sum_{i=1}^{n} \ln(t_{(i)} - t_0) - n \sum_{i=1}^{n} [\ln(t_{(i)} - t_0)]^2 \right.$$
$$\left. + \left[\sum_{i=1}^{n} \ln(t_{(i)} - t_0) \right]^2 \right\} - n^2 \sum_{i=1}^{n} \frac{\ln(t_{(i)} - t_0)}{t_{(i)} - t_0}, \tag{7.18}$$

so erhält man den Schätzwert $\hat{t}_0$ durch die Bestimmung der Nullstelle von $H(t_0)$. Dabei ist wissenswert, daß folgende Grenzwerte angenommen werden:

$$\lim_{t_0 \to -\infty} H(t_0) = 0$$
$$\lim_{t_0 \to t_{(1)}} H(t_0) = -\infty \tag{7.19}$$

und daß die Funktion $H(t_0)$ in der Umgebung von $\hat{t}_0$ äußerst empfindlich auf kleinste Veränderungen von t_0 reagiert. Um die Nullstelle von (7.18) zu bestimmen, wird von zwei Anfangswerten $t_{0,1}$ und $t_{0,2}$ ausgegangen, wobei $t_{0,1}$ so klein gewählt wird, wie man sich den Parameter t_0 als „kleinstmöglichen" Wert vorstellen kann, und $t_{0,2}$ etwas kleiner als der kleinste Beobachtungswert $t_{(1)}$ ist. Wenn $t_{0,1}$ und $t_{0,2}$ gut gewählt wurden, ist $H(t_{0,1}) > 0$ und $H(t_{0,2}) < 0$, so daß man zwischen beiden Werten interpolieren kann. Dann wird ein bekanntes Näherungsverfahren angewandt.

Cohen [92] empfiehlt, anstelle von (7.17), eine Quantilschätzung für t_0 anzuwenden, was auf eine leichter lösbare Bestimmungsgleichung führt. Ist $t_{(1)}$ der kleinste Beobachtungswert der Stichprobe und k die Anzahl der Beobachtungswerte $t_{(1)} = t_{(2)} = \ldots = t_{(k)} \leq t_{(k+1)} = \ldots \leq t_{(n)}$ (häufig ist $k = 1$), so läßt sich aus der standardisierten Normalverteilung ein Wert z_0 bestimmen, für den folgende Beziehung gilt:

$$\frac{1}{\sqrt{2\pi}} \int_{-\infty}^{z_0} e^{-u^2/2} \, du = \frac{k}{n}. \tag{7.20}$$

Diesem Wert z_0 entspricht ein Wert t_0' der logarithmischen Normalverteilung, der durch die Beziehung

$$t_0' - t_0 = e^{\mu + z_0 \sigma} \tag{7.21}$$

mit z_0 verknüpft ist. Daraus folgt

$$\ln(t_0' - t_0) = \mu + \sigma z_0. \tag{7.22}$$

Ersetzt man in (7.22) μ und σ durch die mit Hilfe von (7.15) und (7.16) gewonnenen Schätzwerte $\hat{\mu}$ und $\hat{\sigma}$, so erhält man die Funktion

$$G(t'_0) = n \ln (t'_0 - t_0) - \sum_{i=1}^{n} \ln (t_{(i)} - t_0) - z_0 \left\{ n \sum_{i=1}^{n} [\ln (t_{(i)} - t_0)]^2 \right.$$

$$\left. - \left[\sum_{i=1}^{n} \ln (t_{(i)} - t_0) \right]^2 \right\}^{1/2}, \tag{7.23}$$

deren Nullstelle ebenfalls einen Schätzwert für t_0 liefert. Gl. (7.23) ist ein Ersatz für (7.18) und leichter lösbar (allerdings auch nur iterativ). Die mit Hilfe von Gl. (7.23) gewonnenen Schätzwerte t'_0, μ', σ' nähern sich mit wachsendem n der Maximum-Likelihood-Schätzung.

Bei Anwendung der zweiparametrigen logarithmischen Normalverteilung ist $t_0 = 0$ (oder bekannt). Für Stichproben, deren Beobachtung zum Zeitpunkt des r-ten Ausfalls beendet wird, erhält man die Maximum-Likelihood-Schätzungen aus Gl. (7.11). Durch Differenzieren nach den Parametern μ und σ folgen daraus die beiden ersten Gleichungen von (7.14) mit $t_0 = 0$. Sie lassen sich nach Nullsetzen nur mit Iterationsverfahren lösen, weil sie $f(z_{(r)})$ und $F(z_{(r)})$ enthalten. Ihre Lösung ist allerdings wesentlich einfacher als im Fall der dreiparametrigen logarithmischen Normalverteilung, wo nach Einsetzen eines Schätzwerts für t_0 in jedem Zyklus die Summen der Glieder $\ln (t_{(i)} - \hat{t}_0)$ erneut zu bilden sind. Die Schätzung von μ und σ wird u. a. von *Aitchison* und *Brown* [94] behandelt.

Ist im Fall der zweiparametrigen logarithmischen Normalverteilung $r = n$, so wird die Maximum-Likelihood-Schätzung einfach. Man erhält

$$\hat{\mu} = \frac{1}{n} \sum_{i=1}^{n} \ln t_{(i)} \tag{7.24}$$

$$\hat{\sigma}^2 = \frac{1}{n} \sum_{i=1}^{n} (\ln t_{(i)})^2 - \left\{ \frac{1}{n} \sum_{i=1}^{n} \ln t_{(i)} \right\}^2 . \tag{7.25}$$

Diese Schätzwerte sind Mittelwert und Streuung der transformierten Beobachtungswerte $x_{(i)} = \ln t_{(i)}$, was auch aus der Normalverteilung der $x_{(i)}$ folgt. Die nach (7.25) berechnete Schätzung für σ ist nicht erwartungstreu; daher wird sie meistens durch die bekanntere erwartungstreue Schätzung $s^2 = \hat{\sigma}^2 n/(n - 1)$ ersetzt.

Die Berechnung von Vertrauensgrenzen für die Parameter der zwei- und dreiparametrigen logarithmischen Normalverteilung erweist sich bei der Auswertung unvollständiger Stichproben als ein nicht ohne weiteres lösbares Problem. Hier wären umfangreiche Simulationsstudien erforderlich. Nur im asymptotischen Fall (sehr große Stichproben) sind die Varianzen und Kovarianzen der Schätzwerte berechnet worden [90] [92] [93]. Die Auswertung vollständiger Stichproben ($r = n$) mit zweiparametriger logarithmischer Normalverteilung durch Gln. (7.24) und (7.25) gestattet die Berechnung von Vertrauensgrenzen in verhältnismäßig einfacher Form auf der Grundlage der Verteilungsfunktionen von Mittelwert und Streuung normalverteilter zufälliger Veränderlicher.

Ist σ bekannt, so folgt der Schätzwert $\hat{\mu}$ (arithmetisches Mittel der $x_{(i)}$) einer Normalverteilung mit Erwartungswert μ und Varianz σ^2/n. Wird mit z_γ das γ-Quantil der standardisierten Normalverteilung bezeichnet, so lassen sich für μ die einseitigen Vertrauensgrenzen auf dem Vertrauensniveau $(1 - \alpha)$ nach folgenden Beziehungen berechnen ($\alpha < 0{,}5$):

$$\text{untere Vertrauensgrenze} \qquad \mu_\alpha = \hat{\mu} + z_\alpha \, \frac{\sigma}{\sqrt{n}}$$

$$\text{obere Vertrauensgrenze} \quad \mu_{1-\alpha} = \hat{\mu} + z_{1-\alpha} \, \frac{\sigma}{\sqrt{n}}. \tag{7.26}$$

Die zweiseitigen Vertrauensgrenzen bilden den Bereich

$$\left\{ \hat{\mu} + z_{\alpha/2} \, \frac{\sigma}{\sqrt{n}}, \qquad \hat{\mu} + z_{1-\alpha/2} \, \frac{\sigma}{\sqrt{n}} \right\}, \tag{7.27}$$

wobei $z_{1-\alpha/2} = \sqrt{z_{\alpha/2}}$ gilt.

Ist σ unbekannt und durch s geschätzt, so folgt der Schätzwert $\hat{\mu}$ einer t-Verteilung mit $(n-1)$ Freiheitsgraden [3]. Sie ist in den meisten Lehrbüchern über mathematische Statistik beschrieben und in Tabellenform enthalten. Bedeutet $t_\gamma \, (n-1)$ das γ-Quantil der t-Verteilung mit $(n-1)$ Freiheitsgraden, so lassen sich für μ die einseitigen Vertrauensgrenzen auf dem Vertrauensniveau $(1-\alpha)$ analog zu (7.26) wie folgt berechnen:

$$\text{untere Vertrauensgrenze} \qquad \mu_\alpha = \hat{\mu} + t_\alpha \, \frac{s}{\sqrt{n}}$$

$$\text{obere Vertrauensgrenze} \quad \mu_{1-\alpha} = \hat{\mu} + t_{1-\alpha} \, \frac{s}{\sqrt{n}}. \tag{7.28}$$

Die zweiseitigen Vertrauensgrenzen liefern den Bereich

$$\left\{ \hat{\mu} + t_{\alpha/2} \, \frac{s}{\sqrt{n}}, \qquad \hat{\mu} + t_{1-\alpha/2} \, \frac{s}{\sqrt{n}} \right\}, \tag{7.29}$$

wobei die Beziehung $t_{1-\alpha/2} = -t_{\alpha/2}$ gilt.

Die Vertrauensgrenzen für $\hat{\sigma}$ beruhen auf dem Resultat, daß eine Stichprobenfunktion der Form $(n-1) \, \hat{\sigma}^2/\sigma^2$ einer χ^2-Verteilung mit $(n-1)$ Freiheitsgraden folgt, wenn die zufällige Veränderliche x einer Normalverteilung genügt. Bedeutet $\chi^2_\gamma \, (n-1)$ das γ-Quantil der χ^2-Verteilung mit $(n-1)$ Freiheitsgraden, so lassen sich die einseitigen Vertrauensgrenzen für σ auf dem Vertrauensniveau $(1-\alpha)$ durch folgende Formeln berechnen:

$$\text{untere Vertrauensgrenze} \qquad \sigma_\alpha = \sqrt{\frac{(n-1)\,\hat{\sigma}^2}{\chi^2_{1-\alpha}\,(n-1)}}$$

$$\text{obere Vertrauensgrenze} \quad \sigma_{1-\alpha} = \sqrt{\frac{(n-1)\,\hat{\sigma}^2}{\chi^2_\alpha\,(n-1)}}. \tag{7.30}$$

Die zweiseitigen Vertrauensgrenzen bilden den Bereich

$$\left\{ \sqrt{\frac{(n-1)\,\hat{\sigma}^2}{\chi^2_{1-\alpha/2}\,(n-1)}}, \qquad \sqrt{\frac{(n-1)\,\hat{\sigma}^2}{\chi^2_{\alpha/2}\,(n-1)}} \right\}. \tag{7.31}$$

Beispiel 7.2. Ein Experiment mit $n = 12$ Elementen wurde bis zum letzten Ausfall durchgeführt. Es ergab folgende Ausfallzeitpunkte, die als Realisierungen einer zufälligen Veränderlichen mit einer zweiparametrigen logarithmischen Normalverteilung angesehen werden:

i	$t_{(i)}$ in h	$\ln t_{(i)}$	$[\ln t_{(i)}]^2$
1	16	2,77	7,69
2	29	3,37	11,34
3	53	3,97	15,76
4	57	4,04	16,35
5	71	4,26	18,17
6	74	4,30	18,52
7	79	4,37	19,09
8	118	4,77	22,76
9	131	4,88	23,77
10	151	5,02	25,17
11	325	5,78	33,45
12	431	6,07	36,80
		53,60	248,87

Aus Gln. (7.24) und (7.25) erhält man die Schätzwerte

$$\hat\mu = \frac{53,60}{12} = 4,47$$

$$\hat\sigma^2 = \frac{248,87}{12} - (4,47)^2 = 0,758$$

$$\hat\sigma = 0,87.$$

Dazu werden für beide Parameter die zweiseitigen Vertrauensgrenzen auf dem Vertrauensniveau $1 - \alpha = 0,9$ berechnet: Aus einer Tabelle der t-Verteilung mit elf Freiheitsgraden erhält man die Quantile $t_{0,95} = -t_{0,05} = 1,796$. Das Vertrauensintervall für μ beträgt nach Gl. (7.29)

$$\left\{ 4,47 - 1,796\,\frac{0,87}{\sqrt{12}}; \quad 4,47 + 1,796\,\frac{0,87}{\sqrt{12}} \right\} = \{4,02;\ 4,92\}.$$

Zur Berechnung der Vertrauensgrenzen von σ werden die 0,05- und 0,95-Quantile der χ^2-Verteilung mit elf Freiheitsgraden benötigt. Aus einer Tabelle erhält man $\chi^2_{0,05}(11) = 4,58$, $\chi^2_{0,95}(11) = 19,7$. Aus Gl. (7.31) folgt das Vertrauensintervall für σ:

$$\left\{ \sqrt{\frac{11 \cdot 0,758}{19,7}}; \quad \sqrt{\frac{11 \cdot 0,758}{4,58}} \right\} = \{0,65;\ 1,35\}.$$

7.3.   Momentenschätzung

Die Beziehungen zwischen Erwartungswert, Varianz und Schiefe der logarithmischen Normalverteilung und ihren Parametern bilden die Grundlage des Schätzverfahrens. Es werden die auf dem Stichprobenergebnis beruhenden Schätzwerte für die Momente benutzt, um Schätzwerte für die Parameter zu berechnen. Diese Methode läßt sich nur anwenden, wenn vollständige Stichproben ausgewertet werden, d.h. $r = n$ ist. Obwohl die Momentenschätzung vom Standpunkt der Schätztheorie her als nicht hinreichend effizient gilt, wird sie häufig angewandt. Das ist der Grund dafür, sie hier zu behandeln. Allerdings gelingt es im allgemeinen nicht, die Vertrauensgrenzen zu diesen Schätzwerten zu berechnen.

Für die ersten Momente der dreiparametrigen logarithmischen Normalverteilung gelten folgende Beziehungen:

$$E(t) = t_0 + e^{\mu + \sigma^2/2} \tag{7.32}$$

$$Var(t) = e^{2\mu + \sigma^2} (e^{\sigma^2} - 1) \tag{7.33}$$

$$S_3 = (e^{\sigma^2} + 2) \sqrt{e^{\sigma^2} - 1} \,. \tag{7.34}$$

Weil $\sigma > 0$ ist, ist die Schiefe S_3 stets eine positive Größe, d.h., die logarithmische Normalverteilung hat eine linkssteile Dichtekurve.

Ist $t_0 = 0$, d.h., das zutreffende Wahrscheinlichkeitsmodell ist die zweiparametrige logarithmische Normalverteilung, so werden nur die beiden ersten Beziehungen mit $t_0 = 0$ benötigt. In diesem Fall ist der Variationskoeffizient nur von σ abhängig; denn es gilt

$$V = \sqrt{e^{\sigma^2/2} - 1} \,. \tag{7.35}$$

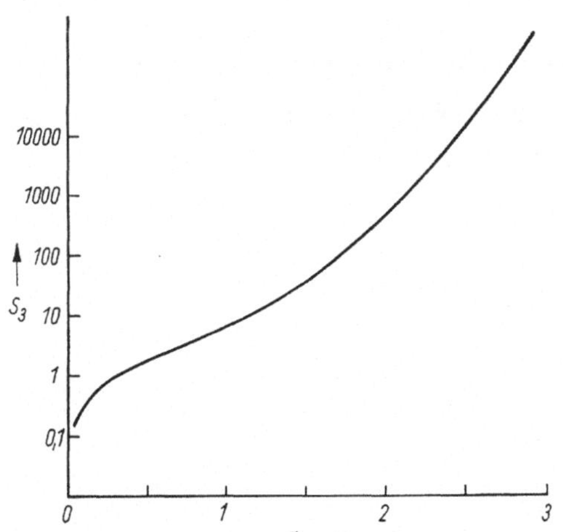

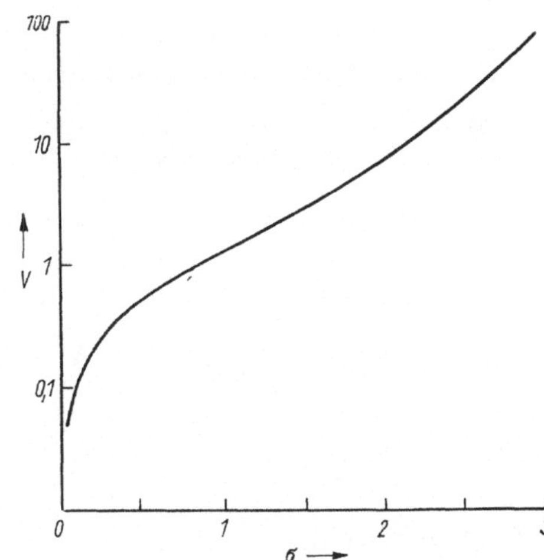

Bild 7.2. Beziehung zwischen S_3 und σ   *Bild 7.3. Beziehung zwischen V und σ*

Der Formparameter σ der logarithmischen Normalverteilung beeinflußt allein die Schiefe der Verteilungsfunktion, im zweiparametrigen Fall auch den Variationskoeffizienten. Demzufolge sind Gln.(7.34) oder (7.35) als Basis für die Schätzung von σ geeignet. Bild 7.2 zeigt den Zusammenhang zwischen σ und S_3, Bild 7.3 den für $t_0 = 0$ geltenden Zusammenhang zwischen σ und V.

Die Schätzung beruht darauf, die theoretischen Momente $E(t)$, Var (t), S_3 durch ihre aus der Stichprobe berechneten Schätzwerte zu ersetzen:

den Erwartungswert $E(t)$ durch das arithmetische Mittel

$$\bar{t} = \frac{1}{n} \sum_{i=1}^{n} t_i, \tag{7.36}$$

die Varianz Var (t) durch die Streuung

$$s^2 = \frac{1}{n-1} \sum_{i=1}^{n} (t_i - \bar{t})^2 \tag{7.37}$$

und die theoretische Schiefe S_3 durch die empirische Schiefe

$$\gamma_3 = \frac{n}{(n-1)(n-2)} \frac{1}{s^3} \sum_{i=1}^{n} (t_{(i)} - \bar{t})^3. \tag{7.38}$$

Setzt man diese Werte in Gln. (7.32), (7.33) und (7.34) ein, so erhält man entsprechende Schätzwerte für die Parameter. Die Auflösung von Gl. (7.34) nach σ ist nicht einfach möglich; deshalb wurden Hilfstabellen publiziert, etwa in [94]. Die Schätzung wird für größere Werte von S_3 schwieriger, weil S_3 sehr schnell zunimmt, z. B. ist für $\sigma = 3$ der Wert von $S_3 = 7,3 \cdot 10^5$ und für $\sigma = 4$ bereits $S_3 = 2,6 \cdot 10^{10}$ (vgl. Bild 7.2).

Im Fall $t_0 = 0$ genügen für die Parameterschätzung die beiden ersten Stichprobenmomente. Durch Berechnung von $\bar{t}$, s^2 und den empirischen Variationskoeffizienten

$$V_e = \frac{s}{\bar{t}} \tag{7.39}$$

und Auflösen von Gln. (7.32) und (7.35) erhält man die Schätzwerte für μ und σ. Die nach der Momentenmethode berechneten Schätzwerte werden mit μ^*, σ^*, t_0^* bezeichnet.

Beispiel 7.3. Die Daten aus Beispiel 7.2 werden ausgewertet und die Parameter der zweiparametrigen logarithmischen Normalverteilung geschätzt. Man erhält

$$\bar{t} = \frac{1}{n} \sum_{i=1}^{n} t_i = 127,92$$

$$s = \sqrt{\frac{1}{n-1} \sum_{i=1}^{n} (t_i - \bar{t})^2} = 125,35$$

$$V_e = \frac{s}{\bar{t}} = 0,9799.$$

Daraus folgen die Schätzwerte

$$\sigma^* = \sqrt{2 \ln (1 + V_e^2)} = 1,16$$

$$\mu^* = \ln \bar{t} - \frac{\sigma^{*2}}{2} = 4,18.$$

Diese Schätzwerte weichen stark von den nach der Maximum-Likelihood-Methode im Beispiel 7.2 berechneten Werten ab. Das ist möglich, weil der Stichprobenumfang sehr klein ist und die Beobachtungswerte, stellt man sie in einem Wahrscheinlichkeitsnetz dar, beträchtlich um die Ausgleichsgerade streuen.

7.4. Parameterschätzung mit Hilfe von Stichprobenquantilen

Dieses Verfahren ähnelt der grafischen Schätzung. Es ist einfach und wirksamer als die Momentenschätzung. Nach (7.3) läßt sich die Zufallsgröße t, die einer dreiparametrigen logarithmischen Normalverteilung genügt, in eine Zufallsgröße z mit standardisierter Normalverteilung überführen:

$$z = \frac{\ln(t - t_0) - \mu}{\sigma}.$$
(7.40)

Diese Darstellung gilt auch für jedes Quantil t_γ, wodurch sich eine Relation zum entsprechenden Quantil z_γ ergibt:

$$t_\gamma = t_0 + e^{\mu + z_\gamma \sigma}.$$
(7.41)

Um die drei unbekannten Parameter schätzen zu können, werden drei Stichprobenquantile t_{γ_i}, $i = 1, 2, 3$, $0 < \gamma_1 < \gamma_2 < \gamma_3 < 1$, benötigt. Bei gegebenem Wert von γ erhält man eine Schätzung für t_γ aus den geordneten Beobachtungswerten $t_{(1)} \leqq t_{(2)} \leqq \ldots \leqq t_{(n)}$ und der ihnen zugeordneten Summenhäufigkeitskurve $F_n(t_{(i)}) = i/n$, indem der größte Wert $t_{(i)}$ bestimmt wird, für den

$$F_n(t_{(i)}) \leqq \gamma$$
(7.42)

gilt. Dieser wird $\check{t}_\gamma$ genannt. Aus einer Tabelle der standardisierten Normalverteilung wird der Wert z_γ entnommen. Die Relation (7.41) kann nun für die drei vorgegebenen γ_i aufgestellt werden. Für die Schätzung ist es zweckmäßig, $\gamma_1 = p$, $\gamma_2 = 0{,}5$ und $\gamma_3 = 1 - p$ mit $0 < p < 0{,}5$ zu wählen; denn dann gilt $z_p = -z_{1-p}$ und $z_{0,5} = 0$. Aus (7.41) folgt das Gleichungssystem

$$t_p = t_0 + e^{\mu + z_p \sigma}$$

$$t_{0,5} = t_0 + e^{\mu}$$
(7.43)

$$t_{1-p} = t_0 + e^{\mu - z_p \sigma}.$$

Durch Auflösen nach den Parametern folgt weiter

$$\check{\sigma} = \frac{1}{z_p} \ln(t_{0,5} - t_p) - \ln(t_{1-p} - t_{0,5})$$

$$\check{\mu} = \ln \frac{t_{0,5} - t_p}{1 - e^{z_p \check{\sigma}}}$$
(7.44)

$$\check{t}_0 = t_{0,5} - e^{\check{\mu}},$$

wobei $\check{\sigma}$, $\check{\mu}$, $\check{t}_0$ die nach der Quantilmethode berechneten Schätzwerte für σ, μ und t_0 bedeuten. Es ist zu beachten, daß wegen $0 < p < 0{,}5$ stets $z_\gamma < 0$ gilt. Die Eigenschaften der Schätzung hängen vom gewählten p-Wert ab. Simulationen [93] haben gezeigt, daß $p \cong 0{,}05$ ein günstiger Wert ist.

Ist $t_0 = 0$, so benötigt man nur zwei Gleichungen in (7.43), etwa die beiden ersten. Die Methode entspricht der grafischen Schätzung, wobei $p \cong 0{,}16$ gewählt wurde. Allgemein gilt

$$\check{\sigma} = \frac{1}{z_p} \ln \frac{t_p}{t_{0,5}}$$

$$\check{\mu} = \ln t_{0,5}.$$
(7.45)

Beispiel 7.4. Die Werte aus Beispiel 7.2 werden verwendet. Dabei sei zunächst $t_0 = 0$. Die Schätzung beruht somit auf den Gln. (7.45). Um den ersten Beobachtungswert benutzen zu können, wird $p = \frac{1}{12} = 0{,}0833$ gesetzt. Aus einer Tabelle der standardisierten Normalverteilung erhält man $z_p = -1{,}38$. Damit ergibt sich folgende Schätzung:

$$\check{\sigma} = -\frac{1}{1{,}38} \ln \frac{16}{74} = 1{,}11$$

$$\check{\mu} = \ln 74 = 4{,}30.$$

Wäre ein anderer Wert für p vorgegeben worden, etwa $p = \frac{2}{12}$, so ergäbe sich ein anderer Schätzwert für σ. Für $p = \frac{2}{12}$ ist $z_p = -0{,}97$, und man erhält

$$\check{\sigma} = -\frac{1}{0{,}97} \ln \frac{29}{74} = 0{,}97$$

$$\hat{\mu} = \ln 74 = 4{,}30.$$

Werden die zwölf Beobachtungswerte von Beispiel 7.2 als eine Stichprobe aus einer dreiparametrigen logarithmischen Normalverteilung angesehen und $p = \frac{1}{12}$ gewählt, so ergibt sich aus den Gln. (7.44) folgende Schätzung:

$$\check{\sigma} = -\frac{1}{1{,}38} \left[\ln (74 - 16) - \ln (431 - 74) \right] = 1{,}32$$

$$\check{\mu} = \ln \frac{74 - 16}{1 - 0{,}16} = 4{,}23$$

$$t_0 = 74 - 69 = 5.$$

Ein Vergleich dieser Schätzwerte mit den vorher berechneten, einschließlich denen aus den Beispielen 7.2 und 7.3, zeigt, wie sehr eine Schätzung von Schätzverfahren und Annahmen über den Verteilungstyp abhängt, besonders bei kleinen Stichproben.

7.5.   Tests für den Maßstabsparameter μ der zweiparametrigen logarithmischen Normalverteilung

Tests über Parameter von Verteilungsfunktionen dienen hauptsächlich als Annahmeprüfpläne. Diese betreffen in der Regel nur einen Parameter, weil das gleichzeitige Testen mehrerer Parameter theoretisch und praktisch relativ kompliziert wird. Eine Ausnahme sind die Stichprobenpläne für normalverteilte Zufallsgrößen nach TGL 14452, die sich auch auf die Parameter einer zweiparametrigen logarithmischen Normalverteilung anwenden lassen, wenn vollständige Stichproben ausgewertet werden, d. h. $r = n$ ist. Da aber für Lebensdaueruntersuchungen die Auswertung von unvollständigen Stichproben typisch ist, soll hier nur das dafür zutreffende Testverfahren beschrieben werden.

Das Wahrscheinlichkeitsmodell ist die logarithmische Normalverteilung mit $t_0 = 0$ und bekanntem Formparameter σ. Es wird ein Testverfahren über den Maßstabsparameter μ konstruiert, das mit n Elementen (ohne Ersatz der ausgefallenen Elemente) bis zu einer festgelegten Abbruchzeit t^* eine Entscheidung über μ gestattet. Als Entscheidungskriterium dient die Anzahl der beobachteten Ausfälle r. Einen solchen Test berechnete *Gupta* [95].

Die Wahrscheinlichkeit dafür, daß ein Element bis zum Zeitpunkt t^* ausfällt:

$$F(t^*) = \frac{1}{\sigma\sqrt{2\pi}} \int_0^{t^*} \frac{1}{u} \exp\left\{ -\frac{1}{2}\left(\frac{\ln u - \mu}{\sigma}\right)^2 \right\} du \tag{7.46}$$

hängt von t^* und den Parametern μ und σ ab. Für feste Werte t^* und σ ist $F(t^*)$ also eine Funktion von μ allein, d. h.

$$F(t^*) = p_\mu. \tag{7.47}$$

In einer Stichprobe vom Umfang n ist die Anzahl der Ausfälle r zufällig und folgt der Binomialverteilung

$$P(r) = \binom{n}{r} p_\mu^r (1 - p_\mu)^{n-r}, \qquad r = 0, 1, \ldots, n. \tag{7.48}$$

Sie ist die Grundlage für die Berechnung der Annahmeprüfpläne, die dem im Abschnitt 4.4.2.1. beschriebenen Fall analog sind.

Der Test soll dazu dienen, eine Hypothese $\mathbf{H}_0$: $\mu > \mu_0$ zu prüfen. Diese Hypothese läßt sich auch als Hypothese über ein Quantil t_γ der logarithmischen Normalverteilung formulieren, $\mathbf{H}_0$: $t_\gamma > t_{\gamma_0}$. Sie ist folgendermaßen mit der Hypothese über μ verbunden:

$$\mu_0 = \ln t_{\gamma_0} - z_\gamma \sigma, \tag{7.49}$$

wobei z_γ das entsprechende Quantil der standardisierten Normalverteilung bedeutet. Insbesondere ist für $\gamma = 0,5$ der Median $t_{0,5} = e^\mu$ definiert und als Hypothese $\mathbf{H}_0$ geeignet, $\mathbf{H}_0$: $t_{0,5} > e^{\mu_0}$.

Die Berechnung von Prüfplänen für obengenannte Nullhypothese erfordert zunächst Festlegungen über die Operationscharakteristik des Tests. Im Abschnitt 4.4.2.1. wurde der Prüfplan als Test mit vorgegebener Trennschärfe entworfen und die Operationscharakteristik durch zwei Punkte fixiert. *Gupta* [95] legt dagegen zunächst nur einen Punkt fest und fordert $P_0 (\mu \leq \mu_0) \leq \beta$. Diese Forderung bedeutet praktisch die Begrenzung des Abnehmerrisikos β, indem gewährleistet wird, daß Gesamtheiten mit $\mu \leq \mu_0$ höchstens mit der Wahrscheinlichkeit β für solche mit $\mu > \mu_0$ gehalten und angenommen werden. Ist n und t^* fest, so läßt sich p_{μ_0} und damit $P(r)$ berechnen. Um die Forderung $P_0 (\mu \leq \mu_0) \leq \beta$ zu erfüllen, läßt sich die maximal zulässige Anzahl von Ausfällen c mit Hilfe von (7.48) wie folgt bestimmen:

$$\sum_{r=0}^{c} \binom{n}{r} p_{\mu_0}^r (1 - p_{\mu_0})^{n-r} \leq \beta. \tag{7.50}$$

Wird die Hypothese $\mathbf{H}_0$: $\mu > \mu_0$ mit einer Stichprobe vom Umfang n geprüft und die Ausfallanzahl r bis zum Zeitpunkt t^* bestimmt, so ist $\mathbf{H}_0$ anzunehmen, wenn $r \leq c$ ist. Ist bereits vor Ablauf der Zeit t^* die Ausfallanzahl $r = c + 1$ erreicht, so kann der Test mit Ablehnung der Nullhypothese vorzeitig beendet werden.

Für festes σ und $\mu = \mu_0$ hängt p_{μ_0} von t^* ab. Die Berechnung von p_{μ_0} wird zweckmäßigerweise für

$$z^* = \frac{\ln t^* - \mu_0}{\sigma} \tag{7.51}$$

durchgeführt, weil sich so die zu gleichen z^*-Werten führenden Kombinationen von t^*, μ_0 und σ zusammenfassen lassen und p_{μ_0} mit Hilfe einer Tabelle der standardisierten

Normalverteilung bestimmt werden kann. In [95] wurden für $\beta = 0,25$; $0,1$; $0,05$; $0,01$; $c = 0$ (1) 15 und $z^* = -3$ (0,25) -1 (0,1) 0 (0,2) 1 (0,5) 2,5 die Stichprobenumfänge n der Tests bestimmt. Ein Auszug aus diesen Tabellen befindet sich als Tabelle 7 im Anhang.

Ist n groß und p_{μ_0} klein, so läßt sich n nach einer Näherungsformel bestimmen, die auf der Approximation der Binomialverteilung durch die Poisson-Verteilung und der Beziehung zwischen der Poisson-Verteilung und dem entsprechenden Quantil der χ^2-Verteilung beruht. In diesem Fall wird (7.48) durch

$$P(r) = \frac{\lambda^r \, e^{-\lambda}}{r!} \qquad (7.52)$$

mit $\lambda = np_\mu$ ersetzt. Weiter gilt nach (2.37), (2.38) und (1.39)

$$\sum_{r=0}^{c} \frac{\lambda_0^r \, e^{-\lambda_0}}{r!} \leqq 1 - \frac{1}{2}\,\chi^2_{1-\beta}\,(2c+2), \qquad \lambda_0 = np_{\mu_0}$$

so daß n nach der Näherungsformel

$$n \cong 1 + \left[\frac{\chi^2_{1-\beta}\,(2c+2)}{2p_{\mu_0}}\right] \qquad (7.53)$$

bestimmt werden kann. Dabei bedeutet $[x]$ den ganzzahligen Anteil von x.

Die Operationscharakteristik des Stichprobenplans, die die Annahmewahrscheinlichkeit der Nullhypothese für beliebige Werte von μ angibt, wird mit Hilfe der Binomialverteilung bestimmt. Für feste Werte von t^* wird zunächst p_μ nach Gln. (7.46) und (7.47) bestimmt. Dann wird für n und c die Annahmewahrscheinlichkeit

$$P_0(\mu) = \sum_{r=0}^{c} \binom{n}{r} p_\mu^r \, (1 - p_\mu)^{n-r} \qquad (7.54)$$

berechnet. Diese Berechnung ist im konkreten Fall entweder mit Hilfe von Tabellen der Binomialverteilung durchzuführen oder für große n mit Hilfe der Approximation durch die χ^2-Verteilung. In [95] sind zu einigen Stichprobenplänen die Operationscharakteristiken gezeichnet und die zum Herstellerrisiko $\alpha = 0,1$ und $\alpha = 0,05$ gehörenden Werte $M_\alpha = (\mu - \mu_0)/\sigma$ abgedruckt. Letztere sind in Tabelle 7 enthalten.

Diese Stichprobenpläne setzen σ als bekannt voraus. Weicht der wahre Wert vom vorausgesetzten Wert ab, so ergeben sich natürlich Veränderungen der Operationscharakteristik. Diese Frage wird in [95] ebenfalls untersucht. Es zeigt sich, daß für kleine Werte z^* (also große Werte n) die Auswirkungen von falsch vorausgesetzten σ-Werten besonders einschneidend sind.

Beispiel 7.5. Es soll in einer 1000-h-Prüfung die Hypothese $\mathbf{H}_0$: $t_{0,5} > 2800\,\text{h}$ mit $\beta = 0,1$ getestet werden. Es sind geeignete Werte von n und c zu bestimmen. Der Hersteller geht von der Annahme aus, daß seine Erzeugnisse in Wahrheit etwa den Wert $t_{0,5} = 6000\,\text{h}$ besitzen und daß $\sigma = 1$ gilt. Der Test soll daher so gewählt werden, daß sowohl dem Hersteller eine hohe Annahmewahrscheinlichkeit garantiert ist ($\alpha = 0,1$), wenn $t_{0,5} \cong 6000\,\text{h}$ beträgt, als auch dem Abnehmer mit großer Sicherheit keine Lose mit $t_{0,5} < 2800\,\text{h}$ zugemutet werden ($\beta = 0,1$).

Es gilt $\mu_0 = \ln t_{0,5} = 7,94$, und nach Gl. (7.51) ist $z^* = -1,03$. Aus Tabelle 7 kann man die Wertepaare $n = 14$, $c = 0$ bis $n = 57$, $c = 5$ entnehmen. Sie erfüllen alle die Forderung, die Einhaltung von $\mathbf{H}_0$: $t_{0,5} > 2800\,\text{h}$ mit $\beta = 0,1$ zu gewährleisten. Der

Hersteller rechnet damit, daß in Wahrheit $t_{0,5} = 6000$ h vorliegt. Dieser Wert entspricht der Größe $M_\alpha = \ln 6000 - \mu_0 = 0,76$. Somit würde der Plan mit $n = 41$ und $c = 3$ ($M_{0,1} = 0,714$) die Forderung $\alpha < 0,1$ erfüllen und wäre auszuwählen. Der Test verläuft praktisch wie folgt: $n = 41$ Erzeugnisse sind einem Lebensdauertest zu unterwerfen, der nach $t^* = 1000$ h beendet wird. Sind höchstens $c = 3$ Ausfälle aufgetreten, so ist die Nullhypothese $\mathbf{H}_0$: $t_{0,5} > 2800$ h anzunehmen, andernfalls abzulehnen. Treten mehr als drei Ausfälle auf, so kann der Test vorzeitig beendet werden, nämlich zum Zeitpunkt des vierten Ausfalls.

8. Klassen von Verteilungsfunktionen als Wahrscheinlichkeitsmodell

8.1. Schätzung der Ausfallrate

Die Ausfallverteilungsfunktion gehöre zu den im Abschnitt 2.6. definierten IFR- oder DFR-Verteilungen. Sie sind dadurch gekennzeichnet, daß ihre Ausfallrate

$$h(t) = \frac{f(t)}{1 - F(t)} \tag{8.1}$$

eine Monotonieeigenschaft besitzt: Es gilt $h(t_2) \geqq h(t_1)$ für $t_2 > t_1$, wenn $F(t)$ vom IFR-Typ ist, und $h(t_2) \leqq h(t_1)$ für $t_2 > t_1$, wenn $F(t)$ vom DFR-Typ ist. Bei der Schätzung der Ausfallrate auf der Grundlage von Beobachtungswerten muß diese Eigenschaft berücksichtigt werden.

Die Theorien statistischer Schätzungen unter Berücksichtigung von Rangfolgen sind in der Monografie von *Barlow* u.a. [96] behandelt. Die Maximum-Likelihood-Schätzung der Ausfallrate $h(t)$ für IFR- und DFR-Verteilungen behandelt auch *Boswell* [97].

Ein *Experiment ohne Ersetzen ausgefallener Elemente* an n Elementen, deren Lebensdauer durch eine IFR- oder DFR-Verteilung charakterisiert ist, ergibt die Beobachtungswerte $t_{(1)} \leqq t_{(2)} \leqq \ldots \leqq t_{(n)}$. Die *Maximum-Likelihood-Schätzung* für $h(t)$ ist zu berechnen. Mit Hilfe der allgemeinen Form der Lebensdauerverteilung nach Gl.(2.4)

$$F(t) = 1 - \exp\left[-\int_0^t h(u)\,\mathrm{d}u\right], \qquad t \geqq 0, \tag{8.2}$$

wird die logarithmische Likelihood-Funktion nach Gl.(3.28) gebildet

$$\ln L = \sum_{i=1}^n \ln h(t_{(i)}) - \sum_{i=1}^n \int_0^{t_{(i)}} h(u)\,\mathrm{d}u. \tag{8.3}$$

Weil $f(t)$ unbeschränkt sein kann, muß die Funktion $\ln L$ nicht beschränkt sein. Führt man für $f(t)$ eine geeignete Beschränkung ein und das Problem der Maximierung von $\ln L$ auf ein Poissonsches Extremalproblem zurück [96], so erhält man die Maximum-Likelihood-Schätzung $\hat{h}(t)$ für $h(t)$ in der Form einer Treppenfunktion, die an den Stellen $t = t_{(i)}$ ihre Sprungstellen hat. Die Schätzung $\hat{h}(t)$ ist für IFR- und DFR-Verteilungen von unterschiedlicher Gestalt.

Gehört $f(t)$ zur *Klasse der IFR-Verteilungen*, so ist die Maximum-Likelihood-Schätzung von $h(t)$ durch folgende Treppenkurve bestimmt:

$$\hat{h}(t) = \begin{cases} 0 & \text{für } t < t_{(1)} \\ \hat{h}(t_{(i)}) & \text{für } t_{(i)} \leqq t \leqq t_{(i+1)}, \qquad i = 1, 2, \ldots, n-1 \\ M & \text{für } t \geqq t_{(n)}, \end{cases} \tag{8.4}$$

wobei

$$\hat{h}(t_{(i)}) = \min_{i \leqq k \leqq n-1} \max_{1 \leqq s \leqq i} \frac{k - s + 1}{\sum_{j=s}^k (n - j)(t_{(j+1)} - t_{(j)})} \tag{8.5}$$

und

$$M > \max_{1 \leq i \leq n-1} \frac{1}{(n-i)\,(t_{(i+1)} - t_{(i)})} \tag{8.6}$$

gilt. Dabei ist M als endlich vorausgesetzt.

Das Resultat ist einleuchtend; denn die Summanden im Nenner von (8.5) bedeuten jeweils die Gesamtlebensdauer zwischen dem $(j+1)$-ten und j-ten Ausfall. Für jedes (s, k) bedeutet der Quotient in (8.5) einen Schätzwert der Ausfallrate für das Zeitintervall $t_{(s)}$ bis $t_{(k-1)}$, der in diesem Intervall zunächst konstant ist. Durch Auswahl des Maximalwerts bezüglich s und des Minimalwerts bezüglich k wird der Forderung $h(t_2) > h(t_1)$ für $t_2 > t_1 > 0$ entsprochen.

Ist $F(t)$ eine Lebensdauerverteilung aus der *Klasse der DFR-Verteilungen*, so ist $\hat{h}(t)$ wieder eine Treppenkurve. Sie besitzt ihren Maximalwert im Intervall $[0, t_{(1)}]$. Es gilt

$$\hat{h}(t) = \begin{cases} M & \text{für} \quad 0 \leq t < t_{(1)} \\ \hat{h}(t_{(i)}) & \text{für} \quad t_{(i)} \leq t \leq t_{(i+1)}, \quad i = 1, 2, \ldots, n - 1 \\ \text{nicht bestimmbar} & \text{für} \quad t \geq t_{(n)}, \end{cases} \tag{8.7}$$

wobei

$$\hat{h}(t_{(i)}) = \max_{i \leq k \leq n} \min_{1 \leq s \leq i-1} \frac{k - 1}{\displaystyle\sum_{j=s}^{k-1} (n - j)\,(t_{(j+1)} - t_{(j)})} \tag{8.8}$$

und M nach Gl. (8.6) bestimmt wird.

Wird das *Experiment mit Ersetzen der ausgefallenen Elemente* durchgeführt, so lassen sich Gln. (8.4) und (8.7) ebenfalls anwenden. Die summierte Lebensdauer zwischen den Ausfällen hat in diesem Fall den Wert

$$S_{j+1,j} = n\,(t_{(j+1)} - t_{(j)}), \qquad j = 1, 2, \ldots, n - 1. \tag{8.9}$$

Für IFR-Verteilungen gilt damit statt (8.5) die Schätzung

$$\hat{h}(t_{(i)}) = \min_{i \leq k \leq n-1} \max_{1 \leq s \leq i} \frac{k - s + 1}{\displaystyle\sum_{j=s}^{k} n\,(t_{(j+1)} - t_{(j)})}, \tag{8.10}$$

für DFR-Verteilungen entsprechend statt (8.8)

$$\hat{h}(t_{(i)}) = \max_{i \leq k \leq n} \min_{1 \leq s \leq i-1} \frac{k - s}{\displaystyle\sum_{j=s}^{k-1} n\,(t_{(j+1)} - t_{(j)})}. \tag{8.11}$$

Ist in einem Experiment mit n Elementen ohne Ersetzen der ausgefallenen Elemente die Ausfallanzahl $r < n$, so ergibt die Anwendung der Formeln (8.4) bzw. (8.7) nur eine unvollständige Aussage, die sich bei der Weiterführung des Experiments ändern kann. Für diese und die obengenannten Schätzungen sind bisher keine Methoden zur Berechnung von Vertrauensbereichen bekannt.

Beispiel 8.1. Das Wahrscheinlichkeitsmodell sei eine IFR-Verteilung. Das Experiment $(n = 5)$ ohne Ersetzen ausgefallener Elemente ergab die Beobachtungswerte: $t_{(1)} = 100\,\text{h}$, $t_{(2)} = 200\,\text{h}$, $t_{(3)} = 300\,\text{h}$, $t_{(4)} = 500\,\text{h}$, $t_{(5)} = 600\,\text{h}$. Daraus erhält man die im Nenner von (8.5) benötigten summierten Lebensdauern $S_{j+1,j} = (n - j)(t_{(j+1)} - t_{(j)})$, $j = 1, \ldots, 4$:

$$S_{2,1} = 400\,\text{h}, \quad S_{3,2} = 300\,\text{h}, \quad S_{4,3} = 400\,\text{h}, \quad S_{5,4} = 100\,\text{h}.$$

Die in Gl. (8.5) enthaltenen Quotienten werden zweckmäßig als Dreiecksschema geschrieben:

$$
\begin{array}{cccc}
\dfrac{1}{400} & \dfrac{2}{700} & \dfrac{3}{1100} & \dfrac{4}{1200} \\[2ex]
& \dfrac{1}{300} & \dfrac{2}{700} & \dfrac{3}{800} \\[2ex]
& & \dfrac{1}{400} & \dfrac{2}{500} \\[2ex]
& & & \dfrac{1}{100}.
\end{array}
$$

In diesem Schema entspricht jeweils die Spalte den s-ten Werten und die Zeile den zugehörigen k-Werten. Das Maximinproblem wird gelöst, indem in jeder Spalte der Maximalwert und in der zugehörigen Zeile der Minimalwert bestimmt wird. Diese sind unterstrichen. Im Beispiel erhält man:

$$
\begin{aligned}
\hat{h}(t) &= 0 && \text{für} \quad t < 100\,\text{h} \\[1ex]
&= \frac{1}{400} = 2{,}5 \cdot 10^{-3} && \text{für} \quad 100\,\text{h} \leqq t \leqq 200\,\text{h} \\[1ex]
&= \frac{2}{700} = 2{,}86 \cdot 10^{-3} && \text{für} \quad 200\,\text{h} \leqq t \leqq 300\,\text{h} \\[1ex]
&= \frac{2}{700} = 2{,}86 \cdot 10^{-3} && \text{für} \quad 300\,\text{h} \leqq t \leqq 500\,\text{h} \\[1ex]
&= \frac{1}{100} = 1 \cdot 10^{-2} && \text{für} \quad 500\,\text{h} \leqq t \leqq 600\,\text{h} \\[1ex]
&> \frac{1}{100} = 1 \cdot 10^{-2} && \text{für} \quad t \geqq 600\,\text{h}.
\end{aligned}
$$

8.2. Berechnung von Toleranzgrenzen

Das Wahrscheinlichkeitsmodell ist eine Lebensdauerverteilung $F(t)$, die zur Klasse der IFR-, DFR-, IFRA- oder DFRA-Verteilungen gehört. Es wird ein Quantil t_γ dieser Verteilungen betrachtet, das durch die Beziehung

$$F(t_\gamma) = P(t \leqq t_\gamma) = \gamma, \qquad 0 < \gamma < 1, \tag{8.12}$$

definiert ist oder durch die gebräuchlichere Beziehung

$$R(t_\gamma) = 1 - F(t_\gamma) = 1 - \gamma. \tag{8.13}$$

Ein Experiment mit n Elementen, das beim r-ten Ausfall beendet wird, $r \le n$, liefert die Beobachtungswerte $t_{(1)} \le t_{(2)} \le \ldots \le t_{(r)}$. Auf der Basis dieser Beobachtungswerte soll eine untere Vertrauensgrenze $t_{\gamma,\,\alpha}$ von t_γ bestimmt werden. Diese ist durch folgende Eigenschaft charakterisiert:

$$P\,[R\,(t_{\gamma,\,\alpha}) \ge 1 - \gamma] \ge 1 - \alpha, \qquad 0 < \alpha < 1, \tag{8.14}$$

oder damit gleichbedeutend [vgl. (4.16)]

$$P\,[t_{\gamma,\,\alpha} \le t_\gamma] \ge 1 - \alpha. \tag{8.15}$$

Dabei ist $(1 - \alpha)$ das Vertrauensniveau der in Klammern stehenden Aussage. In manchen Anwendungen interessiert man sich auch für die obere Vertrauensgrenze $t_{\gamma,\,1-\alpha}$ des Quantils. Für sie gilt

$$P\,[R\,(t_{\gamma,\,1-\alpha}) \le 1 - \gamma] \ge 1 - \alpha \tag{8.16}$$

oder

$$P\,[t_{\gamma,\,1-\alpha} \ge t_\gamma] \ge 1 - \alpha. \tag{8.17}$$

Diese Vertrauensgrenzen nennt man *Toleranzgrenzen. Barlow* und *Proschan* [98] leiten Methoden zur Bestimmung der Toleranzgrenzen für einige häufig auftretende praktische Fälle her.

Ist das Wahrscheinlichkeitsmodell in der üblichen Form durch eine Verteilungsfunktion mit den entsprechenden Parametern gegeben, so werden die Toleranzgrenzen $t_{\gamma,\,\alpha}$ und $t_{\gamma,\,1-\alpha}$ mit Hilfe der Vertrauensgrenzen der Parameter bestimmt. Ein Beispiel zur Berechnung der Toleranzgrenze $t_{\gamma,\,\alpha}$ einer Exponentialverteilung ist Gl. (4.17). Läßt sich über $F(t)$ nicht mehr voraussetzen, als daß $F(t)$ eine stetige Funktion von t ist, können die Toleranzgrenzen nur mit Hilfe der Verteilungsfunktion der Ranggrößen bestimmt werden. Dafür ist ein Mindeststichprobenumfang erforderlich, der die in der Anwendung vorhandenen Möglichkeiten häufig übersteigt. Die Voraussetzung, daß $F(t)$ zu einer der obengenannten Klassen von Verteilungsfunktionen gehört, ermöglicht die Berechnung der Toleranzgrenzen ohne Schwierigkeiten in den praktisch sinnvollen Fällen. Bei der Herleitung der Methoden wird in [98] von den im Abschnitt 2.6. zitierten Ungleichungen Gebrauch gemacht.

Die Verteilungsfunktion $F(t)$ gehöre zur Klasse der IFR-Verteilungen. Es gelte $F(0) = 0$. Die untere Toleranzgrenze $t_{\gamma,\,\alpha}$, die durch (8.14) bzw. (8.15) definiert ist, soll bestimmt werden. Nach [98] wird folgende Abkürzung benutzt:

$$C_{1-\alpha,\,\gamma,\,r} = \min\left(\frac{2r}{\chi^2_{1-\alpha}\,(2r)}\,\ln\frac{1}{1-\gamma},\frac{r}{n}\right). \tag{8.18}$$

In diesem Fall gilt

$$t_{\gamma,\,\alpha} = C_{1-\alpha,\,\gamma,\,r}\,\frac{S_r}{r}, \tag{8.19}$$

wobei

$$S_r = \sum_{i=1}^{r} t_{(i)} + (n - r)\,t_{(r)} \tag{8.20}$$

die summierte Lebensdauer bis zum r-ten Ausfall bedeutet. Ist außerdem $1 - \alpha \ge 1 - 1/e$ und $1 - \gamma \ge e^{-r/n}$, so gilt

$$t_{\gamma,\,\alpha} = \frac{2 S_r}{\chi^2_{1-\alpha}\,(2r)}\,\ln\frac{1}{1-\gamma}. \tag{8.21}$$

Diese Beziehung stimmt mit Gl. (4.17) überein, die unter der Voraussetzung einer Exponentialverteilung gilt.

Die Bestimmung der oberen Toleranzgrenze $t_{y,1-\alpha}$ ist unter der weniger einschränkenden Voraussetzung möglich, daß $F(t)$ zur Klasse der IFRA-Verteilungen gehört, wobei wieder $F(0) = 0$ sein soll. Wird folgende Abkürzung benutzt:

$$C^*_{\alpha,\gamma,r} = \max\left(\frac{2r}{\chi^2_\alpha(2r)}\ln\frac{1}{1-\gamma}, \frac{r}{n-r+1}\right),\tag{8.22}$$

so gilt

$$t_{y,1-\alpha} = C^*_{\alpha,\gamma,r}\frac{S_r}{n}.\tag{8.23}$$

Ist außerdem $1 - \alpha \geqq 1 - 1/e$ und $\gamma \geqq 1 - \exp[-r/(n-r+1)]$, so gilt

$$t_{y,1-\alpha} = \frac{2S_r}{\chi^2_\alpha(2r)}\ln\frac{1}{1-\gamma}.\tag{8.24}$$

Diese Beziehung stimmt mit der einseitigen oberen Vertrauensgrenze für t_y auf dem Vertrauensniveau $(1-\alpha)$ einer Exponentialverteilung überein.

Die Verteilungsfunktion $F(t)$ gehöre zur Klasse der DFRA-Verteilungen. Bedeutet

$$C^{**}_{1-\alpha,\gamma,r} = \max\left(\frac{2r}{\chi^2_{1-\alpha}(2r)}\ln\frac{1}{1-\gamma}, \frac{r}{n-r+1}\right),\tag{8.25}$$

so erhält man die untere Toleranzgrenze für t_y durch

$$t_{y,\alpha} = C^{**}_{1-\alpha,\gamma,r}\frac{S_r}{n}.\tag{8.26}$$

Die Anwendung von oberen Toleranzgrenzen ist für DFR-Verteilungen nicht üblich.

Beispiel 8.2. Es wird eine zur Klasse der IFR-Verteilungen gehörende Lebensdauerverteilung vorausgesetzt. Ein Experiment mit $n = 20$ Elementen wird beim fünften Ausfall beendet. Die Ausfallzeitpunkte sind $t_{(1)} = 875\,\text{h}$, $t_{(2)} = 1117\,\text{h}$, $t_{(3)} = 1450\,\text{h}$, $t_{(4)} = 1525\,\text{h}$, $t_{(5)} = 1830\,\text{h}$. Daraus erhält man $S_5 = 34247\,\text{h}$.

Für $1 - \gamma = 0,96$ und $\alpha = 0,1$ wird die untere Toleranzgrenze von t_y gesucht. Weil $1 - \alpha > 1 - 1/e$ und $1 - \gamma > \exp(-r/n)$ ist, kann Gl. (8.21) verwendet werden. Aus einer Tabelle der χ^2-Verteilung erhält man $\chi^2_{0,9}(10) = 16$. Damit ergibt sich der Wert $t_{0,04;0,1} = 175\,\text{h}$. Man kann also mit der Irrtumswahrscheinlichkeit $\alpha = 0,1$ sagen, daß im Intervall $0 < t \leqq 175\,\text{h}$ $R(t) \geqq 0,96$ gilt. Interessiert man sich außerdem für die obere Toleranzgrenze, so gilt Gl. (8.23). Es sei wieder $\alpha = 0,1$; dann gilt

$$\frac{2r}{\chi^2_{0,1}(2r)}\ln\frac{1}{1-\gamma} = 8,38 \cdot 10^{-2}$$

$$\frac{r}{n-r+1} = 0,3125$$

und damit nach Gl. (8.23)

$$t_{0,04;0,9} = 535\,\text{h}.$$

Mit einer Irrtumswahrscheinlichkeit von $\alpha = 0,1$ gilt für alle $t \geqq 535\,\text{h}$ die Beziehung $R(t) \leqq 0,96$.

8.3. Annahmeprüfpläne

$F(t)$ gehöre zur Klasse der IFR- oder DFR-Verteilungen. Es soll eine Hypothese über den Erwartungswert $m_1 = E(t)$ oder ein Quantil t_γ, $0 < \gamma < 1$, geprüft werden. Die Nullhypothese heißt $H_0: m_1 \geqq m_{10}$ oder $H_0: t_\gamma \geqq t_{\gamma_0}$. Die Entscheidung über Annahme oder Ablehnung der Nullhypothese wird mit Hilfe der in einer Stichprobe vom Umfang n bis zum Zeitpunkt t^* aufgetretenen Anzahl von Ausfällen r getroffen. Ist $r \leqq c$, so ist die Nullhypothese anzunehmen, andernfalls abzulehnen. Sind vor Ablauf der maximalen Prüfdauer t^* bereits $r = c + 1$ Ausfälle aufgetreten, so kann der Test mit Ablehnung der Nullhypothese vorzeitig beendet werden. Der Annahmeprüfplan ist so zu konstruieren, daß bei Gültigkeit der Nullhypothese eine bestimmte Annahmewahrscheinlichkeit gewährleistet ist.

Wäre der Verteilungstyp von $F(t)$ bekannt und $F(t)$ durch einen Parameter θ ($\theta = m_1$ oder $\theta = t_\gamma$) charakterisiert, so daß

$$p_\theta = \int_0^{t^*} f(t\,|\,\theta)\,\mathrm{d}t \tag{8.27}$$

eine monoton abnehmende Funktion von θ ist, würden Annahmeprüfpläne wie in den Abschnitten 4.4.2.1. oder 7.5. mit Hilfe der Binomialverteilung berechnet. Die Annahmewahrscheinlichkeit für einen Wert p_θ beträgt

$$P_0(p_\theta) = \sum_{r=0}^{c} \binom{n}{r} p_\theta^r (1 - p_\theta)^{n-r}. \tag{8.28}$$

Auf dieser Basis läßt sich eine Grenze für $P_0(p_{\theta_0})$ vorgeben, das erforderliche n und c bestimmen und umgekehrt bei gegebenem n und c die Annahmewahrscheinlichkeit $P_0(p_\theta)$ für beliebige Werte p_θ berechnen.

In unserem Fall ist zwar $p_\theta = F(t^*\,|\,\theta)$ nicht bekannt, aber durch die im Abschnitt 2.6. angegebenen Ungleichungen sind Grenzen von $F(t^*\,|\,\theta)$ vorhanden. Sie werden mit $b(t^*\,|\,\theta)$ und $B(t^*\,|\,\theta)$ bezeichnet.

Gilt

$$p_\theta \geqq b(t^*\,|\,\theta) \tag{8.29}$$

und ist $b(t^*\,|\,\theta)$ eine monoton abnehmende Funktion von θ, so gilt auch

$$P_0(p_\theta) \leqq P_0(b(t^*\,|\,\theta)). \tag{8.30}$$

Man kann für feste Werte von θ_0, c und t^* den erforderlichen Stichprobenumfang n so bestimmen, daß die Beziehung

$$P_0(b(t^*\,|\,\theta_0)) \leqq \beta \tag{8.31}$$

erfüllt ist. Diese Forderung bedeutet praktisch eine Begrenzung des Abnehmerrisikos, indem gewährleistet wird, Gesamtheiten mit $\theta < \theta_0$ höchstens mit der Wahrscheinlichkeit β für solche mit $\theta \geqq \theta_0$ zu halten.

Gilt

$$p_\theta \leqq B(t^*\,|\,\theta) \tag{8.32}$$

und ist $B(t^*\,|\,\theta)$ eine monoton abnehmende Funktion von θ, so gilt

$$P_0(p_\theta) \geqq P_0(B(t^*\,|\,\theta)). \tag{8.33}$$

Mit Hilfe dieser Funktion läßt sich der Wert θ_1 bestimmen, für den folgende Ungleichung erfüllt ist:

$$P_0\left(B\left(t^*|\theta_1\right)\right) \geqq 1 - \alpha, \tag{8.34}$$

wobei α als Herstellerrisiko interpretiert werden kann.

Annahmeprüfpläne für IFR- oder DFR-Verteilungen wurden von *Barlow* und *Gupta* [99] berechnet. Für diese Verteilungen wird damit sowohl das Prüfen einer Hypothese über die mittlere Lebensdauer m_1 als auch über ein Quantil t_y ermöglicht. Dabei werden die Ungleichungen (2.68), (2.72), (2.74) und (2.75) angewandt.

$F(t)$ gehöre zur Klasse der IFR-Verteilungen, und es soll die Hypothese $\mathbf{H}_0: m_1 \geqq m_{10}$ geprüft werden. Aus (2.68) erhält man die Grenze

$$b\left(t|m_1\right) = \begin{cases} 0 & \text{für} \quad t < m_1 \\[2mm] 1 - e^{-\omega t} & \text{für} \quad t \geqq m_1, \end{cases} \tag{8.35}$$

wobei ω durch (2.69) bestimmt ist. Für festes t ist $b\left(t|m_1\right)$ eine abnehmende Funktion von m_1. Setzt man $t = t^* > m_{10}$, so läßt sich bei gegebenem β und c der Stichprobenumfang n mit Hilfe von (8.28) und (8.31) so bestimmen, daß folgende Beziehung erfüllt ist:

$$\sum_{r=0}^{c} \binom{n}{r} \left[b\left(t^*|m_{10}\right)\right]^r \left[1 - b\left(t^*|m_{10}\right)\right]^{n-r} \leqq \beta. \tag{8.36}$$

Aus (2.69) erhält man ω. Es gilt

$$m_{10} = 1 - e^{-\omega t^*} \tag{8.37}$$

und somit

$$\omega = \frac{1}{t^*} \ln \frac{1}{1 - m_{10}}. \tag{8.38}$$

In [99] wird für gegebene Werte t^*/m_{10}, β und c der Stichprobenumfang n und der genaue Wert $P = 1 - P_0\left(t^*|m_{10}\right)$ als Tabelle angegeben. Ein Auszug daraus befindet sich als Tabelle 8 im Anhang.

Gehört $F(t)$ zur Klasse der IFR-Verteilungen und soll die Hypothese $\mathbf{H}_0: t_y \geqq t_{y_0}$ geprüft werden, so wird die aus Gl. (2.72) abgeleitete Grenze

$$b\left(t|t_y\right) = \begin{cases} 0 & \text{für} \quad t < t_y \\[2mm] 1 - (1 - \gamma)^{t/t_y} & \text{für} \quad t \geqq t_y \end{cases} \tag{8.39}$$

benutzt. Durch Einsetzen in (8.28) und (8.31) läßt sich für gegebene Werte $t = t^* > t_{y_0}$, γ, β und c der Stichprobenumfang n bestimmen, der zur Prüfung der Hypothese $\mathbf{H}_0: t_y \geqq t_{y_0}$ erforderlich ist. In [99] sind entsprechende Werte tabelliert; ein Auszug ist als Tabelle 9 im Anhang zu finden.

$F(t)$ gehöre zur Klasse der DFR-Verteilungen. Es soll die Hypothese $\mathbf{H}_0: m_1 \geqq m_{10}$ geprüft werden. Aus Gl. (2.74) gewinnt man die Grenze

$$b\left(t|m_1\right) = \begin{cases} 1 - \exp\left[-\dfrac{t}{\lambda_1}\right] & \text{für} \quad t \leqq \lambda_1 \\[4mm] 1 - \lambda_1 \left(et\right)^{-1} & \text{für} \quad t \geqq \lambda_1, \end{cases} \tag{8.40}$$

wobei λ aus Gl. (2.71) bestimmt wird; es gilt in unserem Fall $\lambda_1 = m_1$. Für $t^* \leqq m_1$ stimmt $b\left(t^*|m_{10}\right)$ mit einer Exponentialverteilung überein. Die Annahmeprüfpläne sind mit den im Abschnitt 4.4.2.1. behandelten identisch.

Gehört $F(t)$ zur Klasse der DFR-Verteilungen und prüft man die Hypothese H_0: $t_\gamma \geqq t_{\gamma_0}$, dann gilt Gl. (2.75). Man erhält die Grenze

$$b\,(t|t_\gamma) = \begin{cases} 1 - (1 - \gamma)^{t/t_\gamma} & \text{für} \quad t \leqq t_\gamma \\[2mm] \gamma & \text{für} \quad t > t_\gamma. \end{cases} \tag{8.41}$$

Durch Einsetzen in (8.28) und (8.31) kann für gegebene Werte von $t = t^* < t_{\gamma_0}, \gamma, \beta$ und c der Stichprobenumfang n bestimmt werden, der zur Prüfung der Hypothese H_0: $t_\gamma \geqq t_{\gamma_0}$ erforderlich ist. In [99] sind dazu einige Werte angegeben. Einen Auszug aus dieser Tabelle enthält Tabelle 10 des Anhangs.

Da den beschriebenen Tests Grenzen für die Wahrscheinlichkeit p_θ in der Form von (8.29) und (8.32) zugrunde liegen, sind die Operationscharakteristiken nicht genau definiert. Für sie lassen sich Grenzen durch Gln. (8.30) und (8.33) berechnen, wenn man für $B\,(t^*|\theta)$ bzw. $b\,(t^*|\theta)$ die im Abschnitt 2.6. angegebenen Ungleichungen einsetzt.

Beispiel 8.3. Das Wahrscheinlichkeitsmodell sei eine IFR-Verteilung. Die zu prüfende Hypothese über die Ausfallverteilung soll H_0: $F\,(1000\,\text{h}) \leqq 0,1$ lauten, d.h. H_0: $t_{0,1} \geqq 1000\,\text{h}$ (die Ausfallwahrscheinlichkeit nach 1000 h ist kleiner als 0,1). Der Test soll $t^* = 1500\,\text{h}$ dauern, und es soll $\beta = 0,1$ und $c = 1$ sein. In Tabelle 9 findet man $n = 26$. Es werden also 26 Elemente 1500 h geprüft. Wenn in dieser Zeit höchstens ein Ausfall beobachtet wird, kann die obengenannte Hypothese angenommen werden; andernfalls ist sie abzulehnen.

Literaturverzeichnis

[1] *Gnedenko, B. W., Beljajew, J. K.; Solowjew, A. D.:* Mathematische Methoden der Zuverlässigkeitstheorie. Berlin: Akademie-Verlag 1968.

[2] *Gnedenko, B. W.:* Lehrbuch der Wahrscheinlichkeitsrechnung. Berlin: Akademie-Verlag 1968.

[3] *Storm, R.:* Wahrscheinlichkeitsrechnung, Mathematische Statistik, Statistische Qualitätskontrolle. Leipzig: Fachbuchverlag 1969.

[4] *Härtler, G.:* Versuchsplanung und statistische Datenanalyse. Beiträge zur Forschungstechnologie, Heft 4. Berlin: Akademie-Verlag 1976.

[5] *Sarhan, A. E.; Greenberg, B. G.:* Contributions to order statistics. New York, London: Wiley & Sons 1962.

[6] *Gumbel, E. J.:* Statistics of extremes. New York, London: Columbia University Press 1958.

[7] *Pearson, E. S.; Hartley, H. O.:* Biometrika tables for statisticians, I, II. Cambridge: Cambridge University Press 1970.

[8] *Fisher, R. A.; Tippett, L. H. C.:* Limiting forms of the frequency distribution of the largest or smallest members of a sample. Proc. Cambridge Phil. Soc. *24* (1928) S.180.

[9] *Gnedenko, B. V.:* Sur la distribution limite du terme maximum d'une serie aléatoire. Ann. Math. *44* (1943) S.423.

[10] *Moeschberger, M. L.; David, H. A.:* Life tests under competing causes of failure and the theory of competing risks. Biometrics *27* (1971) S.909–933.

[11] *Singpurwalla, N. D.:* Inferences from accelerated life tests using Arrhenius type re-parametrizations. Technometrics *15* (1973) S.289–299.

[12] *Birnbaum, Z. W.; Saunders, S. C.:* A statistical model for lifelength of materials. Journ. Am. Stat. Ass. *53* (1958) S.151–160.

[13] *Wilk, M. B.; Gnanadesikan, R. Huyett, M. J.:* Probability plots for the gamma distribution. Technometrics *4* (1962) S.1–20.

[14] *Kao, H. K.:* Statistical models in mechanical reliability. 11.Nat. Symp. Rel. & QC (1965) S.240 bis 246.

[15] *Goldthwaite, L. R.:* Failure rate study for the lognormal lifetime model. 7.Nat. Symp. Rel. & QC (1961) S.208–213.

[16] *Barlow, R. R.; Marshall, W.; Proschan, F.:* Properties of probability distribution with monotone hazard rate. Ann. Math. Stat. *34* (1963) S.375–389.

[17] *Birnbaum, Z. W.; Esary, J. D.; Marshall, A. W.:* A stoachastic characterization of wear-out for components and systems. Ann. Math. Stat. *37* (1966) S.816–825.

[18] *Barlow, R. E.; Proschan, F.:* Statistische Theorie der Zuverlässigkeit. Berlin: Akademie-Verlag 1978.

[19] *Barlow, R. E.; Marshall, A. W.:* Bounds for distributions with monotone hazard rate I, II. Ann. Math. Stat. *35* (1964) S.1234–1257, 1258–1274.

[20] *Mann, N. R.; Schafer, R. E.; Singpurwalla, N. D.:* Methods for statistical analysis of reliability and life data. New York, London, Sydney, Toronto: Wiley & Sons 1974.

[21] *Edwards, A. W. F.:* Likelihood-an account of the statistical concept of likelihood and its application to scientific inference. Cambridge: Cambridge University Press 1972.

[22] *Härtler, G.:* Statistischer Zuverlässigkeitsnachweis und Information. Nachrichtentechnik–Elektronik *27* (1977) S.436–438.

[23] *Aitken, A. C.:* On least squares and linear combinations of observations. Proc. Roy. Soc. Edinburgh *55* (1936) S.42–48.

[24] *Mann, N. R.:* Optimum estimators for linear functions of location and scale parameters. Ann. Math. Stat. *40* (1969) S.2149–2155.

[25] *Schindowski, E.; Schürz, O.:* Statistische Qualitätskontrolle, Kontrollkarten und Stichprobenpläne. Berlin: VEB Verlag Technik 1964.

[26] *Wetherill, G. B.:* Sampling inspection and quality control. London: Chapman & Hall 1977.

[27] *Box, G. E. P.; Tiao, E. G.:* Bayesian inference and statistical analysis. Addison-Wesley, Reading Mass. 1973.

[28] *Stange, K.:* Bayes-Verfahren. Schätz- und Testverfahren unter Berücksichtigung von Vorinformationen. Berlin, Heidelberg, New York: Springer-Verlag 1977.

[29] *Epstein, B.; Sobel, M.:* Some theorems relevant to life testing from an exponential distribution. Ann. Math. Stat. *25* (1954) S. 373–381.

[30] *Epstein, B.:* Simple estimators of the parameters of exponential distribution when samples are censored. Ann. Inst. Stat. Math. *8* (1956) S. 15–26.

[31] *Epstein, B.:* Estimation of the parameters of two parameter exponential distribution from censored samples. Technometrics *2* (1960) S. 403–406.

[32] *Schiller, N.:* Zuverlässigkeit monolithischer integrierter Schaltungen. Radio Fernsehen Elektronik *25* (1976) S. 150–152.

[33] TGL 26096/06: Zuverlässigkeit in der Technik, Ausfallterminierte Prüfpläne, Basis Exponentialverteilung.

[34] *Müller, P. H.; Neumann, P.; Storm, R.:* Tafeln der mathematischen Statistik. Leipzig: Fachbuchverlag 1973.

[35] TGL 26096/07: Zuverlässigkeit in der Technik, Zeitterminierte Prüfpläne, Basis Exponentialverteilung.

[36] *Dvoretzky, A.; Kiefer, J.; Wolfowitz, J.:* Sequential decision problems for processes with continuous time parameter. Testing hypotheses. Ann. Math. Stat. *24* (1953) S. 254–264.

[37] *Epstein, B.; Sobel, M.:* Sequential life tests in the exponential case. Ann. Math. Stat. *26* (1955) S. 82 bis 93.

[38] *Kiefer, J.; Wolfowitz, J.:* Sequential tests of hypotheses about the mean occurence time of a continuous parameter Poisson process. Naval Res. Log. Quart. *3* (1956) S. 205–219.

[39] *Demenčuk, D. N.; Marčenko, B. G.:* Ob ocenke srednej prodolžitel'nosti ispytanij na nadežnost' po metodu posledovatel'novo analiza. Techničeskaja Kibernetika (1975), S. 82–86.

[40] *Hoel, D. H.:* Closed sequential tests of an exponential parameter. Biometrika *55* (1968) S. 387–391.

[41] *Jarlykov, N. E.:* Val'dovskie posledovatel'nye ispytanija s utočnenymi kriterijami. Nadežnost' i kontrol kačestva (1976) S. 53–61.

[42] *Voskobojnikov, V. V.:* Izmenenie veličin riskov postavščika i potrebitelja pri usečenii posledovatel'nych ispytanij na nadežnost'. Nadežnost' i kontrol kačestva (1976) S. 38–45.

[43] *Stracener, J. T.:* Truncated sequential life tests: conditional probabilities and test time. Proc. 1972 Ann. Rel. and Main. Symp., San Francisco, S. 376–385.

[44] *Thyregod, P.:* Bayesian single sampling plans for life–testing with truncation of the number of failures. Scandinavian Journal of Statistics *2* (1975) S. 61–70.

[45] *Härtler, G.:* Information in truncated exponential samples. Trans. of the 8-th Prague Conference on Information Theory, Statistical Decision Functions, Random Processes, vol. A, S. 275–278. Prag: Academia 1978.

[46] *Kullback, S.:* Information Theory and Statistics. New York, London: Wiley & Sons 1959.

[47] *Zelen, M.; Dannemiller, M. C.:* The robustness of life testing procedures derived from the exponential distribution. Technometrics *3* (1961) S. 29–49.

[48] *Epstein, B.:* Tests for the validity of the assumption that the underlying distribution of life is exponential, I, II. Technometrics *2* (1960) S. 83–101, 167–183.

[49] *Fercho, W. W.; Ringer, L. J.:* Small sample power of some tests of the constant failure rate. Technometrics *14* (1972) S. 713–724.

[50] *Kimball, B. F.:* On the choice of plotting positions on probability paper. Journ. Am. Stat. Ass. *55* (1960) S. 546–560.

[51] *Cohen, A. C.:* Maximum Likelihood estimation in the Weibull distribution based on complete and on censored samples. Technometrics *7* (1965) S. 579–588.

[52] *Harter, H. L.; Moore, A. H.:* Maximum-likelihood estimation of the parameters of Gamma and Weibull-population from complete and from censored samples. Technometrics *7* (1965) S. 639–643.

[53] *Harter, H. L.; Moore, A. H.:* Maximum likelihood estimation from doubly censored samples of the parameters of the first asymptotic distribution of smallest values. Journ. Am. Stat. Ass. *63* (1968) S. 889–901.

[54] *Rockette, H.; Antle, Ch.; Klimko, L. A.:* Maximum likelihood estimation with the Weibull model. Journ. Am. Stat. Ass. *69* (1974) S. 246–249.

[55] *Dubey, S. D.:* On some statistical inferences for Weibull laws. Naval Res. Log. Quart. *13* (1966) S. 227–251.

[56] *Dubey, S. D.:* Hyper-efficient estimator of the location parameter of the Weibull-laws. Navel Res. Log. Quart. *13* (1966) S. 253–264.

[57] *Wingo, D. R.:* Maximum likelihood estimation of the parameters of the Weibull-distribution by modified quasilinearization. IEEE Trans. Rel. *R*-21 (1972) S. 89–93.

[58] *Wingo, D. R.:* Solution of the three-parameter Weibull equation by constrained modified quasi-linearization. IEEE Trans. Rel. *R–22* (1973) S.96–102.

[59] *Bittner, L.:* Eine Verallgemeinerung des Sekantenverfahrens zur näherungsweisen Berechnung der Nullstellen eines nichtlinearen Gleichungssystems. Wiss. Zeitschrift der TH Dresden *9* (1959/60) S.325–329.

[60] *Harter, H.L.; Moore, A.H.:* Asymptotic variances and covariances of maximum-likelihood estimators, from censored samples, of parameters of Weibull and gamma populations. Ann. Math. Stat. *38* (1967) S.557–570.

[61] *Antle, C.E.; Bain, L.J.:* A property of maximum likelihood estimators of location and scale parameters. SIAM Review *11* (1969) S.251–253.

[62] *Thoman, D.R.; Bain, L.C.; Antle, C.E.:* Maximum likelihood estimation, exact confidence intervals for reliability and tolerance limits in the Weibull distribution. Technometrics *12* (1970) S.363 bis 371.

[63] *Billmann, B.R.; Antle, C.E.; Bain, L.J.:* Statistical inference from censored Weibull samples. Technometrics *14* (1972) S.831–840.

[64] *McCool, J.I.:* Inference on Weibull percentiles and shape parameter from maximum likelihood estimates. IEEE Trans. Rel. *R-19* (1970) S.2–9.

[65] *Härtler, G.:* Statistischer Zuverlässigkeitsnachweis und Information. Akademie der Wissenschaften der DDR, ZIE-Preprint 77-6 (1977).

[66] *Finkelstein, J.M.:* Confidence bounds on the parameters of the Weibull process. Technometrics *18* (1976) S.115–117.

[67] *Lloyd, E.H.:* Least squares estimation of location and scale parameters using order statistics. Biometrika *39* (1952) S.88–95.

[68] *White, J.S.:* The moments of log-Weibull order statistics. Technometrics *11* (1969) S.373–386.

[69] *Lieblein, J.; Salzer, H.E.:* Table of the first moment of ranked extremes. Journ. Res. Nat. Bureau of Stand. *59* (1957) Res. Paper 2787, S.203–206.

[70] *Lieblein, J.; Zelen, M.:* Statistical investigation of the fatigue life of deep-grove ball bearings. Journ. Res. Nat. Bureau of Stand. *57* (1956) S.273–315.

[71] *White, J.S.:* Least squares unbiased censored linear estimation for the log-Weibull (extreme value) distribution. Journ. Ind. Math. Soc. *14* (1964) S.21–60.

[72] *Mann, N.R.:* Tables for obtaining the best linear invariant estimates of parameters of the Weibull distribution. Technometrics *9* (1967) S.629–645.

[73] *Mann, N.R.:* Point and interval estimation procedure for the two-parameter Weibull and extreme-value distributions. Technometrics *10* (1968) S.231–256.

[74] *Johns, M.V.; Liebermann, G.J.:* An exact asymptotically efficient confidence bound for reliability in the case of the Weibull distribution. Technometrics *8* (1966) S.135–175.

[75] *Chernoff, H.; Gastwirth, J.; Johns, M.V.:* Asymptotic distribution of linear combinations of functions of order statistics with applications to estimation. Ann. Math. Stat. *38* (1967) S.52–73.

[76] *D'Agostino, R.B.:* Linear estimation of Weibull parameters. Technometrics *13* (1971) S.171–182.

[77] *Dubey, S.D.:* Some test functions for the parameters of the Weibull distributions. Naval Res. Log. Quart. *13* (1966) S.113–128.

[78] *Greenwood, J.A.; Durand, D.:* Aids for fitting the gamma-distribution by maximum-likelihood. Technometrics *2* (1960) S.55–65.

[79] *Wilk, M.B.; Gnanadesikan, R.; Huyett, M.J.:* Estimation of parameters of the gamma distribution using order statistics. Biometrika *49* (1962) S.525–545.

[80] *Chapman, D.G.:* Estimating the parameters of a truncated gamma distribution. Ann. Math. Stat. *27* (1956) S.498–506.

[81] *Masuyama, M.; Kuroiwa, Y.:* Table for the likelihood solutions of gamma distributions and its medical applications. Rep. Stat. Appl. Res. Un. Jap. Sci. Eng. *1* (1951) S.18–23.

[82] *Linhart, H.:* Approximate confidence limits for the coefficient of variation of gamma distributions. Biometrika *21* (1965) S.733–738.

[83] *Choi, S.C.; Wette, R.:* Maximum likelihood estimation of the parameters of the gamma distribution and their bias. Technometrics *11* (1969) S.683–690.

[84] *Bartlett, M.S.:* Properties of sufficiency and statistical tests. Proc. Roy. Soc. A *160* (1937) S.268 bis 282.

[85] *Šor, J.B.; Kuz'min, F.I.:* Tablicy dlja analiza i kontrolja nadežnosti. Moskva: Sovetskoe radio 1968.

[86] *Wyckoff, J.; Engelhardt, M.:* Inferential procedures on the shape parameter of a gamma distribution from censored data. Journ. Am. Stat. Ass. *74* (1979) S.866–871.

[87] *Bain, L.J.; Engelhardt, M.:* A two-moment chi square approximation for the statistic log $\bar{x}/\tilde{x}$. Journ. Am. Stat. Ass. *70* (1975) S.948–950.

[88] *Cohen, A.C.:* Estimation of parameters in truncated Paerson frequency distributions. Ann. Math. Stat. *22* (1951) S.256–265.

[89] *Gupta, S.S.; Groll, P.A.:* Gamma distribution in acceptance sampling based on life tests. Journ. Am. Stat. Ass. *56* (1961) S.942–970.

[90] *Harter, H.L.; Moore, A.H.:* Local-maximum-likelihood-estimation of the parameters of three-parameter-lognormal populations from complete and censored samples. Journ. Am. Stat. Ass. *61* (1966) S.842–851.

[91] *Hill, B.M.:* The three-parameter lognormal distribution and Bayesian analysis of a point-source epidemic. Journ. Am. Stat. Ass. *58* (1963) S.72–84.

[92] *Cohen, A.C.:* Estimating parameters of log normal distributions by maximum likelihood. Journ. Am. Stat. Ass. *46* (1951) S.206–212.

[93] *Cohen, A.C.:* Progressively censored sampling in the three parameter log-normal distribution. Technometric *18* (1976) S.99–103.

[94] *Aitchison, J.; Brown, J.A.C.:* The lognormal distribution. Cambridge: Cambridge University Press 1957.

[95] *Gupta, S.S.:* Life test sampling plans for normal and lognormal distributions. Technometrics *4* (1962) S.151–175.

[96] *Barlow, R.E.; Bartholomew, J.M.; Brenner, J.M.; Brunk, H.D.:* Statistical inference under order restrictions. London, New York, Sydney, Toronto: Wiley & Sons 1972.

[97] *Boswell, M.T.:* Estimating and testing trend in a stochastic process of Poisson type. Ann. Math. Stat. *37* (1966) S.1564–1573.

[98] *Barlow, R.J.; Proschan, F.:* Tolerance and confidence limits for classes of distributions based on failure rate. Ann. Math. Stat. *37* (1966) S.1593–1601.

[99] *Barlow, R.E.; Gupta, S.S.:* Distribution-free life test sampling plans. Technometrics *8* (1966) S.591–613.

[100] *Johnson, L.G.:* Theory and technique of variation research. Amsterdam, London, New York: Elsevier Publ. Co. 1964.

Tabellenanhang

Tabelle 1. 0,05-Quantile der Betaverteilung in Prozent (nach [100]*)*

i \ n	Stichprobenumfang n									
	1	2	3	4	5	6	7	8	9	10
1	5,000	2,532	1,695	1,274	1,021	0,851	0,730	0,639	0,568	0,512
2		22,361	13,535	9,761	7,644	6,285	5,337	4,639	4,102	3,677
3			36,840	24,860	18,925	15,316	12,876	11,111	9,775	8,726
4				47,287	34,259	27,134	22,532	19,290	16,875	15,003
5					54,928	41,820	34,126	28,924	25,137	22,244
6						60,696	47,930	40,031	34,494	30,354
7							65,184	52,932	45,036	39,338
8								68,766	57,086	49,310
9									71,687	60,584
10										74,113
11										

Tabelle 1. (Fortsetzung 1)

i \ n	Stichprobenumfang n									
	11	12	13	14	15	16	17	18	19	20
1	0,465	0,426	0,394	0,366	0,341	0,320	0,301	0,285	0,270	0,256
2	3,332	3,046	2,805	2,600	2,423	2,268	2,132	2,011	1,903	1,806
3	7,882	7,187	6,605	6,110	5,685	5,315	4,990	4,702	4,446	4,217
4	13,507	12,285	11,267	10,405	9,666	9,025	8,464	7,969	7,529	7,135
5	19,958	18,102	16,566	15,272	14,166	13,211	12,377	11,643	10,991	10,408
6	27,125	24,530	22,395	20,607	19,086	17,777	16,636	15,634	14,747	13,955
7	34,981	31,524	28,705	26,358	24,373	22,669	21,191	19,895	18,750	17,731
8	43,563	39,086	35,480	32,503	29,999	27,860	26,011	24,396	22,972	21,707
9	52,991	47,267	42,738	39,041	35,956	33,337	31,083	29,120	27,395	25,865
10	63,564	56,189	50,535	45,999	42,256	39,101	36,401	34,060	32,009	30,195
11	76,160	66,132	58,990	53,434	48,925	45,165	41,970	39,215	36,811	34,693
12		77,908	68,366	61,461	56,022	51,560	47,808	44,595	41,806	39,358
13			79,418	70,327	63,656	58,343	53,945	50,217	47,003	44,197
14				80,736	72,060	65,617	60,436	56,112	52,420	49,218
15					81,896	73,604	67,381	62,332	58,088	54,442
16						82,925	74,988	68,974	64,057	59,897
17							83,843	76,234	70,420	65,634
18								84,668	77,363	71,738
19									85,413	78,389
20										86,089
21										

Tabelle 1. (Fortsetzung 2)

i \ n	Stichprobenumfang n									
	21	22	23	24	25	26	27	28	29	30
1	0,244	0,233	0,223	0,213	0,205	0,197	0,190	0,183	0,177	0,171
2	1,719	1,640	1,567	1,501	1,440	1,384	1,332	1,284	1,239	1,198
3	4,010	3,822	3,651	3,495	3,352	3,220	3,098	2,985	2,879	2,781
4	6,781	6,460	6,167	5,901	5,656	5,431	5,223	5,031	4,852	4,685
5	9,884	9,411	8,981	8,588	8,229	7,899	7,594	7,311	7,049	6,806
6	13,245	12,603	12,021	11,491	11,006	10,560	10,148	9,768	9,415	9,087
7	16,818	15,994	15,248	14,569	13,947	13,377	12,852	12,367	11,917	11,499
8	20,575	19,556	18,634	17,796	17,030	16,328	15,682	15,085	14,532	14,018
9	24,499	23,272	22,164	21,157	20,238	19,396	18,622	17,908	17,246	16,633
10	28,580	27,131	25,824	24,639	23,559	22,570	21,662	20,824	20,050	19,331
11	32,811	31,126	29,609	28,236	26,985	25,842	24,793	23,827	22,934	22,106
12	37,190	35,254	33,515	31,942	30,513	29,208	28,012	26,911	25,894	24,953
13	41,720	39,516	37,539	35,756	34,139	32,664	31,314	30,072	28,927	27,867
14	46,406	43,913	41,684	39,678	37,862	36,209	34,697	33,309	32,030	30,846
15	51,261	48,454	45,954	43,711	41,684	39,842	38,161	36,620	35,200	33,889
16	56,392	53,151	50,356	47,858	45,607	43,566	41,707	40,004	38,439	36,995
17	61,559	58,020	54,902	52,127	49,636	47,384	45,336	43,464	41,746	40,163
18	67,079	63,091	59,610	56,531	53,779	51,300	49,052	47,002	45,123	43,394
19	72,945	68,409	64,597	61,086	58,048	55,323	52,861	50,621	48,573	46,691
20	79,327	74,053	69,636	65,819	62,459	59,465	56,770	54,327	52,099	50,056
21	86,705	80,188	75,075	70,773	67,039	63,740	60,790	58,127	55,706	53,493
22		87,269	80,980	76,020	71,828	68,176	64,938	62,033	59,403	57,007
23			87,788	81,711	76,896	72,810	69,237	66,060	63,200	60,605
24				88,265	82,388	77,711	73,726	70,231	67,113	64,299
25					88,707	83,017	78,470	74,583	71,163	68,103
26						89,117	83,603	79,179	75,386	72,038
27							89,498	84,149	79,844	76,140
28								89,853	84,661	80,467
29									90,185	85,140
30										90,497
31										

Tabelle 1. (Fortsetzung 3)

i \ n	Stichprobenumfang n									
	31	32	33	34	35	36	37	38	39	40
1	0,165	0,160	0,155	0,151	0,146	0,142	0,138	0,135	0,131	0,128
2	1,158	1,122	1,088	1,055	1,025	0,996	0,969	0,943	0,919	0,896
3	2,690	2,604	2,524	2,448	2,377	2,310	2,246	2,186	2,129	2,075
4	4,530	4,384	4,248	4,120	3,999	3,885	3,778	3,676	3,580	3,488
5	6,578	6,365	6,166	5,978	5,802	5,636	5,479	5,331	5,190	5,057
6	8,781	8,495	8,227	7,976	7,739	7,516	7,306	7,107	6,919	6,740
7	11,109	10,745	10,404	10,084	9,783	9,499	9,232	8,979	8,740	8,513
8	13,540	13,093	12,675	12,283	11,914	11,567	11,240	10,931	10,638	10,361
9	16,061	15,528	15,029	14,561	14,122	13,708	13,318	12,950	12,601	12,271
10	18,662	18,038	17,455	16,909	16,396	15,913	15,458	15,028	14,622	14,237
11	21,336	20,618	19,948	19,319	18,730	18,175	17,653	17,160	16,694	16,252
12	24,077	23,262	22,501	21,788	21,119	20,491	19,898	19,340	18,812	18,312
13	26,883	25,966	25,111	24,310	23,560	22,855	22,191	21,565	20,973	20,413
14	29,749	28,727	27,775	26,884	26,049	25,265	24,527	23,832	23,175	22,553
15	32,674	31,544	30,491	29,507	28,585	27,719	26,905	26,138	25,414	24,729
16	35,657	34,415	33,258	32,177	31,165	30,216	29,324	28,483	27,690	26,940
17	38,698	37,339	36,074	34,894	33,789	32,754	31,781	30,865	30,001	29,185
18	41,797	40,317	38,940	37,657	36,457	35,332	34,276	33,283	32,346	31,461
19	44,956	43,349	41,856	40,466	39,167	37,951	36,809	35,736	34,725	33,770
20	48,175	46,436	44,823	43,321	41,920	40,609	39,380	38,224	37,136	36,109
21	51,458	49,581	47,841	46,225	44,717	43,309	41,988	40,748	39,581	38,480
22	54,810	52,786	50,914	49,177	47,560	46,049	44,634	43,307	42,058	40,881
23	58,234	56,055	54,044	52,181	50,448	48,832	47,320	45,902	44,569	43,314
24	61,739	59,394	57,235	55,239	53,385	51,658	50,045	48,534	47,114	45,778
25	65,335	62,810	60,493	58,355	56,374	54,532	52,812	51,204	49,694	48,275
26	69,036	66,313	63,824	61,534	59,418	57,454	55,624	53,914	52,311	50,805
27	72,863	69,916	67,237	64,784	62,523	60,429	58,483	56,666	54,966	53,370
28	76,850	73,640	70,748	68,113	65,695	63,463	61,392	59,463	57,661	55,972
29	81,054	77,518	74,375	71,535	68,944	66,561	64,357	62,309	60,399	58,612
30	85,591	81,606	78,150	75,069	72,282	69,732	67,384	65,209	63,185	61,294
31	90,789	86,015	82,127	78,747	75,728	72,990	70,482	68,168	66,021	64,021
32		91,063	86,415	82,619	79,312	76,352	73,663	71,196	68,916	66,797
33			91,322	86,793	83,085	79,848	76,946	74,304	71,876	69,629
34				91,566	87,150	83,526	80,357	77,510	74,915	72,525
35					91,797	87,488	83,946	80,841	78,048	75,497
36						92,015	87,809	84,344	81,302	78,560
37							92,222	88,115	84,723	81,741
38								92,419	88,405	85,085
39									92,606	88,681
40										92,784
41										

Tabelle 1. (Fortsetzung 4)

i	\ n Stichprobenumfang n									
	41	42	43	44	45	46	47	48	49	50
1	0,125	0,122	0,119	0,116	0,114	0,111	0,109	0,107	0,105	0,102
2	0,874	0,853	0,833	0,814	0,795	0,778	0,761	0,745	0,730	0,715
3	2,024	1,975	1,928	1,884	1,842	1,801	1,762	1,725	1,689	1,655
4	3,402	3,319	3,240	3,165	3,093	3,025	2,959	2,897	2,836	2,779
5	4,930	4,810	4,695	4,586	4,481	4,382	4,286	4,195	4,108	4,024
6	6,570	6,409	6,256	6,109	5,969	5,836	5,708	5,586	5,469	5,357
7	8,298	8,093	7,898	7,713	7,536	7,366	7,205	7,050	6,902	6,760
8	10,097	9,847	9,609	9,382	9,166	8,959	8,762	8,573	8,392	8,218
9	11,958	11,660	11,377	11,107	10,850	10,605	10,370	10,146	9,931	9,725
10	13,872	13,525	13,195	12,881	12,582	12,296	12,023	11,762	11,512	11,272
11	15,833	15,436	15,058	14,698	14,355	14,028	13,715	13,416	13,130	12,856
12	17,838	17,389	16,961	16,554	16,166	15,796	15,443	15,105	14,782	14,472
13	19,883	19,379	18,901	18,445	18,012	17,598	17,203	16,825	16,464	16,117
14	21,964	21,406	20,875	20,370	19,889	19,430	18,993	18,574	18,174	17,790
15	24,081	23,466	22,881	22,326	21,796	21,292	20,810	20,350	19,910	19,488
16	26,230	25,557	24,918	24,311	23,732	23,180	22,654	22,151	21,671	21,210
17	28,412	27,679	26,984	26,323	25,694	25,095	24,523	23,977	23,455	22,955
18	30,624	29,831	29,078	28,363	27,683	27,034	26,416	25,825	25,261	24,721
19	32,867	32,011	31,200	30,429	29,696	28,997	28,331	27,696	27,088	26,507
20	35,138	34,219	33,348	32,520	31,733	30,984	30,269	29,588	28,936	28,313
21	37,440	36,455	35,522	34,636	33,794	32,993	32,229	31,500	30,804	30,138
22	39,770	38,719	37,722	36,777	35,879	35,025	34,210	33,434	32,692	31,983
23	42,129	41,009	39,949	38,943	37,987	37,078	36,212	35,387	34,599	33,845
24	44,518	43,328	42,201	41,133	40,118	39,154	38,235	37,360	36,524	35,726
25	46,937	45,674	44,480	43,347	42,273	41,251	40,279	39,353	38,469	37,625
26	49,388	48,050	46,785	45,587	44,451	43,371	42,344	41,366	40,432	39,541
27	51,869	50,454	49,117	47,852	46,652	45,513	44,430	43,398	42,415	41,476
28	54,385	52,889	51,478	50,143	48,878	47,678	46,537	45,451	44,416	43,428
29	56,935	55,356	53,868	52,461	51,129	49,866	48,666	47,524	46,436	45,399
30	59,522	57,857	56,288	54,807	53,406	52,078	50,817	49,618	48,477	47,388
31	62,149	60,393	58,741	57,183	55,710	54,315	52,991	51,734	50,537	49,396
32	64,820	62,968	61,228	59,590	58,042	56,578	55,190	53,871	52,617	51,423
33	67,539	65,585	63,753	62,029	60,404	58,868	57,413	56,032	54,720	53,470
34	70,311	68,248	66,318	64,505	62,798	61,187	59,662	58,217	56,844	55,538
35	73,146	70,963	68,927	67,020	65,227	63,537	61,940	60,427	58,991	57,627
36	76,053	73,738	71,587	69,578	67,694	65,921	64,247	62,664	61,164	59,738
37	79,049	76,584	74,306	72,185	70,203	68,341	66,587	64,931	63,362	61,874
38	82,160	79,517	77,093	74,849	72,759	70,802	68,963	67,228	65,589	64,034
39	85,429	82,561	79,964	77,580	75,370	73,309	71,378	69,561	67,846	66,222
40	88,945	85,759	82,944	80,392	78,046	75,870	73,838	71,932	70,136	68,440
41	92,954	89,196	86,073	83,310	80,802	78,494	76,350	74,347	72,465	70,691
42		93,116	89,437	86,374	83,661	81,196	78,924	76,812	74,836	72,978
43			93,270	89,666	86,662	83,998	81,573	79,337	77,256	75,306
44				93,418	89,887	86,939	84,321	81,936	79,734	77,683
45					93,560	90,098	87,204	84,631	82,285	80,117
46						93,695	90,300	87,459	84,929	82,621
47							93,825	90,494	87,703	85,216
48								93,950	90,681	87,939
49									94,069	90,860
50										94,184
51										

Tabelle 2. 0,5-Quantile der Betaverteilung in Prozent (nach [100]*)*

i \ n	Stichprobenumfang n									
	1	2	3	4	5	6	7	8	9	10
1	50,000	29,289	20,630	15,910	12,945	10,910	9,428	8,300	7,412	6,697
2		70,711	50,000	38,573	31,381	26,445	22,849	20,113	17,962	16,226
3			79,370	61,427	50,000	42,141	36,412	32,052	28,624	25,857
4				84,090	68,619	57,859	50,000	44,015	39,308	35,510
5					87,055	73,555	63,588	55,984	50,000	45,169
6						89,090	77,151	67,948	60,691	54,831
7							90,572	79,887	71,376	64,490
8								91,700	82,038	74,142
9									92,587	83,774
10										93,303
11										

Tabelle 2. (Fortsetzung 1)

i \ n	Stichprobenumfang n									
	11	12	13	14	15	16	17	18	19	20
1	6,107	5,613	5,192	4,830	4,516	4,420	3,995	3,778	3,582	3,406
2	14,796	13,598	12,579	11,702	10,940	10,270	9,678	9,151	8,677	8,251
3	23,578	21,669	20,045	18,647	17,432	16,365	15,422	14,581	13,827	13,147
4	32,380	29,758	27,528	25,608	23,939	22,474	21,178	20,024	18,988	18,055
5	41,189	37,853	35,016	32,575	30,452	28,589	26,940	25,471	24,154	22,967
6	50,000	45,951	42,508	39,544	36,967	34,705	32,704	30,921	29,322	27,880
7	58,811	54,049	50,000	46,515	43,483	40,823	38,469	36,371	34,491	32,795
8	67,620	62,147	57,492	53,485	50,000	46,941	44,234	41,823	39,660	37,710
9	76,421	70,242	64,984	60,456	56,517	53,059	50,000	47,274	44,830	42,626
10	85,204	78,331	72,472	67,425	63,033	59,177	55,766	52,726	50,000	47,542
11	93,893	86,402	79,955	74,392	69,548	65,295	61,531	58,177	55,170	52,458
12		94,387	87,421	81,353	76,061	71,411	67,296	63,629	60,340	57,374
13			94,808	88,298	82,568	77,525	73,060	69,079	65,509	62,289
14				95,169	89,060	83,635	78,821	74,529	70,678	67,205
15					95,484	89,730	84,578	79,976	75,846	72,119
16						95,760	90,322	85,419	81,011	77,033
17							96,005	90,849	86,173	81,945
18								96,222	91,322	86,853
19									96,418	91,749
20										96,594
21										

Tabelle 2. (Fortsetzung 2)

i \ n	Stichprobenumfang n									
	21	22	23	24	25	26	27	28	29	30
1	3,247	3,101	2,969	2,847	2,734	2,631	2,534	2,445	2,362	2,284
2	7,864	7,512	7,191	6,895	6,623	6,372	6,139	5,922	5,720	5,532
3	12,531	11,970	11,458	10,987	10,553	10,153	9,781	9,436	9,114	8,814
4	17,209	16,439	15,734	15,088	14,492	13,942	13,432	12,958	12,517	12,104
5	21,890	20,911	20,015	19,192	18,435	17,735	17,086	16,483	15,922	15,397
6	26,574	25,384	24,297	23,299	22,379	21,529	20,742	20,010	19,328	18,691
7	31,258	29,859	28,580	27,406	26,324	25,325	24,398	23,537	22,735	21,986
8	35,943	34,334	32,863	31,513	30,269	29,120	28,055	27,065	26,143	25,281
9	40,629	38,810	37,147	35,621	34,215	32,916	31,712	30,593	29,550	28,576
10	45,314	43,286	41,431	39,729	38,161	36,712	35,370	34,121	32,958	31,872
11	50,000	47,762	45,716	43,837	42,107	40,509	39,027	37,650	36,367	35,168
12	54,686	52,238	50,000	47,946	46,054	44,305	42,685	41,178	39,775	38,464
13	59,371	56,714	54,284	52,054	50,000	48,102	46,342	44,707	43,183	41,760
14	64,057	61,190	58,568	56,162	53,946	51,898	50,000	48,236	46,592	45,056
15	68,742	65,665	62,853	60,271	57,892	55,695	53,658	51,764	50,000	48,352
16	73,426	70,141	67,137	64,379	61,839	59,491	57,315	55,293	53,408	51,648
17	78,109	74,616	71,420	68,487	65,785	63,287	60,973	58,821	56,817	54,944
18	82,791	79,089	75,703	72,594	69,730	67,084	64,630	62,350	60,225	58,240
19	87,469	83,561	79,985	76,701	73,676	70,880	68,288	65,878	63,633	61,536
20	92,136	88,030	84,266	80,808	77,621	74,675	71,945	69,407	67,041	64,832
21	96,753	92,488	88,542	84,912	81,565	78,471	75,602	72,935	70,450	68,128
22		96,898	92,809	89,013	85,507	82,265	79,258	76,463	73,857	71,424
23			97,031	93,105	89,447	86,058	82,914	79,990	77,265	74,719
24				97,153	93,377	89,847	86,568	83,517	80,672	78,014
25					97,265	93,628	90,219	87,042	84,078	81,309
26						97,369	93,861	90,564	87,483	84,603
27							97,465	94,078	90,885	87,896
28								97,555	94,280	91,186
29									97,638	94,468
30										97,716
31										

Tabelle 2. (Fortsetzung 3)

i \ n	Stichprobenumfang n									
	31	32	33	34	35	36	37	38	39	40
1	2,211	2,143	2,078	2,018	1,961	1,907	1,856	1,807	1,762	1,718
2	5,355	5,190	5,034	4,887	4,749	4,618	4,495	4,377	4,266	4,160
3	8,533	8,269	8,021	7,787	7,567	7,359	7,162	6,975	6,798	6,629
4	11,718	11,355	11,015	10,694	10,391	10,105	9,835	9,578	9,335	9,103
5	14,905	14,445	14,011	13,603	13,218	12,855	12,510	12,184	11,874	11,580
6	18,094	17,535	17,009	16,514	16,046	15,605	15,187	14,791	14,415	14,057
7	21,284	20,626	20,007	19,425	18,875	18,355	17,864	17,398	16,956	16,535
8	24,474	23,717	23,006	22,336	21,704	21,107	20,541	20,005	19,497	19,013
9	27,664	26,809	26,005	25,247	24,533	23,858	23,219	22,613	22,038	21,492
10	30,855	29,901	29,004	28,159	27,362	26,609	25,897	25,221	24,580	23,971
11	34,046	32,993	32,003	31,071	30,192	29,361	28,575	27,829	27,122	26,449
12	37,236	36,085	35,003	33,983	33,022	32,113	31,253	30,437	29,664	28,928
13	40,427	39,177	38,002	36,895	35,851	34,865	33,931	33,046	32,206	31,407
14	43,618	42,269	41,001	39,807	38,681	37,616	36,609	35,654	34,748	33,886
15	46,809	45,362	44,001	42,720	41,511	40,368	39,287	38,262	37,290	36,365
16	50,000	48,454	47,000	45,632	44,340	43,120	41,965	40,871	39,832	38,844
17	53,191	51,546	50,000	48,544	47,170	45,872	44,644	43,479	42,374	41,323
18	56,382	54,638	52,999	51,456	50,000	48,624	47,322	46,087	44,916	43,802
19	59,573	57,731	55,999	54,368	52,830	51,376	50,000	48,696	47,458	46,281
20	62,763	60,823	58,998	57,280	55,660	54,128	52,678	51,304	50,000	48,760
21	65,954	63,915	61,998	60,193	58,489	56,880	55,356	53,913	52,542	51,239
22	69,145	67,007	64,997	63,105	61,319	59,632	58,035	56,521	55,084	53,719
23	72,335	70,099	67,997	66,017	64,149	62,383	60,713	59,129	57,626	56,198
24	75,526	73,191	70,996	68,929	66,978	65,135	63,391	61,738	60,168	58,677
25	78,716	76,283	73,995	71,841	69,808	67,887	66,069	64,346	62,710	61,156
26	81,906	79,374	76,994	74,752	72,637	70,639	68,747	66,954	65,252	63,635
27	85,094	82,465	79,993	77,664	75,467	73,391	71,425	69,562	67,794	66,114
28	88,282	85,555	82,991	80,575	78,296	76,142	74,103	72,171	70,336	68,593
29	91,467	88,644	85,989	83,486	81,125	78,893	76,781	74,779	72,878	71,072
30	94,645	91,731	88,985	86,397	83,954	81,645	79,459	77,387	75,420	73,550
31	97,789	94,810	91,979	89,306	86,782	84,395	82,136	79,994	77,962	76,029
32		97,857	94,966	92,213	89,608	87,145	84,813	82,602	80,503	78,508
33			97,921	95,113	92,433	89,894	87,490	85,209	83,044	80,986
34				97,982	95,251	92,641	90,165	87,816	85,585	83,465
35					98,039	95,382	92,838	90,422	88,126	85,943
36						98,093	95,505	93,025	90,665	88,420
37							98,144	95,622	93,202	90,897
38								98,192	95,734	93,371
39									98,238	95,839
40										98,282
41										

Tabelle 2. (Fortsetzung 4)

i \ n	41	42	43	44	45	46	47	48	49	50
1	1,676	1,637	1,599	1,563	1,528	1,495	1,464	1,434	1,405	1,377
2	4,060	3,964	3,872	3,785	3,702	3,622	3,545	3,472	3,402	3,334
3	6,469	6,316	6,170	6,031	5,898	5,771	5,649	5,532	5,420	5,312
4	8,883	8,673	8,473	8,282	8,099	7,925	7,757	7,597	7,443	7,295
5	11,300	11,033	10,778	10,535	10,303	10,080	9,867	9,663	9,467	9,279
6	13,717	13,393	13,084	12,789	12,507	12,237	11,979	11,731	11,493	11,265
7	16,135	15,754	15,391	15,043	14,712	14,394	14,090	13,799	13,519	13,250
8	18,554	18,115	17,697	17,298	16,917	16,551	16,202	15,867	15,545	15,236
9	20,972	20,477	20,004	19,553	19,122	18,709	18,314	17,935	17,571	17,222
10	23,391	22,838	22,311	21,808	21,327	20,867	20,426	20,003	19,598	19,209
11	25,810	25,200	24,618	24,063	23,532	23,025	22,538	22,072	21,625	21,195
12	28,228	27,562	26,926	26,318	25,738	25,182	24,650	24,140	23,651	23,181
13	30,647	29,924	29,233	28,574	27,943	27,340	26,763	26,209	25,678	25,168
14	33,066	32,285	31,540	30,829	30,149	29,498	28,875	28,278	27,705	27,154
15	35,485	34,647	33,848	33,084	32,355	31,656	30,988	30,347	29,731	29,141
16	37,905	37,009	36,155	35,340	34,560	33,814	33,100	32,415	31,758	31,127
17	40,324	39,371	38,463	37,595	36,766	35,972	35,212	34,484	33,785	33,114
18	42,743	41,733	40,770	39,851	38,972	38,130	37,325	36,553	35,812	35,100
19	45,162	44,095	43,078	42,106	41,177	40,289	39,437	38,622	37,839	37,087
20	47,581	46,457	45,385	44,361	43,383	42,447	41,550	40,690	39,866	39,074
21	50,000	48,819	47,692	46,617	45,589	44,605	43,662	42,759	41,892	41,060
22	52,419	51,181	50,000	48,872	47,794	46,763	45,775	44,828	43,919	43,047
23	54,838	53,543	52,307	51,128	50,000	48,921	47,887	46,897	45,946	45,033
24	57,257	55,905	54,615	53,383	52,206	51,079	50,000	48,966	47,973	47,020
25	59,676	58,267	56,922	55,639	54,411	53,237	52,112	51,034	50,000	49,007
26	62,095	60,629	59,230	57,894	56,617	55,395	54,225	53,103	52,027	50,993
27	64,514	62,991	61,537	60,149	58,823	57,553	56,337	55,172	54,054	52,980
28	66,933	65,353	63,845	62,405	61,028	59,711	58,450	57,241	56,081	54,966
29	69,352	67,714	66,152	64,660	63,234	61,869	60,562	59,310	58,107	56,953
30	71,771	70,076	68,459	66,916	65,440	64,027	62,675	61,378	60,134	58,940
31	74,190	72,438	70,767	69,171	67,645	66,186	64,787	63,447	62,161	60,926
32	76,609	74,800	73,074	71,426	69,851	68,344	66,900	65,516	64,188	62,913
33	79,028	77,162	75,381	73,681	72,056	70,502	69,012	67,585	66,215	64,899
34	81,446	79,523	77,689	75,937	74,262	72,660	71,125	69,653	68,242	66,886
35	83,865	81,885	79,996	78,192	76,467	74,817	73,237	71,722	70,268	68,873
36	86,283	84,246	82,303	80,447	78,673	76,975	75,349	73,791	72,295	70,958
37	88,700	86,607	84,609	82,702	80,878	79,133	77,462	75,859	74,322	72,846
38	91,117	88,967	86,916	84,956	83,083	81,291	79,574	77,928	76,349	74,832
39	93,531	91,327	89,222	87,211	85,288	83,448	81,686	79,997	78,375	76,819
40	95,940	93,684	91,527	89,465	87,493	85,606	83,798	82,065	80,402	78,805
41	98,324	96,036	93,830	91,718	89,697	87,763	85,910	84,133	82,428	80,791
42		98,363	96,127	93,969	91,900	89,920	88,021	86,201	84,455	82,778
43			98,401	96,215	94,102	92,075	90,132	88,269	86,481	84,764
44				98,437	96,298	94,229	92,243	90,337	88,507	86,750
45					98,471	96,378	94,351	92,403	90,532	88,735
46						98,504	96,455	94,468	92,557	90,721
47							98,536	96,528	94,580	92,705
48								98,566	96,598	94,688
49									98,595	96,666
50										98,623
51										

Tabelle 3. 0,95-Quantile der Betaverteilung in Prozent (nach [100]*)*

i \ n	Stichprobenumfang n									
	1	2	3	4	5	6	7	8	9	10
1	95,000	77,639	63,160	52,713	45,072	39,304	34,816	31,234	28,313	25,887
2		97,468	86,465	75,139	65,741	58,180	52,070	47,068	42,914	39,416
3			98,305	90,239	81,075	72,866	65,874	59,969	54,964	50,690
4				98,726	92,356	84,684	77,468	71,076	65,506	60,662
5					98,979	93,715	87,124	80,710	74,863	69,646
6						99,149	94,662	88,889	83,125	77,756
7							99,270	95,361	90,225	84,997
8								99,361	95,898	91,274
9									99,432	96,323
10										99,488
11										

Tabelle 3. (Fortsetzung 1)

i \ n	Stichprobenumfang n									
	11	12	13	14	15	16	17	18	19	20
1	23,840	22,092	20,582	19,264	18,104	17,075	16,157	15,332	14,587	13,911
2	36,436	33,868	31,634	29,673	27,940	26,396	25,012	23,766	22,637	21,611
3	47,009	43,811	41,010	38,539	36,344	34,383	32,619	31,026	29,580	28,262
4	56,437	52,733	49,465	46,566	43,978	41,657	39,564	37,668	35,943	34,366
5	65,019	60,914	57,262	54,000	51,075	48,440	46,055	43,888	41,912	40,103
6	72,875	68,476	64,520	60,958	57,744	54,835	52,192	49,783	47,580	45,558
7	80,042	75,470	71,295	67,497	64,043	60,899	58,029	55,404	52,997	50,782
8	86,492	81,898	77,604	73,641	70,001	66,663	63,599	60,784	58,194	55,803
9	92,118	87,715	83,434	79,393	75,627	72,140	68,917	65,940	63,188	60,641
10	96,668	92,813	88,733	84,728	80,913	77,331	73,989	70,880	67,991	65,307
11	99,535	96,954	93,395	89,595	85,834	82,223	78,809	75,604	72,605	69,805
12		99,573	97,195	93,890	90,334	86,789	83,364	80,105	77,028	74,135
13			99,606	97,400	94,315	90,975	87,623	84,366	81,250	78,293
14				99,634	97,577	94,685	91,535	88,357	85,253	82,269
15					99,659	97,732	95,010	92,030	89,009	86,045
16						99,680	97,868	95,297	92,471	89,592
17							99,699	97,989	95,553	92,865
18								99,715	98,097	95,783
19									99,730	98,193
20										99,744
21										

Tabelle 3. (Fortsetzung 2)

i \\ n	Stichprobenumfang n									
	21	22	23	24	25	26	27	28	29	30
1	13,295	12,731	12,212	11,735	11,293	10,883	10,502	10,147	9,814	9,503
2	20,673	19,812	19,020	18,289	17,612	16,983	16,397	15,851	15,339	14,860
3	27,055	25,947	24,925	23,980	23,104	22,289	21,530	20,821	20,156	19,533
4	32,921	31,591	30,364	29,227	28,172	27,190	26,274	25,417	24,614	23,860
5	38,441	36,909	35,493	34,181	32,961	31,824	30,763	29,769	28,837	27,962
6	43,698	41,980	40,390	38,914	37,541	36,260	35,062	33,940	32,887	31,897
7	48,739	46,849	45,097	43,469	41,952	40,535	39,210	37,967	36,800	35,701
8	53,594	51,546	49,643	47,873	46,221	44,677	43,230	41,873	40,597	39,395
9	58,280	56,087	54,046	52,142	50,364	48,700	47,139	45,673	44,294	42,993
10	62,810	60,484	58,315	56,289	54,393	52,616	50,948	49,379	47,901	46,507
11	67,189	64,746	62,461	60,321	58,316	56,434	54,664	52,998	51,427	49,944
12	71,420	68,874	66,485	64,244	62,138	60,158	58,293	56,536	54,877	53,309
13	75,501	72,869	70,391	68,058	65,861	63,791	61,839	59,996	58,254	56,605
14	79,425	76,728	74,176	71,764	69,487	67,336	65,303	63,380	61,561	59,837
15	83,182	80,444	77,836	75,361	73,015	70,792	68,686	66,691	64,799	63,005
16	86,755	84,006	81,366	78,843	76,441	74,158	71,988	69,927	67,970	66,111
17	90,116	87,397	84,752	82,204	79,762	77,430	75,207	73,089	71,073	69,154
18	93,219	90,589	87,978	85,431	82,970	80,604	78,338	76,173	74,106	72,133
19	95,990	93,540	91,019	88,509	86,052	83,672	81,378	79,176	77,066	75,047
20	98,281	96,178	93,832	91,411	88,994	86,623	84,318	82,092	79,950	77,894
21	99,765	98,360	96,348	94,099	91,771	89,440	87,148	84,915	82,753	80,669
22		99,767	98,433	96,505	94,344	92,101	89,851	87,633	85,468	83,367
23			99,777	98,499	96,648	94,569	92,406	90,232	88,083	85,981
24				99,786	98,560	96,780	94,777	92,689	90,584	88,501
25					99,795	98,616	96,902	94,969	92,951	90,913
26						99,803	98,668	97,015	95,148	93,194
27							99,810	98,716	97,120	95,314
28								99,817	98,761	97,218
29									99,823	98,802
30										99,829
31										

Tabelle 3. (Fortsetzung 3)

i \ n	Stichprobenumfang n									
	31	32	33	34	35	36	37	38	39	40
1	9,211	8,937	8,678	8,434	8,203	7,985	7,778	7,581	7,394	7,216
2	14,409	13,985	13,585	13,207	12,850	12,512	12,191	11,885	11,595	11,319
3	18,946	18,394	17,873	17,381	16,915	16,474	16,054	15,656	15,277	14,915
4	23,150	22,482	21,850	21,253	20,688	20,152	19,643	19,159	18,698	18,259
5	27,137	26,360	25,625	24,931	24,272	23,648	23,054	22,490	21,952	21,440
6	30,964	30,084	29,252	28,465	27,718	27,010	26,337	25,696	25,085	24,503
7	34,665	33,687	32,763	31,887	31,056	30,268	29,518	28,804	28,124	27,475
8	38,261	37,190	36,176	35,216	34,305	33,439	32,616	31,832	31,084	30,371
9	41,766	40,606	39,507	38,466	37,477	36,537	35,643	34,791	33,979	33,203
10	45,190	43,945	42,765	41,645	40,582	39,571	38,608	37,691	36,815	35,979
11	48,542	47,214	45,956	44,761	43,626	42,546	41,517	40,537	39,601	38,706
12	51,825	50,419	49,086	47,819	46,615	45,468	44,376	43,334	42,339	41,388
13	55,044	53,564	52,159	50,823	49,552	48,341	47,187	46,086	45,034	44,028
14	58,203	56,651	55,177	53,775	52,440	51,168	49,955	48,796	47,689	46,630
15	61,302	59,683	58,144	56,678	55,282	53,951	52,680	51,466	50,305	49,195
16	64,343	62,661	61,060	59,534	58,080	56,691	55,366	54,098	52,886	51,725
17	67,326	65,585	63,926	62,343	60,833	59,391	58,012	56,693	55,431	54,222
18	70,251	68,456	66,742	65,106	63,543	62,049	60,620	59,252	57,942	56,686
19	73,117	71,272	69,509	67,823	66,210	64,668	63,190	61,776	60,419	59,119
20	75,922	74,034	72,225	70,493	68,835	67,246	65,723	64,264	62,864	61,520
21	78,664	76,738	74,889	73,116	71,415	69,784	68,219	66,717	65,275	63,891
22	81,338	79,382	77,499	75,689	73,951	72,280	70,676	69,135	67,654	66,230
23	83,939	81,961	80,052	78,212	76,440	74,735	73,094	71,517	69,999	68,539
24	86,460	84,472	82,545	80,680	78,881	77,145	75,473	73,862	72,310	70,815
25	88,891	86,907	84,971	83,091	81,270	79,509	77,809	76,168	74,586	73,060
26	91,219	89,255	87,325	85,439	83,604	81,825	80,101	78,435	76,825	75,270
27	93,422	91,505	89,596	87,717	85,878	84,087	82,347	80,660	79,027	77,447
28	95,470	93,635	91,772	89,916	88,086	86,292	84,542	82,840	81,188	79,587
29	97,310	95,615	93,834	92,024	90,217	88,433	86,682	84,972	83,306	81,688
30	98,841	97,396	95,752	94,021	92,261	90,501	88,760	87,050	85,378	83,748
31	99,835	98,878	97,476	95,880	94,198	92,483	90,768	89,069	87,399	85,763
32		99,840	98,912	97,552	96,001	94,364	92,694	91,021	89,362	87,729
33			99,845	98,945	97,623	96,114	94,521	92,893	91,260	89,639
34				99,849	98,975	97,690	96,222	94,669	93,081	91,487
35					99,854	99,004	97,754	96,324	94,810	93,260
36						99,858	99,031	97,814	96,420	94,943
37							99,861	99,057	97,871	96,511
38								99,865	99,081	97,925
39									99,869	99,104
40										99,872
41										

Tabelle 3. (Fortsetzung 4)

i \ n	41	42	43	44	45	46	47	48	49	50
1	7,046	6,884	6,730	6,582	6,440	6,305	6,175	6,050	5,931	5,816
2	11,055	10,804	10,563	10,334	10,113	9,902	9,700	9,506	9,319	9,140
3	14,571	14,241	13,927	13,626	13,338	13,061	12,796	12,541	12,297	12,061
4	17,840	17,439	17,056	16,690	16,339	16,002	15,679	15,369	15,071	14,784
5	20,951	20,483	20,036	19,608	19,198	18,804	18,427	18,064	17,715	17,379
6	23,947	23,416	22,907	22,420	21,954	21,506	21,076	20,663	20,266	19,883
7	26,854	26,262	25,694	25,151	24,630	24,130	23,650	23,188	22,744	22,317
8	29,689	29,037	28,413	27,814	27,241	26,691	26,162	25,653	25,164	24,694
9	32,461	31,752	31,073	30,422	29,797	29,198	28,622	28,068	27,535	27,022
10	35,180	34,415	33,682	32,980	32,306	31,659	31,037	30,439	29,864	29,309
11	37,851	37,032	36,247	35,495	34,773	34,079	33,413	32,772	32,154	31,560
12	40,478	39,607	38,772	37,971	37,202	36,463	35,753	35,069	34,411	33,778
13	43,065	42,143	41,259	40,410	39,596	38,813	38,060	37,336	36,638	35,966
14	45,615	44,644	43,712	42,817	41,958	41,132	40,338	39,573	38,836	38,126
15	48,131	47,110	46,132	45,193	44,290	43,422	42,587	41,783	41,008	40,262
16	50,612	49,546	48,522	47,539	46,594	45,685	44,810	43,968	43,156	42,373
17	53,062	51,950	50,883	49,857	48,871	47,922	47,009	46,129	45,280	44,462
18	55,482	54,326	53,215	52,148	51,122	50,134	49,183	48,266	47,382	46,530
19	57,871	56,672	55,520	54,413	53,348	52,322	51,334	50,382	49,463	48,577
20	60,230	58,991	57,799	56,653	55,549	54,487	53,463	52,476	51,523	50,604
21	62,560	61,281	60,051	58,867	57,727	56,629	55,570	54,549	53,563	52,612
22	64,861	63,545	62,278	61,057	59,882	58,749	57,656	56,602	55,584	54,601
23	67,133	65,781	64,478	63,223	62,013	60,846	59,721	58,634	57,585	56,572
24	69,376	67,989	66,652	65,363	64,121	62,922	61,765	60,647	59,568	58,524
25	71,588	70,169	68,800	67,480	66,205	64,975	63,787	62,640	61,531	60,459
26	73,769	72,320	70,922	69,571	68,267	67,007	65,790	64,613	63,476	62,375
27	75,919	74,443	73,016	71,637	70,304	69,016	67,771	66,566	65,401	64,274
28	78,035	76,534	75,082	73,677	72,317	71,002	69,730	68,500	67,308	66,155
29	80,117	78,594	77,119	75,689	74,306	72,966	71,668	70,412	69,196	68,017
30	82,162	80,621	79,125	77,674	76,268	74,905	73,584	72,304	71,064	69,862
31	84,166	82,611	81,099	79,630	78,203	76,819	75,477	74,175	72,912	71,687
32	86,128	84,564	83,039	81,554	80,111	78,708	77,346	76,023	74,739	73,493
33	88,042	86,475	84,942	83,446	81,988	80,569	79,190	77,848	76,545	75,279
34	89,903	88,340	86,805	85,302	83,834	82,402	81,007	79,650	78,329	77,045
35	91,702	90,153	88,623	87,119	85,645	84,204	82,797	81,426	80,090	78,790
36	93,430	91,907	90,391	88,892	87,418	85,972	84,557	83,175	81,826	80,511
37	95,070	93,591	92,102	90,618	89,150	87,704	86,285	84,895	83,536	82,210
38	96,598	95,190	93,744	92,287	90,834	89,395	87,977	86,584	85,218	83,882
39	97,976	96,681	95,305	93,891	92,464	91,041	89,630	88,238	86,870	85,528
40	99,126	98,025	96,760	95,414	94,030	92,633	91,238	89,854	88,488	87,144
41	99,875	99,147	98,071	96,835	95,518	94,164	92,795	91,427	90,069	88,728
42		99,878	99,167	98,116	96,907	95,618	94,291	92,950	91,608	90,275
43			99,881	99,186	98,158	96,975	95,714	94,414	93,098	91,781
44				99,883	99,205	98,199	97,041	95,805	94,531	93,240
45					99,886	99,222	98,238	97,103	95,892	94,643
46						99,889	99,239	98,275	97,163	95,976
47							99,891	99,255	98,311	97,221
48								99,893	99,270	98,345
49									99,895	99,285
50										99,897
51										

Tabelle 4. Quantile x_γ der Gammaverteilung (nach [13])

100γ in %	$b = 0,1$	$b = 0,2$	$b = 0,3$	$b = 0,4$	$b = 0,5$
0,1	6,0730398–31	6,5254914–16	6,9727015–11	2,3449403–08	7,8539858–07
0,5	5,9307050–24	2,0392159–12	1,4903943–08	1,3108620–06	1,9635211–05
1,0	6,0730419–21	6,5254908–11	1,5022232–07	7,4153871–06	7,8543941–05
1,5	3,5020208–19	4,9552939–10	5,8037043–07	2,0434596–05	1,7673543–04
2,0	6,2187947–18	2,0881566–09	1,5141467–06	4,1948807–05	3,1422512–04
3,0	3,5860676–16	1,5856933–08	5,8497902–06	1,1560341–04	7,0719174–04
4,0	6,3680429–15	6,6821009–08	1,5261804–05	2,3733141–04	1,2576912–03
5,0	5,9307026–14	2,0392152–07	3,2110344–05	4,1465349–04	1,9660703–03
10,0	6,0730380–11	6,5255202–06	3,2372462–04	2,3488758–03	7,8953891–03
15,0	3,5020194–09	4,9554952–05	1,2515738–03	6,4918979–03	1,7882892–02
20,0	6,2187893–08	2,0885191–04	3,2703397–03	1,3392227–02	3,2092386–02
30,0	3,5860783–06	1,5877920–03	1,2726660–02	3,7541870–02	7,4235954–02
40,0	6,3684073–05	6,7195739–03	3,3739803–02	7,9361846–02	1,3749799–01
50,0	5,9339001–04	2,0746364–02	7,3131159–02	1,4507806–01	2,2746834–01
60,0	3,6844445–03	5,3010665–02	1,4125254–01	2,4475218–01	3,5416332–01
70,0	1,7427737–02	1,2103773–01	2,5036503–01	3,9725703–01	5,3709736–01
80,0	6,9389746–02	2,6354398–01	4,7007422–01	6,4557067–01	8,2118779–01
85,0	1,3466307–01	3,9239831–01	6,2662798–01	8,3910112–01	1,0361264 00
90,0	2,6615398–01	6,0490358–01	8,8481154–01	1,1298418 00	1,3527737 00
95,0	5,8043370–01	1,0305303 00	1,3723524 00	1,6619615 00	1,9207334 00
99,0	1,5884692 00	2,2023303 00	2,6394268 00	3,0000888 00	3,3174701 00
99,9	3,3636681 00	4,1023043 00	4,6191710 00	5,0425654 00	5,4140809 00

Tabelle 4. (Fortsetzung 1)

100γ in %	$b = 0,6$	$b = 0,8$	$b = 1,0$	$b = 1,2$	$b = 1,4$
0,1	8,2890664–06	1,6272338–04	1,0005003–03	3,4337143–03	8,4321789–03
0,5	1,2119545–04	1,2173541–03	5,0125419–03	1,3187497–02	2,6824095–02
1,0	3,8483497–04	2,8980758–03	1,0050336–02	2,3608727–02	4,4330284–02
1,5	7,5659043–04	4,8159973–03	1,5113637–02	3,3243716–02	5,9597079–02
2,0	1,2224146–03	6,9081841–03	2,0202707–02	4,2425602–02	7,3617880–02
3,0	2,4044995–03	1,1496962–02	3,0459208–02	5,9952244–02	9,9398144–02
4,0	3,8873902–03	1,6518275–02	4,0821993–02	7,6773139–02	1,2327700–01
5,0	5,6448357–03	2,1897531–02	5,1293299–02	9,3145212–02	1,4592649–01
10,0	1,8060443–02	5,2981821–02	1,0536052–01	1,7189840–01	2,4973644–01
15,0	3,5894110–02	8,9739645–02	1,6251895–01	2,4937285–01	3,4689076–01
20,0	5,8803372–02	1,3152850–01	2,2314357–01	3,2797601–01	4,4246886–01
30,0	1,1998889–01	2,3019176–01	3,5667497–01	4,9357830–01	6,3769279–01
40,0	2,0382268–01	3,5143535–01	5,1082570–01	6,7712659–01	8,4793257–01
50,0	3,1570220–01	5,0135124–01	6,9314729–01	8,8793657–01	1,0843713 00
60,0	4,6590956–01	6,9127123–01	9,1629100–01	1,1400349 00	1,3623938 00
70,0	6,7474850–01	9,4321526–01	1,2039732 00	1,4587471 00	1,7088398 00
80,0	9,8899279–01	1,3073711 00	1,6094384 00	1,9000906 00	2,1822733 00
85,0	1,2219616 00	1,5702344 00	1,8971206 00	2,2093879 00	2,5109470 00
90,0	1,5605061 00	1,9452591 00	2,3025857 00	2,6414636 00	2,9669431 00
95,0	2,1590177 00	2,5951444 00	2,9957345 00	3,3726729 00	3,7325141 00
99,0	3,6066221 00	4,1298904 00	4,6051941 00	5,0486563 00	5,4690578 00
99,9	5,7512864 00	6,3586366 00	6,9080574 00	7,4187547 00	7,9005187 00

Tabelle 4. (Fortsetzung 2)

$100\,\gamma$ in %	$b = 1,6$	$b = 1,8$	$b = 2,0$	$b = 3,0$	$b = 4,0$	$b = 5,0$
0,1	1,6780863–02	2,9006379–02	4,5402019–02	1,9053338–01	4,2855244–01	7,3937174–01
0,5	4,6409061–02	7,2019480–02	1,0349455–01	3,3786340–01	6,7220659–01	1,0779283 00
1,0	7,2283818–02	1,0717552–01	1,4855474–01	4,3604521–01	8,2324872–01	1,2791062 00
1,5	9,3902475–02	1,3560738–01	1,8407833–01	5,0798078–01	9,3013401–01	1,4185948 00
2,0	1,1322857–01	1,6050994–01	2,1469912–01	5,6720963–01	1,0162386 00	1,5295258 00
3,0	1,4781163–01	2,0416656–01	2,6752685–01	6,6480418–01	1,1550374 00	1,7060345 00
4,0	1,7902662–01	2,4280678–01	3,1357260–01	7,4618340–01	1,2683247 00	1,8482710 00
5,0	2,0808401–01	2,7826796–01	3,5536154–01	8,1769154–01	1,3663186 00	1,9701498 00
10,0	3,3669067–01	4,3112658–01	5,3181166–01	1,1020654 00	1,7447698 00	2,4325913 00
15,0	4,5272915–01	5,6524168–01	6,8323869–01	'1,3306367 00	2,0390997 00	2,7850300 00
20,0	5,6432575–01	6,9199598–01	8,2438848–01	1,5350443 00	2,2967870 00	3,0895401 00
30,0	7,8710858–01	9,4060314–01	1,0973494 00	1,9137761 00	2,7637115 00	3,6336099 00
40,0	1,0219104 00	1,1982486 00	1,3764216 00	2,2850772 00	3,2113231 00	4,1477370 00
50,0	1,2817967 00	1,4798565 00	1,6783474 00	2,6740610 00	3,6720615 00	4,6709096 00
60,0	1,5834684 00	1,8033957 00	2,0223137 00	3,1053791 00	4,1752641 00	5,2366202 00
70,0	1,9551916 00	2,1984807 00	2,4392173 00	3,6155689 00	4,7622305 00	5,8903626 00
80,0	2,4579001 00	2,7282669 00	2,9943091 00	4,2790313 00	5,5150478 00	6,7209831 00
85,0	2,8042824 00	3,0910513 00	3,3724436 00	4,7230534 00	6,0135390 00	7,2669716 00
90,0	3,2821878 00	3,5892844 00	3,8897218 00	5,3223249 00	6,6807875 00	7,9935977 00
95,0	4,0793485 00	4,4158303 00	4,7438694 00	6,2958025 00	7,7536630 00	9,1535279 00
99,0	5,8719870 00	6,2608809 00	6,6383883 00	8,4059950 00	1,0045182 01	1,1604693 01
99,9	8,3615569 00	8,8045225 00	9,2336768 00	1,1229337 01	1,3062754 01	1,4794938 01

Tabelle 4. (Fortsetzung 3)

$100\,\gamma$ in %	$b = 6,0$	$b = 7,0$	$b = 8,0$	$b = 9,0$	$b = 10,0$
0,1	1,1071047 00	1,5203364 00	1,9708140 00	2,4524246 00	2,9605206 00
0,5	1,5369119 00	2,0373377 00	2,5711030 00	3,1324024 00	3,7169226 00
1,0	1,7852847 00	2,3302127 00	2,9061064 00	3,5074561 00	4,1301997 00
1,5	1,9551829 00	2,5286208 00	3,1313983 00	3,7582328 00	4,4052488 00
2,0	2,0891438 00	2,6840991 00	3,3071189 00	3,9531113 00	4,6183496 00
3,0	2,3004521 00	2,9278158 00	3,5812568 00	4,2559932 00	4,9485406 00
4,0	2,4692747 00	3,1213215 00	3,7978841 00	4,4944343 00	5,2076828 00
5,0	2,6130151 00	3,2853161 00	3,9808231 00	4,6952280 00	5,4254066 00
10,0	3,1518984 00	3,8947672 00	4,6561186 00	5,4324691 00	6,2213050 00
15,0	3,5569183 00	4,3481487 00	5,1545107 00	5,9731265 00	6,8019311 00
20,0	3,9036642 00	4,7336645 00	5,5760590 00	6,4284776 00	7,2892214 00
30,0	4,5171390 00	5,4107397 00	6,3121755 00	7,2199330 00	8,1329297 00
40,0	5,0909867 00	6,0392421 00	6,9913707 00	7,9466078 00	8,9044168 00
50,0	5,6701630 00	6,6696393 00	7,6692510 00	8,6689538 00	9,6687176 00
60,0	6,2919204 00	7,3426500 00	8,3897712 00	9,4339553 00	1,0475689 01
70,0	7,0055531 00	8,1110528 00	9,2089498 00	1,0300684 01	1,1387277 01
80,0	7,9059964 00	9,0753887 00	1,0232545 01	1,1379781 01	1,2518760 01
85,0	8,4946588 00	9,7031254 00	1,0896538 01	1,2077742 01	1,3248803 01
90,0	9,2746798 00	1,0532086 01	1,1770923 01	1,2994726 01	1,4206015 01
95,0	1,0513056 01	1,1842418 01	1,3148141 01	1,4434687 01	1,5705250 01
99,0	1,3108568 01	1,4570737 01	1,6000054 01	1,7402804 01	1,8783283 01
99,9	1,6455929 01	1,8062641 01	1,9627376 01	2,1158045 01	2,2658903 01

Tabelle 5. Gewichte $A_{n,r,i}$ und $C_{n,r,i}$ für die beste lineare invariante Schätzung der Parameter A und B der logarithmischen Weibull-Verteilung (Auszug aus [72])

n	r	i	$A_{n,r,i}$	$C_{n,r,i}$	n	r	i	$A_{n,r,i}$	$C_{n,r,i}$
5	2	1	−0,481434	−0,472962		9	1	0,016841	−0,087538
		2	1,481434	0,472962			2	0,029807	−0,092405
	3	1	−0,137958	−0,306562			3	0,043570	−0,089839
		2	−0,025510	−0,257087			4	0,058640	−0,081428
		3	1,163468	0,563650			5	0,075576	−0,066855
	4	1	−0,006983	−0,217766			6	0,095169	−0,044670
		2	0,059652	−0,199351			7	0,118707	−0,011816
		3	0,156664	−0,118927			8	0,148575	0,038159
		4	0,790668	0,536044			9	0,413116	0,436394
	5	1	0,052975	−0,158131		10	1	0,027331	−0,072734
		2	0,103531	−0,155707			2	0,040034	−0,077971
		3	0,163808	−0,111820			3	0,052496	−0,077242
		4	0,246092	−0,005600			4	0,065408	−0,071876
		5	0,433593	0,431259			5	0,079263	−0,061652
10	2	1	−0,876869	−0,487022			6	0,094638	−0,045420
		2	1,876869	0,487022			7	0,112414	−0,020698
	3	1	−0,408602	−0,321265			8	0,134239	0,017927
		2	−0,340443	−0,297858			9	0,164178	0,085070
		3	1,749045	0,619124			10	0,230001	0,324597
	4	1	−0,214930	−0,236817	15	2	1	−1,097617	−0,491458
		2	−0,177223	−0,226688			2	2,097617	0,491458
		3	−0,113820	−0,193159		3	1	−0,558336	−0,325521
		4	1,505973	0,656663			2	−0,507671	−0,310191
	5	1	−0,115524	−0,185169			3	2,066007	0,635712
		2	−0,090868	−0,181821		4	1	−0,329324	−0,241651
		3	−0,051341	−0,160697			2	−0,301829	−0,234806
		4	0,000925	−0,125311			3	−0,252948	−0,213548
		5	1,256809	0,652997			4	1,884101	0,690005
	6	1	−0,058017	−0,149985		5	1	−0,208525	−0,190823
		2	−0,039595	−0,150451			2	−0,191357	−0,188323
		3	−0,012513	−0,136941			3	−0,160491	−0,174645
		4	0,022314	−0,112224			4	−0,119748	−0,153153
		5	0,065750	−0,075721			5	1,680121	0,706944
		6	1,022062	0,625321		6	1	−0,136498	−0,156597
	7	1	−0,022198	−0,124170			2	−0,124518	−0,156563
		2	−0,006909	−0,126894			3	−0,103401	−0,147517
		3	0,013224	−0,118392			4	−0,075614	−0,132182
		4	0,037994	−0,100924			5	−0,041680	−0,111215
		5	0,068153	−0,073988			6	1,481712	0,704074
		6	0,105164	−0,035501		7	1	−0,090036	−0,131891
		7	0,804572	0,579868			2	−0,080850	−0,133342
	8	1	0,001179	−0,104082			3	−0,065446	−0,127335
		2	0,014889	−0,108163			4	−0,045441	−0,116138
		3	0,030998	−0,103119			5	−0,021137	−0,100291
		4	0,049734	−0,090835			6	0,007597	−0,079774
		5	0,071745	−0,070902			7	1,295312	0,688771
		6	0,098114	−0,041560		8	1	−0,058390	−0,113143
		7	0,130649	0,000799			2	−0,050767	−0,115520
		8	0,602692	0,517864			3	−0,038897	−0,111607
							4	−0,023825	−0,103332

Tabelle 5. (Fortsetzung)

n	r	i	$A_{n,r,i}$	$C_{n,r,i}$	n	r	i	$A_{n,r,i}$	$C_{n,r,i}$
		5	$-0,005717$	$-0,091156$			11	0,099799	0,020236
		6	0,015565	$-0,075053$			12	0,532243	0,497284
		7	0,040351	$-0,054703$					
		8	1,121680	0,664514	13		1	0,008779	$-0,060130$
							2	0,014620	$-0,063805$
	9	1	$-0,035972$	$-0,098361$			3	0,020637	$-0,064394$
		2	$-0,029235$	$-0,101322$			4	0,026961	$-0,062900$
		3	$-0,019633$	$-0,098904$			5	0,033693	$-0,059574$
		4	$-0,007812$	$-0,092773$			6	0,040939	$-0,054417$
		5	0,006156	$-0,083327$			7	0,048828	$-0,047269$
		6	0,022403	$-0,070544$			8	0,057528	$-0,037821$
		7	0,041203	$-0,054142$			9	0,067265	$-0,025565$
		8	0,062969	$-0,033595$			10	0,078368	$-0,009694$
		9	0,959920	0,632967			11	0,091330	0,011113
							12	0,106947	0,039155
	10	1	$-0,019626$	$-0,086339$			13	0,404106	0,435302
		2	$-0,013383$	$-0,089664$					
		3	$-0,005271$	$-0,088341$	14		1	0,014143	$-0,053241$
		4	0,004351	$-0,083828$			2	0,020013	$-0,056879$
		5	0,015475	$-0,076474$			3	0,025750	$-0,057827$
		6	0,028227	$-0,066261$			4	0,031576	$-0,056973$
		7	0,042832	$-0,052943$			5	0,037611	$-0,054542$
		8	0,059624	$-0,036054$			6	0,043958	$-0,050539$
		9	0,079072	$-0,014863$			7	0,050725	$-0,044833$
		10	0,808700	0,594768			8	0,058045	$-0,037157$
							9	0,066092	$-0,027072$
	11	1	$-0,007450$	$-0,076297$			10	0,075114	$-0,013872$
		2	$-0,001467$	$-0,079835$			11	0,085490	0,003612
		3	0,005652	$-0,079332$			12	0,097844	0,027465
		4	0,013759	$-0,076068$			13	0,113340	0,061879
		5	0,022893	$-0,070355$			14	0,280298	0,359980
		6	0,033174	$-0,062181$					
		7	0,044787	$-0,051331$	15		1	0,018170	$-0,046538$
		8	0,057997	$-0,037396$			2	0,024108	$-0,050064$
		9	0,073180	$-0,019723$			3	0,029685	$-0,051279$
		10	0,090865	0,002701			4	0,035191	$-0,050957$
		11	0,666610	0,549817			5	0,040762	$-0,049298$
							6	0,046496	$-0,046315$
	12	1	0,001756	$-0,067695$			7	0,052488	$-0,041899$
		2	0,007624	$-0,071342$			8	0,058844	$-0,035827$
		3	0,014079	$-0,071459$			9	0,065696	$-0,027731$
		4	0,021133	$-0,069178$			10	0,073230	$-0,017008$
		5	0,028861	$-0,064779$			11	0,081725	$-0,002653$
		6	0,037374	$-0,058256$			12	0,091651	0,017156
		7	0,046827	$-0,049425$			13	0,103914	0,046191
		8	0,057431	$-0,037926$			14	0,120784	0,094483
		9	0,069479	$-0,023180$			15	0,157255	0,261738
		10	0,083393	$-0,004280$					

Tabelle 6. Hilfsgrößen $H_1(p)$, $H_2(p)$, $H_3(p)$ und $H_4(p)$ für die asymptotisch effiziente lineare Schätzung der Parameter A und B der logarithmischen Weibull-Verteilung (Auszug aus [76])

p	$H_1(p)$	$H_2(p)$	$H_3(p)$	$H_4(p)$
0,05	195,7245	19,7474	$-58,9076$	$-0,1492$
0,10	60,5171	9,7447	$-22,1872$	$-0,2277$
0,15	28,7883	6,4085	$-11,9065$	$-0,2787$
0,20	16,4788	4,7388	$-7,3753$	$-0,3113$
0,25	10,4979	3,7356	$-4,9268$	$-0,3297$
0,30	7,1904	3,0655	$-3,4386$	$-0,3365$
0,35	5,2013	2,5857	$-2,4620$	$-0,3332$
0,40	3,9330	2,2247	$-1,7855$	$-0,3210$
0,45	3,0894	1,9428	$-1,2980$	$-0,3006$
0,50	2,5102	1,7162	$-0,9358$	$-0,2726$
0,55	2,1031	1,5296	$-0,6602$	$-0,2374$
0,60	1,8120	1,3728	$-0,4466$	$-0,1952$
0,65	1,6011	1,2388	$-0,2786$	$-0,1462$
0,70	1,4473	1,1224	$-0,1448$	$-0,0903$
0,75	1,3347	1,0199	$-0,0374$	$-0,0275$
0,80	1,2526	0,9282	0,0493	0,0425
0,85	1,1934	0,8447	0,1196	0,1203
0,90	1,1517	0,7670	0,1764	0,2070
0,95	1,1239	0,6920	0,2220	0,3048
1,00	1,1087	0,6079	0,2570	0,4228

Tabelle 7. Annahmeprüfpläne für die logarithmische Normalverteilung nach [95]
Stichprobenumfang n und zum Herstellerrisiko $\alpha = 0,1$ *gehörende Werte* $M = 1/\sigma\,(\mu - \mu_0)$

$\beta = 0,25$ c	z^* -2	$-1,5$	-1	$-0,8$	$-0,6$	$-0,4$	$-0,2$
0 n	61	21	9	6	5	4	3
$M_{0,1}$	0,925	1,076	1,269	1,311	1,437	1,544	1,618
1 n	118	40	17	12	9	7	6
$M_{0,1}$	0,611	0,715	0,856	0,893	0,948	1,013	1,135
2 n	172	58	24	18	14	11	9
$M_{0,1}$	0,488	0,571	0,676	0,731	0,795	0,855	0,929
3 n	224	76	32	24	18	14	11
$M_{0,1}$	0,418	0,493	0,592	0,641	0,678	0,722	0,757
4 n	275	93	39	29	22	17	14
$M_{0,1}$	0,371	0,437	0,525	0,564	0,601	0,634	0,696
5 n	326	110	46	34	26	21	17
$M_{0,1}$	0,338	0,397	0,476	0,508	0,546	0,605	0,652

$\beta = 0,1$ c	z^* -2	$-1,5$	-1	$-0,8$	$-0,6$	$-0,4$	$-0,2$
0 n	101	34	14	10	8	6	5
$M_{0,1}$	1,079	1,239	1,433	1,509	1,624	1,711	1,837
1 n	170	57	24	17	13	10	8
$M_{0,1}$	0,734	0,851	1,007	1,056	1,131	1,202	1,286
2 n	233	78	32	24	18	14	11
$M_{0,1}$	0,594	0,691	0,813	0,876	0,931	0,995	1,055
3 n	292	99	41	30	23	18	14
$M_{0,1}$	0,513	0,603	0,714	0,760	0,818	0,878	0,922
4 n	350	118	49	36	28	22	17
$M_{0,1}$	0,459	0,538	0,640	0,682	0,744	0,801	0,834
5 n	406	137	57	42	32	25	20
$M_{0,1}$	0,419	0,492	0,587	0,627	0,673	0,721	0,771

$\beta = 0,05$ c	z^* -2	$-1,5$	-1	$-0,8$	$-0,6$	$-0,4$	$-0,2$
0 n	131	44	18	13	10	8	6
$M_{0,1}$	1,155	1,322	1,522	1,606	1,709	1,824	1,911
1 n	207	70	28	21	16	12	10
$M_{0,1}$	0,798	0,926	1,072	1,150	1,228	1,293	1,402
2 n	275	93	38	28	21	16	13
$M_{0,1}$	0,651	0,760	0,890	0,950	1,010	1,069	1,153
3 n	339	114	47	35	26	20	16
$M_{0,1}$	0,565	0,660	0,779	0,837	0,885	0,939	1,006
4 n	400	135	56	41	31	24	19
$M_{0,1}$	0,507	0,594	0,705	0,750	0,801	0,854	0,908
5 n	460	155	64	47	36	28	22
$M_{0,1}$	0,464	0,544	0,645	0,687	0,741	0,792	0,836

$\dfrac{t^*}{m_{10}}$	C				
	0	1	2	5	10
1,1	12	21	29	51	85
1,2	7	11	16	28	47
1,3	5	8	11	20	34
1,4	4	6	9	16	28
1,5	3	6	8	14	24
2,0	2	4	5	9	16
3,0	1	3	4	7	13

Tabelle 8
Erforderlicher Stichprobenumfang zur Prüfung der Hypothese $H_0 : m_1 \geqq m_{10}$ *für IFR-Verteilungen mit* $\beta = 0,1$ *(nach* [99]*)*

Tabelle 9. Erforderlicher Stichprobenumfang zur Prüfung der Hypothese $H_0 : t_{\dot{y}} \geqq t_{y0}$ *für IFR-Verteilungen mit* $\beta = 0,1$ *(nach* [99]*)*

$\dfrac{t^*}{t_{y0}}$	$c = 0$ γ			$c = 1$ γ			$c = 2$ γ		
	0,1	0,2	0,5	0,1	0,2	0,5	0,1	0,2	0,5
1,0	22	11	4	38	18	7	52	25	9
1,1	20	10	4	35	17	6	47	23	9
1,2	19	9	3	32	16	6	44	21	8
1,3	17	8	3	29	14	5	40	20	8
1,4	16	8	3	27	13	5	38	19	7
1,5	15	7	3	26	13	5	35	17	7
2,0	11	6	2	19	10	4	27	13	6
3,0	8	4	2	13	7	3	18	10	4

Tabelle 10. Erforderlicher Stichprobenumfang zur Prüfung der Hypothese $H_0 : t_y \geqq t_{y0}$ *für DFR-Verteilungen mit* $\beta = 0,1$ *(nach* [99]*)*

$\dfrac{t^*}{t_{y0}}$	$c = 0$ γ			$c = 1$ γ			$c = 2$ γ		
	0,1	0,2	0,5	0,1	0,2	0,5	0,1	0,2	0,5
0,01	2186	1032	333	3693	1744	562	5053	2387	769
0,02	1093	516	167	1847	873	282	2527	1194	385
0,03	729	344	111	1232	582	188	1685	797	257
0,04	547	258	84	924	437	141	1264	598	193
0,05	438	207	67	739	350	113	1012	479	155
0,10	219	104	34	370	175	57	507	240	78
0,20	110	52	17	186	88	29	254	121	40
0,50	44	21	7	75	36	12	103	49	17
0,80	28	13	5	47	23	8	65	31	11

Sachwörterverzeichnis